工业和信息化部"十二五"
规划教材

卓越工程师培养计划推荐教材
——软件开发类

# Java
# 应用开发与实践

■刘乃琦 苏畅 主编 ■张宇 杨娜 马衍民 副主编

人民邮电出版社
北 京

图书在版编目（C I P）数据

Java应用开发与实践 / 刘乃琦，苏畅主编. -- 北京
：人民邮电出版社，2012.12（2022.6重印）
普通高等学校计算机教育"十二五"规划教材
ISBN 978-7-115-29921-5

Ⅰ．①J… Ⅱ．①刘… ②苏… Ⅲ．①
JAVA语言－程序设计－高等学校－教材 Ⅳ．①TP312

中国版本图书馆CIP数据核字(2012)第291620号

## 内 容 提 要

本书作为 Java 技术课程的教材，系统全面地介绍了有关 Java 开发所涉及的各类知识。全书共分 22 章，内容包括初识 Java、Eclipse 开发工具、Java 语言基础、流程控制、数组、字符串、类和对象、接口、继承与多态、类的高级特性、异常处理、输入输出、Swing 程序设计、事件处理、表格组件的应用、树组件的应用、多线程、图形绘制技术、常用工具类、数据库编程应用、综合案例——快递打印系统、课程设计——软件注册程序、课程设计——决策分析程序。全书每章内容都与实例紧密结合，有助于学生理解知识、应用知识，达到学以致用的目的。

本书附有配套 DVD 光盘，光盘中提供有本书所有实例、综合实例、实验、综合案例和课程设计的源代码、制作精良的电子课件 PPT 及教学录像、《Java 编程词典（个人版）》体验版学习软件。其中，源代码全部经过精心测试，能够在 Windows XP、Windows 2003、Windows 7 系统下编译和运行。

本书可作为本科计算机专业、软件学院、高职软件专业及相关专业的教材，同时也适合 Java 爱好者及初、中级的程序开发人员参考使用。

◆ 主　　编　刘乃琦　苏　畅
　　副主编　张　宇　杨　娜　马衍民
　　责任编辑　许金霞

◆ 人民邮电出版社出版发行　　北京市丰台区成寿寺路 11 号
　　邮编　100164　电子邮件　315@ptpress.com.cn
　　网址　http://www.ptpress.com.cn
　　固安县铭成印刷有限公司印刷

◆ 开本：787×1092　　1/16
　　印张：26.5　　　　　　　　2012 年 12 月第 1 版
　　字数：696 千字　　　　　　2022 年 6 月河北第 16 次印刷

ISBN 978-7-115-29921-5

定价：52.00 元（附光盘）

读者服务热线：（010）81055256　印装质量热线：（010）81055316
反盗版热线：（010）81055315

# 前　言

　　Java 是 Sun 公司推出的新一代面向对象语言，是当今最主流的程序开发语言之一。目前，无论是高校的计算机专业还是 IT 培训学校，都将 Java 作为教学内容之一。这对于培养学生的计算机应用能力具有非常重要的意义。

　　在当前的教育体系下，实例教学是计算机语言教学的最有效的方法之一。本书将 Java 知识和实用的实例有机结合起来，一方面，跟踪 Java 发展，适应市场需求，精心选择内容，突出重点、强调实用，使知识讲解全面、系统；另一方面，设计典型的实例，将实例融入知识讲解中，使知识与实例相辅相成，既有利于学生学习知识，又有利于指导学生实践。另外，本书在每章后还提供了习题和实验，方便读者及时验证自己的学习效果（包括理论知识和动手实践能力）。

　　本书作为教材使用时，建议课堂教学 60～65 学时，实验教学 15～20 学时。各章主要内容和学时建议分配如下，老师可以根据实际教学情况进行调整。

| 章 | 主　要　内　容 | 课堂学时 | 实验学时 |
|---|---|---|---|
| 第 1 章 | Java 语言的历史、特性、现状，JDK 下载及安装、开发第一个 Java 应用程序 | 1 | |
| 第 2 章 | Eclipse 下载、安装及汉化，使用 Eclipse 开发 Java 程序 | 2 | |
| 第 3 章 | Java 程序基本结构、标识符和关键字、基本数据类型、变量与常量、运算符、类型转换、代码注视和编码规范 | 6 | 1 |
| 第 4 章 | 条件分支语句、循环语句、跳转语句 | 4 | 1 |
| 第 5 章 | 数组概述、一维数组和二维数组创建、数组的基本操作 | 2 | 1 |
| 第 6 章 | 字符串创建及基本操作、格式化字符串、正则表达式和可变字符串 | 5 | 1 |
| 第 7 章 | 面向对象编程基本概念、类和对象的使用、注解 | 3 | 1 |
| 第 8 章 | 接口的使用、类的继承、多态、Object 类及对象类型转换 | 2 | 1 |
| 第 9 章 | 抽象类、内部类、Class 类与反射、使用注解功能 | 3 | 1 |
| 第 10 章 | 异常概述、分类、获取异常信息、处理异常、抛出异常、自定义异常、异常的使用原则 | 2 | 1 |
| 第 11 章 | 流概述、输入输出流、File 类、文件输入输出流、带缓存的输入输出流、数据输入输出流、ZIP 压缩输入输出流 | 2 | 1 |
| 第 12 章 | Swing 概述、常用窗体、标签组件与图标、常用布局管理器、常用面板、按钮组件、礼拜组件、文本组件 | 4 | 1 |
| 第 13 章 | 键盘事件、鼠标事件、窗体事件、选项事件 | 3 | 1 |
| 第 14 章 | 创建表格、维护表格模型、创建行标题栏、表格模型事件监听与处理 | 4 | 1 |
| 第 15 章 | 创建树组件、维护树模型 | 2 | 1 |

续表

| 章 | 主 要 内 容 | 课堂学时 | 实验学时 |
|---|---|---|---|
| 第 16 章 | 线程简介、实现线程的两种方式、操作线程的方法、线程的优先级、同步及通信 | 3 | 1 |
| 第 17 章 | 绘制图形、设置颜色与画笔属性、绘制文本、图片处理 | 4 | 1 |
| 第 18 章 | 时间日期类、数学运算、随机数、数字格式化类 | 2 | 1 |
| 第 19 章 | JDBC 技术、JDBC 中常用的类和接口、常见数据库连接 | 2 | 1 |
| 第 20 章 | 综合案例——快递打印系统，包括需求分析、总体设计、数据库设计、公共类设计、程序主要模块开发、程序打包与安装 | 6 | |
| 第 21 章 | 课程设计——软件注册程序，包括课程设计目的、功能描述、总体设计、数据库设计、实现过程、调试运行、课程设计总结 | 5 | |
| 第 22 章 | 课程设计——决策分析程序，包括课程设计目的、功能描述、总体设计、数据库设计、实现过程、调试运行、课程设计总结 | 5 | |

本书由刘乃琦、苏畅担任主编，张宇、杨娜、马衍民担任副主编。其中，刘乃琦编写第 1～3 章、第 22 章并负责全书的统稿，苏畅编写第 4～6 章、第 10 章，张宇编写第 7～9 章、第 11 章，杨娜编写第 12 章、第 16～19 章，马衍民编写第 13～15 章、第 20～21 章。

由于编者水平有限，书中难免存在疏漏和不足之处，敬请广大读者批评指正，使本书得以改进和完善。

编 者
2012 年 6 月

# 目　录

1

# 第1章
# 初识Java

**本章要点**

- 了解 Java 语言的历史
- 了解 Java 语言的应用领域及版本
- 了解 Java 语言的特性
- 掌握 JDK 的安装及配置
- 掌握 Java 程序开发的流程

Java 是一款面向对象的编程语言。在学习语法细节前，对其历史、现状和特性有所了解是有裨益的。从事 Java 开发，需要先配置 JDK。这也是本章的重点内容。最后，通过一个简单的 Java 程序实例，读者可以了解 Java 开发的一般流程。

# 1.1  什么是 Java 语言

Java 语言是 Sun 公司于 1990 年开发的。当时 Green 项目小组的研究人员正在致力于为未来的智能设备开发出一款新的编程语言。由于该小组的成员 James Gosling 对 C++语言在执行过程中的表现非常不满，于是把自己封闭在办公室里编写了一款新的语言，并将其命名为 Oak（Oak 就是 Java 语言的前身）。这个名称源于 Gosling 办公室窗外的一棵橡树（Oak）。此时的 Oak 已经具备安全性、网络通信、面向对象、多线程等特性，是一款相当优秀的程序语言。后来，在注册 Oak 商标时，发现它已经被另一家公司注册，所以不得不改名。要取什么名字呢？工程师们边喝咖啡边讨论着，看看手上的咖啡，联想到印度尼西亚有一个盛产咖啡的岛屿（中文名叫"爪哇"），于是将其改名为 Java。

## 1.1.1  Java 语言历史

随着 Internet 的迅速发展，Web 应用日益广泛，Java 语言也得到了迅速发展。1994 年，Gosling 用 Java 语言开发了一个实时性较高、可靠、安全、有交互功能的新型 Web 浏览器。它不依赖于任何硬件平台和软件平台。该浏览器被命名为 HotJava，并于 1995 年在业界发表，引起了巨大的轰动，Java 语言的地位随之而得到肯定。1995 年 5 月 23 日，JDK（Java Development Kits）1.0a2 版本正式对外发布。此后，Java 语言的发展异常迅速。在 2009 年 4 月 20 日，Sun 公司被 Oracle

公司收购。

## 1.1.2　Java 的运行机制

Java 语言编写的程序既是编译型的，又是解释型的。程序代码经过编译之后转换为一款称为 Java 字节码的中间语言，并由 Java 虚拟机（JVM）将这些字节码进行解释和运行。编译只进行一次，而解释在每次运行程序时都会进行。编译后的字节码采用一种针对 JVM 优化过的机器码形式保存，虚拟机将字节码解释为机器码，然后在计算机上运行。Java 语言程序代码的编译和运行过程如图 1.1 所示。

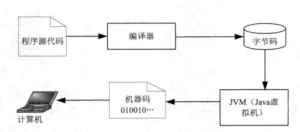

图 1-1　Java 语言程序代码的编译和运行过程

JVM 是 Java 虚拟机。在 JRE 的 bin 目录下有两个子目录（server 和 client），是真正的 jvm.dll 所在。jvm.dll 无法单独工作，当 jvm.dll 启动后，会使用 explicit 的方法，而这些辅助用的动态链接库（.dll）都必须位于 jvm.dll 所在目录的父目录中。因此想使用哪个 JVM，只需要在环境变量中设置 path 参数指向 JRE 所在目录下的 jvm.dll 即可。

# 1.2　Java 语言现状

借助 Java，程序开发人员可以自由地使用现有的硬件和软件系统平台。由于 Java 是独立于平台的，所以还可以应用于计算机之外的领域。Java 程序可以在便携式计算机、电视、电话、手机和其他设备上运行。Java 的用途数不胜数，拥有无可比拟的能力，且使用 Java 语言所节省的时间和费用十分可观。Java 应用领域主要包括以下几方面。

- 桌面应用系统开发
- 嵌入式系统开发
- 电子商务应用
- 企业级应用开发
- 交互式系统开发
- 多媒体系统开发
- 分布式系统开发
- Web 应用系统开发

Java 无处不在，可应用于任何地方、任何领域，目前已拥有几百万个用户，发展速度要快于在它之前的任何一款计算机语言。Java 能够给企业和最终用户带来数不尽的好处。Oracle 公司董事长和首席执行官 Larru Ellison 说过："Java 正在进入企业、家庭和学校。它正在像 Internet 本身一样成为普遍存在的技术。"

如果仔细观察就会发现，Java 就在我们身边。使用 Java 语言编写的常见开源软件包括 NetBeans 和 Eclipse 集成开发环境、JBoss 和 GlassFish 应用服务器；商业软件包括永中 Office、合金战士 Chrome、Websphere 和 Oracle Database 11g。此外，各手机厂商都为自己的产品提供了 Java 技术的支持，各种手机上的 Java 程序和游戏已经数不胜数。

为了满足不同的开发人员的需求，Java 目前分成以下 3 个版本。

（1）Java SE：主要用于桌面程序的开发。它是学习 Java EE 和 Java ME 的基础，也是本书的重点内容。

（2）Java EE：主要用于网页程序的开发。随着互联网的发展，越来越多的企业使用 Java 语言来开发自己的官方网站，其中不乏世界 500 强。

（3）Java ME：主要用于嵌入式系统程序的开发。

# 1.3　Java 语言特性

Java 语言的作者编写了具有广泛影响的 Java 白皮书，详细介绍了他们的设计目标以及实现成果。此外，还用简短的篇幅介绍了 Java 语言的特性。下面将对其进行简单的介绍。

## 1.3.1　简单

Java 语言的语法简单明了，容易掌握，而且是纯面向对象的语言。Java 语言的简单性主要体现在以下几点。

■　语法规则和 C++类似。从某种意义上讲，Java 语言是由 C 和 C++语言转变而来，所以 C 程序设计人员可以很容易地掌握 Java 语言的语法。

■　Java 语言对 C++进行了简化和提高。例如，Java 使用接口取代了多重继承，并取消了指针，因为指针和多重继承通常使程序变得复杂。Java 语言还通过实现垃圾自动收集，大大简化了程序设计人员的资源释放管理工作。

■　Java 提供了丰富的类库和 API 文档以及第三方开发包，另外还有大量的基于 Java 的开源项目，现在 JDK 也开放源代码了，读者可以通过分析项目的源代码，提高自己的编程水平。

## 1.3.2　面向对象

Java 语言本身是一种纯面向对象程序设计语言。Java 提倡万物皆对象，语法中不能在类外面定义单独的变量和方法，也就是说，Java 语言最外部的数据类型是对象，所有的元素都要通过类和对象来访问。

## 1.3.3　分布性

Java 的分布性包括操作分布和数据分布。其中，操作分布是指在多个不同的主机上布置相关操作，而数据分布是将数据分别存放在多个不同的主机上，而这些主机是网络中的不同成员。Java 可以凭借 URL 对象访问网络对象，访问方式与访问本地系统相同。

## 1.3.4　可移植性

Java 程序具有与体系结构无关的特性，从而使 Java 程序可以方便地移植到网络的不同计算机中。

同时，Java 的类库中也实现了针对不同平台的接口，使这些类库也可以移植。

### 1.3.5　解释型

运行 Java 程序需要解释器。任何移植了 Java 解析器的计算机或其他设备都可以用 Java 字节码进行解释执行。字节码独立于平台，本身携带了许多编译时信息，使得连接过程更加简单，开发过程也就更加迅速，更具探索性。

### 1.3.6　安全性

Java 语言删除了类似 C 语言中的指针和内存释放等语法，从而有效地避免了非法操作内存。Java 程序代码要经过代码校验、指针校验等很多的测试步骤才能够运行，因此未经允许的 Java 程序不可能出现损害系统平台的行为，而且使用 Java 可以编写防病毒和防修改的系统。

### 1.3.7　健壮性

Java 的设计目标之一，是编写多方面可靠的应用程序，其将检查程序在编译和运行时的错误，以及消除错误。类型检查能帮助用户检查出许多在开发早期出现的错误。同时，很多集成开发工具 IDE（如 Eclipse、NetBeans）的出现使编译和运行 Java 程序更加容易。

### 1.3.8　多线程

多线程机制能够使应用程序在同一时间并行执行多项任务，而且相应的同步机制可以保证不同线程能够正确地共享数据。使用多线程，可以带来更好的交互能力和实时行为。

### 1.3.9　高性能

Java 编译后的字节码是在解释器中运行的，所以它的速度比多数交互式应用程序提高了很多。另外，字节码可以在程序运行时被翻译成特定平台的机器指令，从而进一步提高运行速度。

### 1.3.10　动态

Java 在很多方面比 C 和 C++更能够适应发展的环境，可以动态调整库中方法和增加的变量，而客户端却不需要任何更改。在 Java 中动态调整是非常简单、直接的。

# 1.4　JDK 的下载和安装

开发 Java 程序必须安装 JDK（JavaSE Development Kits）开发环境。它包含演示程序和样例、Java 公共 API 类的源代码、Java 运行环境、编译调试等开发工具。本节将介绍如何搭建 Java 开发环境。

### 1.4.1　下载 JDK

由于 Sun 公司已经被 Oracle 收购，因此 JDK 可以在 Oracle 公司的官方网站（http://www.oracle.com/index.html）下载。下面以目前最新版本的 JDK 7 Update 3 为例介绍下载 JDK 的方法，具体下载步骤如下。

（1）打开 IE 浏览器，在地址栏中输入 URL 地址 "http://www.oracle.com/index.html"，并按下

"Enter"键，进入到图 1-2 所示的 Oracle 官方网站页面。在 Oracle 主页中"Downloads"选项卡的"Popular Downloads"栏目中，单击"Java for Developers"超级链接，进入到 Java SE 相关资源下载页面。

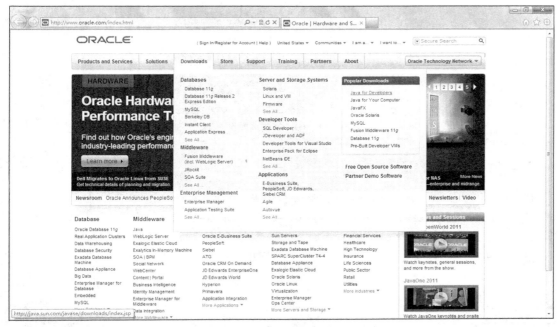

图 1-2　Oracle 官方主页

（2）跳转到的新页面如图 1-3 所示，单击"JDK"下方的"Download"按钮。

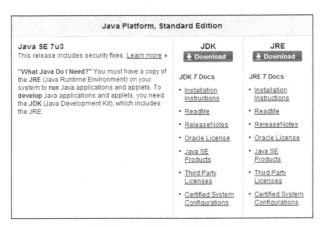

图 1-3　JDK 和 JRE 下载页面

在 JDK 中，已经包含了 JRE。JDK 用于开发 Java 程序，JRE 用于运行 Java 程序。

（3）跳转到得新页面如图 1-4 所示，同意协议并选择适合当前系统版本的 JDK 下载。

图 1-4　JDK 资源选择页面

## 1.4.2　安装 JDK

在 1.4.1 节中，完成了 JDK 的下载，现在开始介绍 JDK 的安装。

（1）双击运行刚刚下载完毕的 JDK 程序，弹出如图 1-5 所示的 JDK 安装向导窗体。单击"下一步"按钮。

（2）在图 1-6 中，选择安装全部的 JDK 功能，包括开发工具、源代码、公共 JRE 等。单击"更改"按钮，修改 JDK 的默认安装路径。

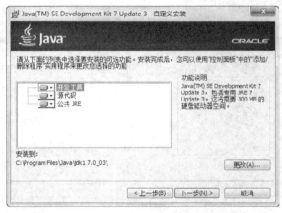

图 1-5　JDK 安装向导窗体　　　　　　图 1-6　JDK 安装功能及位置选择窗体

　　　　由于在 Windows 系统中，软件默认安装到"Program Files"文件夹中，但因为这个路径中包含了一个空格，所以通常建议将 JDK 安装到没有空格的路径中。

（3）在图 1-7 中，修改安装路径"C:\Program Files\Java\jdk1.7.0_03\"为"C:\Java\jdk1.7.0_03\"，单击"确定"按钮。

（4）在图 1-8 中，可以看到安装路径已经发生了变化，单击"下一步"按钮。

（5）在图 1-9 中，显示的是 JDK 的安装进度。

（6）在前面已经选择了安装公共 JRE，图 1-10 中，显示的是 JRE 安装路径选择窗体，单击"更改"按钮。

图 1-7　修改 JDK 安装路径窗体

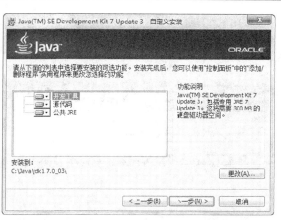

图 1-8　修改完安装路径后的窗体

图 1-9　JDK 安装进度窗体

图 1-10　JRE 安装路径选择窗体

（7）在图 1-11 中，更改安装路径 "C:\Program Files\Java\jre7\" 为 "C:\Java\jre7\"，单击 "确定" 按钮。

（8）在图 1-12 中，可以看到安装路径已经发生了变化，单击 "下一步" 按钮。

图 1-11　修改 JRE 安装路径窗体

图 1-12　修改完安装路径后的窗体

（9）在图 1-13 中，显示的是 JRE 的安装进度。

（10）在图 1-14 中，显示的是安装完成窗体。单击"继续"按钮，会开始安装 JavaFX SDK，由于本书并不介绍相关内容，因此可以取消安装。

 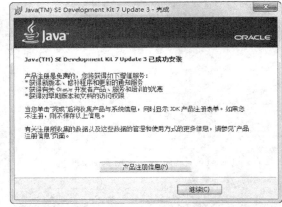

图 1-13　JRE 安装进度窗体　　　　　　　　　　图 1-14　安装完成窗体

## 1.4.3　配置 JDK

在安装完 JDK 之后，需要对环境变量进行配置，其具体步骤如下。

 如果使用集成开发工具，例如 Eclipse、NetBeans 等，可以省略此步骤。

（1）在 Windows 7 系统中，同时按住"Win"键和"Pause"键打开系统属性窗体，如图 1-15 所示。选择高级系统设置。

图 1-15　系统基本信息窗体

（2）在图 1-16 中，单击"环境变量"按钮。

（3）在图 1-17 中，单击"新建"按钮，新建系统变量。

图 1-16  系统属性窗体

图 1-17  环境变量窗体

（4）在系统环境变量对话框的"变量名"文本框中输入"JAVA_HOME"，在"变量值"文本框中输入 JDK 的安装路径"C:\Java\jdk1.7.0_03，如图 1-18 所示。单击"确定"按钮，完成环境变量"JAVA_HOME"的配置。

（5）在系统变量中查找"Path"变量，如果不存在，则新建系统变量"Path"；否则选中该变量，单击"编辑"按钮，打开"编辑系统变量"对话框，如图 1-19 所示。

图 1-18  新建系统变量窗体

图 1-19  编辑系统变量窗体

在该对话框的"变量值"文本框的起始位置添加以下内容。

;%JAVA_HOME%\bin;

在 Windows 系统中，环境变量需要使用英文的分号进行分隔；在 Linux 系统中，环境变量需要使用英文的冒号进行分隔。请注意全角和半角的区别。

# 1.5  第一个 Java 程序

在完成 JDK 的下载和安装后，就可以开始编写 Java 程序了。下面将编写第一个 Java 程序，其用途是在 DOS 控制台上显示"我能学好 Java 语言！"。通过本节内容，读者可以学习开发 Java

程序的流程。

### 1.5.1　编写源代码

使用 Java 编程的第一步是编写源代码。这里需要使用到文本编辑器。目前有各种各样的文本编辑器，例如记事本、Office 等。这里使用 Windows 系统自带的记事本工具。

【例 1-1】 运行"开始"/"所有程序"/"附件"/"记事本"，编写 MyApp 类的代码如下。（实例位置：光盘\MR\源码\第 1 章\1-1）

```java
public class MyApp {
    public static void main(String[] args) {
        System.out.println("我能学好Java语言！");
    }
}
```

将文件保存到 D 盘，文件名为 MyApp.java。

　　默认记事本软件会为文件增加扩展名 txt，而 Java 程序的源代码扩展名要使用 java。因此，在修改文件名是需要使用双引号将文件名括起来，这样就不会增加新的扩展名。

### 1.5.2　编译源代码

运行"开始"/"所有程序"/"附件"/"命令提示符"，将路径切换到 D 盘，并使用 dir 命令查看 D 盘中的文件。其运行效果如图 1-20 所示。

接着运行 javac MyApp.java 命令，然后使用 dir 命令查看 D 盘中的文件。其运行效果如图 1-21 所示。

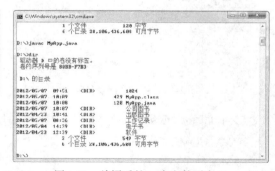

图 1-20　编译前的 D 盘文件列表　　　　　图 1-21　编译后的 D 盘文件列表

　　javac 命令和 MyApp.java 之间存在一个空格。

### 1.5.3　运行 class 文件

输入 java MyApp 来运行 class 文件，其运行效果如图 1-22 所示。

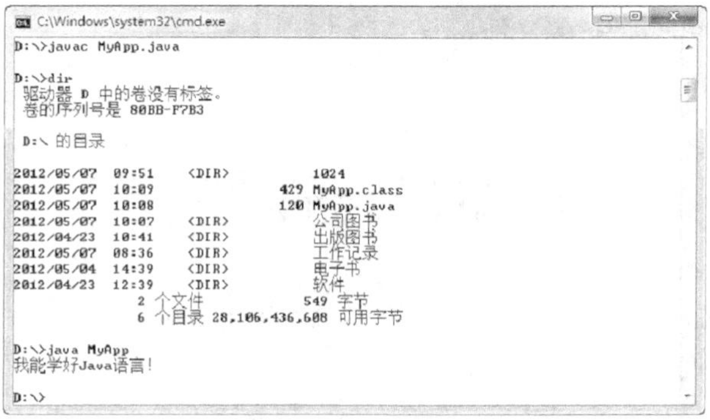

图 1-22　运行 class 文件后的窗体

　　使用 java 命令时，不需要输入文件的扩展名。而使用 javac 命令时，需要输入文件的扩展名。

# 1.6　综合实例——用星号绘制等腰三角形

　　本实例将使用记事本和 JDK 命令来在控制台上输出一个等腰三角形，其运行效果如图 1-23 所示。

图 1-23　在控制台输出等腰三角形

　　（1）打开记事本程序，输入如下代码。将程序保存到 D 盘，文件名为 Triangle.java，程序代码如下。

```
public class Triangle {
    public static void main(String[] args) {
        System.out.println("    *");
        System.out.println("   ***");
        System.out.println("  *****");
        System.out.println(" *******");
        System.out.println("*********");
    }
}
```

（2）使用 javac 命令编译源代码文件。

（3）使用 java 命令运行 class 文件。

# 知识点提炼

（1）Java SE 是 Java Standard Edition 的简写，主要用于桌面程序的开发。它是学习 Java EE 和 Java ME 的基础，也是本书的重点内容。

（2）Java EE 是 Java Enterprise Edition 的简写，主要用于网页程序的开发。随着互联网的发展，越来越多的企业使用 Java 语言来开发自己的官方网站，其中不乏世界 500 强。

（3）Java ME 是 Java Micro Edition 的简写，主要用于嵌入式系统程序的开发。

（4）API 的全称是 Application Programming Interface，即应用程序编程接口。

（5）JDK 是 Java SE Development Kits 的简写，是开发 Java 应用程序所必须的环境。

（6）JRE 是 Java Runtime Edition 的简写，是运行 Java 应用程序所必须的环境。

（7）以 java 作为后缀名的文件是 Java 源代码文件。

（8）以 class 作为后缀名的文件是 Java 字节码文件。

# 习　　题

1-1　Java 语言有哪些主要的应用领域？

1-2　列举 3 个使用 Java 语言开发的应用程序。

1-3　Java 语言目前分为哪些版本？

1-4　Java 语言有哪些特性？

1-5　JDK 和 JRE 有何区别？

1-6　class 文件有何用途？

# 实验：验证 Java 开发环境

## 实验目的

（1）确保正确配置 Java 开发环境。

（2）了解 javac 命令的使用。

## 实验内容

在控制台中输入 Java 命令，查看输出结果。

## 实验步骤

（1）参考 1.4 节的内容，完成 JDK 的下载、安装及配置。

（2）单击 Windows 操作系统的"开始"菜单，选择"运行"命令，或者按"Windows"键组合"R"键来调出"运行"对话框。

（3）在"运行"对话框中输入"cmd"命令，单击"确定"按钮。

（4）在命令提示符后输入"javac"命令，按"回车"键，将执行 Java 的编译命令。这个命令是 JRE 运行环境所没有的，所以如果环境变量设置不正确，这个命令无法执行。如果运行效果如图 1-24 所示，出现编译命令的帮助信息，说明 JDK 开发环境已经正确搭建。

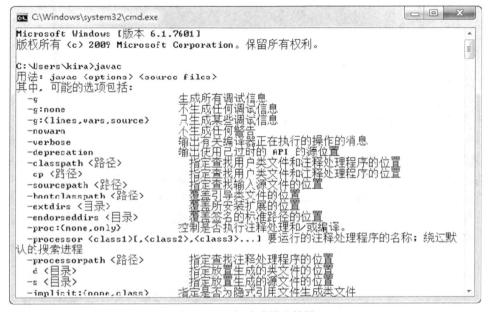

图 1-24  javac 命令输出结果

# 第2章
# Eclipse 开发工具

**本章要点**

- 了解 Eclipse 集成开发环境
- 掌握 Eclipse 的安装与使用
- 掌握 Eclipse 的汉化
- 掌握使用 Eclipse 进行 Java 开发

工欲善其事，必先利其器。学习 Java 语言程序设计必须选择一个功能强大、使用简单、能够辅助程序设计的 IDE 集成开发工具，而 Eclipse 是目前最流行的 Java 语言开发工具。它以强大的代码辅助功能，帮助程序开发人员自动完成语法、补全文字、代码修正、API 提示等编码工作，大量节省程序开发时间和所需精力。本章将简要介绍 Eclipse 开发工具，使读者能够初步了解 Eclipse 并使用它完成程序设计工作。

## 2.1 Eclipse 简介

Eclipse 是一个基于 Java 的、开放源码的、可扩展的免费应用开发平台，为编程人员提供了一流的 Java 集成开发环境（Integrated Development Environment，IDE）。它是一个可以用于构建本地和 Web 应用程序的开发工具平台，其本身并未提供大量的功能，而是通过插件来实现程序的快速开发。

Eclipse 是利用 Java 语言写成的，可以跨平台操作，但是需要 SWT（Standard Widget Toolkit）的支持。不过这已经不是什么大问题了，因为 SWT 已经被移植到许多常见的平台上，如 Windows、Linux、Solaris 等。

## 2.2 Eclipse 安装与汉化

### 2.2.1 下载 Eclipse

可以从官方网站下载最新版本的 Eclipse。具体网址为：http://www.eclipse.org。本书中使用的 Eclipse

为 eclipse-java-indigo-SR2 版本，具体下载步骤如下。

（1）打开浏览器，在地址栏中输入"www.eclipse.org"，按"Enter"键将打开 Eclipse 的主页，如图 2-1 所示。单击页面中的"Download Eclipse"超链接。

图 2-1　Eclipse 官方主页

（2）在图 2-2 中，选择"Eclipse IDE for Java Developers"中的"Windows 32 Bit"下载。如果读者使用的是 64 位计算机，可以选择"Windows 64 Bit"下载。

图 2-2　选择适合 Java 开发的 Eclipse 版本

（3）在图 2-3 中，单击绿色的下载箭头开始下载。

图 2-3　Eclipse 下载页面

## 2.2.2　安装 Eclipse

在下载完成后，进行解压缩，会产生一个名为 eclipse 的文件夹。进入该文件夹，其结构如图 2-4 所示。此时即完成了安装工作，双击"eclipse"图标即可启动 Eclipse。

图 2-4　Eclipse 文件夹结构

## 2.2.3　启动 Eclipse

　　在首次启动 Eclipse 时，会要求选择工作空间，如图 2-5 所示。用户可以使用默认的工作空间，也可以单击"Browse"按钮进行选择。如果勾选"Use this as the default and do not ask again"，则下次再启动 Eclipse 时就不用选择工作空间了。单击"OK"按钮，显示启动画面。

　　Eclipse 的启动画面如图 2-6 所示。该步骤主要完成各种窗体控件及其他资源的加载。

图 2-5　Eclipse 工作空间选择对话框

图 2-6　Eclipse 启动界面

　　启动完成后的窗体如图 2-7 所示。可以关闭"Welcome"页面进入开发界面。开发界面的效果如图 2-8 所示。

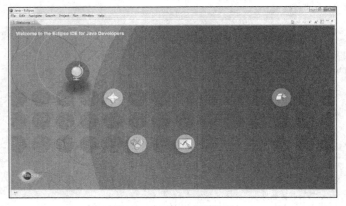

图 2-7　Eclipse 欢迎界面

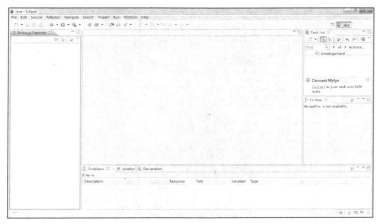

图 2-8　Eclipse 开发界面

## 2.2.4　汉化 Eclipse

为了方便不熟悉英语的用户进行开发，这里讲解如何为 Eclipse 进行汉化。

（1）打开 Eclipse Babel 项目的主页，地址是 "http://www.eclipse.org/babel/"，如图 2-9 所示。

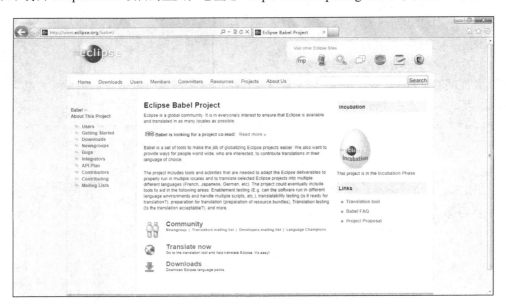

图 2-9　Eclipse Babel 项目主页

（2）单击页面左侧的 "Downloads" 按钮，在跳转的页面中，单击 Babel Language Pack Zips 下方的 Indigo 连接，如图 2-10 所示。

（3）在跳转的页面中，选择 Chinese（Simplified）下方的 "BabelLanguagePack-eclipse-zh_ 3.7.0.v20111128043401.zip (87.36%)" 连接进行下载，如图 2-11 所示。

图 2-10　选择对应的 Eclipse 版本

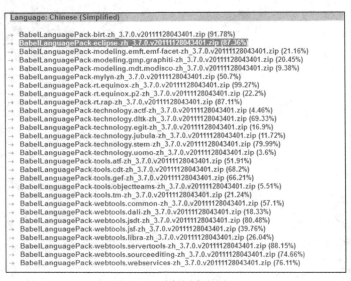

图 2-11　选择语言包界面

（4）在完成下载后，将其解压到 Eclipse 文件夹中。即将 Eclipse 和 Eclipse 汉化的压缩包解压在同一个位置。这样就完成了汉化。

（5）再次启动 Eclipse，显示如图 2-12 的选择工作空间的对话框。可以看到界面文字已经变成中文的了。启动 Eclipse 后，界面如图 2-13 所示。

图 2-12　汉化后的 Eclipse 工作空间选择对话框

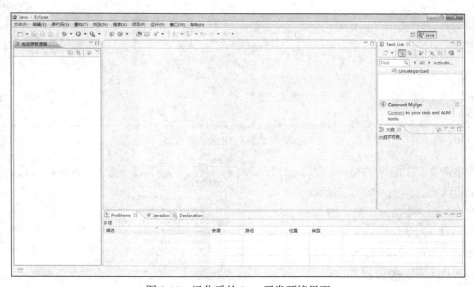

图 2-13　汉化后的 Java 开发环境界面

# 2.3　第一个 Java 项目

在完成 Eclipse 的安装与汉化后，下面通过一个例子来讲解如何使用它来开发 Java 应用程序。

【例 2-1】　使用 Eclipse 工具，在控制台上输出"我能学好 Java 语言"。（实例位置：光盘\MR\源码\第 2 章\2-1）

## 2.3.1　创建 Java 项目

（1）运行 Eclipse 程序，选择"文件"/"新建"/"Java 项目"，弹出如图 2-14 所示的对话框。在项目名称中输入"2-1"。项目的位置可以使用缺省位置，或者选择另一个位置。

（2）单击"完成"按钮，可以在主界面的包资源管理器中看到新创建的项目，如图 2-15 所示。

图 2-14　新建 Java 项目界面

图 2-15　包资源管理器

## 2.3.2　创建类文件

选中"src"文件夹，单击鼠标右键选择"新建"/"类"，弹出如图 2-16 所示的对话框。在包名中输入"com.minrisoft"，类名中输入"MyApp"。

## 2.3.3　编写程序代码

单击"完成"按钮后，在编辑器中输入如下代码。

```java
public class MyApp {
    public static void main(String[] args) {
        System.out.println("我能学好 Java 语言！");
    }
}
```

其效果如图 2-17 所示。

图 2-16　新建 Java 类界面

图 2-17  编辑器内容

## 2.3.4  运行 Java 程序

2.3.3 节中编写的代码包括了 main 方法，因此是一个可以直接运行的程序。在编辑器中单击鼠标右键，选择"运行方式"/"Java 应用程序"。在 Eclipse 控制台上输出的内容如图 2-18 所示。

图 2-18  控制台中输出的内容

说明

Eclipse 中支持多种快捷键来提高编程效率，读者可以在"窗口"/"首选项"/"常规"/"键"中查看和设置快捷键。

## 2.3.5  以调试方式运行程序

在 Eclipse 中，内置了 Java 调试器，使用该调试器可以以调试的方式来运行程序，进而对程序进行调试。例如，在图 2-17 所示的 MyApp.java 文件的第 6 行，设置一个断点，如图 2-19 所示，然后在"包资源管理器"视图的 MyApp 文件处单击鼠标右键，在弹出的快捷菜单中选择"调试方式"/"Java 应用程序"命令，这时将弹出如图 2-20 所示的"确认切换透视图"对话框。

单击"是"按钮，即可进入到调试透视图，并且调试器将在已经设置的断点处挂起当前线程，使程序暂停。程序执行到断点被暂停后，可以通过上方的"调试"视图工具栏上的按钮执行相应的调试操作，如运行、停止等。

图 2-19  在 Java 编辑器中设置断点

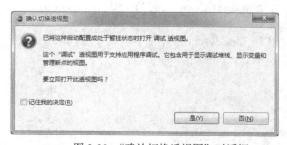

图 2-20  "确认切换透视图"对话框

# 2.4　综合实例——在 Eclispe 中输出字符表情

本实例介绍在 Eclipse 中如何开发一个简单的 Java 程序，通过这个程序来了解 Eclipse 如何编写 Java 程序，其运行效果如图 2-21 所示。

（1）新建 Eclipse 项目，名称为 Example。新建 Java 类，文件名为 "CharacterFace.java"，在该类中输入如下代码。

图 2-21　在控制台输出符号表情

```java
public class CharacterFace {
    public static void main(String[] args) {
        System.out.println("        ⌒⌒⌒   ");
        System.out.println("      {/ o  o /}");
        System.out.println("      (  (oo) )");
        System.out.println("            ⌣ ⌣⌣");
    }
}
```

（2）在代码编辑器中单击鼠标右键，在弹出菜单中选择 "运行方式" / "Java 应用程序" 菜单项，显示如图 2-21 所示的字符表情。

# 知识点提炼

（1）IDE 是 Integrated Development Environment 的简写，表示集成开发环境。

（2）Eclipse 是使用 Java 语言开发的免费、开源的 Java 集成开发环境。

（3）在使用 Eclipse 之前，必须安装 JDK。

（4）Eclipse 是一款绿色软件，在解压缩之后就可以直接运行。

（5）为了解决开发人员的语言障碍，Eclipse Babel 项目提供了多种语言包。

# 习　　题

2-1　在电脑上下载安装 Eclipse 开发环境，并完成汉化功能。

2-2　参考 "帮助" 菜单中的 "帮助内容"，学习 Eclipse 的使用。

2-3　在默认情况下，Eclipse 使用什么快捷键格式化代码？

2-4　在默认情况下，Eclipse 使用什么快捷键给出代码提示？

2-5　在默认情况下，Eclipse 使用什么快捷键运行 Java 程序？

2-6　在默认情况下，Eclipse 使用什么快捷键实现重命名？

2-7　简述使用 Eclipse 开发应用程序的流程。

# 实验：设置 API 提示信息

## 实验目的

（1）了解 Eclipse 首选项菜单项的内容。

（2）正确配置 API 提示信息。

## 实验内容

修改 Eclipse 首选项菜单项设置，使其使用本地的 API 文档来显示提示信息。

## 实验步骤

（1）在 Oracle 官方网站上下载与 JDK 版本对应的 API 文档。

（2）启动 Eclipse，选择"窗口"/"首选项"菜单项，如图 2-22 所示。

图 2-22　Eclipse 首选项对话框

（3）打开"Java"菜单，选择"已安装的 JRE"，如图 2-23 所示。

图 2-23　已安装的 JRE 信息

（4）选择"jre7"选项，单击右侧的"编辑"按钮，如图 2-24 所示。

图 2-24　编辑 JRE 属性对话框

（5）选择 JRE 系统库中的全部 jar 文件，单击右侧的"Javadoc 位置"按钮，将 Javadoc 位置修改为本地 zip 文件的位置，如图 2-25 所示。

图 2-25　编辑 Javadoc 位置对话框

（6）单击"确定"按钮，完成设置。

# 第3章
## Java 语言基础

**本章要点**

- 了解 Java 程序的基本结构
- 了解 Java 中的标识符合关键字
- 了解 Java 语言中的基本数据类型
- 理解 Java 语言中的常量与变量
- 掌握 Java 语言运算符的使用方法
- 理解 Java 语言中的数据类型的转换
- 了解 Java 语言中的代码注释与编码规范

很多人认为学习 Java 语言之前必须要学习 C++语言，其实并非如此。这种错误的认识源于很多人在学习 Java 语言之前都学过 C++语言，而事实上 Java 语言要比 C++语言更容易掌握。要掌握并熟练应用 Java 语言，就需要对 Java 语言基础进行充分的了解。本章对 Java 语言基础进行了比较详细的介绍。初学者应该对本章的各个小节进行详细的阅读、思考，才能达到事半功倍的效果。

## 3.1 Java 程序的基本结构

要学习 Java 程序，首先应该了解程序的基本结构，有利于更进一步学习 Java 语言。一个 Java 程序的基本结构大体可以分为包、类、main 方法、标识符、关键字、语句和注释等，如图 3-1 所示。

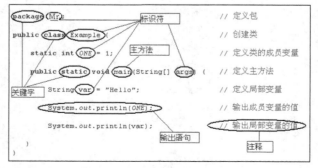

图 3-1　Java 程序的基本结构

第 1 条语句 "package Mr;" 定义了 Java 程序中类所在的包是 Mr，其中 Mr 是一个标识符，由程序员自己定义；package 是定义包的关键字，在 Java 程序中要定义包就必须使用 package 关键字。

在 Java 语言中，标识符和关键字是区分大小写的。如果标识符或关键字的大小写不正确，将导致程序无法正常执行。例如，将关键字 package 写成 Package，程序就会出错而无法正常执行。此外每条语句必须以分号结尾。

第 2 条语句 "public class Example" 是创建类的语句，其中 public 是 Java 程序的关键字，在这里用于修饰类；class 是用于创建类的关键字，其后的 Example 就是所创建类的名称，由程序员自己定义。

第 3 条语句 "static int ONE = 1;" 定义了类的成员变量，其中 static 是 Java 程序的关键字，在这里用于修饰成员变量；int 也是一个关键字，是 Java 程序中的整数数据类型，用于定义常量和变量，在这里定义的是类的成员变量；ONE 是一个标识符，是该类的成员变量，其名称由程序员自己定义，其数据类型是整数类型。

第 4 条语句 "public static void main(String[] args)" 是类的主方法，是 Java 应用程序的入口点。其中，main 是方法的名称，其名称程序员不可以更改；public 是 Java 程序的关键字，在这里用于修饰方法；static 是 Java 程序的关键字，在这里用于修饰方法；void 也是一个关键字，用于表示方法没有返回值；String 也是一个类，用于创建字符串对象，在这里用于修饰方法的形参，在 String 后跟上一对方括号 "[" 和 "]" 表示方法的形参是一个字符串数组；args 是一个标识符，是方法的形参数组，其数据类型是 String 类型。

在 Java 语言中，main 方法的写法是固定的，除了方法的形参 "String[] args" 可以修改为 "String args[]" 以外，不可以改变第 4 条语句中的任何部分，否则 Java 程序将无法运行。

第 5 条语句 "String var = "Hello";" 在 main 方法内定义了一个局部变量，其中 String 是一个类，用于创建字符串对象，在这里创建了一个局部变量；var 是局部变量的名称，是程序自己定义的一个标识符，"Hello"是局部变量 var 的值，是一个字符串常量；等号 "=" 是赋值运算符，用于将等号右边的字符串常量赋值给等号左边的变量 var，这样变量 var 的值就是 Hello 了。

在 Java 程序中，除了字符串常用中的标点符号以外，代码中的所有标点符号必须是半角的或在英文输入法下输入（如逗号、分号、双引号等），否则程序会出错。这也是初学者容易犯的错误。

第 6 条语句 "System.out.println(ONE);" 是一个输出语句，可以在命令行或控制台输出信息。"System.out.println();" 输出语句的固定写法，其中，System 是一个系统类的名称，其第一个字母必须大写，out 是 System 类提供的一个标准输出流，println()是标准输出流 out 提供的方法，用于输出信息；println()方法内部的 ONE 是要输出的内容，这里的 ONE 是类的一个成员变量，其值是 1，执行该语句将输出 1。

最后一条语句 "System.out.println(var);" 是一个输出语句，其含义同第 6 条语句。这里的 var 是 main 方法内定义的一个局部变量，其值是 "Hello"，执行该语句将输出 Hello。

# 3.2 标识符和关键字

标识符是 Java 程序重要的组成部分，必须在程序中使用；关键字是 Java 中一些具有特殊意义的字符，不可以使用关键字对标识符进行命名。本节向读者介绍标识符和关键字。

## 3.2.1 标识符

标识符是 Java 程序中必须使用的，但也不是随便使用的，有一定的规则。本小节将介绍标识符的含义和标识符的命名规则。

### 1. 何为标识符

标识符可以简单地理解为一个名字，是用来标识类名、变量名、方法名、数组名、文件名的有效字符序列。

### 2. 标识符的命名规则

标识符就是一个名字，对于所要表示的内容，用什么名字并不重要，只要能通过标识符看出所写内容就可以。就好比人的名字，你叫什么名字并不重要，在别人叫这个名字时知道是你就可以了。标识符虽然可以任意取名，但是也要遵循一定的规则，标识符的几点命名规则如下所示。

■ Java 语言的标识符由字母、数字、下划线和美元符号组成，第一个字符不能为数字。非法的标识符如下所示。

```
7word
5fox
```
合法的标识符如下所示。

```
tb_user
_u88
```

■ Java 语言使用 Unicode 标准字符集，最多可以识别 65535 个字符。因此，Java 语言中的字母可以是 Unicode 字符集中的任何字符，包括拉丁字母、汉字、日文和其他许多语言中的字符。合法的标识符如下所示。

```
价格
User
```

■ 标识符不能是 Java 的关键字和保留字。非法的标识符如下所示。

```
this
goto
```

■ 在 Java 语言中标识符是区分大小写的，如果两个标识符的字母相同但是大小写不同，就是不同的标识符，下面的两个标识符就是不同的标识符。

```
good
Good
```

在程序开发中，虽然可以使用汉字、日文等作为标识符，但为了避免出现错误，最好不要使用。最好连下划线和数字也不要使用，而只用英文进行命名。

## 3.2.2 关键字

关键字是 Java 语言中已经被赋予特定意义的一些单词，不可以把这些字作为标识符来使用。

Java 中的关键字如表 3-1 所示。

表 3-1 　　　　　　　　　　　　　　　　　Java 关键字

| abstract | boolean | break | byte | case | catch |
|---|---|---|---|---|---|
| char | class | continue | default | do | double |
| else | extends | final | finally | float | for |
| if | implements | import | instanceof | int | interface |
| long | new | package | private | protected | public |
| return | short | static | strictfp | super | switch |
| synchronized | this | throw | throws | transient | try |
| void | volatile | while | | | |

在命名标识符时，虽然 const 和 goto 不是 Java 的关键字，但也不可以使用。因为这两个词可能会在以后的升级版本中得以使用。

# 3.3　基本数据类型

在 Java 中有 8 种基本数据类型，其中 6 种是数值类型，另外两种分别是字符类型和布尔类型，而 6 种数值类型中有 4 种是整数类型，另外两种是浮点类型，如图 3-2 所示。

图 3-2　Java 基本数据类型

## 3.3.1　整数类型

整数类型用来存储整数数值，即没有小数部分的数值整数类型。可以是正数、负数，也可以是零。根据所占内存的大小不同，可以分为 byte、short、int 和 long 4 种类型，它们所占的内存和取值范围如表 3-2 所示。

表 3-2 　　　　　　　　　　　　　　　　　整数型数据类型

| 数 据 类 型 | 内存空间（8 位等于 1 字节） | 取 值 范 围 |
|---|---|---|
| byte | 8 位（1 字节） | $-2^7 \sim 2^7-1$ |
| short | 16 位（2 字节） | $-2^{15} \sim 2^{15}-1$ |
| int | 32 位（4 字节） | $-2^{31} \sim 2^{31}-1$ |
| long | 64 位（8 字节） | $-2^{63} \sim 2^{63}-1$ |

### 1.　byte 型

使用 byte 关键字来定义 byte 型变量，可以一次定义多个变量并对其进行赋值，也可以不进行赋值。

byte 型是整型中所分配的内存空间是最少的，只分配 1 个字节；取值范围也是最小的，在-128 和 127 之间，在使用时一定要注意，以免数据溢出产生错误。

### 2. short 型

short 型即短整型，使用 short 关键字来定义 short 型变量，可以一次定义多个变量并对其进行赋值，也可以不进行赋值。系统给 short 型分配 2 个字节的内存，取值范围也比 byte 型大了很多，在-32 768 和 32 767 之间。虽然取值范围变大，但是还是要注意数据溢出。

### 3. int 型

int 型即整型，使用 int 关键字来定义 int 型变量，可以一次定义多个变量并对其进行赋值，也可以不进行赋值。int 型变量取值范围很大，在-2 147 483 648 和 2 147 483 647 之间，满足一般需求，所以是整型变量中应用最广泛的。

### 4. long 型

long 型即长整型，使用 long 关键字来定义 long 型变量，可以一次定义多个变量并对其进行赋值，也可以不进行赋值。而在对 long 型变量赋值时结尾必须加上 "L" 或者 "l"，否则将不被认为是 long 型。当数值过大，超出 int 型范围的时候就使用 long 型，系统分配给 long 型变量 8 个字节，取值范围则更大，在-9 223 372 036 854 775 808 和 9 223 372 036 854 775 807 之间。

说明 　在定义 long 型变量是最好在结尾处加 "L"，因为 "l" 非常容易和数字 "1" 弄混。

【例 3-1】　在项目中创建类 Number，在 main 方法中创建不同的整数类型变量，并将这些变量相加，将结果输出。（实例位置：光盘\MR\源码\第 3 章\3-1）

```
public class Number {                                      // 创建类
    public static void main(String[] args) {              // 主方法
        byte mybyte = 124;                                // 声明 byte 型变量并赋值
        short myshort = 32564;                            // 声明 short 型变量并赋值
        int myint = 45784612;                             // 声明 int 型变量并赋值
        long mylong = 46789451L;                          // 声明 long 型变量并赋值
        long result = mybyte + myshort + myint + mylong;  // 获得各数相加后的结果
        System.out.println("四种类型相加的结果为: " + result);   // 将以上变量相加的结果输出
    }
}
```

程序的运行效果如图 3-3 所示。

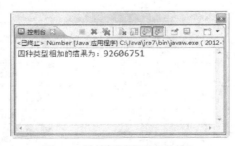

图 3-3　计算不同类型变量的和

上面的 4 种整数类型在 Java 程序中有 3 种表示形式，分别为十进制表示法、八进制表示法和十六进制表示法。各进制表示法如下所示。

- 十进制表示法

十进制的表现形式大家都很熟悉，即逢十进一，每位上的数字最大是 9，例如 120、0、−127 都是十进制数。

- 八进制表示法

八进制即逢八进一，每位上的数字最大是 7，且必须以 0 开头，例如 0123（转换成十进制数为 83）、−0123（转换成十进制数为−83）都是八进制数。

- 十六进制表示法

中国古代使用的就是十六进制数，所谓"半斤八两"就是如此。逢十六进一，每位上最大数字是 f（15），且必须以 0X 或 0x 开头，例如 0x25（转换成十进制数为 37）、0Xb01e（转换成十进制数为 45 086）都是十六进制数。

### 3.3.2　浮点类型

浮点类型表示有小数部分的数字。Java 语言中浮点类型分为单精度浮点类型（float）和双精度浮点类型（double）。它们具有不同的取值范围，如表 3-3 所示。

表 3-3　　　　　　　　　　　　　　　浮点型数据类型

| 数 据 类 型 | 内存空间（8 位等于 1 字节） | 取 值 范 围 |
| --- | --- | --- |
| float | 32 位（4 字节） | IEEE754 |
| double | 64 位（8 字节） | IEEE754 |

#### 1. float 型

float 型即单精度浮点型，使用 float 关键字来定义 float 型变量，可以一次定义多个变量并对其进行赋值，也可以不进行赋值。在对 float 型进行赋值的时候在结尾必须添加"F"或者"f"，否则，系统自动将其定义为 double 型变量。

#### 2. double 型

double 型即双精度浮点型，使用 double 关键字来定义 double 型变量，可以一次定义多个变量并对其进行赋值，也可以不进行赋值。在给 double 型赋值时，可以使用后缀"D"或"d"明确表明这是一个 double 类型数据，但加不加并没有硬性规定，可以加也可以不加。

【例 3-2】　在项目中创建类 Number，在 main 方法中创建不同的浮点类型变量，并将这些变量相加，将结果输出。（实例位置：光盘\MR\源码\第 3 章\3-2）

```
public class Number {                                    // 创建类
    public static void main(String[] args) {             // 主方法
        float f1 = 13.23f;                               // 定义 float 型变量
        double d1 = 4562.12d;                            // 定义 double 型变量
        double d2 = 45678.1564;                          // 定义 double 型变量
        double result = f1 + d1 + d2;                    // 获得各数相加后的结果
        System.out.println("浮点型相加结果为: " + result);  // 将以上变量相加的结果输出
    }
}
```

程序的运行效果如图 3-4 所示。

图 3-4　计算不同类型变量的和

### 3.3.3　字符类型

char 型即字符类型，使用 char 关键字进行声明，用于存储单个字符，系统分配两个字节的内存空间。在定义字符型变量时，要用单引号括起来，例如 's' 表示一个字符，且单引号中只能有一个字符，多了就不是字符类型了，而是字符串类型，需要用双引号进行声明。

同 C、C++语言一样，Java 语言也可以把字符作为整数对待。由于 Unicode 编码采用无符号编码，可以存储 65536 个字符（0x0000～0xffff），所以 Java 中的字符几乎可以处理所有国家的语言文字。若想得到一个 0～65 536 之间的数所代表的 Unicode 表中相应位置上的字符，也必须使用 char 型显式转换。

【例 3-3】　在项目中创建类 Test，在 main 方法中输出字符 a 所对应的整数以及整数 97 所对应的字符。（实例位置：光盘\MR\源码\第 3 章\3-3）

```java
public class Test {                                    // 创建类
    public static void main(String[] args) {            // 主方法
        System.out.println("a 对应的整数: " + (int) 'a');    // 输出字符 a 所对应的整数
        System.out.println("97 对应的字符: " + (char) 97);  // 输出整数 97 所对应的字符
    }
}
```

程序的运行效果如图 3-5 所示。

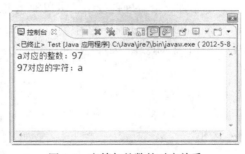

图 3-5　字符与整数的对应关系

在字符类型中有一种特殊的字符，以反斜线 "\" 开头，后跟一个或多个字符将具有特定的含义，不再等同于字符原有的意义。这种字符叫做转义字符。例如 "\n" 就是一个转义字符，意思是 "回车换行"。Java 中的转义字符如表 3-4 所示。

表 3-4　　　　　　　　　　　　　　　　转义字符

| 转　义　字　符 | 含　　义 |
| --- | --- |
| \ddd | 1～3 位八进制数据所表示的字符，如：\456 |
| \dxxxx | 4 位十六进制所表示的字符，如：\0052 |
| \' | 单引号字符 |
| \\ | 反斜杠字符 |
| \t | 垂直制表符，将光标移到下一个制表符的位置 |
| \r | 回车 |
| \n | 换行 |
| \b | 退格 |
| \f | 换页 |

【例 3-4】　在项目中创建类 Test，在 main 方法中使用转义字符输出反斜杠和五角星符号。（实例位置：光盘\MR\源码\第 3 章\3-4）

```
public class Test {                                          // 创建类
    public static void main(String[] args) {                 // 主方法
        System.out.println("输出反斜杠: " + '\\');            // 输出结果\
        System.out.println("输出五角星: " + '\u2605');        // 输出结果★
    }
}
```

程序的运行效果如图 3-6 所示。

图 3-6　输出转义字符

### 3.3.4　布尔类型

布尔类型（boolean）又称逻辑类型，只有两个值"true"和"false"，分别代表布尔逻辑中的"真"和"假"。使用 boolean 关键字声明布尔类型变量，通常被用在流程控制中作为判断条件。

# 3.4　变量与常量

在程序执行过程中，其值不能改变的量称为常量，其值能被改变的量称为变量。变量与常量的声明都必须使用合法的标识符，所有变量与常量只有在声明之后才能使用。

### 3.4.1　声明变量

在程序设计中，变量的使用是一个十分重要的环节。定义一个变量，就是要告诉编译器（compiler）

这个变量属于哪一种数据类型。这样编译器才知道需要配置多少空间，以及能存放什么样的数据。变量都有一个变量名。变量名必须是合法的标识符，内存空间内的值就是变量值。在声明变量时可以是不给予赋值，也可以是直接赋给初值。

变量虽然是由程序员所命名的，但是变量的命名并不是任意的，需要遵循一定的规则。Java 中变量的命名规则如下所示。

■ 变量名必须是一个有效的标识符

变量名必须使用 Java 语言中合法的标识符，即以字母、数字和下划线组成，且首字母不能是数字，也不可以使用 Java 中的关键字。

■ 变量名不能重复

如果两个变量具有同样的变量名，系统在对其进行使用时就不知道调用哪个变量，运行结果就会出现错误。

■ 应选择有意义的单词作为变量名

在命名变量名时，最好能通过变量名看出变量的内容。这样既能方便读者对程序的理解，增加可读性，又能方便程序的维护，减轻程序维护人员的工作负担。

### 3.4.2　声明常量

在程序运行过程中一直不会改变的量称为常量（constant），通常也被称为 "final 变量"。常量在整个程序中只能被赋值一次。在为所有对象共享的值时，常量是非常有用的。

在 Java 语言中声明一个常量，除了要指定数据类型外，还需要通过 final 关键字进行限定。声明常量的标准语法格式如下所示。

```
final 数据类型 常量名称[=值]
```

常量名通常使用大写字母，但这并不是必须的。很多 Java 程序员使用大写字母表示常量，常常是为了清楚地表明正在使用常量。

### 3.4.3　变量的有效范围

变量的有效范围是指程序代码能够访问该变量的区域，若超出变量所在区域访问变量则编译时会出现错误。在程序中，一般会根据变量能够访问的区域将变量分为 "成员变量" 和 "局部变量"。

#### 1. 成员变量

在类中所定义的变量被称为成员变量。成员变量在整个类中都有效。类的成员变量又可分为两种，分别是静态变量和实例变量。

#### 2. 局部变量

在类的方法中定义的变量（方法内部定义，"{" 与 "}" 之间的代码中声明的变量）称为局部变量。局部变量只在当前代码块中有效，通俗的理解就是在其所定义的大括号内有效，出了这个大括号就没有效了，在其他类体中不能调用该变量。

局部变量的生命周期取决于方法：当方法被调用时，Java 虚拟机为方法中的局部变量分配内存空间；当该方法的调用结束后，则会释放方法中局部变量占用的内存空间，局部变量也随即销毁。

成员变量和局部变量都有各自的有效范围，有效范围如图 3-7 所示。

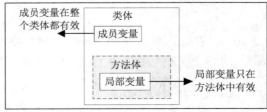

图 3-7　变量的有效范围

# 3.5　运　算　符

运算符是一些特殊的符号，主要用于数学函数、一些类型的赋值语句和逻辑比较。Java 中提供了丰富的运算符，如赋值运算符、算术运算符、比较运算符等。本节将向读者介绍这些运算符。

## 3.5.1　赋值运算符

赋值运算符即 "="，是一个二元运算符（即对两个操作数进行处理），其功能是将右方操作数所含的值赋值给左方的操作数，语法如下所示。

变量类型 变量名 = 所赋的值;

左方必须是一个变量，而右边所赋的值可以是任何数值或表达式，包括变量（如 a、number）、常量（如 123、book）或有效的表达式（如 45*12）。

## 3.5.2　算术运算符

Java 中的算术运算符主要有+（加号）、−（减号）、*（乘号）、/（除号）和 %（求余），它们都是二元运算符。Java 中算术运算符的功能及使用方式如表 3-5 所示。

表 3-5　　　　　　　　　　　　Java 算术运算符

| 运　算　符 | 说　　明 | 实　　例 | 结　　果 |
|---|---|---|---|
| + | 加 | 12.45f+15 | 31.45 |
| − | 减 | 4.56−0.16 | 4.4 |
| * | 乘 | 5L*12.45f | 62.25 |
| / | 除 | 7/2 | 3 |
| % | 取余数 | 1%2 | 2 |

【例 3-5】　在项目中创建类 Test，在 main 方法中演示 Java 算术运算符的使用。（实例位置：光盘\MR\源码\第 3 章\3-5）

```
public class Test {                                          // 创建类
    public static void main(String[] args) {                 // 主方法
        int number1 = 12;                                    // 定义整型变量
        int number2 = 21;                                    // 定义整型变量
        System.out.println("12 + 21 = " + (number1 + number2));  // 输出整型变量之和
        System.out.println("12 - 21 = " + (number1 - number2));  // 输出整型变量之差
        System.out.println("12 * 21 = " + (number1 * number2));  // 输出整型变量之积
        System.out.println("12 / 21 = " + (number1 / number2));  // 输出整型变量之商
        System.out.println("12 % 21 = " + (number1 % number2));  // 输出整型变量之模
    }
}
```

程序的运行效果如图 3-8 所示。

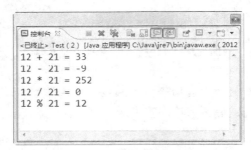

图 3-8　Java 算术运算符的使用

### 3.5.3　自增和自减运算符

自增、自减运算符是单目运算符，可以放在操作元之前，也可以放在操作元之后。操作元必须是一个整型或浮点型变量。其中，放在操作元前面的自增、自减运算符，会先将变量的值加1（减1），然后再使该变量参与表达式的运算；放在操作元后面的自增、自减运算符，会先使变量参与表达式的运算，然后再将该变量加1（减1），示例代码如下所示。

```
++a(--a)                //表示在使用变量 a 之前，先使 a 的值加（减）1
a++(a--)                //表示在使用变量 a 之后，使 a 的值加（减）1
```

### 3.5.4　比较运算符

比较运算符属于二元运算符，用于程序中的变量和变量之间、变量和常量之间以及其他类型的信息之间的比较。比较运算符的运算结果是 boolean 型，当运算符对应的关系成立时，运算结果是 true，否则结果是 false。比较运算符通常用在条件语句中作为判断的依据。比较运算符的种类和用法如表 3-6 所示。

表 3-6　　　　　　　　　　　　　　　　比较运算符

| 运　算　符 | 作　　　用 | 举　　　例 | 操　作　数　据 | 结　　　果 |
|---|---|---|---|---|
| > | 比较左方是否大于右方 | 'a' > 'b' | 整型、浮点型、字符型 | false |
| < | 比较左方是否小于右方 | 156 < 456 | 整型、浮点型、字符型 | false |
| == | 比较左方是否等于右方 | 'c' == 'c' | 基本数据类型、引用型 | true |
| >= | 比较左方是否大于等于右方 | 479>=426 | 整型、浮点型、字符型 | true |
| <= | 比较左方是否小于等于右方 | 12.45<=45.5 | 整型、浮点型、字符型 | false |
| != | 比较左方是否不等于右方 | 'y' != 't' | 基本数据类型、引用型 | true |

【例 3-6】 在项目中创建类 Test，在 main 方法中演示比较运算符的使用。（实例位置：光盘\MR\源码\第 3 章\3-6）

```java
public class Test {                                        // 创建类
    public static void main(String[] args) {
        int number1 = 12;                                  // 声明 int 型变量 number1
        int number2 = 21;                                  // 声明 int 型变量 number2
        // 依次将变量 number1 与变量 number2 的比较结果输出
        System.out.println("12 > 21: " + (number1 > number2));
        System.out.println("12 < 21: " + (number1 < number2));
```

```
        System.out.println("12 == 21: " + (number1 == number2));
        System.out.println("12 != 21: " + (number1 != number2));
        System.out.println("12 >= 21: " + (number1 >= number2));
        System.out.println("12 <= 21: " + (number1 <= number2));
    }
}
```

程序的运行效果如图 3-9 所示。

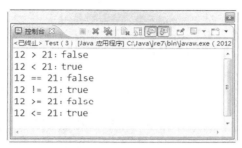

图 3-9　比较运算符的使用

## 3.5.5　逻辑运算符

逻辑运算符包括&&（&）（逻辑与）、‖（|）（逻辑或）和!（逻辑非），返回值为布尔类型的表达式，操作元也必须是 boolean 型数据。和比较运算符相比，逻辑运算符可以表示更加复杂的条件，例如连接几个关系表达式进行判断。在逻辑运算符中，除了"!"是一元运算符之外，其余的都是二元运算符，其用法和含义如表 3-7 所示。

表 3-7　　　　　　　　　　　　　　逻辑运算符

| 运　算　符 | 含　　义 | 用　　法 | 结　合　方　向 |
| --- | --- | --- | --- |
| &&、& | 逻辑与 | op1&&op2 | 左到右 |
| ‖、| | 逻辑或 | op1‖op2 | 左到右 |
| ! | 逻辑非 | ! op | 右到左 |

用逻辑运算符进行逻辑判断时，不同的逻辑运算符和不同的操作元进行操作时，运行结果也不相同。运行结果如表 3-8 所示。

表 3-8　　　　　　　　　　　　使用逻辑运算符进行逻辑运算

| 表达式 1 | 表达式 2 | 表达式 1&&表达式 2 | 表达式 1‖表达式 2 | ! 表达式 1 |
| --- | --- | --- | --- | --- |
| true | true | true | true | false |
| true | false | false | true | false |
| false | false | false | false | true |
| false | true | false | true | true |

Java 里逻辑运算符 "&&" 与 "&" 都是表示 "逻辑与"，那么它们之间的区别在哪里呢？从表 3-8 中可以看出，当两个表达式都为 true 时，逻辑与的结果才会是 true。使用逻辑运算符 "&" 会判断两个表达式，而逻辑运算符 "&&" 则是针对 boolean 类型类进行判断，当第一个表达式为 false 时则不去判断第二个表达式，直接输出结果。因此，使用 "&&" 可节省计算机判断的次数。通常将这种在逻辑表达式中从左端的表达式可推断出整个表达式的值称为 "短路"，而那些始终执

行逻辑运算符两边的表达式称为"非短路"。"&&"属于"短路"运算符，而"&"则属于"非短路"运算符。"||"和"|"也是如此。

【例 3-7】 在项目中创建类 Test，在 main 方法中演示逻辑运算符的使用。（实例位置：光盘\MR\源码\第 3 章\3-7）

```java
public class Test {                                    // 创建类
    public static void main(String[] args) {
        int a = 2;                                     // 声明 int 型变量 a
        int b = 5;                                     // 声明 int 型变量 b
        boolean result1 = ((a > b) && (a != b));       // 声明布尔型变量
        boolean result2 = ((a > b) || (a != b));       // 声明布尔型变量
        // 将变量 result1 输出
        System.out.println("(a > b) && (a != b)的值是: " + result1);
        // 将变量 result2 输出
        System.out.println("(a > b) || (a != b)的值是: " + result2);
    }
}
```

程序的运行效果如图 3-10 所示。

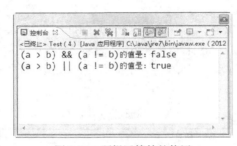

图 3-10　逻辑运算符的使用

### 3.5.6　位运算符

位运算符用于处理整型和字符型的操作数，对其内存进行操作。数据在内存中以二进制的形式表示。例如 int 型变量 7 的二进制表示是 00000000 00000000 00000000 00000111，-8 的二进制表示是 111111111 111111111 1111111 11111000，最高位是符号位，0 表示正数，1 表示负数。Java 语言提供的位运算符如表 3-9 所示。

表 3-9　　　　　　　　　　　　　　　位运算符

| 运　算　符 | 含　　义 | 用　　法 | 运　算　分　类 |
|---|---|---|---|
| ~ | 按位取反 | ~op1 | 按位运算 |
| & | 按位与 | op1 & op2 | |
| \| | 按位或 | op1 \| op2 | |
| ^ | 按位异或 | op1 ^ op2 | |
| << | 左移 | op1 << op2 | 移位运算符 |
| >> | 右移 | op1 >> op2 | |
| >>> | 无符号右移 | op1 >>> op2 | |

### 1. "按位与"运算

"按位与"运算的运算符为"&"，是双目运算符，其运算的法则是：如果两个操作数对应位都是 1，则结果位才是 1，否则为 0。如果两个操作数的精度不同，则结果的精度与精度高的操作数相同，如图 3-11 所示。

### 2. "按位或"运算

"按位或"运算的运算符为"|"，是双目运算符，其运算法则是：如果两个操作数对应位都是 0，则结果位才是 0，否则为 1。如果两个操作数的精度不同，则结果的精度与精度高的操作数相同，如图 3-12 所示。

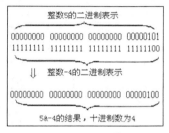 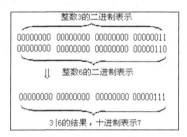

图 3-11　5&4 的运算过程　　　　　　图 3-12　3|6 的运算过程

### 3. "按位非"运算

"按位非"运算也称"按位取反"运算，运算符为"~"，是单目运算符，其运算法则是：将操作数二进制中的 1 全部修改为 0，0 全部修改为 1，如图 3-13 所示。

### 4. "按位异或"运算

"按位异或"运算的运算符是"^"，是双目运算符，其运算法则是：当两个操作数的二进制表示相同（同时为 0 或同时为 1）时，结果为 0，否则为 1。若两个操作数的精度不同，则结果数的精度与精度高的操作数相同，如图 3-14 所示。

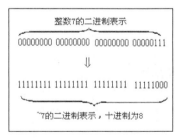 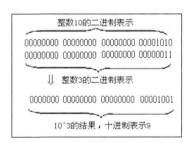

图 3-13　~7 的运算过程　　　　　　图 3-14　10^3 的运算过程

### 5. 移位运算符

Java 语言中的移位运算符有三种，其操作的数据类型只有 byte、short、char、int、long 五种，三种移位运算符如下所示。

■　左移运算符：<<

所谓左移运算符，就是将左边的操作数在内存中的二进制数据左移右边操作数指定的位数，左边移空的部分补 0，示例代码如下所示：

```
48 << 1;                 //将 48 的二进制数向左移 1 位
```

将 48 的二进制数向左移 1 位，移位后的结果是 96。

■  右移运算符：>>

右移则复杂一些，当使用 ">>" 符号时，如果最高位是 0，左移空的位就填入 0；如果最高位是 1，右移空的位就填入 1，使用方法与左移类似示例代码如下所示：

```
 48 >> 1;                 //将 48 的二进制数向右移 1 位
```

将 48 的二进制数向右移 1 位，移位后的结果是 24。移位过程如图 3-15 所示。

■  无符号右移运算符：>>>

Java 还提供了无符号右移 ">>>"，不管最高位是 0 还是 1，左移空的高位都填入 0。

移位能让我们实现整数除以或乘以 2 的 n 次方的效果。例如，y<<2 与 y*4 的结果相同；y>>1 的结果与 y/2 的结果相同。总之，一个数左移 n 位，就是将这个数乘以 2 的 n 次方；一个数右移 n 位，就是将这个数除以 2 的 n 次方。

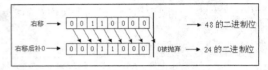

图 3-15  使用移位运算符移位

【例 3-8】    在项目中创建类 Test，在 main 方法中演示位运算符的使用。（实例位置：光盘\MR\源码\第 3 章\3-8）

```java
public class Test {                                          // 声明类
    public static void main(String[] args) {                // 主方法
        int number1 = 12;                                   // 定义整型变量
        int number2 = 21;                                   // 定义整型变量
        System.out.println("~12 = " + (~number1));
        System.out.println("12 & 21 = " + (number1 & number2));
        System.out.println("12 | 21 = " + (number1 | number2));
        System.out.println("12 ^ 21 = " + (number1 ^ number2));
        System.out.println("12 << 2 = " + (number1 << 2));
        System.out.println("12 >> 2 = " + (number1 >> 2));
        System.out.println("12 >>> 2 = " + (number1 >>> 2));
    }
}
```

程序的运行效果如图 3-16 所示。

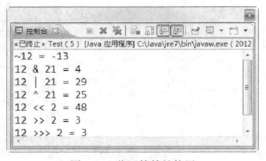

图 3-16  位运算符的使用

## 3.5.7  三元运算符

三元运算符是 Java 中唯一一个三目运算符，其操作元有三个，第一个是条件表达式，其余的是两个值，条件表达式成立时运算取第一个值，不成立时取第二个值，示例代码如下所示。

```java
boolean b = 20 < 45 ? true : false;
```

### 3.5.8　运算符优先级

Java 中的表达式就是使用运算符连接起来的符合 Java 规则的式子，运算符的优先级决定了表达式中运算执行的先后顺序。各运算符的优先级由高到低如图 3-17 所示。

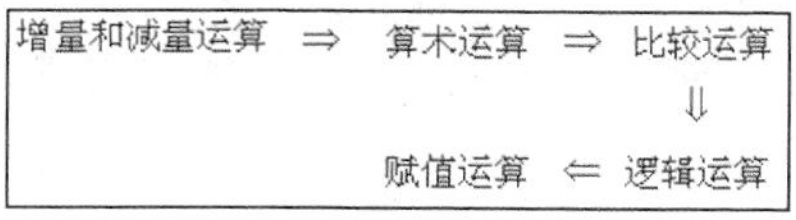

```
增量和减量运算  ⇒  算术运算  ⇒  比较运算
                                    ⇓
            赋值运算  ⇐  逻辑运算
```

图 3-17　运算符的优先级

各运算符之间大致的优先级由图 3-17 列出，但如果两个符号属于同一运算符又怎么区分优先级呢？Java 里各符号的优先级如表 3-10 所示。

表 3-10　　　　　　　　　　　　　　　运算符的优先级

| 优　先　级 | 描　　　述 | 运　算　符 |
| --- | --- | --- |
| 1 | 括号 | （　） |
| 2 | 正负号 | +、- |
| 3 | 一元运算符 | ++、--、! |
| 4 | 乘除 | *、/、% |
| 5 | 加减 | +、- |
| 6 | 移位运算 | >>、>>>、<< |
| 7 | 比较大小 | <、>、>=、<= |
| 8 | 比较是否相等 | ==、! = |
| 9 | 按位与运算 | & |
| 10 | 按位异或运算 | ^ |
| 11 | 按位或运算 | \| |
| 12 | 逻辑与运算 | && |
| 13 | 逻辑或运算 | \|\| |
| 14 | 三元运算符 | ? : |
| 15 | 赋值运算符 | = |

如果两个运算有相同的优先级，那么在左边的表达式要比在右边的表达式先被处理。在编写程序时尽量使用括号"（　）"运算符来限定运算次序，以免产生错误的运算顺序。

# 3.6　类　型　转　换

类型转换是将变量从一种类型更改为另一种类型的过程。例如，可以将 String 类型数据"456"转换为一个 int 整型变量 456。Java 对数据类型的转换有严格的规定：数据从占用存储空间较小的类型转换为占用存储空间较大的数据类型时，则做自动类型转换（隐式类型转换）；反之则必须做强制类型转换（显示类型转换）。

### 3.6.1 自动类型转换

Java 中 8 种基本类型可以进行混合运算，不同类型的数据在运算过程中，首先会自动转换为同一类型，再进行运算。数据类型根据占用存储空间的大小分为高低不同的级别，占用空间小的级别低，占用空间大的级别高。自动类型转换遵循低级到高级转换的规则。

自动类型转换要遵循一定的规则，那么在运算时各类型间将怎么转换呢？各种情况下数据类型间转换的一般规则如表 3-11 所示。

表 3-11　　　　　　　　　　　　隐式类型转换规则

| 操作数 1 的数据类型 | 操作数 2 的数据类型 | 转换后的数据类型 |
| --- | --- | --- |
| byte、short、char | int | int |
| byte、short、char、int | long | long |
| byte、short、char、int、long | float | float |
| byte、short、char、int、long、float | double | double |

### 3.6.2 强制类型转换

当把高精度的变量的值赋给低精度的变量时，必须使用显式类型转换运算（又称强制类型转换）。语法如下所示。

（类型名）要转换的值

当把整数赋值给一个 byte、short、int、long 型变量时，不可以超出这些变量的取值范围，否则就会发生数据溢出。示例代码如下所示。

```
short s = 516;
byte b = (byte)s;
```

由于 byte 型变量的最大值是 127，而 516 已经超过了其取值范围，会发生数据溢出。数据转换的过程如图 3-18 所示。

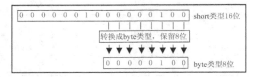

图 3-18　short 型转换成 byte 类型过程

此时就造成了数据丢失，所以在使用强制数据类型转换时，一定要加倍小心，不要超出变量的取值范围，否则就得不到想要的结果。

　boolean 型的值不能被转换为其他数据类型，反之亦然。

# 3.7　代码注释和编码规范

在程序代码中适当地添加注释可以提高程序的可读性、可维护性，而好的编码规范可以使程序更易阅读和理解。本节将向读者介绍 Java 中的几种代码注释以及应该注意的编码规范。

# 3.7.1　代码注释

通过在程序代码中添加注释可提高程序的可读性。注释中包含了程序的信息，可以帮助程序员更好地阅读和理解程序。在 Java 源程序文件的任意位置都可添加注释语句。注释中的文字 Java编译器并不进行编译，即所有代码中的注释文字并不对程序产生任何影响。Java 语言提供了 3 种添加注释的方法，分别为单行注释、多行注释和文档注释。

### 1. 单行注释

"//"为单行注释标记，从符号"//"开始直到换行为止的所有内容均作为注释而被编译器忽略。语法如下所示。

```
//注释内容
```

声明 int 型变量 age，并用单行注释加以注释，示例代码如下所示。

```
int age ;                //定义 int 型变量用于保存年龄信息
```

### 2. 多行注释

"/* */"为多行注释标记，符号"/*"与"*/"之间的所有内容均为注释内容。注释当中的内容可以换行，语法如下所示。

```
/*
注释内容 1
注释内容 2
…
*/
```

在多行注释中可嵌套单行注释，示例代码如下所示。

```
/*
    程序名称：Hello word  //开发时间:2008-03-05
*/
```

但在多行注释中不可以嵌套多行注释，非法代码如下所示。

```
/*
    程序名称：Hello word
/*开发时间:2008-03-05
作者：张先生
*/
*/
```

### 3. 文档注释

"/** */"为文档注释标记。符号"/**"与"*/"之间的内容均为文档注释内容。当文档注释出现在任何声明（如类的声明、类的成员变量的声明、类的成员方法声明等）之前时，会被 Javadoc 文档工具读取作为 Javadoc 文档内容。文档注释的格式与多行注释的格式相同。对于初学者而言，文档注释并不是很重要，了解即可。语法如下所示。

```
/**
    *程序名称：Hello word
*开发时间:2008-03-05
*作者：张先生
*/
```

### 3.7.2 编码规范

在学习开发的过程中要养成良好的编码规范，因为规整的代码格式会给程序的开发与日后的维护提供很大方便。总结的编码规范如下。

■ 类、变量和包的命名规则

在 Java 中，类名的首字母大写；变量名、方法名以及所有的标识符首字母应小写，当存在多个单词组合时，除首个单词以外，其他的单词首字母可以大写；包名应全部为小写字母。

■ 每条语句要单独占一行

虽然 Java 语言中可以在一行当中写几条语句，但为了程序看起来更加规范，且便于维护，要养成每行只写一条语句的好的编码规范。

■ 每条命令都要以分号结束

语句要以分号结尾，程序代码中的分号必须为英文状态下的，初学者经常会将";"写成中文状态下的"；"，此时编译器会报出 illegal character（非法字符）这样的错误信息。

■ 声明变量时要分行声明

即使是相同的数据类型也要将其放置在单独的一行上，有助于添加注释。

■ Java 语句中多个空格看成一个

在 Java 代码中，关键字与关键字间的多个空格均被视作一个。

■ 不要使用技术性很高、难懂、易混淆判断的语句

由于程序的开发与维护不能是同一个人，为了程序日后的维护方便，应尽量使用简单的技术完成程序需要的功能。

■ 对于关键的方法要多加注释

多加注释会增加程序的可读性，有助于阅读者很快地了解代码结构。

# 3.8　综合实例——使用位运算加密字符串

字符串的加密与解密是软件开发过程中的重要内容，目前有很多成熟的算法可以用来实现这一功能。作为 Java 语言的初学者，可以使用位运算中的异或运算来实现简单的加密解密操作。本实例将演示其实现过程，运行效果如图 3-19 所示。

图 3-19　使用异或运算加密字符串

（1）新建 Eclipse 项目，名称为 Example。新建 Java 类，文件名为 Encryption，在该类中输入如下代码。

```
public class Encryption {
    public static void main(String[] args) {
        String text = "明日科技";                        // 定义需要加密的字符串
        byte[] array = text.getBytes();                 // 将字符串转换成 byte 数组
        for (int i = 0; i < array.length; i++) {
            array[i] ^= 110;                            // 对数组中每个元素进行异或运算
        }
        System.out.println("加密前字符串: " + text);          // 输出加密前字符串
        System.out.println("加密后字符串: " + new String(array));    // 输出加密后字符串
    }
}
```

（2）在代码编辑器中单击鼠标右键，在弹出菜单中选择"运行方式"/"Java 应用程序"菜单项，显示如图 3-19 所示的加密结果。

# 知识点提炼

（1）一个 Java 程序的基本结构大体可以分为包、类、main 方法、标识符、关键字、语句和注释等。

（2）标识符可以简单地理解为一个名字，用来标识类名、变量名、方法名、数组名、文件名的有效字符序列。

（3）Java 中的基本数据类型包括 byte、short、int、long、float、double、char 和 boolean。

（4）final 关键字可以用来声明常量，表示不可变。

（5）成员变量的有效范围是类体中，局部变量的有效范围是代码块中。

（6）Java 中的运算符包括赋值运算符、算术运算符、自增自减运算符、比较运算符、逻辑运算符、位运算符、三元运算符等类型。

（7）Java 中的类型转换包含自动类型转换和强制类型转换两类。强制类型转换经常伴随精度的损失。

（8）代码注释分为单行注释、多行注释和文档注释。

# 习　　题

3-1　Java 程序由哪些部分组成？

3-2　如何定义合法的标识符？

3-3　Java 中的基本数据类型包括哪些？

3-4　如何声明变量与常量？

3-5　Java 中包含哪些运算符？

3-6　如何实现强制类型转换？

3-7　Java 中包含哪几类注释？

# 实验：实现两个变量的互换

## 实验目的

（1）熟悉 Java 中的运算符。

（2）锻炼学生的思维能力。

## 实验内容

变量互换常见于各种算法中，在内存允许的情况下，可以通过定义第 3 个变量来实现变量互换。此外，还可以不借助第 3 个变量，实现两个变量的值互换。本实验将演示其中的一种实现方式，请读者思考其他的实现方式。

## 实验步骤

（1）新建 Eclipse 项目，名称为 Test。新建 Java 类，文件名为 VariableExchange，在该类中输入如下代码。

```java
public class VariableExchange {
    public static void main(String[] args) {
        int number1 = 12;                                          // 定义第一个变量
        int number2 = 21;                                          // 定义第二个变量
        System.out.println("交换前: number1 = " + number1 + ", number2 = " + number2);
        number1 = number1 + number2;
        number2 = number1 - number2;
        number1 = number1 - number2;
        System.out.println("交换后: number1 = " + number1 + ", number2 = " + number2);
    }
}
```

（2）运行程序，效果如图 3-20 所示。

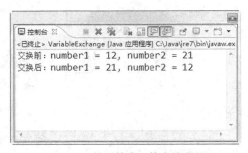

图 3-20　使用算术运算交换变量

使用异或运算也可以完成交换两个变量的操作，请读者思考如何实现。

# 第4章
# 流程控制

**本章要点**

- 理解 Java 语言中复合语句的使用方法
- 掌握 if 条件语句的使用方法
- 了解 if 语句与 switch 语句间的区别
- 掌握 while 循环语句的使用方法
- 掌握 do…while 循环语句的使用方法
- 了解 while 语句与 do…while 语句的区别
- 掌握 for 语句的使用方法
- 了解跳转语句的使用

流程控制对于任何一门编程语言来说都是至关重要的：它提供了控制程序步骤的基本手段。如果没有流程控制语句，整个程序将按照线性的顺序来执行，不能根据用户的输入决定执行的序列。本章将向读者介绍 Java 语言中的流程控制语句。

# 4.1 复 合 语 句

同 C 语言或其他语言相同，Java 语言的复合语句是以整个块区为单位的语句，所以又称块语句。复合语句由开括号"{"开始，闭括号"}"结束。

在前面的学习中已经接触到了这种复合语句。例如在定义一个类或方法时，类体就是以"{ }"作为开始与结束的标记，方法体同样也是以"{ }"作为标记。对于复合语句中的每个语句都是从上到下地被执行。复合语句以整个块为单位，可以用在任何一个单独语句可以用到的地方，并且在复合语句中还可以嵌套复合语句。

在使用复合语句时要注意，复合语句为局部变量创建了一个作用域。该作用域为程序的一部分，在该作用域中某个变量被创建并能够被使用。如果在某个变量的作用域外使用该变量，则会发生错误。

# 4.2 分支结构

条件语句可根据不同的条件执行不同的语句，条件语句包括 if 条件语句与 switch 多分支语句。本节将向读者介绍条件语句的用法。

## 4.2.1 if 条件语句

if 条件语句是一个重要的编程语句，用于告诉程序在某个条件成立的情况下执行某段程序，而在另一种情况下执行另外的语句。

使用 if 条件语句，可选择是否要执行紧跟在条件之后的那个语句。关键字 if 之后是作为条件的"布尔表达式"，如果该表达式返回的结果为 true，则执行其后的语句；若为 false，则不执行 if 条件之后的语句。if 条件语句可分为简单的 if 条件语句、if…else 语句和 if…else if 多分支语句。

### 1. 简单的 if 条件语句

语法如下所示。

```
if(布尔表达式) {
    语句序列
}
```

■　布尔表达式：必要参数，表示它最后返回的结果必须是一个布尔值。它可以是一个单纯的布尔变量或常量，或者使用关系或布尔运算符的表达式。

■　语句序列：可选参数。可以是一条或多条语句，当表达式的值为 true 时执行这些语句。如语句序列中仅有一条语句，则可以省略条件语句中的大括号。

虽然 if 和 else 语句后面的复合语句块只有一条语句，省略"{ }"并无语法错误，但为了增强程序的可读性最好不要省略。

简单的 if 条件语句的执行过程如图 4-1 所示。

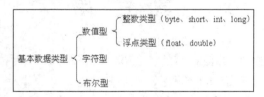

图 4-1　if 条件语句的执行过程

【例 4-1】　在项目中创建 IfDemo 类，判断两个数的大小，然后输出比较结果。（实例位置：光盘\MR\源码\第 4 章\4-1）

```
public class IfDemo {
    public static void main(String[] args) {
        int x = 12;                              // 定义整型变量
        int y = 21;                              // 定义整型变量
        if (x > y) {                             // 判断 x 和 y 的大小关系
            System.out.println("变量 x 大于 y! ");
        }
```

```
    if (x < y) {                                 // 判断 x 和 y 的大小关系
        System.out.println("变量 x 小于 y! ");
    }
}
```

程序的运行效果如图 4-2 所示。

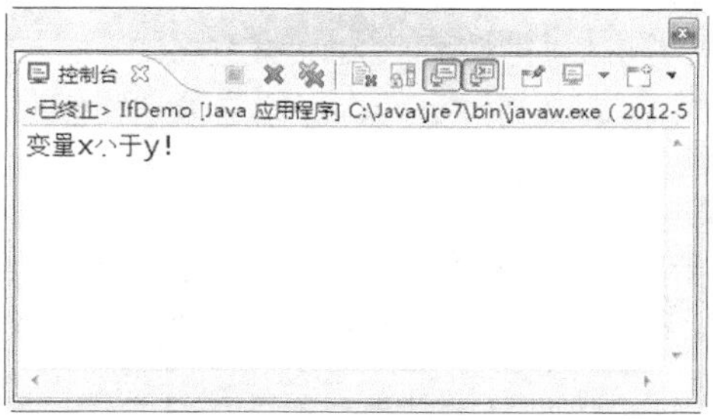

图 4-2 使用 if 语句判断大小关系

### 2. if…else 语句

if…else 语句是条件语句中最常用的一种形式，它会针对某种条件有选择地做出处理。通常表现为"如果满足某种条件，就进行某种处理，否则就进行另一种处理"。语法如下所示。

```
if(表达式) {
    若干语句
} else {
    若干语句
}
```

if 后面 "()" 内的表达式的值必须是 boolean 型的。如果表达式的值为 true，则执行紧跟 if 语句的复合语句；如果表达式的值为 false，则执行 else 后面的复合语句。if…else 语句的执行过程如图 4-3 所示。

同简单的 if 条件语句一样，如果 if…else 语句的语句序列中只有一条语句（不包括注释），则可以省略该语句序列外面的大括号。有时为了编程的需要，else 或 if 后面的大括号里可以没有语句。

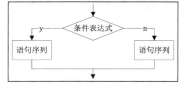

图 4-3 if…else 语句的执行过程

【例 4-2】 在项目中创建 IfElseDemo 类，判断考试成绩是否及格，然后输出结果。（实例位置：光盘\MR\源码\第 4 章\4-2）

```
public class IfElseDemo {
    public static void main(String[] args) {
        int score = 90;                          // 定义考试成绩
        if (score >= 60) {                       // 判断考试成绩是否及格
            System.out.println("考试成绩及格! ");
        } else {
            System.out.println("考试成绩不及格! ");
        }
    }
}
```

程序的运行效果如图 4-4 所示。

图 4-4　使用 if…else 语句判断是否及格

### 3．if…else if 多分支语句

if…else if 多分支语句用于针对某一事件的多种情况进行处理，通常表现为"如果满足某种条件，就进行某种处理，否则如果满足另一种则执行另一种处理"。语法如下所示。

```
if(条件表达式 1) {
    语句序列 1
} else if(条件表达式 2) {
    语句序列 2
}
…
else if(表达式 n) {
    语句序列 n
}
```

■　条件表达式 1～条件表达式 n：必要参数。可以由多个表达式组成，但最后返回的结果一定要为 boolean 类型。

■　语句序列：可以是一条或多条语句，当条件表达式 1 的值为 true 时，执行语句序列 1；当条件表达式 2 的值为 true 时，执行语句序列 2，以此类推。当省略任意一组语句序列时，可以保留其外面的大括号，也可以将大括号替换为 "；"。

if… else if 多分支语句的执行过程如图 4-5 所示。

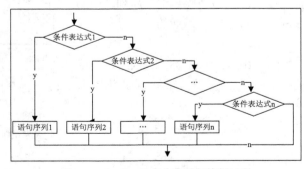

图 4-5　if…else if 多分支语句执行过程

【例 4-3】　在项目中创建 IfElseIfDemo 类，判断两个数的大小，然后输出比较结果。(实例位置：光盘\MR\源码\第 4 章\4-3)

```
public class IfElseIfDemo {
    public static void main(String[] args) {
        int x = 12;                                    // 定义整型变量
        int y = 21;                                    // 定义整型变量
```

```
        if (x > y) {
            System.out.println("变量 x 大于 y! ");
        } else if (x == y) {
            System.out.println("变量 x 等于 y! ");
        } else {
            System.out.println("变量 x 小于 y! ");
        }
    }
}
```

程序的运行效果如图 4-6 所示。

图 4-6　使用 if…else if 语句判断大小关系

 if 语句只执行条件为真的命令语句，不会执行其他语句。

## 4.2.2　switch 多分支语句

在编程中一个常见的问题就是检测一个变量是否符合某个条件，如果不匹配，再用另一个值来检测它，以此类推。这种问题使用 if 条件语句也可以完成，但是较为繁琐。在 Java 中，可以用 switch 语句将动作组织起来，就能以一个较简单明了的方式来实现"多选一"的选择，语法如下所示。

```
switch(表达式) {
    case 常量值 1;
        语句块 1
        [break;]
    …
    case 常量值 n;
        语句块 n
        [break;]
    default;
        语句块 n+1;
        [break;]
}
```

switch 语句中表达式的值必须是整型、字符型和字符串类型之一，常量值 1～常量值 n 也是如此。switch 语句首先计算表达式的值，如果表达式的值和某个 case 后面的变量值相同，则执行该 case 语句后的若干个语句直到遇到 break 语句为止。此时如果该 case 语句中没有 break 语句，将继续执行后面 case 里的若干个语句，直到遇到 break 语句为止。若没有一个常量的值与表达式的值相同，则执行 default 后面的语句。default 语句为可选的，如果它不存在，而且 switch 语句中表达式的值不与任何 case 的常量值相同，switch 则不做任何处理。

同一个 switch 语句，case 的常量值必须互不相同。

switch 语句的执行过程如图 4-7 所示。

【例 4-4】　在项目中创建 SwitchDemo 类，使用 switch 语句输出当前星期所对应的英语句子。（实例位置：光盘\MR\源码\第 4 章\4-4）

```java
public class SwitchDemo {
    public static void main(String[] args) {
        String today = "星期二"; // 定义表示当前星期的字符串
        switch (today) {
        case "星期一":
            System.out.println("Today is Monday!");
            break;
        case "星期二":
            System.out.println("Today is Tuesday!");
            break;
        case "星期三":
            System.out.println("Today is Wednesday!");
            break;
        case "星期四":
            System.out.println("Today is Thursday!");
            break;
        case "星期五":
            System.out.println("Today is Friday!");
            break;
        case "星期六":
            System.out.println("Today is Saturday!");
            break;
        case "星期日":
            System.out.println("Today is Sunday!");
            break;
        default:
            System.out.println("请输入合法的字符串！");
        }
    }
}
```

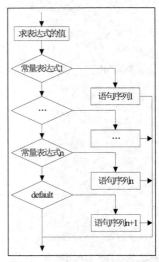

图 4-7　switch 语句的执行过程

程序的运行效果如图 4-8 所示。

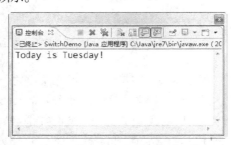

图 4-8　使用 switch 判断当前星期

# 4.3　循　环　语　句

循环语句就是在满足一定条件的情况下反复执行某一个操作。在 Java 中提供了三种常用的循环语句，分别是 while 循环语句、do…while 循环语句和 for 循环语句。下面分别对这三种循环语句进行介绍。

## 4.3.1　while 循环语句

while 语句也称条件判断语句，循环方式为利用一个条件来控制是否要继续反复执行这个语句。语法如下所示。

```
while(条件表达式) {
    执行语句
}
```

当条件表达式的返回值为真时，则执行 "{}" 中的语句，当执行完 "{}" 中的语句后，重新判断条件表达式的返回值，直到表达式返回的结果为假时，退出循环。while 循环语句的执行过程如图 4-9 所示。

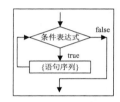

图 4-9　while 语句的执行过程

【例 4-5】　在项目中创建 WhileDemo 类，计算从 1 到 100 之间所有整数的和。( 实例位置：光盘\MR\源码\第 4 章\4-5 )

```java
public class WhileDemo {
    public static void main(String[] args) {
        int start = 1;                              // 定义求和起始整数
        int end = 100;                              // 定义求和终止整数
        int sum = 0;                                // 定义整型变量保持求和结果
        while (start <= end) {
            sum += start;                          // 求和
            start++;
        }
        System.out.println("1 + 2 + ... + 100 = " + sum);
    }
}
```

程序的运行效果如图 4-10 所示。

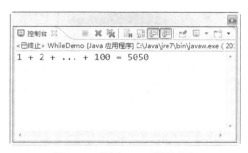

图 4-10　使用 while 循环求和

## 4.3.2　do…while 循环语句

do…while 循环语句与 while 循环语句类似，它们之间的区别是 while 语句为先判断条件是否成立再执行循环体，而 do…while 循环语句则先执行一次循环后，再判断条件是否成立。也就是说 do…while 循环语句中大括号中的程序段至少要被执行一次。语法如下所示。

```
do {
    执行语句
} while(条件表达式);
```

与 while 语句的一个明显区别是 do…while 语句在结尾处多了一个分号（；）。根据 do…while 循环语句的语法特点总结出 do…while 循环语句的执行过程如图 4-11 所示。

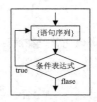

图 4-11　do…while 循环语句的执行过程

【例 4-6】　在项目中创建 DoWhileDemo 类，计算从 1 到 100 之间所有整数的和。（实例位置：光盘\MR\源码\第 4 章\4-6）

```java
public class DoWhileDemo {
    public static void main(String[] args) {
        int start = 1;                          // 定义求和起始整数
        int end = 100;                          // 定义求和终止整数
        int sum = 0;                            // 定义整型变量保持求和结果
        do {
            sum += start;                       // 求和
            start++;
        } while (start <= end);
        System.out.println("1 + 2 + ... + 100 = " + sum);
    }
}
```

程序的运行效果如图 4-12 所示。

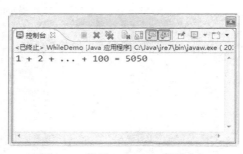

图 4-12　使用 do…while 循环求和

### 4.3.3　for 循环语句

for 循环是 Java 程序设计中最有用的循环语句之一。一个 for 循环可以用来重复执行某条语句，直到某个条件得到满足。在 Java 5 以后新增了 foreach 语法。本节将对这两种 for 循环形式进行详细的介绍。

**1. for 语句**

语法如下所示。

```
for (表达式 1;表达式 2;表达式 3) {
    语句序列
}
```

■　表达式 1：初始化表达式，负责完成变量的初始化。

- 表达式 2：循环条件表达式，值为 boolean 型的表达式，指定循环条件。
- 表达式 3：循环后操作表达式，负责修整变量，改变循环条件。

在执行 for 循环时，首先执行表达式 1，完成某一变量的初始化工作；下一步判断表达式 2 的值，若表达式 2 的值为 true，则进入循环体；在执行完循环体后紧接着计算表达式 3，这部分通常是增加或减少循环控制变量的一个表达式。这样一轮循环就结束了。第二轮循环从计算表达式 2 开始，若表达式 2 返回 true，则继续循环，否则跳出整个 for 语句。for 循环语句的执行过程如图 4-13 所示。

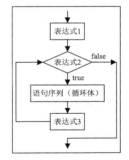

图 4-13　for 循环语句执行过程

【例 4-7】　在项目中创建 ForDemo 类，计算从 1 到 100 之间所有整数的和。（实例位置：光盘\MR\源码\第 4 章\4-7）

```java
public class ForDemo {
    public static void main(String[] args) {
        int start = 1;                          // 定义求和起始整数
        int end = 100;                          // 定义求和终止整数
        int sum = 0;                            // 定义整型变量保持求和结果
        for (; start <= end; start++) {
            sum += start;// 求和
        }
        System.out.println("1 + 2 + ... + 100 = " + sum);
    }
}
```

程序的运行效果如图 4-14 所示。

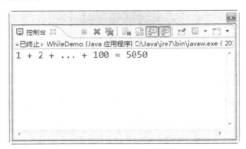

图 4-14　使用 for 循环求和

### 2. foreach 语句

foreach 语句是 for 语句的特殊简化版本，虽并不能完全取代 for 语句，但却能被改写为 for 语句版本。foreach 并不是一个关键字，习惯上将这种特殊的 for 语句格式称之为 foreach 语句。foreach 语句在遍历数组等方面为程序员提供了很大的方便（本书将在第 5 章对数组进行详细的介绍），语法如下所示。

```
for(元素变量x ：遍历对象obj) {
    引用了 x 的 java 语句；
}
```

foreach 语句中的元素变量 x，不必对其进行初始化。下面通过简单的例子来介绍 foreach 语句是怎样遍历一维数组的。

【例 4-8】　在项目中创建 ForEachDemo 类，遍历输出一维数组中各个元素。（实例位置：光盘\MR\源码\第 4 章\4-8）

```java
public class ForEachDemo {
    public static void main(String[] args) {
        int[] array = { 1, 2, 3, 4, 5, };                    // 定义一维数组
        System.out.println("数组 array 中包含的元素: ");
        for (int i : array) {
            System.out.print(i + "  ");
        }
    }
}
```

程序的运行效果如图 4-15 所示。

图 4-15　使用 foreach 遍历数组

# 4.4　跳　转　语　句

Java 语言中提供了 3 种跳转语句，分别是 break 语句、continue 语句和 return 语句。下面对这 3 种跳转语句进行详细介绍。

## 4.4.1　break 语句

break 语句大家应该不会陌生，因为在介绍 switch 语句时，我们已经应用过了。在 switch 语句中，break 语句用于中止下面 case 语句的比较。实际上，break 语句还可以应用在 for、while 和 do…while 循环语句中，用于强行退出循环，也就是忽略循环体中任何其他语句和循环条件的限制。

【例 4-9】　在项目中创建 BreakDemo 类，计算从 1 到 100 之间所有整数的和。如果和大于 1000，则退出循环。（实例位置：光盘\MR\源码\第 4 章\4-9）

```java
public class BreakDemo {
    public static void main(String[] args) {
        int start = 1;                                      // 定义求和起始整数
        int max = 1000;                                     // 保存最大和
        int sum = 0;                                        // 保存求和结果
        for (; start <= 100; start++) {
            sum += start;
            if (sum > max) {                                // 如果已经求得的和大于 1000
                break;                                      // 退出循环
            }
        }
        System.out.println("1 + 2 + ... + " + start + " = " + sum);
    }
}
```

程序的运行效果如图 4-16 所示。

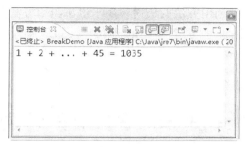

图 4-16　使用 break 退出循环

## 4.4.2　continue 语句

continue 语句只能应用在 for、while 和 do…while 循环语句中，用于让程序直接跳过其后面的语句，进行下一次循环。

【例 4-10】　在项目中创建 ContinueDemo 类，计算从 1 到 100 之间所有奇数的和。（实例位置：光盘\MR\源码\第 4 章\4-10）

```java
public class ContinueDemo {
    public static void main(String[] args) {
        int sum = 0;                              // 用来保存和的整型变量
        for (int i = 0; i <= 100; i++) {
            if (i % 2 == 0) {                     // 如果 i 是偶数则继续循环
                continue;
            }
            sum += i;
        }
        System.out.println("1 + 3 + ... + 99 = " + sum);
    }
}
```

程序的运行效果如图 4-17 所示。

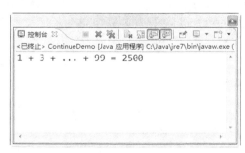

图 4-17　使用 continue 退出本次循环

## 4.4.3　return 语句

return 语句可以从一个方法返回，并把控制权交给调用它的语句。语法如下所示。

```
return [表达式];
```

表达式：可选参数，表示要返回的值。它的数据类型必须同方法声明中的返回值类型一致。这可以通过强制类型转换实现。

return 语句通常被放在被调用方法的最后，用于退出当前方法并返回一个值。当把单独的 return 语句放在一个方法的中间时，会产生"Unreachable code"编译错误。但是可以通过把 return 语句用 if 语句括起来的方法，将 return 语句放在一个方法中间，用来实现在程序未执行完方法中的全部语句时退出。

# 4.5　综合实例——判断今年是否为闰年

为了弥补因人为历法规定造成的年度天数与地球实际公转周期的时间差，设立了 366 天的闰年，闰年的二月份有 29 天。本实例通过程序计算今年是否为闰年，运行效果如图 4-18 所示。

图 4-18　判断今年是否为闰年

（1）新建 Eclipse 项目，名称为 Example。新建 Java 类，文件名为 LeapYear，在该类中输入如下代码。

```java
public class LeapYear {
    public static void main(String[] args) {
        int year = 2012;                          // 定义当前年
        boolean isLeapYear = false;               // 保存今年是否为闰年
        if (year % 400 == 0) {                    // 判断今年是否为闰年
            isLeapYear = true;
        } else if ((year % 4 == 0) && (year % 100 != 0)) {
            isLeapYear = true;
        } else {
            isLeapYear = false;
        }
        if (isLeapYear) {                         // 保存判断结果
            System.out.println("今年是闰年! ");
        } else {
            System.out.println("今年不是闰年! ");
        }
    }
}
```

（2）在代码编辑器中单击鼠标右键，在弹出菜单中选择"运行方式"/"Java 应用程序"菜单项，显示如图 4-18 所示的结果。

# 知识点提炼

（1）Java 语言的复合语句是以整个块区为单位的语句，所以又称块语句。复合语句由开括号"{"开始，闭括号"}"结束。

（2）分支语句包含 if 语句和 switch 语句。

（3）switch 语句中表达式的值必须是整型、字符型和字符串类型之一，常量值 1～常量值 n 也是如此。

（4）while 循环先判断条件，然后执行循环体。

（5）do…while 循环先执行循环体，然后判断条件。

（6）foreach 语句用于遍历数组、集合类等。

（7）break 语句可以用于结束循环，continue 语句可以用于结束本次循环。

# 习　题

4-1　如何定义语句块？

4-2　switch 语句中表达式必须是哪些类型？

4-3　while 循环和 do…while 循环有何不同？

4-4　请写出 for 循环的语法格式以及各部分的用途。

4-5　如何使用 foreach 循环？它适用于哪些场合？

4-6　break 和 continue 有何不同？

4-7　return 语句有什么作用？

# 实验：使用 for 循环输出空心菱形

## 实验目的

（1）掌握 for 语句的使用。

（2）锻炼学生的思维能力。

## 实验内容

通过嵌套 for 循环，在控制台上输出空心菱形。

## 实验步骤

（1）新建 Eclipse 项目，名称为 Test。新建 Java 类，文件名为 Diamond，在该类中输入如下代码。

```
public class Diamond {
    public static void main(String[] args) {
```

```
        int size = 11;                                   // 定义菱形大小
        if (size % 2 == 0) {
            size++;                                       // 计算菱形大小
        }
        for (int i = 0; i < size / 2 + 1; i++) {
            for (int j = size / 2 + 1; j > i + 1; j--) {
                System.out.print(" ");                    // 输出左上角位置的空白
            }
            for (int j = 0; j < 2 * i + 1; j++) {
                if (j == 0 || j == 2 * i) {
                    System.out.print("*");                // 输出菱形上半部边缘
                } else {
                    System.out.print(" ");                // 输出菱形上半部空心
                }
            }
            System.out.println("");
        }
        for (int i = size / 2 + 1; i < size; i++) {
            for (int j = 0; j < i - size / 2; j++) {
                System.out.print(" ");                    // 输出菱形左下角空白
            }
            for (int j = 0; j < 2 * size - 1 - 2 * i; j++) {
                if (j == 0 || j == 2 * (size - i - 1)) {
                    System.out.print("*");                // 输出菱形下半部边缘
                } else {
                    System.out.print(" ");                // 输出菱形下半部空心
                }
            }
            System.out.println("");
        }
    }
}
```

（2）运行程序，效果如图 4-19 所示。

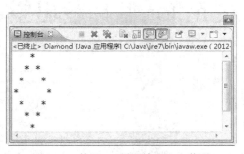

图 4-19　使用 for 循环输出空心菱形

# 第5章
# 数组

**本章要点**

- 掌握一维数组创建和使用的方法
- 掌握二维数组创建和使用的方法
- 掌握如何遍历数组
- 掌握如何复制数组
- 掌握如何填充数组
- 掌握如何排序数组元素
- 掌握如何查找数组元素

数组是最为常见的一种数据结构，是相同类型的、用一个标识符封装到一起的基本类型数据序列或对象序列。可以用一个统一的数组名和下标来唯一确定数组中的元素。实质上数组是一个简单的线性序列，因此数组访问起来很快。本章将向读者介绍有关数组的知识。

# 5.1 数 组 概 述

数组是具有相同数据类型的一组数据的集合。当需要使用的变量很多，而且数据类型相同时，逐个声明就显得非常麻烦。这时可以声明一个数组，然后通对数组进行操作，从而省去了不少操作。比如，球类的集合——足球、篮球、羽毛球等，电器集合——电视机、洗衣机、电风扇等，就可以分别定义在一个数组中。Java 中虽然基本数据类型不是对象，但是由基本数据类型组成的数组则是对象，在程序设计中引入数组可以更有效地管理和处理数据。

数组根据维数的不同分为一维数组、二维数组和多维数组。大家习惯的将一维看成直线、二维看成平面、三维看成立体空间，那再多维又该怎么理解呢？其实 Java 中数组的维数并不用如此理解。这样非但不容易理解，反而会有使用的不便。下面给大家介绍一种简单的理解方法，如图 5-1 所示。

通过图示就很好理解了，通俗地讲就是一维数组的每个基本单元都是基本数据类型的数据；二维数组就是每个基本单元是一维数组的一维数组；依次类推，n 维数组的每个基本单元都是 n-1 维数组的 n-1 维数组。下面通过三维数组实例进一步加深理解，如图 5-2 所示。

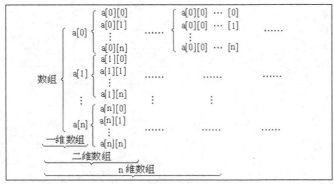

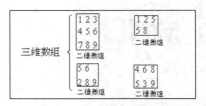

图 5-1　各维数组理解图　　　　　　　　　　　　图 5-2　三维数组示意图

图 5-2 中三维数组的元素都是一个二维数组，再把每个二维数组看成一个整体，则此三维数组也是一个二维数组的结构。

# 5.2　一　维　数　组

一维数组实质上是一组相同类型数据的集合，当在程序中碰到需要处理一组数据时，或者传递一组数据时，可以应用这种类型的数组。本节将向读者介绍一维数组。

## 5.2.1　创建一维数组

数组作为对象允许使用 new 关键字进行内存分配。在使用数组之前，必须首先定义数组变量所属的类型，即声明数组。声明一维数组有两种形式，语法如下所示。

数组元素类型　数组名字[ ];
数组元素类型[ ]　数组名字;

- 数组元素类型：决定了数组的数据类型，可以是 Java 中任意的数据类型，包括基本数据类型和非基本数据类型。
- 数组名字：为一个合法的标识符
- 符号"[ ]"：指明该变量是一个数组类型变量，单个"[ ]"表示要创建的数组是一维数组。

声明数组后，还不能访问它的任何元素，因为声明数组仅仅是给出了数组名字和元素的数据类型，要想真正使用数组还要为其分配内存空间，且分配内存空间时必须指明数组的长度。分配内存空间的语法如下所示。

数组名字 = new 数组元素类型[数组元素的个数];

- 数组名字：已经声明的数组变量的名称
- new：对数组分配空间的关键字
- 数组元素个数：指定数组中变量的个数，即数组的长度

创建数组和分配内存不一定要分开执行，可以在创建数组时直接为变量进行赋值。语法如下所示。

数组元素类型 数组名[ ] = new 数组元素类型[数组元素的个数];

## 5.2.2　初始化一维数组

数组可以与基本数据类型一样进行初始化操作。数组的初始化可分别初始化数组中每个元素。数组的初始化有两种形式，示例代码如下所示。

```
int arr[] = new int[]{1,2,3,5,25};          //第一种初始化方式
int arr2[] = {34,23,12,6};                   //第二种初始化方式
```

第一种初始化方式，创建 5 个元素的数组，其值依次为 1、2、3、5、25。第二种初始化方式，创建 4 个元素的数组，其值依次为 34、23、12、6。

　　初始化数组时可以省略 new 运算符和数组的长度，编译器将根据初始值的数量来自动计算数组长度，并创建数组。

# 5.3　二 维 数 组

如果一维数组中的各个元素仍然是一维数组，那么它就是一个二维数组。二维数组常用于表示表，表中的信息以行和列的形式组织，第一个下标代表元素所在的行，第二个下标代表元素所在的列。

## 5.3.1　创建二维数组

声明二维数组的方法有两种，语法如下所示。

```
数组元素类型 数组名字[ ][ ];
数组元素类型[ ][ ] 数组名字;
```

■　　数组元素类型：决定了数组的数据类型，可以是 Java 中任意的数据类型，包括基本数据类型和非基本数据类型。

■　　数组名字：为一个合法的标识符

■　　符号 "[ ]"：指明该变量是一个数组类型变量，两个 "[ ]"表示要创建的数组是二维数组。

同一维数组一样，如果二维数组在声明时没有分配内存空间，同样也要使用关键字 new 来分配内存，然后才可以访问每个元素。

二维数组可以看成是由多个一维数组所组成，在给二位数组分配内存时，可以为这些一维数组同时分配相同的内存。第一个中括号中的数字是一维数组的个数，第二个中括号中的数字是这些一维数组的长度。

## 5.3.2　初始化二维数组

二维数组的初始化同一维数组初始化类似，同样可以使用大括号完成二维数组的初始化。语法如下所示。

```
type arrayname[][] = {value1,value2…valuen};
```

■　　type：数组数据类型

■　　arrayname：数组名称，一个合法的标识符

■　　value：数组中各元素的值

对于整型二维数组，创建成功之后系统会赋给数组中每个元素初始化值 0。

# 5.4　数组的基本操作

java.util 包的 Arrays 类包含用来操作数组（比如排序和搜索）的各种方法。本节将向读者介绍数组的基本操作。

## 5.4.1　遍历数组

遍历数组有两种常用的方式，即使用 for 循环和使用 foreach 循环。两者的区别在于 for 循环能够在遍历过程中修改数组中的元素，而 foreach 循环不行。

【例 5-1】　在项目中创建 TraverseArray 类，使用 for 循环对数组元素赋值，然后使用 foreach 循环输出数组中的元素。（实例位置：光盘\MR\源码\第 5 章\5-1）

```java
public class TraverseArray {
    public static void main(String[] args) {
        int[] array = new int[5];                    // 定义能保存 5 个元素的数组
        for (int i = 0; i < array.length; i++) {     // 使用 for 循环对数组元素赋值
            array[i] = i;
        }
        System.out.println("数组中的元素: ");
        for (int i : array) {
            System.out.print(i + " ");               // 遍历输出数组元素
        }
    }
}
```

程序的运行效果如图 5-3 所示。

## 5.4.2　复制数组

java.util.Arrays 类中的 copyOf() 方法和 copyOfRange() 方法都可以实现数组的复制功能，并且都提供了多种重载形式。下面以 int 类型数组参数进行讲解。

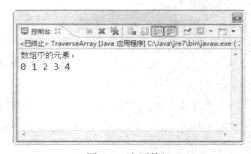

图 5-3　遍历数组

使用 copyOf() 复制数组的语法如下。

```java
public static int[] copyOf(int[] original, int newLength)
```

■　original：需要进行复制的数组。

■　newLength：复制完成后，新生成数组的长度。该值可以大于 original 数组元素的个数。

使用 copyOfRange() 复制数组的语法如下。

```java
public static int[] copyOfRange(int[] original, int from, int to)
```

■　original：需要进行复制的数组。

■　from：开始复制的数组索引，该值必须大于 0，小于 original 数组元素的个数。

■　to：该值必须大于等于 from，并且可以大于 original 数组元素的个数。

对于 int 类型数组而言，如果复制后生成的数组长度大于被复制的数组，则使用 0 来作为多余元素的值。

【例 5-2】　在项目中创建 ArrayCopyDemo 类，分别使用 copyOf() 和 copyOfRange() 方法复制数组，然后输出复制结果。（实例位置：光盘\MR\源码\第 5 章\5-2）

```java
public class ArrayCopyDemo {
    public static void main(String[] args) {
        int[] array = { 01, 2, 3, 4, };                         // 定义整型数组
        int[] arrayCopy = Arrays.copyOf(array, 6);              // 复制数组
        int[] arrayRangeCopy = Arrays.copyOfRange(array, 2, 6);// 部分复制数组
        System.out.print("原数组: ");
        for (int i : array) {                                   // 遍历输出数组
            System.out.print(i + " ");
        }
        System.out.println();
        System.out.print("复制数组: ");
        for (int i : arrayCopy) {                               // 遍历输出数组
            System.out.print(i + " ");
        }
        System.out.println();
        System.out.print("部分复制数组: ");
        for (int i : arrayRangeCopy) {                          // 遍历输出数组
            System.out.print(i + " ");
        }
    }
}
```

程序的运行效果如图 5-4 所示。

图 5-4　复制数组

System 类中的 arraycopy() 方法也可以用来复制数组。

## 5.4.3　填充数组

java.util.Arrays 类中的 fill() 方法可以用来填充数组，即将数组部分或者全部元素赋值为某个元素。该类中提供了多种 fill() 方法的重载方法。下面以 int 类型数组为例，讲解最简单的 fill() 方法的使用。语法如下所示。

```java
public static void fill(int[] a, int val)
```

- a：需要填充的数组。

- val：用来填充数组的元素值。

【例 5-3】 在项目中创建 ArrayFillDemo 类，使用 fill()方法将数组中全部元素赋值为 5，然后输出赋值结果。（实例位置：光盘\MR\源码\第 5 章\5-3）

```java
public class ArrayFillDemo {
    public static void main(String[] args) {
        int[] array = new int[5];                    // 定义能保存 5 个元素的数组
        Arrays.fill(array, 5);                       // 将数组中全部元素赋值为 5
        System.out.println("数组中的元素");
        for (int i : array) {                        // 遍历输出数组元素
            System.out.print(i + " ");
        }
    }
}
```

程序的运行效果如图 5-5 所示。

图 5-5　填充数组

## 5.4.4　排序数组元素

java.util.Arrays 类中的 sort()方法可以用来按升序排序数组。该方法提供了多种重载形式。下面介绍以 int 类型数组作为参数的 sort()方法。语法如下所示。

```java
public static void sort(int[] a)
```

- a：需要排序的数组。

【例 5-4】 在项目中创建 ArraySortDemo 类，使用 sort()方法将降序排列的数组按升序排列，然后输出赋值结果。（实例位置：光盘\MR\源码\第 5 章\5-4）

```java
public class ArraySortDemo {
    public static void main(String[] args) {
        int[] array = { 5, 4, 3, 2, 1 };             // 定义整型数组
        System.out.println("排序前数组元素: ");
        for (int i : array) {                        // 遍历数组
            System.out.print(i + " ");
        }
        System.out.println();
        Arrays.sort(array);                          // 将数组排序
        System.out.println("排序后数组元素: ");
        for (int i : array) {                        // 遍历数组
            System.out.print(i + " ");
        }
```

```
    }
}
```

程序的运行效果如图 5-6 所示。

图 5-6　排序数组元素

## 5.4.5　查找数组元素

java.util.Arrays 类中的 binarySearch ()方法可以用来在数组中查找指定元素。该方法提供了多种重载形式。下面介绍以 int 类型数组作为参数的 binarySearch ()方法。语法如下所示。

```
public static int binarySearch(int[] a, int key)
```

■　a：需要查找的数组。

■　key：需要查找的元素。

【例 5-5】 在项目中创建 ArraySortDemo 类，使用 sort()方法将降序排列的数组按升序排列，然后输出赋值结果。（实例位置：光盘\MR\源码\第 5 章\5-5）

```java
public class ArraySearchDemo {
    public static void main(String[] args) {
        int[] array = { 5, 4, 3, 2, 1 };                    // 定义整型数组
        System.out.print("数组中的元素：");
        for (int i : array) {                                // 遍历数组
            System.out.print(i + " ");
        }
        System.out.println();
        Arrays.sort(array);                                  // 将数组排序
        int index = Arrays.binarySearch(array, 0);           // 查找元素 0 在数组中的索引值
        System.out.println("元素 0 在数组中的索引值：" + index);
    }
}
```

程序的运行效果如图 5-7 所示。

图 5-7　查找数组元素

binarySearch()方法使用二分法查找数组元素，在使用前需要先对数组进行排序。

# 5.5 综合实例——实现冒泡排序算法

在学习数据结构与算法课程中，讲述了多种排序算法。其中，最简单的要数冒泡排序算法。其核心思想是从左至右遍历数组元素，每次遍历后将最大的元素都移动到数组的右侧。这样就可以实现数组的升序排列。本实例将实现这个算法，其运行效果如图 5-8 所示。

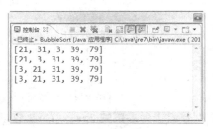

图 5-8 冒泡法排序数组的过程

（1）新建 Eclipse 项目，名称为 Example。新建 Java 类，文件名为 BubbleSort，在该类中输入如下代码。

```java
public class BubbleSort {
    public static void main(String[] args) {
        int[] array = { 31, 21, 79, 3, 39, };          // 定义需要排序的数组
        for (int i = 0; i < array.length - 1; i++) {
            for (int j = 0; j < array.length - 1 - i; j++) {
                if (array[j] > array[j + 1]) {          // 如果左侧元素大则交换相邻元素
                    int temp = array[j];
                    array[j] = array[j + 1];
                    array[j + 1] = temp;
                }
            }
            System.out.println(Arrays.toString(array));// 输出排序过程
        }
    }
}
```

（2）在代码编辑器中单击鼠标右键，在弹出菜单中选择"运行方式"/"Java 应用程序"菜单项，显示如图 5-8 所示的结果。

Arrays 类中的 toString()方法可以直接输出数组中的元素。

---

# 知识点提炼

（1）数组是具有相同数据类型的一组数据的集合。

（2）可以使用"数组元素类型　数组名字[ ];"语法来创建一维数组，也可以在创建数组的同时对数组进行初始化。

（3）可以使用"数组元素类型　数组名字[ ][ ];"语法来创建二维数组，也可以在创建数组的同时对数组进行初始化。

（4）可以使用 for 循环和 foreach 循环来遍历数组。

（5）使用 Arrays 类中的 copyOf()方法可以用来复制数组。

（6）使用 Arrays 类中的 fill()方法可以用来填充数组。

（7）使用 Arrays 类中的 sort()方法可以用来排序数组元素。

（8）使用 Arrays 类中的 binarySearch()方法可以用来查找数组元素。

# 习　　题

5-1　如何定义一维数组？

5-2　如何定义二维数组？

5-3　遍历数组有哪些常用方式？它们有何不同？

5-4　使用一维数组实现插入排序算法。插入排序的基本思想是：每次将一个待排序的记录按其关键码的大小插入到一个已经排好序的有序序列中，直到全部记录排好序为止。

5-5　使用一维数组实现选择排序算法。选择排序的基本思想是：每次排序在当前待排序序列中选出关键码最小的记录，添加到有序序列中。

5-6　使用一维数组实现希尔排序算法。希尔排序的基本思想是：先将待排序的记录序列分割成或干个子序列，在子序列中分别进行直接插入操作，待这个序列有序时，再对整个记录序列进行一次直接插入操作即可。

5-7　使用一维数组实现快速排序算法。快速排序的基本思想是：首先选定一个轴值（就是比较的基准），将待排序记录分割成独立的两部分，左侧记录的关键码都小于或者等于轴值，右侧记录的关键码都大于或等于轴值，然后再对这两部分分别重复上述的过程，直到整个序列有序。

# 实验：互换二维数组的行列

## 实验目的

（1）掌握二维数组的使用。

（2）掌握 for 循环的使用。

（3）锻炼学生的思维能力。

## 实验内容

使用 for 循环，将二维数组的行与列互换，即完成矩阵的转置。

## 实验步骤

（1）新建 Eclipse 项目，名称为 Test。新建 Java 类，文件名为 Transposition，在该类中输入如下代码。

```java
public class Transposition {
    public static void main(String[] args) {
        int[][] array = new int[3][2];              // 定义二维数组
        int[][] arrayT = new int[2][3];             // 定义转置后的二维数组
        System.out.println("二维数组中的元素：");
        for (int i = 0; i < array.length; i++) {        // 对二维数组中的元素进行赋值
            for (int j = 0; j < array[i].length; j++) {
                array[i][j] = i + j;
                System.out.print(array[i][j] + " ");    // 输出数组中的元素
            }
            System.out.println();
        }
        System.out.println("转置后的数组元素：");
        for (int i = 0; i < arrayT.length; i++) {        // 实现二维数组转置
            for (int j = 0; j < arrayT[i].length; j++) {
                arrayT[i][j] = array[j][i];
                System.out.print(arrayT[i][j] + " ");   // 输出数组中的元素
            }
            System.out.println();
        }

    }
}
```

（2）运行程序，效果如图 5-9 所示。

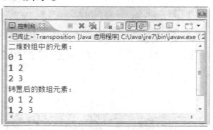

图 5-9　互换二维数组的行列

# 第6章
# 字符串

**本章要点**

- 掌握字符串的创建方式
- 掌握字符串的常用操作
- 掌握字符串的格式化
- 理解正则表达式
- 掌握常见正则表达式的定义
- 掌握 StringBuilder 类的用法

字符串即 String 类，是 Java 中一个比较特殊的类。它虽不是 Java 的基本数据类型，但却可以像基本数据类型一样的使用，并且使用的非常频繁。它是程序经常处理的对象，如果处理不好就会影响程序运行的效率，所以学好 String 类的用法是很重要的。本章讲述了 String 类的创建方式等操作，都是 String 类学习的重点。读者翻阅学习时，一定要仔细阅读，并熟练掌握这些操作方法。

## 6.1  创建字符串

String 类即字符串类型，并不是 Java 的基本数据类型，但可以像基本数据类型一样用双引号括起来进行声明。在 Java 中用 String 类的构造方法来创建字符串变量。几种常用的构造方法如下。

- String()

创建一个 String 类型的对象，其内容为空。

- String(char a[])

使用指定的字符数组创建字符串对象。

- String(char a[], int offset, int length)

使用指定的字符数组创建字符串对象，offset 表示字符数组的起始位置。length 表示字符串的长度。

# 6.2  字符串操作

## 6.2.1  字符串连接

字符串连接是字符串的基本操作之一。有两种方式可以实现字符串连接：使用 "+" 和使用 String 类的 concat() 方法。为了简单起见，通常会使用 "+" 而不会调用方法。concat() 方法的语法如下。

```
public String concat(String str)
```

■  str：为字符串，会被连接到当前字符串的末尾。

【例 6-1】 在项目中创建 StringConcatenation 类，分别使用 "+" 和 concat() 方法来连接字符串，并将结果输出。（实例位置：光盘\MR\源码\第 6 章\6-1）

```java
public class StringConcatenation {
    public static void main(String[] args) {
        String message1 = "Hello " + "World!";           // 使用+连接字符串
        String message2 = "Hello ".concat("World!");  // 使用concat()方法连接字符串
        System.out.println("使用+连接字符串:" + message1);
        System.out.println("使用concat()方法连接字符串: " + message2);
    }
}
```

程序的运行效果如图 6-1 所示。

图 6-1  字符串连接

使用 "+" 还可以将字符与其他类型的数据连接。对于数学运算，需要特别注意运算符的优先级。

【例 6-2】 在项目中创建 StringConcatenation 类，使用 "+" 连接字符串和整型数据，并将结果输出。（实例位置：光盘\MR\源码\第 6 章\6-2）

```java
public class StringConcatenation {
    public static void main(String[] args) {
        System.out.println("1 + 2 = " + 1 + 2);
        System.out.println("1 + 2 = " + (1 + 2));
    }
}
```

程序的运行效果如图 6-2 所示。

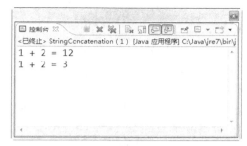

图 6-2　字符串连接

在例 6-2 中，第一个输出结果由于没有使用括号，所以相当于先计算字符串与整数 1 相加的结果，然后再计算字符串与整数 2 相加的结果。第二个输出结果相当于先计算整数 1 和 2 相加的结果，然后再计算字符串与整数 3 相加的结果。

## 6.2.2　获取字符串信息

### 1.　获取字符串长度

使用 String 类中的 length()方法，可以获得当前字符串中包含的 Unicode 代码单元个数。通常情况下，即包含的字符个数。这里空格也算字符。

【例 6-3】　在项目中创建 StringLength 类，输出给定字符串的长度。（实例位置：光盘\MR\源码\第 6 章\6-3）

```java
public class StringLength {
    public static void main(String[] args) {
        String message = "So say we all!";                    // 定义字符串
        System.out.println(message + "的长度: " + message.length());
    }
}
```

程序的运行效果如图 6-3 所示。

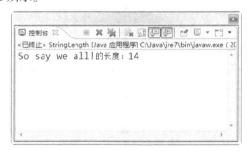

图 6-3　字符串长度

　　　　String 类的 length()方法和数组的 length 属性有本质上的区别，请读者注意区分。

### 2.　获取指定字符的索引位置

String 类的 indexOf()和 lastIndexOf()方法都可以获得给定的字符（或者字符串）在目标字符串中的索引位置，其区别在于 indexOf()方法是返回第一个符合要求的索引值，lastIndexOf()方法是返回最后一个符合要求的索引值。

使用 indexOf()获取字符索引位置的语法如下。

```
public int indexOf(String str)
```
■    str：需要查找的字符串。

使用 lastIndexOf()方法获取字符索引位置的语法如下。
```
public int lastIndexOf(String str)
```
■    str：需要查找的字符串。

【例 6-4】    在项目中创建 StringIndex 类，查找字符串"s"在给定字符串首次和末次出现的索引值。(实例位置：光盘\MR\源码\第 6 章\6-4)

```
public class StringIndex {
    public static void main(String[] args) {
        String message = "So say we all!";                    // 定义字符串
        System.out.println("s首次出现的索引值：" + message.indexOf("s"));
        System.out.println("s末次出现的索引值：" + message.lastIndexOf("s"));
    }
}
```
程序的运行效果如图 6-4 所示。

图 6-4　字符串索引

    indexOf()和 lastIndexOf()方法都是区分大小写的。

### 3. 获取指定索引位置的字符

String 类的 charAt()方法可以获得指定索引位置的字符，该方法的语法如下。
```
public char charAt(int index)
```
index：目标字符的索引，其值在 0 和字符串长度-1 之间。

【例 6-5】    在项目中创建 StringIndex 类，输出字符串中索引为奇数的字符。(实例位置：光盘\MR\源码\第 6 章\6-5)

```
public class StringIndex {
    public static void main(String[] args) {
        String message = "So say we all!"; // 定义字符串
        System.out.println(message + "的奇数索引字符：");
        for (int i = 0; i < message.length(); i++) {
            if (i % 2 == 1) {
                System.out.print(message.charAt(i) + " ");
            }
        }
    }
}
```

程序的运行效果如图 6-5 所示。

图 6-5　获得指定索引处字符

## 6.2.3　字符串比较

### 1. 比较全部内容

String 类的 equals()方法可以用来比较两个字符串的内容是否完全相同，而 equalsIgnoreCase()
方法可以在忽略大小写的情况下比较两个字符串的内容是否相同。

使用 equals()方法比较的语法如下。

```
public boolean equals(Object anObject)
```

■　　anObject：用来比较的对象。

使用 equalsIgnoreCase()方法比较的语法如下。

```
public boolean equalsIgnoreCase(String anotherString)
```

■　　anotherString：用来比较的字符串对象

【例 6-6】　　在项目中创建 StringEquals 类，比较字符内容是否相同。（实例位置：光盘\MR\
源码\第 6 章\6-6）

```
public class StringEquals {
    public static void main(String[] args) {
        String message1 = "mrsoft";// 定义字符串
        String message2 = "mrsoft ";// 定义字符串
        String message3 = "MrSoft";// 定义字符串
        System.out.println(message1 + " equals " + message2 + ": " +
message1.equals(message2));
        System.out.println(message1 + " equalsIgnoreCase " + message3 + ": " +
message1.equalsIgnoreCase(message3));
    }
}
```

程序的运行效果如图 6-6 所示。

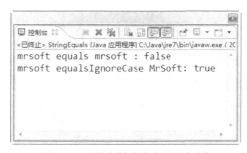

图 6-6　比较字符串内容是否相同

在进行字符串比较时，也可以使用"=="运算符来实现，不过二者在比较对象时有一些区别。通过"=="比较对象时，比较的是两个对象使用的内存地址和内容是否相同，如果两个对象使用同一个内存地址，并且内容相同，则结果为 true，否则为 false。当使用 equals()方法比较两个对象时，只要两个对象的内容相同，结果就为 true，否则为 false。

#### 2. 比较开头结尾

String 类的 startsWith()方法可以用来判断是否以给定字符串开头。该方法的语法如下。

```
public boolean startsWith(String prefix)
```

■    prefix：字符串前缀

String 类的 endsWith()方法可以用来判断是否已给定字符串结尾。该方法的语法如下。

```
public boolean endsWith(String suffix)
```

■    suffix：字符串后缀

【例 6-7】    在项目中创建 StringSEDemo 类，判断字符串是否使用指定的前缀和后缀。（实例位置：光盘\MR\源码\第 6 章\6-7）

```java
public class StringSEDemo {
    public static void main(String[] args) {
        String message = "So say we all!";                         // 定义字符串
        boolean startsWith = message.startsWith("So");             // 判断是否以 So 作为前缀
        boolean endsWith = message.endsWith("!");                  // 判断是否为! 作为后缀
        System.out.println(message + "以 So 作为前缀: " + startsWith);
        System.out.println(message + "以! 作为后缀: " + endsWith);
    }
}
```

程序的运行效果如图 6-7 所示。

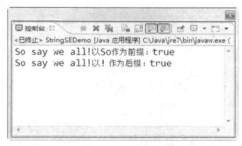

图 6-7    判断字符串前缀后缀

## 6.2.4    字符串替换

String 类的 replace()方法可以替换字符串内全部指定子字符串为另一字符串。该方法的语法如下。

```
public String replace(CharSequence target, CharSequence replacement)
```

■    target：被替换的字符串
■    replacement：替换后的字符串

replaceAll()和 replaceFirst()方法也可以用于字符串替换，请读者参考 API 文档学习它们的使用方法。

【例 6-8】　在项目中创建 StringReplace 类，将字符串中的空格全部替换为换行符，并输出结果。(实例位置：光盘\MR\源码\第 6 章\6-8)

```java
public class StringReplace {
    public static void main(String[] args) {
        String message = "So say we all!";                    // 定义字符串
        System.out.println("替换前字符串: " + message);
        String replace = message.replace(" ", "\n");
        System.out.println("替换后字符串: " + replace);
    }
}
```

程序的运行效果如图 6-8 所示。

图 6-8　字符串替换

## 6.2.5　字符串分割

String 类的 split()方法可以用来分割字符串，其返回值是一个字符串数组。该方法的语法如下。
```java
public String[] split(String regex)
```
■　regex：用于分割字符串的正则表达式。关于正则表达式的详细介绍请参见 6.4 节。

【例 6-9】　在项目中创建 StringSplit 类，输出给定字符串中单词的个数。(实例位置：光盘\MR\源码\第 6 章\6-9)

```java
public class StringSplit {
    public static void main(String[] args) {
        String message = "So say we all!";                    // 定义字符串
        String[] split = message.split(" ");                  // 使用空格分割字符串
        System.out.println(message + "中共有" + split.length + "个单词! ");
    }
}
```

程序的运行效果如图 6-9 所示。

图 6-9　字符串分割

### 6.2.6  大小写转换

String 类的 toUpperCase()和 toLowerCase()方法可以用来将字符串转换为全部大写和全部小写的形式。这两个方法的语法如下。

```
public String toUpperCase()
public String toLowerCase()
```

【例 6-10】  在项目中创建 StringCase 类，将给定的字符串转换为大写和小写形式并输出。(实例位置。光盘\MR\源码\第 6 章\6-10)

```
public class StringCase {
    public static void main(String[] args) {
        String message = "So say we all!";                 // 定义字符串
        System.out.println(message);
        System.out.println("转换为大写形式: " + message.toUpperCase());
        System.out.println(message);
        System.out.println("转换为小写形式: " + message.toLowerCase());
    }
}
```

程序的运行效果如图 6-10 所示。

图 6-10  字符串大小写

### 6.2.7  去除首末空格

String 类的 trim()方法可以用来去除字符串首末空格。在获得用户输入信息时，通常会使用该方法，其语法如下。

```
public String trim()
```

【例 6-11】  在项目中创建 StringTrim 类，去掉给定字符串的首末空格并输出结果。(实例位置: 光盘\MR\源码\第 6 章\6-11)

```
public class StringTrim {
    public static void main(String[] args) {
        String message = " So say we all! ";                 // 定义字符串
        System.out.println("字符串长度: " + message.length());
        System.out.println("去除首末空格后字符串长度: " + message.trim().length());
    }
}
```

程序的运行效果如图 6-11 所示。

图 6-11　去除首末空格

# 6.3　格式化字符串

## 6.3.1　格式化方法

String 类的 format()方法可以用来格式化字符串，其语法如下。

```
public static String format(String format,Object... args)
```

- format：使用了指定格式的字符串。
- args：与 format 字符串中对应的参数值。

## 6.3.2　日期格式化

使用 format()方法对日期进行格式化时，会用到日期格式化转换符。常用的日期格式化转换符如表 6-1 所示。

表 6-1　　　　　　　　　　　　常见的日期格式化转换符

| 转　换　符 | 说　　明 | 示　　例 |
| --- | --- | --- |
| %te | 一个月中的某一天（1～31） | 6 |
| %tb | 指定语言环境的月份简称 | Feb（英文）、二月（中文） |
| %tB | 指定语言环境的月份全称 | February（英文）、二月（中文） |
| %tA | 指定语言环境的星期几全称 | Monday（英文）、星期一（中文） |
| %ta | 指定语言环境的星期几简称 | Mon（英文）、星期一（中文） |
| %tc | 包括全部日期和时间信息 | 星期二　三月　25 13:37:22 CST 2008 |
| %tY | 4 位年份 | 2008 |
| %tj | 一年中的第几天（001～366） | 085 |
| %tm | 月份 | 03 |
| %td | 一个月中的第几天（01～31） | 02 |
| %ty | 2 位年份 | 08 |

【例 6-12】　在项目中创建 DateFormat 类，以年月日的形式输出小明的生日。（实例位置：光盘\MR\源码\第 6 章\6-12）

```
public class DateFormat {
    public static void main(String[] args) {
```

```java
        GregorianCalendar calendar = new GregorianCalendar();        //创建日期对象
        String message = String.format("小明的生日：%1$tY 年%1$tm 月%1$te 日", calendar);
        System.out.println(message);
    }
}
```

程序的运行效果如图 6-12 所示。

图 6-12　格式化日期

　　如果读者不能理解"%1$tY 年%1$tm 月%1$te 日"的含义，请参考 java.util.Formatter 类的 API 文档。

## 6.3.3　时间格式化

使用 format()方法对时间进行格式化时，会用到时间格式化转换符。时间格式化转换符要比日期转换符更多、更精确，可以将时间格式化为时、分、秒、毫秒。常用的时间格式化转换符如表 6-2 所示。

表 6-2　　　　　　　　　　　　　常见的时间格式化转换符

| 转 换 符 | 说 明 | 示 例 |
|---|---|---|
| %tH | 2 位数字的 24 时制的小时（00～23） | 14 |
| %tI | 2 位数字的 12 时制的小时（01～12） | 05 |
| %tk | 2 位数字的 24 时制的小时（0～23） | 5 |
| %tl | 2 位数字的 12 时制的小时(1～12) | 10 |
| %tM | 2 位数字的分钟（00～59） | 05 |
| %tS | 2 位数字的秒数（00～60） | 12 |
| %tL | 3 位数字的毫秒数（000～999） | 920 |
| %tN | 9 位数字的微秒数（000000000～999999999） | 062000000 |
| %tp | 指定语言环境下上午或下午标记 | 下午（中文）、pm（英文） |
| %tz | 相对于 GMT RFC 82 格式的数字时区偏移量 | +0800 |
| %tZ | 时区缩写形式的字符串 | CST |
| %ts | 1970-01-01 00:00:00 至现在经过的秒数 | 1206426646 |
| %tQ | 1970-01-01 00:00:00 至现在经过的毫秒数 | 1206426737453 |

【例 6-13】　在项目中创建 TimeFormat 类，以 12 小时制输出当前时间。(实例位置：光盘\MR\

源码\第 6 章\6-13）

```
public class TimeFormat {

    public static void main(String[] args) {
        String message = String.format(" 当 前 时 间 ： %1$tI 时 %1$tM 分 %1$tS 秒 ",
Calendar.getInstance());
        System.out.println(message);
    }
}
```

程序的运行效果如图 6-13 所示。

图 6-13　格式化时间

## 6.3.4　日期时间组合格式化

因为日期与时间经常是同时出现的,所以格式化转换符还定义了各种日期和时间组合的格式,其中最常用的日期和时间的组合格式如表 6-3 所示。

表 6-3　　　　　　　　　常见的日期时间格式化转换符

| 转　换　符 | 说　　　明 | 示　　　例 |
|---|---|---|
| %tF | "年-月-日"格式（4 位年份） | 2008-03-25 |
| %tD | "月/日/年"格式（2 位年份） | 03/25/08 |
| %tc | 全部日期和时间信息 | 星期二 三月 25 15:20:00 CST 2008 |
| %tr | "时：分：秒 PM（AM）"格式（12 时制） | 03:22:06 下午 |
| %tT | "时：分：秒"格式（24 时制） | 15:23:50 |
| %tR | "时：分"格式（24 时制） | 15:25 |

【例 6-14】　在项目中创建 DateAndTimeFormat 类,以小时分秒的形式输出当前时间。（实例位置：光盘\MR\源码\第 6 章\6-14）

```
public class DateAndTimeFormat {

    public static void main(String[] args) {
        String message = String.format("当前时间: %tT", Calendar.getInstance());
        System.out.println(message);
    }
}
```

程序的运行效果如图 6-14 所示。

图 6-14　格式化日期时间

### 6.3.5　常规类型格式化

在程序设计过程中，经常需要对常规类型的数据进行格式化，例如格式化为整数，格式化为科学计数表示等。这在 Java 中可以使用常规类型的格式化转换符来实现。表 6-4 列出了常规类型的格式化转换符。

表 6-4　　　　　　　　　　　　常见的常规类型格式化转换符

| 转　换　符 | 说　　明 | 示　　例 |
| --- | --- | --- |
| %b、%B | 结果被格式化为布尔类型 | true |
| %h、%H | 结果被格式化为散列码 | A05A5198 |
| %s、%S | 结果被格式化为字符串类型 | "abcd" |
| %c、%C | 结果被格式化为字符类型 | 'a' |
| %d | 结果被格式化为十进制整数 | 40 |
| %o | 结果被格式化为八进制整数 | 11 |
| %x、%X | 结果被格式化为十六进制整数 | 4b1 |
| %e | 结果被格式化为用计算机科学记数法表示的十进制数 | 1.700000e+01 |
| %a | 结果被格式化为带有效位数和指数的十六进制浮点值 | 0X1.C000000000001P4 |
| %n | 结果为特定于平台的行分隔符 | |
| %% | 结果为字面值'%' | % |

【例 6-15】　在项目中创建 GeneralFormat 类，输出十进制 99 的八进制和十六进制表示。（实例位置：光盘\MR\源码\第 6 章\6-15）

```
public class GeneralFormat {
    public static void main(String[] args) {
        System.out.println(String.format("%1$d 的八进制表示：%1$o", 99));
        System.out.println(String.format("%1$d 的十六进制表示：%1$x", 99));
    }
}
```

程序的运行效果如图 6-15 所示。

图 6-15　常规类型格式化

# 6.4　正则表达式

正则表达式就是用事先定义好的一些特殊字符及这些特殊字符的组合，组成一个"规则字符串"，用来表达对字符串的过滤逻辑。它的特点是灵活、逻辑性和功能性非常强。在程序设计过程中，经常需要对输入的数据格式进行检查，这时就会用到正则表达式。匹配正则表达式则数据格式正确，否则格式错误。

## 6.4.1　判断是否符合正则表达式的方法

String 类的 matches()方法提供了比较字符串与给定正则表达式是否匹配的功能。该方法的语法如下。

```
public boolean matches(String regex)
```
- regex：用于比较的正则表达式。

## 6.4.2　正则表达式的元字符

正则表达式是由一些含有特殊意义的字符组成的字符串。这些含有特殊意义的字符称为元字符。表 6-5 列出了正则表达式的部分元字符。

表 6-5　　　　　　　　　　　　　正则表达式中的元字符

| 元 字 符 | 正则表达式中的写法 | 含 义 |
|---|---|---|
| . | "." | 代表任意一个字符 |
| \d | "\\d" | 代表 0～9 的任何一个数字 |
| \D | "\\D" | 代表任何一个非数字字符 |
| \s | "\\s" | 代表空白字符。如'\t'、'\n' |
| \S | "\\S" | 代表非空白字符 |
| \w | "\\w" | 代表可用做标识符的字符，但不包括 "$" |
| \W | "\\W" | 代表不可用于标识符的字符 |
| \p{Lower} | \\p{Lower} | 代表小写字母{a～z} |
| \p{Upper} | \\p{Upper} | 代表大写字母{A～Z} |
| \p{ASCII} | \\p{ASCII} | ASCII 字符 |

续表

| 元 字 符 | 正则表达式中的写法 | 含 义 |
|---|---|---|
| \p{Alpha} | \\p{Alpha} | 字母字符 |
| \p{Digit} | \\p{Digit} | 十进制数字，即[0～9] |
| \p{Alnum} | \\p{Alnum} | 数字或字母字符 |
| \p{Punct} | \\p{Punct} | 标点符号：!"#$%&'()*+,-./:;<=>?@[\]^_`{|}～ |
| \p{Graph} | \\p{Graph} | 可见字符：[\p{Alnum}\p{Punct}] |
| \p{Print} | \\p{Print} | 可打印字符：[\p{Graph}\x20] |
| \p{Blank} | \\p{Blank} | 空格或制表符：[\t] |
| \p{Cntrl} | \\p{Cntrl} | 控制字符：[\x00-\x1F\x7F] |

　　在正则表达式中"."代表任何一个字符，因此在正则表达式中如果想使用普通意义的点字符"."，必须使用转义字符"\"。

【例 6-16】 在项目中创建 StringMatch 类，判断给定的字符串是否符合特定的正则表达式。合法的格式是：大写字母+3 个小写字母+3 个数组。（实例位置：光盘\MR\源码\第 6 章\6-16）

```java
public class StringMatch {
    public static void main(String[] args) {
        String regex = "\\p{Upper}\\p{Lower}\\p{Lower}\\p{Lower}\\d\\d\\d";
        String message1 = "SWJT001";                    // 需要进行判断的字符串
        String message2 = "Swjt001";                    // 需要进行判断的字符串
        boolean result1 = message1.matches(regex);
        boolean result2 = message2.matches(regex);
        System.out.println(message1 + "是合法的数据: " + result1);
        System.out.println(message2 + "是合法的数据: " + result2);
    }
}
```

程序的运行效果如图 6-16 所示。

图 6-16　匹配正则表达式

## 6.4.3　正则表达式的限定符

　　在使用正则表达式时，如果需要某一类型的元字符多次输出，逐个输入就相当麻烦，这时可以使用正则表达式的限定元字符来重复次数。表 6-6 列出了常用限定符及其含义。

表 6-6                                    限定符

| 限定符 | 含　义 | 示　例 |
|---|---|---|
| ? | 0 次或 1 次 | A? |
| * | 0 次或多次 | A* |
| + | 一次或多次 | A+ |
| {n} | 正好出现 $n$ 次 | A{2} |
| {n,} | 至少出现 $n$ 次 | A{3} |
| {n,m} | 出现 $n$ 次至 $m$ 次 | A{2,6} |

【例 6-17】　在项目中创建 EmailValidation 类，判断给定的字符串是否为合法的邮箱地址。（实例位置：光盘\MR\源码\第 6 章\6-17）

```
public class EmailValidation{
    public static void main(String[] args) {
        String regex = "(\\w\\.)*\\w+@(\\w+\\.)+[A-Za-z]+";// 定义电子邮件正则表达式
        String email = "mingrisoft@mingrisoft.com";
        boolean match = email.matches(regex);
        System.out.println(email + "\n 是合法邮箱地址: " + match);
    }
}
```

程序的运行效果如图 6-17 所示。

图 6-17　匹配正则表达式

## 6.4.4　方括号中元字符的含义

在正则表达式中还可以用方括号把多个字符括起来，方括号中各种正则表达式代表不同的含义。表 6-7 列出了方括号中元字符及其含义。

表 6-7                                方括号中元字符的含义

| 字　符 | 意　义 |
|---|---|
| [abc] | 表示 a、b 或者 c |
| [^abc] | 表示 a、b 和 c 之外的任何字符 |
| [a-zA-Z] | a 到 z 或 A 到 Z 的任何字符 |
| [a-d[m-p]] | a 到 d 或 m 到 p 的任何字符 |
| [a-z&&[def]] | d、e 或者 f |
| [a-z&&[^bc]] | a 到 z 之间不含 b 和 c 的所有字符 |
| [a-z&&[^m-p]] | a 到 z 之间不含 m 到 p 的所有字符 |

【例 6-18】　在项目中创建 PhoneValidation 类，判断给定的字符串是否为合法的手机号码。（实例位置：光盘\MR\源码\第 6 章\6-18）

```java
public class PhoneValidation {

    public static void main(String[] args) {
        String regex = "^(13\\d|15[036-9]|18[89])\\d{8}$";// 定义表示手机号码的正则表达式
        String number = "15044268138";
        boolean match = number.matches(regex);
        System.out.println(number + "\n是合法手机号码: " + match);
    }
}
```

程序的运行效果如图 6-18 所示。

图 6-18　匹配正则表达式

# 6.5　可变字符串

使用 Java 中的 String 类创建字符串，其内容不可以修改，即每次"修改"都相当于创建一个新的字符串。这在大量操作字符串的场合性能并不理想。为了解决这个问题，在 API 中提供了 StringBuilder 类，使用它来创建的字符串，内容可以实现真正意义上的修改。

【例 6-19】　在项目中创建 StringVSStringBuilder 类，测试 String 类和 StringBuilder 类在修改字符串内容时性能上的差异。（实例位置：光盘\MR\源码\第 6 章\6-19）

```java
public class StringVSStringBuilder {
    public static void main(String[] args) {
        String s = "";                                   // 创建 String 类型对象
        System.gc();                                     // 回收系统内存
        long currentTime = System.currentTimeMillis();   // 获得当前时间
        for (int i = 0; i < 99999; i++) {
            s = s + i;
        }
        System.out.println("使用 String 类消耗的时间: " + (System.currentTimeMillis() -
currentTime) + "毫秒");
        System.gc();                                     // 回收系统内存
        currentTime = System.currentTimeMillis();        // 获得当前时间
        StringBuilder sb = new StringBuilder();          // 创建 StringBuilder 类型对象
        for (int i = 0; i < 99999; i++) {
            sb.append(i);
        }
```

```
System.out.println("使用StringBuilder类消耗的时间: " + (System.currentTimeMillis()
- currentTime) + "毫秒");
    }
}
```

程序的运行效果如图 6-19 所示。

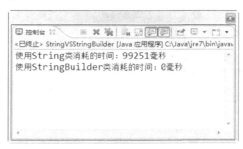

图 6-19　String 类与 StringBuilder 类性能差异

在 StringBuilder 类中定义了多种操作字符串的方法，请读者参考 API 文档进行学习。

# 6.6　综合实例——验证 IP 地址合法性

在开发网络程序时，会经常用到 IP 地址、端口号等信息。为了减少程序出现异常的情况，在使用这些信息之前，需要先验证其合法性。本实例将演示如何使用正则表达式验证 IP 地址的合法性，其运行效果如图 6-20 所示。

图 6-20　验证 IP 地址的合法性

（1）新建 Eclipse 项目，名称为 Example。新建 Java 类，文件名为 IPValidation，在该类中输入如下代码。

```
public class IPValidation {
    public static void main(String[] args) {
        String number = "((\\d{1,2})|(1\\d{2})|(2[0-4]\\d)|(25[0-5]))";
        String regex = "(" + number + "\\.){3}" + number;
        String IP = "192.168.1.204";
        boolean match = IP.matches(regex);
        System.out.println(IP + "是合法 IP: " + match);
    }
}
```

（2）在代码编辑器中单击鼠标右键，在弹出菜单中选择"运行方式"/"Java 应用程序"菜单项，显示如图 6-20 所示的结果。

## 知识点提炼

（1）Java 中使用 String 类来定义字符串。

（2）使用 "+" 或者 concat()方法可以连接字符串。

（3）使用 length()方法可以获得字符串长度。

（4）使用 equals()方法可以用来比较两个字符串内容是否相同。

（5）使用 replace()方法可以替换字符串内容。

（6）使用 split()方法可以分割字符串。

（7）使用 format()方法可以格式化字符串。

（8）使用正则表达式可以判断字符串是否符合某一指定模式。

（9）使用 StringBuilder 类可以创建内容可变的字符串。

## 习　　题

6-1　Java 中如何定义字符串？

6-2　字符串如何连接？

6-3　如何获得字符串中字符的个数？

6-4　如何判断两个字符串的内容是否相同？

6-5　如何分割字符串？

6-6　如何格式化字符串？

6-7　常见的字符串格式化转换符有哪些？

6-8　\d 在正则表达式中表示什么？

6-9　()、[]、{}在正则表达式中有何用途？

6-10　StringBuilder 类适用于哪些场合？

## 实验：统计汉字个数

### 实验目的

（1）掌握正则表达式的使用。

（2）掌握 for 循环的使用。

（3）锻炼学生的思维能力。

### 实验内容

使用 for 循环遍历整个字符串，然后利用正则表达式判断当前字符是否是汉字并计数。

## 实验步骤

（1）新建 Eclipse 项目，名称为 Test。新建 Java 类，文件名为 ChineseCharacterCounter，在该类中输入如下代码。

```
public class ChineseCharacterCounter {
    public static void main(String[] args) {
        String message = "明日科技 MRSoft";              // 定义要统计的字符串
        String regex = "^[\u4e00-\u9fff]$";            // 定义使用的正则表达式
        int counter = 0;                              // 保存汉字个数
        for (int i = 0; i < message.length(); i++) {
            if (("" + message.charAt(i)).matches(regex)) {
                counter++;
            }
        }
        System.out.println(message + "中包含" + counter + "个汉字! ");
    }
}
```

（2）运行程序，效果如图 6-21 所示。

图 6-21　统计汉字个数

# 第7章
# 类和对象

**本章要点**

- 了解面向对象的基本概念
- 掌握类的定义
- 掌握成员变量与局部变量的定义
- 掌握普通方法与构造方法的定义
- 掌握 this 关键字的用途
- 掌握访问权限限定符的使用
- 掌握 static 关键字的用途
- 掌握 final 关键字的用途
- 掌握包的定义与使用
- 了解注解的使用

Java 是一门完全面向对象的语言。在日常开发中，需要以面向对象的思想来考虑问题。本章将从其基本概念讲起，逐步介绍类、对象、成员变量、成员方法等在 Java 中的实现过程。最后，介绍了注解在代码中的用途。为了便于初学者的学习，本章使用了大量常见的实例。

# 7.1　面向对象编程基本概念

在软件开发初期，广泛使用结构化编程语言，例如 C 语言。它非常适合简单的程序开发。然而，随着时间的推移，人们对于软件功能的需求日益增强，软件的规模也越来越大，结构化编程的弊端也逐渐暴露出来：软件开发周期不断延长、代码调试异常复杂等。因此，面向对象编程逐渐取代了结构化编程成为了主流。面向对象编程的核心思想是如何对现实世界的物体进行建模操作。

## 7.1.1　什么是对象？

现实世界中，随处可见的一种事物就是对象。对象是事物存在的实体，比如人类、书桌、电脑、高楼大厦等。人类解决问题的方式总是将复杂的事物简单化，于是就会思考这些对象都是由哪些部分组成的。通常将对象划分为两个部分，即动态部分与静态部分。静态部分，顾名思义，就是不能动的部分，被称为"属性"。任何对象都会具备其自身属性，例如一个人的属性包括高矮、胖瘦、性别、年龄等。然而具有这些属性的人会执行哪些动作也是一个值得探讨的部分。这个人可以哭泣、微笑、说话、行走，这些是这个人具备的行为（动态部分）。人类通过探讨对象的属性和观察对象的行为了解对象。

在计算机的世界中，面向对象程序设计的思想要以对象来思考问题，首先要将现实世界的实体抽象为对象，然后考虑这个对象具备的属性和行为。例如，现在面临一只大雁要从北方飞往南方这样一个实际问题，试着以面向对象的思想来解决这一实际问题。步骤如下。

（1）首先可以从这一问题中抽象出对象。这里抽象出的对象为大雁。

（2）然后识别这个对象的属性。对象具备的属性都是静态属性，例如大雁有一对翅膀、黑色的羽毛等。这些属性如图 7-1 所示。

（3）接着是识别这个对象的动态行为，即这只大雁可以进行的动作，例如飞行、觅食等。这些行为都是因为这个对象基于其属性而具有的动作。这些行为如图 7-2 所示。

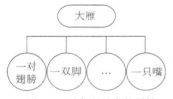

图 7-1　对象所具有的属性

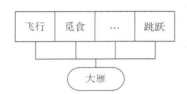

图 7-2　对象所具有的行为

（4）识别出这些对象的属性和行为后，这个对象就被定义完成，然后可以根据这只大雁具有的特性制定这只大雁要从北方飞向南方的具体方案以解决问题。实质上，所有的大雁都具有以上的属性和行为，可以将这些属性和行为封装起来以描述大雁这类动物。由此可见，类实质上就是封装对象属性和行为的载体，而对象则是类抽象出来的一个实例，二者之间的关系如图 7-3 所示。

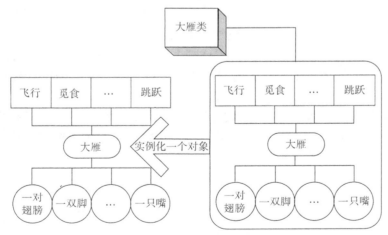

图 7-3　描述对象与类之间的关系

## 7.1.2　什么是类?

对于单个对象而言，不能用来代表同类的对象，比如一只鸟不能称为鸟类，如果需要对同一类事物统称，就不得不说明类的概念。

类就是同一类事物的统称。如果将现实世界中的一个事物抽象成对象，类就是这类对象的统称，比如鸟类、家禽类、人类等。类是构造对象时所依赖的规范，比如，一只鸟具有一对翅膀，而它可以通过这对翅膀飞行，而基本上所有的鸟都具有翅膀这个特性和飞行的技能。这样的具有相同特性和行为的一类事物就称为类。类的思想就是这样产生的。在图 7-3 中已经描述过类与对象之间的关系，即对象就是符合某个类定义所产生出来的实例。更为恰当的描述是：类是世间事物的抽象称呼，而对象则是这个事物相对应的实体。如果面临实际问题，通常需要实例化类对象来解决。比如解决大雁南飞的问题，只能拿这只大雁来处理这个问题，不能拿大雁类或是鸟类来解决。

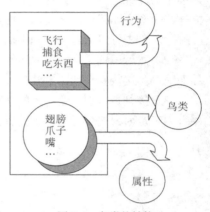

类是封装对象的属性和行为的载体，反过来说具有相同属性和行为的一类实体被称为类。例如鸟类封装所有鸟的共同属性和应具有的行为，其结构如图 7-4 所示。

定义完鸟类之后，可以根据这个类抽象出一个实体对象，最后通过实体对象来解决相关一些实际问题。

在 Java 语言中，类中对象的行为是以方法的形式定义的，对象的属性是以成员变量的形式定义的，而类包括对象的属性和方法。有关类的具体实现会在后续章节中进行介绍。

图 7-4　鸟类的结构

## 7.1.3　什么是封装?

面向对象程序设计具有以下特点。

- 封装性
- 继承性
- 多态性

封装是面向对象编程的核心思想，即将对象的属性和行为封装起来，而将对象的属性和行为封装起来的载体就是类，类通常对客户隐藏其实现细节，这就是封装的思想。例如，用户使用计算机，只需要使用手指敲击键盘就可以实现一些功能，用户无须知道计算机内部是如何工作的，即使用户可能碰巧知道计算机的工作原理，但在使用计算机时并不完全依赖于计算机工作原理这些细节。

采用封装的思想保证了类内部数据结构的完整性，应用该类的用户不能轻易直接操纵此数据结构，而只能执行类允许公开的数据。这样避免了外部对内部数据的影响，提高程序的可维护性。

使用类实现封装特性如图 7-5 所示。

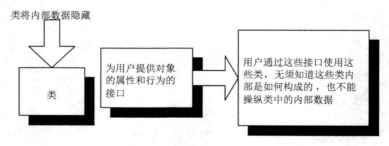

图 7-5　封装特性示意图

## 7.1.4　什么是继承？

类与类之间同样具有关系，如一个百货公司类与销售员类相联系，类之间这种关系被称为关联。关联是描述两个类之间的一般二元关系。两个类之间的关系有很多种，继承是关联中的一种。

当处理一个问题时，可以将一些有用的类保留下来，当遇到同样问题时拿来复用。假如这时需要解决信鸽送信的问题，我们很自然就会想到图 7-4 所示的鸟类。由于鸽子属于鸟类，鸽子具有鸟类相同的属性和行为。便可以在创建信鸽类时将鸟类拿来复用，并且保留鸟类具有的属性和行为。不过，并不是所有的鸟都有送信的习惯，因此还需要再添加一些信鸽具有的独特属性以及行为。鸽子类保留了鸟类的属性和行为，这样就节省了定义鸟和鸽子共同具有的属性和行为的时间。这就是继承的基本思想。可见软件的代码使用继承思想可以缩短软件开发的时间，复用那些已经定义好的类可以提高系统性能，减少系统在使用过程中出现错误的概率。

继承性主要利用特定对象之间的共有属性。例如，平行四边形是四边形（正方形、矩形也都是四边形），平行四边形与四边形具有共同特性，就是拥有 4 个边，可以将平行四边形类看做四边形的延伸，平行四边形复用了四边形的属性和行为，同时添加了平行四边形独有的属性和行为，如平行四边形的对边平行且相等。这里可以将平行四边形类看做是从四边形类中继承的。在 Java 语言中将类似于平行四边形的类称为子类，将类似于四边形的类称为父类或超类。值得注意的是，可以说平行四边形是特殊的四边形，但不能说四边形是平行四边形，也就是说子类的实例都是父类的实例，但不能说父类的实例是子类的实例。图 7-6 阐明了图形类之间的继承关系。

从图 7-6 中可以看出，继承关系可以使用树形关系来表示，父类与子类存在一种层次关系。一个类处于继承体系中，既可以是其他类的父类，为其他类提供属性和行为，也可以是其他类的子类，继承父类的属性和方法，如三角形即是图形类的子类同时也是等边三角形的父类。

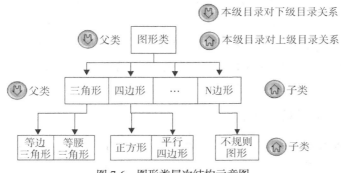

图 7-6　图形类层次结构示意图

## 7.1.5　什么是多态？

7.1.4 小节中介绍了继承，了解了父类和子类，其实将父类对象应用于子类的特性就是多态。依然以图形类来说明多态。每个图形都拥有绘制自己的能力，这个能力可以看做是该类具有的行为。如果将子类的对象统一看做是超类的实例对象，这样当绘制任何图形时，可以简单地调用父类也就是图形类绘制图形的方法即可绘制任何图形。这就是多态最基本的思想。

多态性允许以统一的风格编写程序，以处理种类繁多的已存在的类以及相关类。该统一风格可以由父类来实现，根据父类统一风格的处理，就可以实例化子类的对象。由于整个事件的处理都只依赖于父类的方法，所以日后只要维护和调整父类的方法即可。这样降低了维护的难度，节省了时间。

在提到多态的同时，不得不提到抽象类和接口，因为多态的实现并不依赖具体类，而是依赖于抽象类和接口。

再回到绘制图形的实例上来。作为所有图形的父类图形类，具有绘制图形的能力，这个方法可以称为"绘制图形"，但如果要执行这个"绘制图形"的命令，没人知道应该画什么样的图形，并且如果要在图形类中抽象出一个图形对象，没有人能说清这个图形究竟是什么图形，所以使用"抽象"这个词汇来描述图形类比较恰当。在 Java 语言中称这样的类为抽象类。抽象类不能实例化对象。在多态的机制中，父类通常会被定义为抽象类。在抽象类中给出一个方法的标准，而不给出实现的具体流程。实质上这个方法也是抽象的，例如图形类中的"绘制图形"方法只提供一个可以绘制图形的标准，并没有提供具体绘制图形的流程，因为没有人知道究竟需要绘制什么形状的图形。

在多态的机制中，比抽象类更为方便的方式是将抽象类定义为接口。由抽象方法组成的集合就是接口。接口的概念在现实中也极为常见，比如从不同的五金商店买来螺丝和螺丝钉，螺丝很轻松地就可以拧在螺丝钉上，可能螺丝和螺丝钉的厂家不同，但这两个物品可以很轻易地组合在一起，这是因为生产螺丝和螺丝钉的厂家都遵循着一个标准，这个标准在 Java 中就是接口。依然拿"绘制图形"来说明。可以将"绘制图形"作为一个接口的抽象方法，然后使图形类实现这个接口，同时实现"绘制图形"这个抽象方法，当三角形类需要绘制时，就可以继承图形类，重写其中"绘制图形"方法，改写这个方法为"绘制三角形"。这样就可以通过这个标准绘制不同的图形。

# 7.2　类 和 对 象

在 7.1.2 小节中已经讲解过类是封装对象的属性和行为的载体，而在 Java 语言中对象的属性以成员变量的形式存在，对象的方法以成员方法的形式存在。本章节将介绍在 Java 语言中类是如何定义的。

## 7.2.1　访问权限修饰符

访问权限修饰符用来决定类中成员变量和方法（包括构造方法）能否被其他类使用。可以将访问控制级别分成以下两类。

（1）外部类级别，可以使用 public 或者不用修饰符。

（2）成员级别，可以使用 public、private、protected 或者不用修饰符。

如果不用修饰符表示包访问权限。

如果一个外部类使用 public 修饰符声明，则它可以被任何类使用。如果它没有任何修饰符，则只能在该类所在的包中使用。

对于成员级别，同样可以使用 public 修饰符或者不用修饰符，并且与外部类的作用相同。此外，成员级别还可以使用另外两种修饰符：private 和 protected。private 修饰符表示该成员仅能被外部类使用。protected 修饰符表明该成员不仅能够被同包的类使用，也可以被其他包中继承了这个类的类使用。

表 7-1 总结了访问权限修饰符在不同位置的访问范围。

表 7-1　　　　　　　　　　　　成员变量的默认初始化值

| 访问权限修饰符 | 同 一 个 类 | 同 一 个 包 | 子类（异包） | 全 局 范 围 |
|---|---|---|---|---|
| public | 可见 | 可见 | 可见 | 可见 |
| protected | 可见 | 可见 | 可见 | 不可见 |
| 无修饰符 | 可见 | 可见 | 不可见 | 不可见 |
| private | 可见 | 不可见 | 不可见 | 不可见 |

对于一个类内部定义的成员，无论使用何种修饰符都是可以被这个类访问的。在同一个包中，不管类是否存在继承关系，仅有 private 修饰的成员不能够被其他类使用。在不同的包中，如果两个类存在继承关系，则使用 protected 修饰的成员可见。在全局范围，仅有 public 修饰的成员可见。

## 7.2.2　类的定义

在前面章节的代码中，读者可以发现类的定义遵循如下格式。

```
class ClassName {

}
```

上面的代码中 class 是 Java 的关键字，用来表示类。ClassName 是这个类的名称，通常推荐使用英语名字，并且首字母大写。两个大括号表示类定义的范围，其中的内容可以为空。

在大括号中，通常包括成员变量、构造方法和普通方法。它们用来表示类的属性和行为。上面的代码中定义的类是最简单的形式，可以为其增加访问权限修饰符、类的继承关系以及实现的接口。例如。

```
public class ClassName extends MyClass implements MyInterface {

}
```

　　　　　　访问权限修饰符将在本章讲解，继承和接口将在下一章讲解。

通常情况下，类的定义可以依次包括如下内容。

（1）访问权限修饰符，例如 public、private 等。

（2）类名，通常是首字母大写的英语名词。

（3）类的父类，需要使用 extends 关键字。一个类仅能有一个父类。

（4）类实现的接口，需要使用 implements 关键字。一个类可以实现多个接口，接口名之间使用逗号分隔。

（5）类体，使用大括号包围。

## 7.2.3　成员变量的定义

根据变量在类中声明的位置不同，可以将其进行如下分类。

（1）声明在类中的变量叫做成员变量。

（2）声明在块和方法中的变量叫做局部变量。

（3）声明在方法声明中的变量叫做参数。

**注意** 在声明成员变量时，不必为其初始化。在声明局部变量时，必须为其初始化。

如果未对成员变量进行初始化，其默认初始化值如表 7-2 所示。

表 7-2                                   成员变量的默认初始化值

| 变 量 类 型 | 初 始 化 值 |
|---|---|
| byte | 0 |
| short | 0 |
| int | 0 |
| long | 0 |
| char | \u0000 |
| boolean | false |
| float | 0.0 |

**【例 7-1】** 在项目中创建 Book 类，在该类中定义书名、出版社、ISBN 和价格 4 个成员变量。（实例位置：光盘\MR\源码\第 7 章\7-1）

```java
public class Book {
    private String title;                    // 定义字符串保存书名
    private String press;                    // 定义字符串保存出版社
    private String ISBN;                     // 定义字符串保存 ISBN
    private double price;                    // 定义价格
}
```

在声明变量时，需要包含下面 3 部分内容。

（1）修饰符，包括访问权限修饰符等。例如代码中的 private。

（2）变量的类型，可以使用基本类型和引用类型。例如代码中的 String 和 double。

（3）变量的名称，通常推荐使用小写的英语名词。例如代码中的 title、press、ISBN 和 price。

## 7.2.4 普通方法的定义

在面向对象编程语言中，使用方法来实现对象之间的通信和改变对象的属性。Java 中，典型的方法声明如下。

```java
public static void main(String[] args) {

}
```

在声明方法时，只有返回值、方法名称、一对小括号和一对大括号是必需的。

通常情况下，方法声明由 6 部分组成，依次是。

（1）修饰符，包括访问权限修饰符、静态修饰符等。例如代码中的 public 和 static。

（2）返回值，方法运行的结果，如果没有返回值需要使用 void 表明。

（3）方法名称，通常使用首字母小写的英语动词。例如代码中的 main。

（4）参数列表，放在小括号内，需要指明参数的类型和名称，如果不存在参数，小括号内可以为空。例如，代码中的 String 类型数组 args。参数类型可以是基本数据类型，也可以是引用类型。对于基本数据类型，已经在第 3 章中介绍了，而引用类型是指由类型的实际值引用表示的数据类型。字符串和数组都属于引用类型。

（5）异常列表，使用 throws 关键字，在后面的章节进行讲解。

（6）方法体，放置在大括号之间的内容。

方法名称和参数列表统称为方法签名。main 方法的签名是 main(String[] args)。

【例 7-2】 在项目中创建 Book 类，为其增加了一个成员变量 title 和两个方法。这两个方法分别用于获得和设置 title 的值。（实例位置：光盘\MR\源码\第 7 章\7-2）

```
public class Book {
    private String title;                           // 定义字符串保存书名
    public String getTitle() {                      // 获得 title 值
        return title;
    }
    public void setTitle(String bookTitle) {        // 设置 title 值
        title = bookTitle;
    }
}
```

## 7.2.5 局部变量的定义

在方法体中，可以声明局部变量来辅助完成复杂的操作。局部变量的声明与成员变量相同，但是在使用前，必须要对其进行初始化。

【例 7-3】 在项目中创建 Sum 类，在 main()方法中计算 1 到 50 之间所有整数之和。（实例位置：光盘\MR\源码\第 7 章\7-3）

```
public class Sum {
    public static void main(String[] args) {
        int sum = 0;                                // 声明 sum 来保存每次加法的结果
        for (int i = 1; i < 51; i++) {              // 使用 for 循环完成加法运算
            sum += i;
        }
    }
}
```

对于局部变量，其作用范围与成员变量不同。【例 7-3】中，sum 的范围是从声明开始到 main 方法结束。i 的范围是从声明开始到 for 循环结束。

## 7.2.6 构造方法的定义

在类中，还可以定义一种特殊的方法，即构造方法。构造方法主要用于创建对象，可以同时指定对象的状态。构造方法与普通方法的差别主要有以下两点。

（1）不能有返回值。

（2）构造方法的名称与包含该构造方法的类名称完全相同。

【例 7-4】 在项目中创建 Book 类，并为其编写构造方法。在构造方法中，对书名、出版社、ISBN 和价格进行了赋值。（实例位置：光盘\MR\源码\第 7 章\7-4）

```
public class Book {
    private String title;                          // 定义字符串保存书名
    private String press;                          // 定义字符串保存出版社
    private String ISBN;                           // 定义字符串保存 ISBN
    private double price;                          // 定义价格
    public Book(String bookTitle, String bookPress, String bookISBN, double bookPrice)
{
        title = bookTitle;                         // 为书名赋值
        press = bookPress;                         // 为出版社赋值
        ISBN = bookISBN;                           // 为 ISBN 赋值
        price = bookPrice;                         // 为价格赋值
    }
}
```

  对于 Book 类，由于编写了有参数的构造方法，必须在创建对象时指明参数的值。如果未编写构造方法，则编译器会创建一个无参数的构造方法。

在一个类中，可以定义多个构造方法。这就涉及方法的重载。由于构造方法名称必须与类名完全相同，编译器只能通过参数的个数、类型和顺序上的差异来区分不同的构造方法。

【例 7-5】　在项目中创建 Book 类，并为其编写两个构造方法。（实例位置：光盘\MR\源码\第 7 章\7-5）

```
public class Book {
    private String title;                          // 定义字符串保存书名
    private String press;                          // 定义字符串保存出版社
    private String ISBN;                           // 定义字符串保存 ISBN
    private double price;                          // 定义价格
    public Book() {                                // 定义空构造方法
    }
    public Book(String bookTitle, String bookPress, String bookISBN, double bookPrice)
{
        title = bookTitle;                         // 为书名赋值
        press = bookPress;                         // 为出版社赋值
        ISBN = bookISBN;                           // 为 ISBN 赋值
        price = bookPrice;                         // 为价格赋值
    }
}
```

  Java 编译器使用方法签名来区分不同的方法，即方法名和参数列表，不包括返回值。

## 7.2.7　方法参数的传递

在前面的章节中，已经讲述如何创建方法。在参数列表中，可以使用基本类型和引用类型，两者的传递方式都是值传递。

值传递就是先将参数复制一份，然后将复制的内容传递到方法中。此时方法操作的内容与原来的参数无关。

【例 7-6】　在项目中创建 PrimitiveDateType 类，演示使用基本类型作为参数的方法，传递参数后，基本类型的值并未发生变化（实例位置：光盘\MR\源码\第 7 章\7-6）。

```java
public class PrimitiveDateType {
    private static int power(int number) {            // 实现一个计算平方数的方法
        return number * number;
    }
    public static void main(String[] args) {
        int number = 10;                              // 声明一个整数
        System.out.println("进入 power 方法前 number 的值: " + number);
        power(number);                                // 使用 power 方法计算改整数的平方值
        System.out.println("进入 power 方法后 number 的值: " + number);
    }
}
```

程序的运行效果如图 7-7 所示。

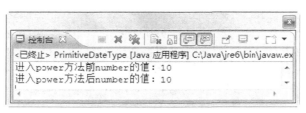

图 7-7　程序运行结果

读者可以看到，number 的值在进入方法前后并未发生变化。

【例 7-7】　在项目中创建 Circle 类和 ReferenceDataType 类，演示使用引用类型作为参数的方法，传递参数后，引用类型的值并未发生变化。（实例位置：光盘\MR\源码\第 7 章\7-7）

```java
public class Circle {
    private int x;                                    // 声明 int 类型变量保存圆心 x 坐标
    private int y;                                    // 声明 int 类型变量保存圆心 y 坐标
    public int getX() {                               // 获得 x 的值
        return x;
    }
    public void setX(int cX) {                        // 设置 x 的值
        x = cX;
    }
    public int getY() {                               // 获得 y 的值
        return y;
    }
    public void setY(int cY) {                        // 设置 y 的值
        y = cY;
    }
}

public class ReferenceDataType {
    // 实现转换 Circle 坐标的方法
    private static Circle transform(Circle circle, int x, int y) {
        circle.setX(x);                               // 设置 x 坐标
        circle.setY(y);                               // 设置 y 坐标
        return circle;
    }
    public static void main(String[] args) {
```

```
        Circle circle = new Circle();                    // 创建 Circle 对象
        System.out.println("进入 transform 方法前 circle 的值: " + circle);
        transform(circle, 5, 5);                          // 使用 transform 方法修改 Circle 坐标
        System.out.println("进入 transform 方法后 circle 的值: " + circle);
    }
}
```

程序的运行效果如图 7-8 所示。

图 7-8　程序运行结果

 　　　　直接输出 circle 对象结果是该对象的类名和哈希码，可以看到进入方法前后该值未发生变化。如果读者对此不了解，可以查看 API 中 java.lang.Object 类的 toString() 方法说明。

　　在 JDK 5.0 版以后，可以为方法指定数量未知的参数列表，这些参数需要具有相同的类型。在使用时，可以将其看成数组，通过遍历数组来获取所指定的参数，获取到的参数的个数将根据调用方法时指定的参数个数确定。下面通过一个具体的例子来演示参数个数未知方法的定义及使用。

【例 7-8】　在项目中创建 VarargsMethod 类，演示参数个数未知方法的定义及使用。（实例位置：光盘\MR\源码\第 7 章\7-8）

```
public class VarargsMethod {
    private static void print(String... varargs) {          // 创建参数可变的方法
        for (int i = 0; i < varargs.length; i++) {
            System.out.print(varargs[i] + " ");             // 输出参数的内容
        }
    }
    public static void main(String[] args) {
        print("Java", "PHP");                               // 指定两个参数
        System.out.println();                               // 换行
        print("Java", "PHP", "Java");                       // 指定三个参数
    }
}
```

程序的运行效果如图 7-9 所示。

图 7-9　程序运行结果

如果参数与成员变量同名，则能够覆盖该成员变量。如果局部变量与成员变量重名，则能够覆盖该成员变量。如果局部变量与参数重名，则报告错误。

## 7.2.8 对象创建和使用

在 7.1 节中曾经介绍过对象，对象可以认为是在一类事物中抽象出某一个特例，通过这个特例来处理这类事物出现的问题。在 Java 语言中通过 new 操作符来创建对象。以前曾经在讲解构造方法中介绍过每实例化一个对象就会自动调用一次构造方法，实质上这个过程就是创建对象的过程。准确地说，可以在 Java 语言中使用 new 操作符调用构造方法创建对象。其语法格式如下。

```
Test test=new Test();
Test test=new Test("a");
```

上面的代码中，等号左边表示对象的声明，右边表示对象的实例化。可以在实例化时指明对象的属性。

test 对象被创建出来时，就是一个对象的引用。这个引用在内存中为对象分配了存储空间。可以在构造方法中初始化成员变量，当创建对象时，自动调用构造方法，也就是说在 Java 语言中初始化与创建是被捆绑在一起的。

每个对象都是相互独立的，在内存中占据独立的内存地址，并且每个对象都具有自己的生命周期，当一个对象的生命周期结束时，对象变成了垃圾，由 Java 虚拟机自带的垃圾回收机制处理，不能再被使用。

【例 7-9】 在项目中创建 ObjectCreation 类，为该类定义一个构造方法。在 main()方法中，创建该类对象。（实例位置：光盘\MR\源码\第 7 章\7-9）

```
public class ObjectCreation {
    public ObjectCreation() {                        // 创建类的构造方法
        System.out.println("创建 ObjectCreate 类的对象");
    }
    public static void main(String[] args) {
        ObjectCreation obj = new ObjectCreation();   // 创建该类的对象
    }
}
```

程序的运行效果如图 7-10 所示。

图 7-10 程序运行结果

当用户使用 new 操作符创建一个对象后，可以使用 "对象.类成员" 来获取对象的属性和行为。前文已经提到过，对象的属性和行为在类中是通过类成员变量和成员方法的形式来表示的，所以当对象获取类成员，也就相应地获取了对象的属性和行为。

【例 7-10】 在项目中创建 TransferProperty 类，通过它来演示对象是如何调用类成员的。(实例位置：光盘\MR\源码\第 7 章\7-10)

```java
public class TransferProperty {
    int i = 47;                                          // 定义成员变量
    public void call() {                                 // 定义成员方法
        System.out.println("调用 call()方法");
        for (i = 0; i < 3; i++) {
            System.out.print(i + " ");
            if (i == 2) {
                System.out.println("\n");
            }
        }
    }
    public TransferProperty() {                           // 定义构造方法
    }
    public static void main(String[] args) {
        TransferProperty t1 = new TransferProperty();     // 创建一个对象
        TransferProperty t2 = new TransferProperty();     // 创建另一个对象
        t2.i = 60;                                        // 将类成员变量赋值为 60
        // 使用第一个对象调用类成员变量
        System.out.println("第一个实例对象调用变量 i 的结果: " + t1.i++);
        t1.call();                                        // 使用第一个对象调用类成员方法
        // 使用第二个对象调用类成员变量
        System.out.println("第二个实例对象调用变量 i 的结果: " + t2.i);
        t2.call();                                        // 使用第二个对象调用类成员方法
    }
}
```

程序的运行效果如图 7-11 所示。

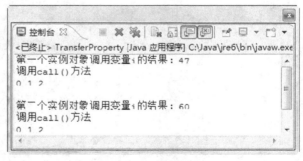

图 7-11　程序运行结果

在上述代码的主方法中首先实例化一个对象，然后使用"."操作符调用类的成员变量和成员方法。但是在运行结果中可以看到，虽然使用两个对象调用同一个成员变量，结果却不相同，因为在打印这个成员变量的值之前将该值重新赋值为 60，但在赋值时使用的是第二个对象 t2 调用成员变量，所以在第一个对象 t1 调用成员变量打印该值时仍然是成员变量的初始值。由此可见，两个对象的产生是相互独立的，改变了 t2 的 i 值，不会影响到 t1 的 i 值。在内存中这两个对象的布局如图 7-12 所示。

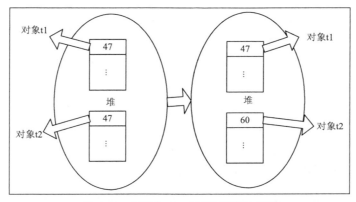

图 7-12　内存中 t1、t2 两个对象的布局

## 7.2.9　this 关键字的用途

在普通方法或者构造方法中，this 表示当前对象的引用，即普通方法或者构造方法被调用的对象。使用 this 就可以在普通方法和构造方法中使用当前对象的任何成员变量。this 关键字有两种用途。

（1）使用 this 来引用成员变量

前面已经讲过，如果参数与成员变量重名，则会覆盖成员变量，这意味着声明方法时要指定与成员变量不同名称的参数。多数情况下，可以遵守这条原则。但是当为成员变量赋值的时候，还需要再想另外一个名称很不方便。此时可以使用 this 来引用成员变量进行区分。

【例 7-11】　在项目中创建 Book 类，在构造方法中初始化其状态。（实例位置：光盘\MR\源码\第 7 章\7-11）

```
public class Book {
    private String title;                        // 定义字符串保存书名
    private String press;                        // 定义字符串保存出版社
    private String ISBN;                         // 定义字符串保存 ISBN
    private double price;                        // 定义价格
    public Book(String title, String press, String ISBN, double price) {
        this.title = title;
        this.press = press;
        this.ISBN = ISBN;
        this.price = price;
    }
}
```

（2）使用 this 来引用构造方法

如果类中定义了多个构造方法，可以使用 this 来进行简化。

【例 7-12】　在项目中创建 Book 类，定义多个构造方法来初始化其状态。（实例位置：光盘\MR\源码\第 7 章\7-12）

```
public class Book {
    private String title;                        // 定义字符串保存书名
    private String press;                        // 定义字符串保存出版社
    private String ISBN;                         // 定义字符串保存 ISBN
    private double price;                        // 定义价格
```

```
public Book() {
    this(null, null, null, 0);                    // 使用this调用另一个构造方法
}
public Book(String title, String press, String ISBN, double price) {
    this.title = title;
    this.press = press;
    this.ISBN = ISBN;
    this.price = price;
}
}
```

## 7.2.10　static 关键字的用途

前面的章节介绍了如何创建成员变量和成员方法。它们都需要先创建对象才能够使用。因此，对于不同的对象，成员变量可以具有不同的状态，而且彼此不会受到影响。如果需要直接使用成员变量和成员方法而不创建对象，则可以使用 static 关键字。它表明被修饰的成员是属于这个类的，而不是某个特定的对象。

【例 7-13】　在项目中创建 StaticVariables 类，定义一个静态变量来保存该类被实例化的次数。（实例位置：光盘\MR\源码\第 7 章\7-13）

```
public class StaticVariables {
    private static int count;                      // 定义静态变量保存实例化次数
    public StaticVariables() {
        count++;                                   // 每次调用构造方法 count 值加 1
    }
    public static void main(String[] args) {
        StaticVariables sv1 = new StaticVariables(); // 创建对象
        StaticVariables sv2 = new StaticVariables(); // 创建对象
        StaticVariables sv3 = new StaticVariables(); // 创建对象
        System.out.println("创建了" + count + "个 StaticVariables 类型的对象! ");
    }
}
```

 static 关键字需要放置在变量类型前。在类的内部调用 static 变量时直接使用即可。在类的外部调用 static 变量可以使用"类名.静态变量名"的方式。

【例 7-14】　在项目中创建 StaticMethods 类，定义一个静态方法来计算给定数字的平方数。（实例位置：光盘\MR\源码\第 7 章\7-14）

```
public class StaticMethods {
    private static double power(double number) {    // 定义静态方法计算平方数
        return number * number;
    }
    public static void main(String[] args) {
        System.out.println(power(10.5));            // 调用静态方法输出 10.5 的平方
    }
}
```

 static 关键字需要放置在返回值类型前，如果没有返回值就放置在 void 之前。在类的内部使用 static 方法时，直接使用即可。在类的外部调用 static 方法可以使用"类名.静态方法名"的方式。

## 7.2.11　final 关键字的用途

final 关键字的含义是不可变，可以用来修饰类、成员变量和成员方法。如果修饰类，则表示该类不能够被继承。如果修饰成员变量，则表示该变量一旦被赋值之后就不能修改。如果修饰成员方法，则表示该方法不能够被子类重写。

final 关键字的一个常见用法是与 static 关键字组合来创建常量，例如以下方法为变量 "PI" 赋值。

```
public static final PI = 3.1415926;
```

 **说明**　Java 中的常量命名通常采用大写字母形式，如果是由多个单词组成，则中间使用下划线分隔。例如 "ONE_TOW"。

【例 7-15】　在项目中创建 FinalTest 类，在 main() 方法中将 final 类型的成员变量进行赋值。（实例位置：光盘\MR\源码\第 7 章\7-15）

```
public class FinalTest {
    private final int number = 2; // 声明 final 修饰的成员变量

    public static void main(String[] args) {
        new FinalTest().number = 5; // 对成员变量进行赋值
    }
}
```

程序的运行效果如图 7-13 所示。

图 7-13　程序运行效果

## 7.2.12　包的定义与使用

包是 Java 中管理源代码文件的方式。在前面的内容中，编写的 Java 文件都使用了默认的包空间。这相当于把所有的文件都放置在 Windows 系统的 D 盘。随着文件个数不断的增加，肯定增加了文件命名的难度，也不便于文件的管理。

通过使用包，具有如下优势。

（1）便于区分哪些类是相关的。

（2）在不同的包中，可以存在相同名称的类。

（3）可以使用包来控制访问权限。

声明包的语法如下。

```
package com.mingrisoft;
```

 **注意**　使用 package 声明包时，该语句必须放在源代码的第一行。前面可以存在注释代码，但是不能有类定义等代码。

在日常的开发中，经常需要使用 Java API 中提供的工具类。除了 java.lang 包中的类，其他的工具类需要导入其所在的包才能够使用。

（1）使用 import 语句导入一个需要使用的类，语法如下。

```
import java.util.Date;
```

这样在这个源代码文件中任何地方都可以使用 Date 类。

如果需要使用一个包中的多个类，可以使用\*来进行整体导入，语法如下。

```
import java.util.*;
```

这样就可以使用 java.util 包中的任何类了。

使用\*仅能导入包中的类，不能导入包的子包中的类。读者可以将其理解为导入一个文件夹中的文件，但不包括这个文件夹的子文件夹中的文件。

（2）在使用工具类的地方进行导入，语法如下。

```
java.util.Date date = new java.util.Date();
```

# 7.3　注　解

注解是在 Java SE 5.0 版中新增加的特性，可以为代码增加额外的信息但是并不直接影响代码的运行。在 Java 语言中，已经包含了一些预定义的注解。此外，用户还可以自定义注解，完成需要的功能。

## 7.3.1　预定义注解

常用的预定义注解包括@Deprecated、@Override 和@SuppressWarnings 三种。@Deprecated 注解用于标示弃用的类或者方法等，它们应该不再使用。@Override 注解通常用于修饰重写的方法，如果开发人员并没有遵守重写的规则，则会给出提示。@SuppressWarnings 注解用于压制警告信息，例如没有指明泛型的类型。

## 7.3.2　自定义注解

在进行项目开发时，通常在类的开始部分统一增加注解信息。这些信息包括代码的作者、文件创建时间、最后修改时间和版本信息等。如果使用注解，可以对它们进行统一定义。

【例 7-16】　在项目中创建 Information 注解，再定义一个类使用该注解。（实例位置：光盘\MR\源码\第 7 章\7-16）

```
public @interface Information {
    String author();                        // 用于保存作者信息
    String date();                          // 用于保存文件创建时间
    String lastModifyDate();                // 用于保存文件最后修改时间
    int version();                          // 用于保存文件的版本信息
}
@Information(author = "MingRiSoft", date = "2011/2/28", lastModifyDate = "2011/4/2",
version = 1)
public class Test {

}
```

在定义注解时，需要使用大括号包含注解的内容。在使用注解时，需要使用小括号来包含注解的内容。

# 7.4　综合实例——构造方法的应用

Java 程序的各种功能是通过对象调用相关方法完成的，因此必须先获得对象。使用构造方法来获得对象是一种非常常用的方式。另一种方式是使用反射，这不是本章的重点。构造方法也支持重载。本实例将演示使用不同的构造方法来获得对象。实例的运行效果如图 7-14 所示。

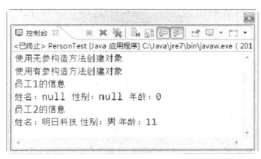

图 7-14　实例运行效果

（1）新建 Eclipse 项目，名称为 Example。新建 Java 类，文件名为 Person，在该类中输入如下代码。

```java
public class Person {
    private String name;
    private String gender;
    private int age;
    public Person() {
        System.out.println("使用无参构造方法创建对象");
    }
    public Person(String name, String gender, int age) {
        this.name = name;
        this.gender = gender;
        this.age = age;
        System.out.println("使用有参构造方法创建对象");
    }
    public String getName() {
        return name;
    }
    public String getGender() {
        return gender;
    }
    public int getAge() {
        return age;
    }
}
```

（2）新建 Java 类，文件名为 PersonTest，在该类中输入如下代码。

```java
public class PersonTest {
    public static void main(String[] args) {
        Person person1 = new Person();
        Person person2 = new Person("明日科技", "男", 11);
        System.out.println("员工 1 的信息");
        System.out.print("姓名: " + person1.getName() + " ");
```

```
        System.out.print("性别: " + person1.getGender() + " ");
        System.out.println("年龄: " + person1.getAge() + " ");
        System.out.println("员工 2 的信息");
        System.out.print("姓名: " + person2.getName() + " ");
        System.out.print("性别: " + person2.getGender() + " ");
        System.out.print("年龄: " + person2.getAge() + " ");
    }
}
```

（3）在代码编辑器中单击鼠标右键，在弹出菜单中选择"运行方式"/"Java 应用程序"菜单项，显示如图 7-14 所示的结果。

# 知识点提炼

（1）对象是对现实世界事物的模拟，它具有属性和行为。

（2）类是创建对象的模板，它可以创建多个具有相同属性和行为的对象。

（3）面向对象的三大特性包括封装、多态和继承。

（4）使用 class 关键字来定义类。

（5）在创建对象时，会调用类的构造方法。构造方法并没有返回值，且方法名称与类名相同。

（6）Java 中方法在传递参数时，使用的是值传递。

（7）this 关键字用于表示对当前对象的引用。

（8）访问权限修饰符包括 public、private、protected 等 4 种。

（9）static 关键字用于定义类变量和类方法，可以直接使用类名调用，而不必创建类对象。

（10）final 关键字用于保证不可修改。

（11）包用来管理 Java 文件。

（12）注解可以为代码增加额外的信息但是并不直接影响代码的运行。

# 习　　题

7-1　什么是对象？

7-2　什么是类？

7-3　什么是封装？

7-4　什么是继承？

7-5　什么是多态？

7-6　如何定义类？

7-7　成员变量和普通变量有何区别？

7-8　构造方法和成员方法有何区别？

7-9　this 关键字有何用途？

7-10　访问权限修饰符有哪些？该如何使用？

7-11　static 关键字有何用途？

7-12 final 关键字有何用途？

7-13 如何定义包？

7-14 注解有何用途？该如何定义？

# 实验：温度单位转换工具

## 实验目的

（1）掌握 Java 语言基本语法。

（2）掌握类的定义与方法调用。

（3）锻炼学生的思维能力。

## 实验内容

定义工具方法，实现将传入的摄氏度温度转换为华氏度温度。

## 实验步骤

（1）新建 Eclipse 项目，名称为 Test。新建 Java 类，文件名为 TemperatureConverter，在该类中
输入如下代码。

```
public class TemperatureConverter {
    public double toFahrenheit(double centigrade) {
        double fahrenheit = 1.8 * centigrade + 32;              // 计算华氏温度
        return fahrenheit;                                       // 返回华氏温度
    }
    public static void main(String[] args) {
        System.out.println("请输入要转换的温度（单位：摄氏度）");
        Scanner in = new Scanner(System.in); // 创建 Scanner 对象来获得控制台输入
        double centigrade = in.nextDouble(); // 获得用户输入的摄氏温度
        TemperatureConverter tc = new TemperatureConverter(); // 创建类的对象
        double fahrenheit = tc.toFahrenheit(centigrade);        // 转换温度为华氏度
        System.out.println("转换完成的温度（单位：华氏度）: " + fahrenheit);// 输出转换结果
    }
}
```

（2）运行程序，效果如图 7-15 所示。

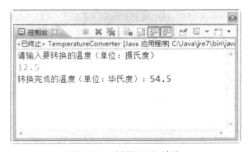

图 7-15　转换温度单位

# 第8章
## 接口、继承与多态

**本章要点**

- 掌握接口的使用
- 掌握类的继承
- 掌握使用 super 关键字
- 了解什么是多态

继承和多态是面向对象开发语言中非常重要的一个环节，如果在程序中使用得当，可以将整个程序的架构变得非常有弹性，同时可以减少代码的冗余量。继承机制的使用可以复用一些定义好的类，减少重复代码的编写。多态机制的使用可以动态调整对象的调用，降低对象之间的依存关系。同时为了优化继承与多态，一些类除了继承父类还使用接口的形式。Java 中的类可以同时实现多个接口，接口被用来建立类与类之间关联的标准。在 Java 中正因为使用这些机制使 Java 语言更具有生命力。

# 8.1  接口的使用

Java 只支持单重继承，不支持多继承，即一个类只能有一个父类。但是在实际应用中，又经常需要使用多继承来解决问题。为了解决该问题，Java 提供了接口来实现类的多重继承功能。

## 8.1.1  接口的定义

使用 interface 来定义一个接口。接口定义同类的定义类似，也是分为接口的声明和接口体，其中接口体由变量定义和方法定义两部分组成。定义接口的基本语法格式如下。

```
[修饰符] interface 接口名 [extends 父接口名列表]{
    [public] [static] [final] 变量;
    [public] [abstract] 方法;
}
```

定义接口的语法格式的参数说明如表 8-1 所示。

| 表 8-1 | 定义接口的语法格式的参数说明 |
| --- | --- |
| 参　　数 | 说　　明 |
| 修饰符 | 可选，用于指定接口的访问权限，可选值为 public。如果省略则使用默认的访问权限 |
| 接口名 | 必选参数，用于指定接口的名称，接口名必须是合法的 Java 标识符。一般情况下，要求首字母大写 |
| extends 父接口名列表 | 可选参数，用于指定要定义的接口继承于哪个父接口。当使用 extends 关键字时，父接口名为必选参数 |
| 方法 | 接口中的方法只有定义而没有被实现 |

【例 8-1】　在项目中创建 ICircle 接口，定义一个常量和 3 个方法。（实例位置：光盘\MR\源码\第 8 章\8-1）

```
public interface ICircle {
    double PI = 3.14159;
    double getCircumference(double radius);
    double getArea(double radius);
    double getVolume(double radius);
}
```

在接口中定义的变量，默认使用 public static final 修饰，即相当于常量。

## 8.1.2　接口的实现

接口在定义后，就可以在类中实现该接口。在类中实现接口可以使用关键字 implements，基本语法格式如下所示。

```
[修饰符] class <类名> [extends 父类名] [implements 接口列表] {
}
```

实现接口的语法格式的参数说明如表 8-2 所示。

| 表 8-2 | 实现接口的语法格式的参数说明 |
| --- | --- |
| 参　　数 | 说　　明 |
| 修饰符 | 可选参数，用于指定类的访问权限，可选值为 public、abstract 和 final |
| 类名 | 必选参数，用于指定类的名称，必须是合法的 Java 标识符。一般情况下，要求首字母大写 |
| extends 父类名 | 可选参数，用于指定要定义的类继承于哪个父类。当使用 extends 关键字时，父类名为必选参数 |
| implements 接口列表 | 可选参数，用于指定该类实现的是哪些接口。当使用 implements 关键字时，接口列表为必选参数。当接口列表中存在多个接口名时，各个接口名之间使用逗号分隔 |

在类中实现接口时，方法名、返回值类型、参数的个数及类型必须与接口中的完全一致，并且必须实现接口中的所有方法。

【例 8-2】　在项目中创建 Circle 类，实现在【例 8-1】中定义的接口。（实例位置：光盘\MR\源码\第 8 章\8-2）

```
public class Circle implements ICircle {
```

```java
    @Override
    public double getCircumference(double radius) {
        return 2 * PI * radius;
    }
    @Override
    public double getArea(double radius) {
        return PI * radius * radius;
    }
    @Override
    public double getVolume(double radius) {
        return 4 * PI * radius * radius * radius / 3.0;
    }
}
```

 @Override 注解用来表示被其修饰的方法重写了父类或者接口中的方法。

在类的继承中，只能做单重继承，而实现接口时，一次则可以实现多个接口，每个接口间使用逗号 "," 分隔。这时就可能出现变量或方法名冲突的情况，解决该问题时，如果变量冲突，则需要明确指定变量的接口，这可以通过 "接口名.变量" 实现。如果出现方法冲突时，则只要实现一个方法就可以了。

# 8.2　类的继承

继承一般是指晚辈从父辈那里继承财产，也可以说是子女拥有父母所给予他们的东西。在面向对象程序设计中，继承的含义与此类似，所不同的是，这里继承的实体是类而非人。也就是说继承是子类拥有父类的成员。下面将介绍在 Java 中如何实现类的继承。

## 8.2.1　继承的实现

在 Java 语言中，继承通过关键字 extends 来实现。也就是用 extends 指明当前类是子类，并指明从哪个类继承而来。即在子类的声明中，通过使用关键字 extends 来显式的指明其父类。其基本的语法格式如下。

```java
[修饰符] class 子类名 extends 父类名{
    类体
}
```

■ 修饰符：可选参数，用于指定类的访问权限，可选值为 public、abstract 和 final。

■ 子类名：必选参数，用于指定子类的名称，类名必须是合法的 Java 标识符。一般情况下，要求首字母大写。

■ extends 父类名：必选参数，用于指定要定义的子类继承于哪个父类。

【例 8-3】　在项目中创建 Bird 类，定义一个成员变量描述颜色。创建 Pigeon 类，它继承了 Bird 类。在构造方法中，对继承的 color 变量赋值。（实例位置：光盘\MR\源码\第 8 章\8-3）

```java
public class Bird {
    String color;
}
```

```
public class Pigeon extends Bird {
    public Pigeon() {
        color = "White";
    }
}
```

## 8.2.2　继承中的重写

重写是指父子类之间的关系，当子类继承父类中所有可能被子类访问的成员方法时，如果子类的方法名与父类的方法名相同，那么子类就不能继承父类的方法，此时，称为子类的方法重写了父类的方法。重写体现了子类补充或者改变父类方法的能力。通过重写，可以使一个方法在不同的子类中表现出不同的行为。

【例 8-4】　在项目中创建 Bike 类和 Bird 类，分别重写其 toString() 方法。(实例位置：光盘\MR\源码\第 8 章\8-4)

```
public class Bike {
    @Override
    public String toString() {                          // 重写 toString() 方法
        return "Bike";
    }
}
public class Bird {
    @Override
    public String toString() {                          // 重写 toString() 方法
        return "Bird";
    }
}
public class Test {
    public static void main(String[] args) {
        Object bike = new Bike();                       // 创建 Bike 类对象
        System.out.println(bike);                       // 输出 Bike 类对象
        Object bird = new Bird();                       // 创建 Bird 类对象
        System.out.println(bird);                       // 输出 Bird 类对象
    }
}
```

程序的运行效果如图 8-1 所示。

图 8-1　输出 Object 对象

　　Object 类是所有 Java 类的父类。在输出引用类型变量时，会调用在 Object 类中定义的 toString() 方法。

### 8.2.3　使用 super 关键字

子类可以继承父类的非私有成员变量和成员方法（不是以 private 关键字修饰的）作为自己的成员变量和成员方法。但是，如果子类中声明的成员变量与父类的成员变量同名，则子类不能继承父类的成员变量，此时称子类的成员变量隐藏了父类的成员变量。如果子类中声明的成员方法与父类的成员方法同名，并且方法的返回值及参数个数和类型也相同，则子类不能继承父类的成员方法，此时称子类的成员方法重写了父类的成员方法。这时，如果想在子类中访问父类中被子类隐藏的成员方法或变量时，就可以使用 super 关键字。super 关键字主要有以下两种用途。

**1．调用父类的构造方法**

子类可以调用由父类声明的构造方法。但是必须在子类的构造方法中使用 super 关键字来调用。其具体的语法格式如下。

```
super([参数列表]);
```

如果父类的构造方法中包括参数，则参数列表为必选项，用于指定父类构造方法的入口参数。

**2．操作被隐藏的成员变量和被重写的成员方法**

如果想在子类中操作父类中被隐藏的成员变量和被重写的成员方法，也可以使用 super 关键字，具体格式如下所示。

```
super.成员变量名
super.成员方法名([参数列表])
```

# 8.3　多态

多态性是面向对象程序设计的重要部分。在 Java 中，通常使用方法的重载（Overloading）和重写（Overriding）实现类的多态性。其中，重写已经在前面节中介绍，下面将对方法的重载进行介绍。

> 重写之所以具有多态性，是因为父类的方法在子类中被重写，子类和父类的方法名称相同，但完成的功能却不一样，所以说，重写也具有多态性。

方法的重载是指在一个类中，出现多个方法名相同，但参数个数或参数类型不同的方法，则称为方法的重载。Java 在执行具有重载关系的方法时，将根据调用参数的个数和类型区分具体执行的是哪个方法。下面将通过一个具体的实例进行说明。

【例 8-5】　在项目中创建 MaxNumber 类，定义两个 getMax()方法，分别用来比较 int 类型和 double 类型变量并获得最大值。（实例位置：光盘\MR\源码\第 8 章\8-5）

```java
public class MaxNumber {
    public static int getMax(int number1, int number2) {
        return (number1 > number2 ? number1 : number2);
    }
    public static double getMax(double number1, double number2) {
        return (number1 > number2 ? number1 : number2);
    }
    public static void main(String[] args) {
        int intMax = getMax(12, 21);
        System.out.println("12 和 21 的最大值: " + intMax);
```

第 8 章　接口、继承与多态

```
        double doubleMax = getMax(12.0, 21.0);
        System.out.println("12.0 和 21.0 的最大值: " + doubleMax);
    }
}
```

程序的运行效果如图 8-2 所示。

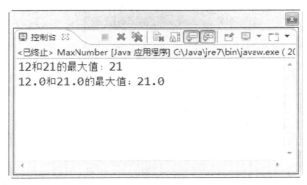

图 8-2　输出最大值

 JVM 根据传递给方法参数类型的不同而调用不同的方法。

# 8.4　Object 类

在开始学会使用 class 关键字定义类时，就应用到了继承原理，因为在 Java 中，所有的类都直接或间接继承了 java.lang.Object 类。Object 类是比较特殊的类，是所有类的父类，是 Java 类层中最高层类，Java 中任何一个类都是它的子类。当创建一个类时，总是在继承，除非某个类已经指定要从其他类继承，否则它就是从 java.lang.Object 类继承而来的，可见 Java 中的每个类都源于 java.lang.Object 类，如 String、Integer 等类都是继承于 Object 类。除此之外，自定义的类也都继承于 Object 类。由于所有类都是 Object 子类，所以在定义类时，省略了 extends Object 关键字，图 8-3 中描述了这一原则。

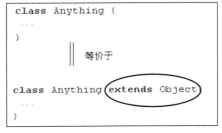

图 8-3　定义类时可以省略 extends Object 关键字

 Object 类中的 getClass()、notify()、notifyAll()、wait()等方法不能被重写，因为这些方法被定义为 final 类型。

下面详细讲述 Object 类中的几个重要方法。

## 1. getClass()方法

getClass()方法是 Object 类的定义的方法，它会返回对象执行时的 Class 实例，然后使用此实例调用 getName()方法可以取得类的名称。语法如下。

```
getClass().getname();
```

可以将 getClass()方法与 toString()方法联合使用。

### 2. toString()方法

Object 类中 toString()方法的功能是将一个对象返回为字符串形式,即会返回一个 String 实例。在实际的应用中通常重写 toString()方法,为对象提供一个特定的输出模式。当这个类转换为字符串或与字符串连接时,将自动调用重写的 toString()方法。

【例 8-6】 在项目中创建 ToStringDemo 类,在类中重写 Object 类的 toString()方法,并在主方法中输出该类的实例对象。(实例位置:光盘\MR\源码\第 8 章\8-6)

```java
public class ToStringDemo {
    @Override
    public String toString() {                    // 重写 toString()方法
        return "ToStringDemo 类";
    }
    public static void main(String[] args) {
        System.out.println(new ToStringDemo());  // 输出 ToStringDemo 类对象
    }
}
```

程序的运行效果如图 8-4 所示。

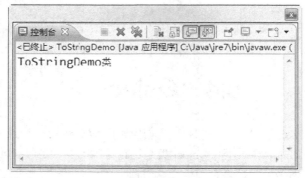

图 8-4 输出 ToStringDemo 类对象

请读者注释一下重写 toString()方法部分代码,比较一下输出结果的异同。

### 3. equals()方法

在讲解 Java 基础语法时,曾介绍过"=="操作符。它可以用来比较两个基本类型的变量值是否相同。此外,还可以将其用于引用类型。这时,它用于比较两个引用是否指向同一个对象。Object 类中定义的 equals()方法,其默认实现也是比较两个引用是否指向同一个对象。这在实际开发中并无任何意义。因此通常需要重写该方法来比较实际内容是否相同。

Java API 文档中很多类已经重写了 equals()方法,例如下面例子中使用的 String 类。

【例 8-7】 在项目中创建 EqualsDemo 类,在主方法中使用"=="和 equals()方法来比较内容相同的两个字符串对象。(实例位置:光盘\MR\源码\第 8 章\8-7)

```java
public class EqualsDemo {
    public static void main(String[] args) {
```

```
        String s1 = new String("mrsoft");                    // 创建新字符串
        String s2 = new String("mrsoft");                    // 创建新字符串
        System.out.println(s1 + "和" + s2 + "指向同一对象: " + (s1 == s2));
        System.out.println(s1 + "和" + s2 + "内容相同: " + (s1.equals(s2)));
    }
}
```

程序的运行效果如图 8-5 所示。

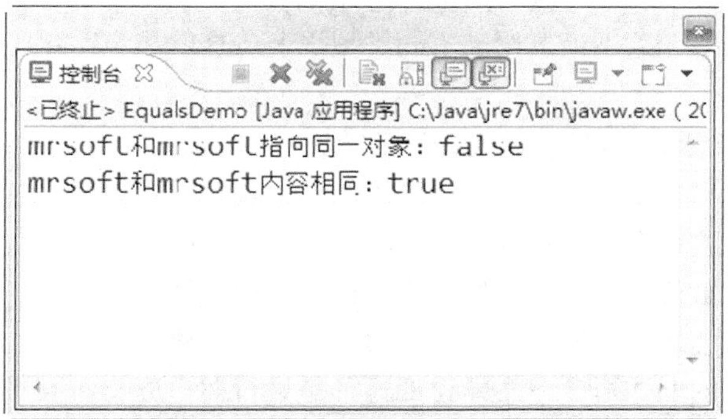

图 8-5  比较字符串对象

# 8.5  对象类型的转换

对象类型转换在 Java 编程中经常遇到，主要包括向上转型与向下转型操作。本节将详细讲解
对象类型转换的内容。

## 8.5.1  向上转型

我们说平行四边形是特殊的四边形，也就是说平行四边形是四边形类型的一种，那么就可以
将平行四边形对象看做是一个四边形对象。再比如一只鸡是家禽的一种，而家禽是动物中的一种，
那么也可以将鸡对象看做是一个动物对象。可以使用如代码表示平行四边形与四边形的关系。

【例 8-8】  在项目中创建 Parallelogram 类，在类中创建 Quadrangle 类，并使 Parallelogram
类继承 Quadrangle 类，然后在主方法中调用父类的 draw()方法。（实例位置：光盘\MR\源码\第
8 章\8-8）

```
class Quadrangle {                                // 四边形类
    public static void draw(Quadrangle q) {       // 四边形类中的方法
        // SomeSentence
    }
}
public class Parallelogram extends Quadrangle { // 平行四边形类，继承了四边形类
    public static void main(String args[]) {
        Parallelogram p = new Parallelogram();    // 实例化平行四边形类对象引用
        draw(p);                                  // 调用父类方法
    }
}
```

在【例 8-8】中，平行四边形类继承了四边形类，四边形类存在一个 draw()方法，它的参数是 Quadrangle（四边形类）类型，而在平行四边形类的主方法中调用 draw()时给予的参数类型却是 Parallelogram（平行四边形类）类型的。在这里一直在强调一个问题，就是平行四边形也是一种类型的四边形，所以可以将平行四边形类的对象看做是一个四边形类的对象，这种技术被称为"向上转型"。试想一下正方形类对象可以作为 draw()方法的参数，梯形类对象同样也可以作为 draw()方法的参数，如果在四边形类的 draw()方法中根据不同的图形对象设置不同的处理就可以做到在父类定义一个方法完成各个子类的功能，使同一份代码可以毫无差别地运用到不同类型之上。这就是多态机制的基本思想。

图 8-6 中演示了平行四边形类继承四边形类的关系。

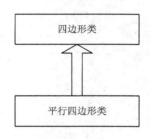

图 8-6　平行四边形类与四边形类的关系

在图 8-6 中可以看出，平行四边形类继承了四边形类。常规的继承图都是将顶级类设置在页面的顶部，然后逐渐向下，所以将子类对象看做是父类对象被称为"向上转型"。由于向上转型是从一个较具体的类到较抽象的类之间的转换，所以它总是安全的，例如可以说平行四边形是特殊的四边形，但不能说四边形是平行四边形。

## 8.5.2　向下转型

通过向上转型可以推理出向下转型是将较抽象类转换为较具体的类。这样转型通常会出现问题，例如不能说四边形是平行四边形的一种，不能说所有的鸟都是鸽子。可以说子类对象总是父类的一个实例，但是父类对象不一定是子类的实例。如果修改【例 8-8】，将四边形型类对象赋予平行四边形类对象，我们来看一下在程序中如何处理这种情况。

【例 8-9】　修改【例 8-8】，在 Parallelogram 类的主方法中将父类 Quadrangle 的对象赋值给子类 Parallelogram 的对象的引用变量将使程序产生错误。（实例位置：光盘\MR\源码\第 8 章\8-9）

```java
class Quadrangle {
    public static void draw(Quadrangle q) {
        // SomeSentence
    }
}
public class Parallelogram extends Quadrangle {
    public static void main(String args[]) {
        draw(new Parallelogram());
        // 将平行四边形类对象看做是四边形对象，称为向上转型操作
        Quadrangle q = new Parallelogram();
        // Parallelogram p=q;                    //将父类对象赋予子类对象，这种写法是错误的
        // 将父类对象赋予子类对象，并强制转换为子类型，这种写法是正确的
        Parallelogram p = (Parallelogram) q;
    }
}
```

在【例 8-9】中可以看到，如果将父类对象直接赋予子类，将会发生编译器错误，因为父类对象不一定是子类的实例，例如一个四边形不一定就是指平行四边形，也许它是梯形，也许是正方形，也许是其他带有四个边的不规则图形，图 8-7 表明了这些图形的关系。

在图 8-7 中可以看到，越是具体的对象具有的特性越多，而越抽象的对象反而具有的特性越少。做向下转型操作时，将特性范围小的对象转换为特性范围大的对象肯定会出现问题。这时需

要告知编译器这个四边形就是平行四边形，将父类对象强制转换为某个子类对象，这种方式称为显式类型转换。

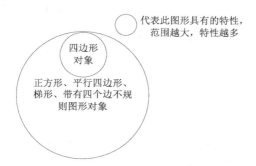

图 8-7　四边形与具体的四边形的关系

当在程序中使用向下转型技术时，必须使用显式类型转换，向编译器指明将父类对象转换为哪一种类型的子类对象。

# 8.6　instanceof 判断对象类型

当在程序中执行向下转型操作时，如果父类对象不是子类对象的实例，就会发生 ClassCastException 异常。因此，在执行向下转型之前需要养成一个良好习惯，就是判断父类对象是否为子类对象的实例。这个判断通常使用 instanceof 操作符来完成。可以使用 instanceof 操作符判断是否一个类实现了某个接口，也可以用它来判断一个实例对象是否属于一个类。instanceof 的语法格式如下。

```
myobject instanceof ExampleClass
```

■　myobject：某类的对象引用。

■　ExampleClass：某个类。

使用 instanceof 操作符的表达式返回值为布尔值。如果使用 instanceof 操作符的表达式返回值为 true，说明 myobject 对象为 ExampleClass 的实例对象，如果返回值为 false，说明 myobject 对象不是 ExampleClass 的实例对象。

【例 8-10】　在项目中创建 Parallelogram 类和 Quadrangle、Square、Anything3 个内部类。其中 Parallelogram 类和 Square 继承 Quadrangle 类，在 Parallelogram 类的主方法中分别创建这些类的对象，然后使用 instanceof 操作符判断它们的类型并输出结果。（实例位置：光盘\MR\源码\第 8 章\8-10）

```
class Quadrangle {
    public static void draw(Quadrangle q) {
        // SomeSentence
    }
}
class Square extends Quadrangle {
    // SomeSentence
}
class Anything {
    // SomeSentence
```

```
    }
public class Parallelogram extends Quadrangle {
    public static void main(String args[]) {
        Quadrangle q = new Quadrangle();              // 实例化父类对象
        // 判断父类对象是否为 Parallelogram 子类的一个实例
        if (q instanceof Parallelogram) {
            Parallelogram p = (Parallelogram) q;  // 向下转型操作
        }
        if (q instanceof Square) {  // 判断父类对象是否为 Parallelogram 子类的一个实例
            Square s = (Square) q;    // 进行向下转型操作
        }
        // 由于 q 对象不为 Anything 类的对象，所以这条语句是错误的
        // System.out.println(q instanceof Anything);
    }
}
```

在本实例中将 instanceof 操作符与向下转型操作结合使用。在程序中定义了两个子类，即平行四边形类和正方形类，这两个类分别继承四边形类。在主方法中首先创建四边形类对象，然后使用 instanceof 操作符判断四边形类对象是否为平行四边形类的一个实例，是否为正方形类的一个实例，如果判断结果为 true，将进行向下转型操作。

# 8.7　综合实例——简单工厂模式应用

在面向对象程序设计中，多态是基本特性之一。使用多态的好处就是可以屏蔽对象之间的差异，从而增强了软件的扩展性和重用性。Java 中的多态主要是通过重写父类（或接口）中的方法来实现的。本实例以汽车销售商场为例，演示简单工厂模式的应用。实例的运行效果如图 8-8 所示。

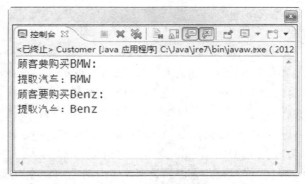

图 8-8　实例运行效果

（1）编写类 Car，该类是一个抽象类，其中定义了一个抽象方法 getInfo()，代码如下。

```
public abstract class Car {
    public abstract String getInfo();              //用来描述汽车的信息
}
```

（2）编写类 BMW，该类继承自 Car 并实现了其 getInfo()方法，代码如下。

```
public class BMW extends Car {
    @Override
    public String getInfo() {                    //用来描述汽车的信息
```

```
        return "BMW";
    }
}
```

（3）编写类 Benz，该类继承自 Car 并实现了其 getInfo()方法，代码如下。

```
public class Benz extends Car {
    @Override
    public String getInfo() {                //用来描述汽车的信息
        return "Benz";
    }
}
```

（4）编写类 CarFactory，该类定义了一个静态方法 getCar()，它可以根据用户指定的车型来创建对象，代码如下。

```
public class CarFactory {
    public static Car getCar(String name) {
        if (name.equalsIgnoreCase("BMW")) {   //如果需要 BMW 则创建 BMW 对象
            return new BMW();
        } else if (name.equalsIgnoreCase("Benz")) {    //如果需要 Benz 则创建 Benz 对象
            return new Benz();
        } else {  //暂时不能支持其他车型
            return null;
        }
    }
}
```

（5）编写类 Customer 用来进行测试，在 main()方法中，根据用户的需要提取了不同的汽车。代码如下。

```
public class Customer {
    public static void main(String[] args) {
        System.out.println("顾客要购买 BMW:");
        Car bmw = CarFactory.getCar("BMW");               //用户要购买 BMW
        System.out.println("提取汽车: " + bmw.getInfo());   //提取 BMW
        System.out.println("顾客要购买 Benz:");
        Car benz = CarFactory.getCar("Benz");             //用户要购买 Benz
        System.out.println("提取汽车: " + benz.getInfo()); //提取 Benz
    }
}
```

（6）在代码编辑器中单击鼠标右键，在弹出菜单中选择"运行方式"/"Java 应用程序"菜单项，显示如图 8-8 所示的结果。

# 知识点提炼

（1）Java 中使用 interface 关键字来定义接口，在接口中可以包含常量和方法。

（2）使用 extends 关键字可以继承类，使用 implement 关键字可以实现接口。

（3）Java 中的类可以继承一个类，可以实现多个接口。

（4）通过继承，可以让子类获得父类中定义的非私有成员变量和方法。

（5）对于继承的方法，可以在子类中进行重写。

（6）在重写方法时，要保证方法名称和参数与父类完全相同，并且访问权限不能减小。

（7）使用 super 关键字可以调用父类中定义的构造方法。

（8）即使子类隐藏了父类中定义的成员变量和成员方法，还可以使用 super 关键字调用。

（9）使用 Override 注解可以减少重写方法时出现的错误。

# 习　　题

8-1　Java 中如何定义接口？

8-2　接口中定义的变量与方法默认使用哪些关键字修饰？

8-3　如何实现类的继承？

8-4　Java 中的类，可以继承几个类？实现几个接口？

8-5　super 关键字有何用途？

8-6　通过因特网学习常见的设计模式，自己举例实现适配器模式。

# 实验：策略模式的应用

## 实验目的

（1）掌握 Java 语言基本语法。

（2）了解策略模式的概念和使用。

（3）锻炼学生的思维能力。

## 实验内容

以图片保存格式为例，演示策略模式的应用。

## 实验步骤

（1）编写接口 ImageSaver，在该接口中定义了 save()方法，代码如下。

```java
public interface ImageSaver {
    void save();                                    //定义 save()方法
}
```

（2）编写类 GIFSaver，该类实现了 ImageSaver 接口。在实现 save()方法时将图片保存成了 GIF 格式。代码如下。

```java
public class GIFSaver implements ImageSaver {
    @Override
    public void save() {                            //实现 save()方法
        System.out.println("将图片保存成 GIF 格式");
    }
}
```

（3）编写类 TypChooser，该类根据用户提供的图片类型来选择合适的图片存储方式。代码如下。

```
public class TypeChooser {
    public static ImageSaver getSaver(String type) {
        if (type.equalsIgnoreCase("GIF")) {          //使用 if else 语句来判断图片的类型
            return new GIFSaver();
        } else if (type.equalsIgnoreCase("JPEG")) {
            return new JPEGSaver();
        } else if (type.equalsIgnoreCase("PNG")) {
            return new PNGSaver();
        } else {
            return null;
        }
    }
}
```

（4）编写类 User，该类模拟用户的操作，为类型选择器提供图片的类型。代码如下。

```
public class User {
    public static void main(String[] args) {
        System.out.print("用户选择了 GIF 格式：");
        ImageSaver saver = TypeChooser.getSaver("GIF");//获得保存图片为 GIF 类型的对象
        saver.save();
        System.out.print("用户选择了 JPEG 格式：");        //获得保存图片为 JPEG 类型的对象
        saver = TypeChooser.getSaver("JPEG");
        saver.save();
        System.out.print("用户选择了 PNG 格式：");         //获得保存图片为 PNG 类型的对象
        saver = TypeChooser.getSaver("PNG");
        saver.save();
    }
}
```

（5）运行程序，效果如图 8-9 所示。

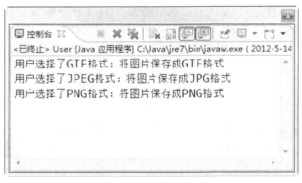

图 8-9 实例运行效果

# 第9章
# 类的高级特性

**本章要点**

- 掌握抽象类的使用
- 掌握内部类的分类
- 掌握成员内部类的使用
- 掌握局部内部类的使用
- 掌握匿名内部类的使用
- 掌握静态内部类的使用
- 掌握内部类的继承
- 掌握 Class 类与 Java 反射

除了前面介绍的继承、封装、多态等类的特性，Java 语言中的类还有些有别于其他语言的高级特性，例如，抽象类、内部类、反射等。这些特性在 Java 高级编程中有着广泛的应用。本章将对这些特性做一简单介绍。

## 9.1 抽象类

所谓抽象类就是只声明方法的存在而不去具体实现它的类。抽象类不能被实例化，也就是不能创建其对象。在定义抽象类时，要在关键字 class 前面加上关键字 abstract。定义抽象类的语法格式如下所示。

```
abstract class 类名 {
    类体
}
```

在抽象类中创建的、没有实际意义的且必须要子类重写的方法称为抽象方法。抽象方法只有方法的声明，而没有方法的实现，用关键字 abstract 进行修饰，声明一个抽象方法的基本格式如下所示。

```
abstract <方法返回值类型> 方法名(参数列表);
```

- 方法返回值的类型：必选参数，用于指定方法的返回值类型。如果该方法没有返回值，可以使用关键字 void 进行标识。方法返回值的类型可以是任何 Java 数据类型。
- 方法名：必选参数，用于指定抽象方法的名称，必须是合法的 Java 标识符。

■　参数列表：可选参数，用于指定方法中所需的参数。当存在多个参数时，各参数之间应使用逗号分隔。方法的参数可以是任何 Java 数据类型。

抽象方法不能使用 private 或 static 关键字进行修饰。

包含一个或多个抽象方法的类必须被声明为抽象类。这是因为抽象方法没有定义方法的实现部分，如果不声明为抽象类，这个类将可以生成对象。这时当用户调用抽象方法时，程序就不知道如何处理了。

【例 9-1】　在项目中创建抽象类 Fruit，定义一个抽象方法。在其子类中实现该方法。（实例位置：光盘\MR\源码\第 9 章\9-1）

（1）使用 abstract 关键字创建抽象类 Fruit.java，在该类中定义相应的变量和方法，代码如下所示。

```
public abstract class Fruit {
    public String color;                    // 定义颜色成员变量
    // 定义构造方法
    public Fruit() {
        color = "绿色";                     // 对变量 color 进行初始化
    }
    // 定义抽象方法
    public abstract void harvest();         // 收获的方法
}
```

（2）创建 Fruit 类的子类 Apple，并实现 harvest()方法，代码如下所示。

```
public class Apple extends Fruit {
    @Override
    public void harvest() {
        System.out.println("苹果已经收获！");   // 输出字符串"苹果已经收获！"
    }
}
```

（3）创建一个 Fruit 类的子类 Orange，并实现 harvest()方法，代码如下所示。

```
public class Orange extends Fruit {
    @Override
    public void harvest() {
        System.out.println("桔子已经收获！");   // 输出字符串"桔子已经收获！"
    }
}
```

（4）创建一个包含 main()方法的公共类 Farm，在该类中执行 Fruit 类的两个子类的 harvest()方法，代码如下所示。

```
public class Farm {
    public static void main(String[] args) {
        System.out.println("调用 Apple 类的 harvest()方法的结果：");
        Apple apple = new Apple();           // 声明 Apple 类的一个对象 apple，并为其分配内存
        apple.harvest();                     // 调用 Apple 类的 harvest()方法
        System.out.println("调用 Orange 类的 harvest()方法的结果：");
        Orange orange = new Orange();        // 声明 Orange 类的一个对象 orange，并为其分配内存
        orange.harvest();                    // 调用 Orange 类的 harvest()方法
    }
}
```

程序的运行效果如图 9-1 所示。

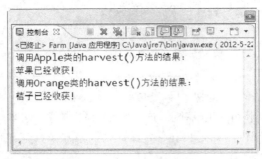

图 9-1　定义抽象类及抽象方法

# 9.2　内部类

如果在一个类中再定义一个类，就将在类中再定义的那个类称为内部类。内部类可分为成员内部类、局部内部类以及匿名类。本节将介绍内部类。

## 9.2.1　成员内部类

### 1. 成员内部类简介

在一个类中使用内部类可以在内部类中直接存取其所在类的私有成员变量。本节首先介绍成员内部类。成员内部类的语法如下所示。

```
public class OuterClass {              // 外部类
    private class InnerClass {          // 内部类
        // ...
    }
}
```

在内部类中可以随意使用外部类的成员方法以及成员变量，即使这些类成员被修饰为 private 也能被使用。图 9-2 充分说明了内部类的使用，尽管成员变量 i 以及成员方法 g() 都在外部类中被修饰为 private，但在内部类中可以直接使用外部类中的类成员。

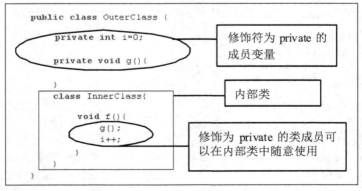

图 9-2　内部类可以使用外部类的成员

内部类的实例一定要绑定在外部类的实例上，如果在外部类中初始化一个内部类对象，那么内部类对象就会绑定在外部类对象上。内部类初始化方式与其他类初始化方式相同，都是使用 new 关键字。

【例 9-2】 在项目中创建 OuterClass 类，在类中定义 InnerClass 内部类和 doIt()方法，在 main()方法中创建 OuterClass 类的实例对象并调用 doIt()方法。（实例位置：光盘\MR\源码\第 9 章\9-2）

```
public class OuterClass {
    InnerClass in = new InnerClass();      // 在外部类实例化内部类对象引用
    public void ouf() {
        in.inf();                          // 在外部类方法中调用内部类方法
    }
    class InnerClass {
        InnerClass() {                     // 内部类构造方法
        }
        public void inf() {                // 内部类成员方法
        }
        int y = 0;                         // 定义内部类成员变量
    }
    public InnerClass doIt() {             // 外部类方法，返回值为内部类引用
        // y=4;                            //外部类不可以直接访问内部类成员变量
        in.y = 4;
        return new InnerClass();           // 返回内部类引用
    }
    public static void main(String args[]) {
        OuterClass out = new OuterClass();
        // 内部类的对象实例化操作必须在外部类或外部类中的非静态方法中实现
        OuterClass.InnerClass in = out.doIt();
    }
}
```

【例 9-2】中的外部类创建内部类实例时与其他类创建对象引用时相同。内部类可以访问它的外部类的成员，但内部类的成员只有在内部类的范围之内是可知的，不能被外部类使用。例如，在【例 9-2】中如果将内部类的成员变量 y 再次赋值时将会出错，但是如果使用内部类对象引用调用成员变量 y 即可。图 9-3 说明了内部类 innerClass 对象与外部类 OuterClass 对象的关系。

从图 9-3 中可以看出，内部类对象与外部类对象关系非常紧密，内外可以交互使用彼此类中定义的变量。

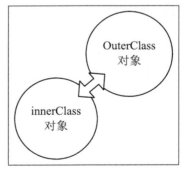

图 9-3 内部类对象与外部类对象关系

 如果在外部类和非静态方法之外实例化内部类对象，需要使用"外部类.内部类"的形式指定该对象的类型。

在【例 9-2】的 main()方法中如果不使用 doIt()方法返回内部类对象引用，可以直接使用内部类实例化内部类对象，但由于是在 main()方法中实例化内部类对象，所以必须在 new 操作符之前提供一个外部类的引用。

在实例化内部类对象时,不能在 new 操作符之前使用外部类名称那种形式实例化内部类对象,而是应该使用外部类的对象来创建其内部类的对象。

 内部类对象会依赖于外部类对象,除非已经存在一个外部类对象,否则类中不会出现内部类对象。

**2. 使用 this 关键字获取内部类与外部类的引用**

如果在外部类中定义的成员变量与内部类的成员变量名称相同,可以使用 this 关键字。

【例 9-3】 在项目中创建 TheSameName 类,在类中定义成员变量 x,定义一个内部类 Inner,并在内部类中也创建 x 变量,在内部类的 doIt()方法中分别操作两个 x 变量,代码如下所示。(实例位置:光盘\MR\源码\第 9 章\9-3 )

```
public class TheSameName {
    private int x;
    private class Inner {
        private int x = 9;
        public void doit(int x) {
            x++;                              // 调用的是形参 x
            this.x++;                         // 调用内部类的变量 x
            TheSameName.this.x++;             // 调用外部类的变量 x
        }
    }
}
```

在类中如果内部类与外部类遇到成员变量重名的情况,可以使用 this 关键字进行处理,例如在内部类中使用 "this.x" 语句可以调用内部类的成员变量 x,而使用 "TheSameName.this.x" 语句可以调用外部类的成员变量 x,即使用外部类名称后跟一个点操作符和 this 关键字便可获取外部类的一个引用。

读者应该明确一点,在内存中所有对象被放置在堆中,将方法以及方法中的形参或是局部变量放置在栈中,如图 9-4 所示,即在栈中的 doit()方法指向内部类的对象,而内部类的对象与外部类的对象是相互依赖的,Outer.this 对象指向外部类对象。

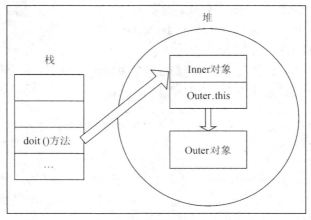

图 9-4　内部类对象与外部类对象在内存中的分布情况

## 9.2.2 局部内部类

局部内部类就是在类的方法中定义的内部类。它的作用范围也是在这个方法体内。下面将通过一个具体的例子来说明如何定义局部内部类。

【例 9-4】 在外部类的 sell()方法中创建 Apple 局部内部类，然后创建该内部类的实例，并调用其定义的 price()方法输出单价信息。（实例位置：光盘\MR\源码\第 9 章\9-4）

```java
public class SellOutClass {
    private String name;                    // 私有成员变量
    public SellOutClass() {                 // 构造方法
        name = "苹果";
    }
    public void sell(int price) {
        class Apple {                       // 局部内部类
            int innerPrice = 0;
            public Apple(int price) {       // 构造方法
                innerPrice = price;
            }
            public void price() {           // 方法
                System.out.println("现在开始销售" + name);
                System.out.println("单价为: " + innerPrice + "元");
            }
        }
        Apple apple = new Apple(price);     // 实例化 Apple 类的对象
        apple.price();                      // 调用局部内部类的方法
    }
    public static void main(String[] args) {
        SellOutClass sample = new SellOutClass(); // 实例化 SellOutClass 类的对象
        sample.sell(100);                   // 调用 SellOutClass 类的 sell()方法
    }
}
```

程序的运行效果如图 9-5 所示。

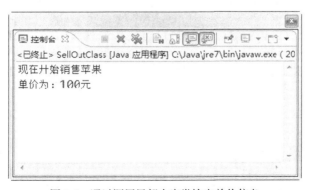

图 9-5　通过调用局部内容类输出单价信息

在上述代码中可以看到笔者将内部类定义在 sell()方法内部。但是有一点值得注意,内部类 Apple 是 sell()方法的一部分,并非 SellOutClass 类的一部分,因此在 sell()方法的外部不能访问该内部类,但是该内部类可以访问当前代码块的常量以及此外部类的所有成员。

### 9.2.3　匿名内部类

在编写程序代码时,不一定要给内部类取一个名字,可以直接以对象名来代替。匿名内部类的所有实现代码都需要在大括号之间进行编写。

在图形化编程的事件监控器代码中,会大量使用匿名内部类,这样可以大大简化代码,并增强代码的可读性。

匿名内部类的语法如下所示。

```
return new A() {
    ...//内部类体
};
```

A:对象名

由于匿名内部类没有名称,所以匿名内部类使用默认构造方法来生成匿名内部类的对象。在匿名内部类定义结束后,需要加分号标识。这个分号并不是代表定义内部类结束的标识,而是代表创建匿名内部类的引用表达式的标识。

匿名内部类编译以后,会产生以"外部类名$序号"为名称的.class 文件,序号以 1~n 排列,分别代表 1~n 个匿名内部类。

【例 9-5】　在项目中创建 StringUtil 接口和 SpaceDeletion 类,在 main()方法中编写匿名内部类去除字符串中的全部空格。(实例位置:光盘\MR\源码\第 9 章\9-5)

(1)编写 StringUtil 接口,在其中定义 deleteSpaceChar()方法,代码如下。

```
public interface StringUtil {
    String deleteSpaceChar();                    // 声明过滤字符串中的空格的方法
}
```

(2)编写 SpaceDeletion 类,在 main()方法中使用匿名内部类实现了 StringUtil 接口,代码如下。

```
public class SpaceDeletion {
    public static void main(String[] args) {
        final String s = "吉林省 明日 科技有限公司——编程 词典! ";  // 定义字符串
        StringUtil su = new StringUtil() {          // 编写匿名内部类
            @Override
            public String deleteSpaceChar() {
                return s.replace(" ", "");          // 替换全部空格
            }
        };
        System.out.println("源字符串: " + s);
        System.out.println("替换后字符串: " + su.deleteSpaceChar());
    }
}
```

程序的运行效果如图 9-6 所示。

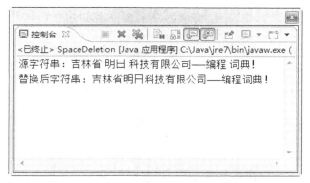

图 9-6　去除字符串中的全部空格

## 9.2.4　静态内部类

在内部类前添加修饰符 static，这个内部类就变为静态内部类。一个静态内部类中可以声明 static 成员，但是在非静态内部类中不可以声明静态成员。静态内部类有一个最大的特点，就是不可以使用外部类的非静态成员。因此，静态内部类在程序开发中比较少见。

可以这样认为，普通的内部类对象隐式地在外部保存了一个引用，指向创建它的外部类对象，但如果内部类被定义为 static 时，它应该具有更多的限制。静态内部类具有以下两个特点。

（1）创建静态内部类的对象，不需要其外部类的对象。

（2）不能从静态内部类的对象中访问非静态外部类的对象。

【例 9-6】　在静态内部类中定义 main()方法，并访问内部类中的方法。（实例位置：光盘\MR\源码\第 9 章\9-6）

```java
public class StaticInnerClassDemo {
    static int x = 100;
    static class Inner {
        static void doitInner() {
            System.out.println("外部类的成员变量" + x);     // 调用外部类的成员变量 x
        }
        public static void main(String args[]) {        // 定义 main()方法
            doitInner();                                  // 访问内部类的方法
        }
    }
}
```

程序的运行效果如图 9-7 所示。

图 9-7　访问静态内部类中的方法

如果编译【例 9-6】中的类，将编译生成一个名称为 StaticInnerClassDemo$Inner 的独立类和一个 StaticInnerClassDemo 类，只要使用 java StaticInnerClassDemo$Inner 就可以运行 main()方法中的内容。这样当测试完成需要将所有.class 文件打包时，只要删除 StaticInnerClassDemo$Inner 独立类即可。

# 9.3　Class 类与 Java 反射

通过 Java 反射机制，可以在程序中访问已经装载到 JVM 中的 Java 对象的描述，实现访问、检测和修改描述 Java 对象本身信息的功能。Java 反射机制的功能十分强大，在 java.lang.reflect 包中提供了对该功能的支持。

## 9.3.1　获得 Class 类对象

在 Java 的反射中，核心类是 Class 类，其实例表示运行中的 Java 应用的类和接口。它也是所有反射 API 的入口。通常有 5 种方式可以获得 Class 对象，详细说明如下。

（1）Object.getClass()：如果一个类的对象可用，则最简单的获得 Class 的方法是使用 Object.getClass()。当然，这种方式只对引用类型有用。

（2）.class 语法：如果类型可用但没有对象则可以在类型后加上 ".class" 来获得 Class 对象。这也是使原始类型获得 Class 对象的最简单的方式。

（3）Class.forName()：如果知道类的全名，则可以使用静态方法 Class.forName()来获得 Class 对象。它不能用在原始类型上。但是可以用在原始类型数组上。

Class.forName()会抛出 ClassNotFoundException 异常。

（4）包装类的 TYPE 域：每个原始类型和 void 都有包装类。利用其 TYPE 域就可以获得 Class 对象。

（5）以 Class 为返回值的方法：请参考相关 API 文档。

【例 9-7】　在项目中创建 ClassTest 类，分别使用不同的方式来获得 Class 对象。(实例位置：光盘\MR\源码\第 9 章\9-7)

```java
public class ClassTest {
    public static void main(String[] args) throws ClassNotFoundException {
        System.out.println("第 1 种方法: Object.getClass()");
        // 使用 getClass()方式获得 Class 对象
        Class<? extends Date> c1 = new Date().getClass();
        System.out.println(c1.getName());          // 输出对象名称
        System.out.println("第 2 种方法: .class 语法");
        Class<Boolean> c2 = boolean.class;          // 使用.class 语法获得 Class 对象
        System.out.println(c2.getName());          // 输出对象名称
        System.out.println("第 3 种方法: Class.forName()");
        // 使用 Class.forName()获得 Class 对象
```

```
        Class<?> c3 = Class.forName("java.lang.String");
        System.out.println(c3.getName());          // 输出对象名称
        System.out.println("第 4 种方法：包装类的 TYPE 域");
        Class<Double> c4 = Double.TYPE;             // 使用包装类获得 Class 对象
        System.out.println(c4.getName());          // 输出对象名称
    }
}
```

程序的运行效果如图 9-8 所示。

图 9-8　使用不同的方式获得 Class 对象

在获得 Class 类对象之后，就可以使用该类中提供的方法获得关于类的各种信息，例如构造方法、成员变量、成员方法、内部类等。

## 9.3.2　获得修饰符

通过 java.lang.reflect.Modifier 类可以解析出 getModifiers() 方法的返回值所表示的修饰符信息。在该类中提供了一系列用来解析的静态方法，既可以查看是否被指定的修饰符修饰，还可以以字符串的形式获得所有修饰符。该类常用静态方法如表 9-1 所示。

表 9-1　　　　　　　　　　　　　　Modifier 类中的常用方法

| 静态方法 | 说　　明 |
| --- | --- |
| isPublic(int mod) | 查看是否被 public 修饰符修饰，如果是则返回 true，否则返回 false |
| isProtected(int mod) | 查看是否被 protected 修饰符修饰，如果是则返回 true，否则返回 false |
| isPrivate(int mod) | 查看是否被 private 修饰符修饰，如果是则返回 true，否则返回 false |
| isStatic(int mod) | 查看是否被 static 修饰符修饰，如果是则返回 true，否则返回 false |
| isFinal(int mod) | 查看是否被 final 修饰符修饰，如果是则返回 true，否则返回 false |
| toString(int mod) | 以字符串的形式返回所有修饰符 |

## 9.3.3　访问构造方法

在 Java 反射中，使用 Constructor 类表示类中定义的构造方法。在 Class 类中定义了多个访问构造方法的方法，其说明如表 9-2 所示。

表 9-2                         Class 类中定义的访问构造方法的方法

| 名　　称 | 说　　明 |
|---|---|
| getConstructor(Class<?>... parameterTypes) | 返回代表类中指定公共构造方法的一个 Constructor 对象 |
| getConstructors() | 返回代表类中公共构造方法的一组 Constructor 对象 |
| getDeclaredConstructor(Class<?>... parameterTypes) | 返回代表类中指定构造方法的一个 Constructor 对象 |
| getDeclaredConstructors() | 返回代表类中构造方法的一组 Constructor 对象 |

【例 9-8】 在项目中创建 Employee 和 Test 类，分别使用不同的方式来获得 Constructor 对象。（实例位置：光盘\MR\源码\第 9 章\9-8）

（1）创建 Employee 类，在其中编写两个成员变量 id 和 name，分别表示员工的 ID 和姓名。此外，还编写了两个构造方法，第一个是 private 类型、没有参数；第二个是 public 类型，有两个参数，其代码如下。

```
public class Employee {
    private int id;                          // 定义员工 ID 号码
    private String name;                     // 定义员工姓名
    private Employee() {                     // 定义 private 类型的构造方法
    }
    public Employee(int id, String name) {   // 定义 public 类型的构造方法
        this.id = id;
        this.name = name;
    }
}
```

（2）编写 Test 类，分别获得两个不同的构造方法并输出其修饰符，代码如下。

```
public class Test {

    public static void main(String[] args) throws NoSuchMethodException, SecurityException {
        Class<Employee> clazz = Employee.class;// 获得 Class 对象
        // 获得 private 类型构造方法
        Constructor<Employee> c1 = clazz.getDeclaredConstructor((Class<Employee>[]) null);
        System.out.println(Modifier.toString(c1.getModifiers()));// 输出构造方法修饰符
        // 获得 public 类型构造方法
        Constructor<Employee> c2 = clazz.getConstructor(int.class, String.class);
        System.out.println(Modifier.toString(c2.getModifiers()));// 输出构造方法修饰符
    }
}
```

程序的运行效果如图 9-9 所示。

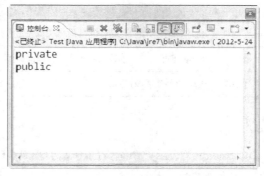

图 9-9　输出构造方法修饰符

getConstructor()方法中 int.class 不要写成 Integer.class，它们是两个不同的类型。

## 9.3.4 访问成员变量

在 Java 反射中，使用 Field 类表示类中定义的成员变量。在 Class 类中定义了多个访问成员变量的方法，其说明如表 9-3 所示。

表 9-3　　　　　　　　　　　Class 类中定义的访问成员变量的方法

| 名　称 | 说　明 |
| --- | --- |
| getField(String name) | 返回代表类中指定公共成员变量的一个 Field 对象 |
| getFields() | 返回代表类中公共成员变量的一组 Field 对象 |
| getDeclaredConstructor(Class<?>... parameterTypes) | 返回代表类中指定成员变量的一个 Field 对象 |
| getDeclaredConstructors() | 返回代表类中成员变量的一组 Field 对象 |

【例 9-9】　在项目中创建 Employee 和 Test 类，分别使用不同的方式来获得 Field 对象。（实例位置：光盘\MR\源码\第 9 章\9-9）

（1）创建 Employee 类，在其中编写两个成员变量 id 和 name，分别表示员工的 ID 和姓名。成员变量 id 使用 private 修饰，成员变量 name 使用 public 修饰，其代码如下。

```
public class Employee {
    private int id;                          // 定义员工 ID 号码
    public String name;                      // 定义员工姓名
}
```

（2）编写 Test 类，分别获得两个成员变量并输出其修饰符，代码如下。

```
public class Test {
    public static void main(String[] args) throws NoSuchFieldException, SecurityException {
        Class<Employee> clazz = Employee.class;              // 获得 Class 对象
        Field id = clazz.getDeclaredField("id");             // 获得 id 成员变量
        // 输出 id 成员变量的修饰符
        System.out.println(Modifier.toString(id.getModifiers()));
        Field name = clazz.getField("name");                 // 获得 name 成员变量
        // 输出 name 成员变量的修饰符
        System.out.println(Modifier.toString(name.getModifiers()));
    }
}
```

程序的运行效果如图 9-10 所示。

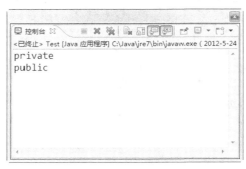

图 9-10　输出成员变量修饰符

方法参数中 "id" 和 "name" 不要写成大写形式。

### 9.3.5　访问成员方法

在 Java 反射中，使用 Method 类表示类中定义的成员方法。在 Class 类中定义了多个访问成员的方法，其说明如表 9-4 所示。

表 9-4　　　　　　　　　　Class 类中定义的访问成员方法的方法

| 名　称 | 说　明 |
| --- | --- |
| getMethod(String name, Class<?>... parameterTypes) | 返回代表类中指定公共成员方法的一个 Method 对象 |
| getMethods() | 返回代表类中公共成员方法的一组 Method 对象 |
| getDeclaredConstructor(Class<?>... parameterTypes) | 返回代表类中指定成员方法的一个 Method 对象 |
| getDeclaredConstructors() | 返回代表类中成员方法的一组 Method 对象 |

【例 9-10】　在项目中创建 Employee 和 Test 类，分别使用不同的方式来获得 Method 对象。（实例位置：光盘\MR\源码\第 9 章\9-10）

（1）创建 Employee 类，在其中编写两个成员变量 id 和 name，分别表示员工的 ID 和姓名。然后分别为其提供 get 和 set 方法，代码如下。

```java
public class Employee {
    private int id;                                    // 定义员工 ID 号码
    private String name;                               // 定义员工姓名
    public int getId() {
        return id;
    }
    public void setId(int id) {
        this.id = id;
    }
    public String getName() {
        return name;
    }
    public void setName(String name) {
        this.name = name;
    }
}
```

（2）编写 Test 类，输出在 Employee 类中定义的方法名称，代码如下。

```java
public class Test {
    public static void main(String[] args) {
        Class<Employee> clazz = Employee.class;        // 获得 Class 对象
        Method[] methods = clazz.getDeclaredMethods();// 获得 Employee 类中定义的方法
        System.out.println("Employee 类中定义的方法: ");
        for (Method method : methods) {                // 输出方法名称
            System.out.println(method.getName());
        }
    }
}
```

程序的运行效果如图 9-11 所示。

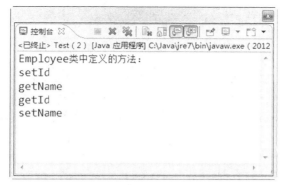

图 9-11　输出成员变量修饰符

说明　如果使用 getMethods()方法将会获得从 Object 类中继承的方法。

# 9.4　使用注解功能

从 JDK 1.5 开始增加了 Annotation（注解）功能，可用于类、构造方法、成员变量、方法、参数等的声明中。该功能并不影响程序的运行，但是会对编译器警告等辅助工具产生影响。本节将介绍 Annotation 功能的使用方法。

## 9.4.1　定义 Annotation 类型

在定义 Annotation 类型时，也需要用到用来定义接口的 interface 关键字，不过需要在 interface 关键字前加一个 "@" 符号，即定义 Annotation 类型的关键字为@interface。这个关键字的隐含意思是继承了 java.lang.annotation.Annotation 接口。例如下面的代码就定义了一个 Annotation 类型。

```
public @interface NoMemberAnnotation {
}
```

上面定义的 Annotation 类型@NoMemberAnnotation 未包含任何成员。这样的 Annotation 类型被称为 marker annotation。下面的代码定义了一个只包含一个成员的 Annotation 类型。

```
public @interface OneMemberAnnotation {
    String value();
}
```

■　String：成员类型。可用的成员类型有 String、Class、primitive、enumerated 和 annotation 类型，以及所列类型的数组。

■　value：成员名称。如果在所定义的 Annotation 类型中只包含一个成员，通常将成员名称命名为 value。

下面的代码定义了一个包含多个成员的 Annotation 类型。

```
public @interface MoreMemberAnnotation {
    String describe();
    Class type();
}
```

在为 Annotation 类型定义成员时，也可以为成员设置默认值。例如，下面在定义 Annotation 类型时就为成员设置了默认值。

```
public @interface DefaultValueAnnotation {
    String describe() default "<默认值>";
    Class type() default void.class;
}
```

在定义 Annotation 类型时，还可以设置 Annotation 类型适用的程序元素种类。通过 Annotation 类型@Target 来设置，如果未设置@Target，则表示适用于所有程序元素。枚举类 ElementType 中的枚举常量用来设置@Targer，枚举类 ElementType 中的枚举常量如表 9-5 所示。

表 9-5　　　　　　　　　　　　枚举类 ElementType 中的枚举常量

| 枚举常量 | 说　明 |
| --- | --- |
| ANNOTATION_TYPE | 表示用于 Annotation 类型 |
| TYPE | 表示用于类、接口和枚举以及 Annotation 类型 |
| CONSTRUCTOR | 表示用于构造方法 |
| FIELD | 表示用于成员变量和枚举常量 |
| METHOD | 表示用于方法 |
| PARAMETER | 表示用于参数 |
| LOCAL_VARIABLE | 表示用于局部变量 |
| PACKAGE | 表示用于包 |

通过 Annotation 类型@Retention 可以设置 Annotation 的有效范围。枚举类 RetentionPolicy 中的枚举常量用来设置@Retention，枚举类 RetentionPolicy 中的枚举常量如表 9-6 所示。如果未设置@Retention，Annotation 的有效范围为枚举常量 CLASS 表示的范围。

表 9-6　　　　　　　　　　　　枚举类 RetentionPolicy 中的枚举常量

| 枚举常量 | 说　明 |
| --- | --- |
| SOURCE | 表示不编译 Annotation 到类文件中，有效范围最小 |
| CLASS | 表示编译 Annotation 到类文件中，但是在运行时不加载 Annotation 到 JVM 中 |
| RUNTIME | 表示在运行时加载 Annotation 到 JVM 中，有效范围最大 |

【例 9-11】　在项目中定义并使用 Annotation 类型。（实例位置：光盘\MR\源码\第 9 章\9-11）

（1）定义一个用来注释构造方法的 Annotation 类型@Constructor_Annotation，有效范围为在运行时加载 Annotation 到 JVM 中。完整代码如下。

```
@Target(ElementType.CONSTRUCTOR)                 // 用于构造方法
@Retention(RetentionPolicy.RUNTIME)              // 在运行时加载 Annotation 到 JVM 中
public @interface Constructor_Annotation {
    String value() default "默认构造方法";        // 定义一个具有默认值的 String 型成员
}
```

（2）定义一个用来注释字段、方法和参数的 Annotation 类型@Field_Method_Parameter_Annotation，有效范围为在运行时加载 Annotation 到 JVM 中。完整代码如下。

```
//用于字段、方法和参数
@Target({ ElementType.FIELD, ElementType.METHOD, ElementType.PARAMETER })
@Retention(RetentionPolicy.RUNTIME)              // 在运行时加载 Annotation 到 JVM 中
public @interface Field_Method_Parameter_Annotation {
    String describe();                           // 定义一个没有默认值的 String 型成员
    Class<?> type() default void.class;          // 定义一个具有默认值的 Class 型成员
```

}

（3）编写一个 Record 类，在该类中运用前面定义的 Annotation 类型@Constructor_Annotation 和@Field_Method_Parameter_Annotation 对构造方法、字段、方法和参数进行注释。完整代码如下。

```
public class Record {
    @Field_Method_Parameter_Annotation(describe = "编号", type = int.class)
    // 注释字段
    int id;
    @Field_Method_Parameter_Annotation(describe = "姓名", type = String.class)
    String name;
    @Constructor_Annotation()
    // 采用默认值注释构造方法
    public Record() {
    }
    @Constructor_Annotation("立即初始化构造方法")
    // 注释构造方法
    public Record(
            // 注释构造方法的参数
            @Field_Method_Parameter_Annotation(describe = "编号", type = int.class) int id,
            @Field_Method_Parameter_Annotation(describe = "姓名", type = String.class)
String name) {
        this.id = id;
        this.name = name;
    }
    @Field_Method_Parameter_Annotation(describe = "获得编号", type = int.class)
    // 注释方法
    public int getId() {
        return id;
    }
    @Field_Method_Parameter_Annotation(describe = "设置编号")
    // 成员 type 采用默认值注释方法
    public void setId(
    // 注释方法的参数
            @Field_Method_Parameter_Annotation(describe = "编号", type = int.class) int id) {
        this.id = id;
    }
    @Field_Method_Parameter_Annotation(describe = "获得姓名", type = String.class)
    public String getName() {
        return name;
    }
    @Field_Method_Parameter_Annotation(describe = "设置姓名")
    public void setName(@Field_Method_Parameter_Annotation(describe = "姓名", type =
String.class) String name) {
        this.name = name;
    }
}
```

## 9.4.2　访问 Annotation 信息

如果在定义 Annotation 类型时将@Retention 设置为 RetentionPolicy.RUNTIME，那么在运

行程序时通过反射就可以获取到相关的 Annotation 信息，例如获取构造方法、字段和方法的 Annotation 信息。

类 Constructor、Field 和 Method 均继承了 AccessibleObject 类。在 AccessibleObject 中定义了 3 个关于 Annotation 的方法。其中，方法 isAnnotationPresent(Class<? extends Annotation> annotationClass)用来查看是否添加了指定类型的 Annotation，如果是则返回 true，否则返回 false；方法 getAnnotation(Class<T> annotationClass)用来获得指定类型的 Annotation，如果存在则返回相应的对象，否则返回 null；方法 getAnnotations()用来获得所有的 Annotation，该方法将返回一个 Annotation 数组。

在类 Constructor 和 Method 中还定义了方法 getParameterAnnotations()，用来获得为所有参数添加的 Annotation，将以 Annotation 类型的二维数组返回，在数组中的顺序与声明的顺序相同，如果没有参数则返回一个长度为 0 的数组；如果存在未添加 Annotation 的参数，将用一个长度为 0 的嵌套数组占位。

# 9.5　综合实例——自定义 toString()方法

为了输出对象方便，Object 类提供了 toString()方法。但是该方法的默认值是由类名和哈希码组成的，实用性并不强。通常需要在自定义的类中重写该方法以提供更多的信息。本实例主要实现自定义 toString()方法，当调用该方法时，使用反射输出类的包、类的名字、类的公共构造方法、类的公共域和类的公共方法。实例的运行效果如图 9-12 所示。

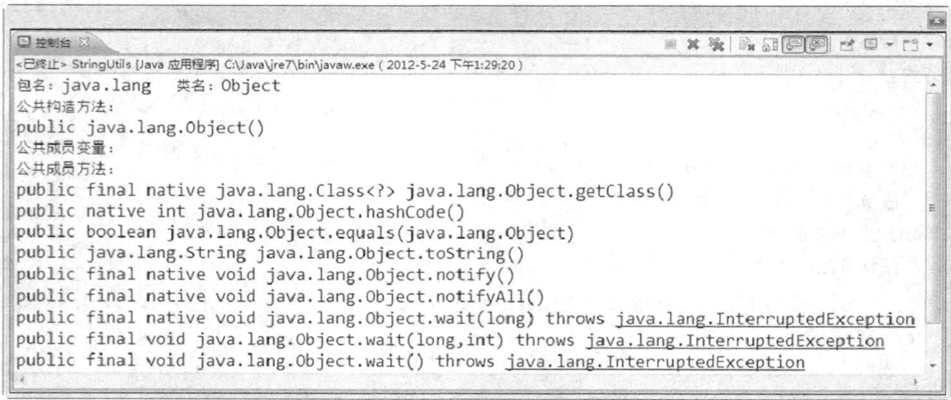

图 9-12　实例运行效果

（1）编写 StringUtils 类并定义 toString()方法，在该方法中利用反射输出方法参数 object 所在的包名、类名、该类中定义的公共构造方法、成员变量及成员方法等信息。在 main()方法中使用 Object 类进行测试，代码如下。

```
public class StringUtils {
    public String toString(Object object) {
        Class<? extends Object> clazz = object.getClass();   // 获得代表该类的 Class 对象
        StringBuilder sb = new StringBuilder();              // 利用 StringBuilder 来保存字符串
        Package packageName = clazz.getPackage();            // 获得类所在的包
        sb.append("包名: " + packageName.getName() + "\t");   // 输出类所在的包
        String className = clazz.getSimpleName();            // 获得类的简单名称
```

```
        sb.append("类名: " + className + "\n");              // 输出类的简单名称
        sb.append("公共构造方法: \n");
        // 获得所有代表构造方法的 Constructor 数组
        Constructor<?>[] constructors = clazz.getConstructors();
        for (Constructor<?> constructor : constructors) {
                sb.append(constructor.toGenericString() + "\n");
        }
        sb.append("公共成员变量: \n");
        Field[] fields = clazz.getFields();           // 获得代表公共成员变量的 Field 数组
        for (Field field : fields) {
                sb.append(field.toGenericString() + "\n");
        }
        sb.append("公共成员方法: \n");
        Method[] methods = clazz.getMethods();     // 获得代表公共成员方法的 Method[]数组
        for (Method method : methods) {
                sb.append(method.toGenericString() + "\n");
        }
        return sb.toString();
    }
    public static void main(String[] args) {
        System.out.println(new StringUtils().toString(new Object()));
    }
}
```

（2）在代码编辑器中单击鼠标右键，在弹出菜单中选择"运行方式"/"Java 应用程序"菜单项，显示如图 9-12 所示的结果。

# 知识点提炼

（1）Java 语言中使用 abstract 关键字来定义抽象类，也使用该关键字来定义抽象方法。在抽象类中不必包含抽象方法，而抽象方法必须位于抽象类中。

（2）抽象类和接口类似，都不能直接使用 new 关键字进行实例化。

（3）如果将一个类定义在另一个类或方法的内部，则将该类成为内部类。可以将内部类分为成员内部类、局部内部类、匿名内部类和静态内部类 4 种。

（4）使用反射技术可以获得类的详细信息，反射的核心是 Class 类。

（5）Java 反射中使用 Constructor 类表示类中定义的构造方法。

（6）Java 反射中使用 Field 类表示类中定义的成员变量。

（7）Java 反射中使用 Method 类表示类中定义的成员方法。

（8）除了构造方法、成员变量、成员方法，还可以使用反射技术获得内部类、父类、接口等信息。

# 习　　题

9-1　如何定义抽象类和抽象方法？

# 实验：静态内部类的应用

## 实验目的

（1）掌握 Java 语言基本语法。

（2）了解静态内部类的概念和使用。

（3）锻炼学生的思维能力。

## 实验内容

利用静态内部类实现一次遍历数组即获得最大值与最小值。

## 实验步骤

（1）编写类 MaxMin。在该类中定义了一个静态内部类 Result 和一个静态方法 getResult()。在静态类中，定义了两个浮点型域：max 表示最大值，min 表示最小值。使用构造方法为其初始化，并提供 get 方法来获得这两个值。getResult()方法的返回值是 Result 类型，这样就可以既保存最大值，又保存最小值了。代码如下。

```java
public class MaxMin {
    public static class Result {
        private double max;                         // 表示最大值
        private double min;                         // 表示最小值
        public Result(double max, double min) {     // 使用构造方法进行初始化
            this.max = max;
            this.min = min;
        }
        public double getMax() {                    // 获得最大值
            return max;
        }
        public double getMin() {                    // 获得最小值
            return min;
        }
    }
    public static Result getResult(double[] array) {
```

```
        double max = Double.MIN_VALUE;
        double min = Double.MAX_VALUE;
        for (double i : array) {                        // 遍历数组获得最大值和最小值
            if (i > max) {
                max = i;
            }
            if (i < min) {
                min = i;
            }
        }
        return new Result(max, min);                    // 返回 Result 对象
    }
}
```

（2）编写类 Test 进行测试。该类的 main()方法中，使用随机数初始化了一个容量为 5 的数组。并求得该数组的最大值和最小值。代码如下。

```
public class Test {
    public static void main(String[] args) {
        double[] array = new double[5];
        for (int i = 0; i < array.length; i++) {// 初始化数组
            array[i] = 100 * Math.random();
        }
        System.out.println("源数组: ");
        for (int i = 0; i < array.length; i++) {// 显示数组中的各个元素
            System.out.println(array[i]);
        }
        // 显示最大值
        System.out.println("最大值: " + MaxMin.getResult(array).getMax());
        // 显示最小值
        System.out.println("最小值: " + MaxMin.getResult(array).getMin());
    }
}
```

（3）运行程序，效果如图 9-13 所示。

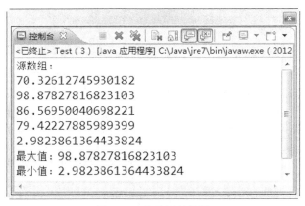

图 9-13　实验运行效果

# 第 10 章
# 异常处理

**本章要点**

- 了解异常的概念
- 掌握捕捉异常的方法
- 了解 Java 中常见的异常
- 掌握自定义异常的方法
- 了解如何在方法中抛出异常
- 了解运行时异常种类
- 了解异常处理的使用原则

在程序当中总是存在各种错误，使应用程序在运行时终止。为了在程序执行过程中发生错误时能正常运行，可以使用 Java 提供的异常处理机制捕获可能发生的异常，并对异常进行处理使程序能正常运行。

## 10.1  异常概述

假设一辆轿车发生了故障，可能是某个零件发生了问题，也可能是没有油了。如果是由于零件问题，只需要更换零件就可以解决，如果是没有油了，只需要加满油就可以正常行驶了。程序中的异常与此类似，即对程序中可能发生异常的语句进行处理，使程序能够正常执行。

在程序开发过程中，可能存在各种错误，有些错误是可以必免的，而有些错误却是意想不到的。在 Java 中把这些可能发生的错误称为异常。图10-1 说明了异常类的继承关系。

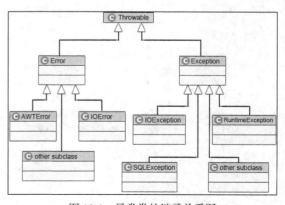

图 10-1  异常类的继承关系图

从图 10-1 可以看出 Throwable 类是所有异常类的超类。该类的两个直接子类是 Error 和 Exception。其中，Error 及其子类用于指示合理的应用程序不应该试图捕获的严重问题，Exception 及其子类给出了合理的应用程序需要捕获的异常。

图 10-1 列出了异常类的继承关系，由于界面大小有限，而 Error 类和 Exception 类的子类又比较多，所以这里使用 "Other SubClass" 代表 Error 类和 Exception 类的其他子类。

# 10.2　异常分类

在 Java 中可以捕获的异常（即 Exception 类的子类）分为两种类型，可控式异常和运行时异常。下面将分别进行讲解。

## 10.2.1　可控式异常

在 Java 中把那些可以预知的错误，例如从文件中读取数据、对数据库进行操作等产生的错误，在程序编译时就能进行处理，并给出具体的错误信息，被称为可控式异常。表 10-1 是几个常用的可控式异常及说明。

表 10-1　　　　　　　　　　　　　常见可控式异常及说明

| 方　法 | 说　明 |
|---|---|
| IOException | 当发生某种 I/O 异常时，抛出此异常 |
| SQLException | 提供关于数据库访问错误或其他错误信息的异常 |
| ClassNotFoundException | 类没有找到异常 |
| NoSuchFieldException | 类不包含指定名称的字段时产生的信号 |
| NoSuchMethodException | 无法找到某一特定方法时，抛出该异常 |

【例 10-1】　在项目中创建 CNFExceptionDemo 类，在 main()方法中使用 Class 类的 forName()方法加载一个不存在的类，查看出现的异常类型。（实例位置：光盘\MR\源码\第 10 章\10-1）

```java
public class CNFExceptionDemo {
    public static void main(String[] args) {
        try {
            Class.forName("com.mysql.jdbc.Driver");           //加载类文件
        } catch (ClassNotFoundException e) {
            e.printStackTrace();
        }
    }
}
```

程序的运行效果如图 10-2 所示。

图 10-2　ClassNotFoundException 异常

关于 try、catch 语句块的详细介绍请参考本章后面的内容。

### 10.2.2  运行时异常

在 Java 中有些错误是不能被编译器检测到的，例如，在进行除法运算时除数为零及试图把一个不是由数字组成的字符串使用 Integer 类的 parseInt()方法转换为整数等。因为 Java 的编译器检测不到，所以能够正常编译，但是在运行时就会发生异常。我们把这些异常称为运行时异常。表 10-2 是几个常用的运行时异常及说明。

表 10-2　　　　　　　　　　　常见运行时异常及说明

| 方　法 | 说　明 |
| --- | --- |
| IndexOutOfBoundsException | 指示某集合或数组的索引值超出范围时抛出该异常 |
| NullPointerException | 当应用程序试图在需要对象的地方使用 null 时，抛出该异常 |
| ArithmeticException | 当出现异常的运算条件时，抛出此异常 |
| IllegalArgumentException | 抛出的异常表明向方法传递了一个不合法或不正确的参数 |
| ClassCastException | 当试图将对象强制转换为不是实例的子类时，抛出该异常 |

【例 10-2】　在项目中创建 AIOOBExceptionDemo 类，在 main()方法中创建一个长度为 5 的整数类型数组，然后为数组的第 6 个元素赋值。（实例位置：光盘\MR\源码\第 10 章\10-2）

```
public class AIOOBExceptionDemo {
    public static void main(String[] args) {
        int[] array = new int[5];                // 创建长度为 5 的整数类型数组
        array[5] = 6;                            // 为数组的第 6 个元素赋值
    }
}
```

程序的运行效果如图 10-3 所示。

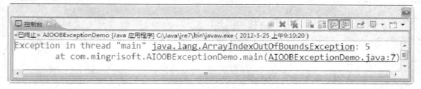

图 10-3　ArrayIndexOutOfBoundsException 异常

# 10.3　获取异常信息

获取异常信息就好比工厂里某个线路出现故障停电了，电工要从线路中找出现故障的原因，找到了出现故障的原因，就象程序中获取到了异常信息。

在 Java 中 java.lang.Throwable 类是所有异常类的超类，提供了获得异常信息的方法。表 10-3 列出了获取异常信息的方法及说明。

表 10-3　　　　　　　　　　　　　　　　获取异常信息的方法及说明

| 方　　法 | 说　　明 |
| --- | --- |
| String getLocalizedMessage() | 获得此 Throwable 的本地化描述 |
| String getMessage() | 获得此 Throwable 的详细消息字符串 |
| void printStackTrace() | 将此 Throwable 及其栈踪迹输出至标准错误流 |
| String toString() | 获得此 Throwable 的简短描述 |

【例 10-3】　　在项目中创建类 ExceptionMessage，在该类中使用表 10-3 中的方法输出进行除法运算时除数为 0 的异常信息。(实例位置：光盘\MR\源码\第 10 章\10-3)

```java
public class ExceptionMessage {
    public void printExceptionInfo() {                      // 定义成员方法
        try {
            int x = 100;                                    // 定义局部变量 x
            int y = 0;                                      // 定义局部变量 y
            int z = x / y;                                  // 计算 x 除以 y 的商
            System.out.println(x + "除以" + y + "的商是: " + z); // 输出计算结果
        } catch (Exception ex) {
            ex.printStackTrace();                           // 输出异常到标准错误流
            // 使用 getMessage 方法输出异常信息
            System.out.println("getMessage 方法:    " + ex.getMessage());
            // 使用 getLocalizedMessage 方法输出异常信息
            System.out.println("getLocalizedMessage 方法:    " + ex.getLocalizedMessage());
            // 使用 toString 方法输出异常信息
            System.out.println("toString 方法:    " + ex.toString());
        }
    }
    public static void main(String[] args) {
        ExceptionMessage ex = new ExceptionMessage();       // 创建类的实例
        ex.printExceptionInfo();                            // 调用方法
    }
}
```

程序的运行效果如图 10-4 所示。

图 10-4　除数为 0 的异常信息

图 10-4 所示的是除数为 0 时发生的异常，其中，前 3 行是 printStackTrace()方法输出的异常信息，第 4 行是 getMessage()方法输出的异常信息，第 5 行是 getLocalizedMessage()方法输出的异常信息，最后一行是 toString()方法输出的异常信息。在本例的代码中使用了 try-catch 语句块来捕获程序中的异常信息，在 try 和 catch 之间两个大括号内是程序需要正常执行，但是却又有可能发生异常的代码，在 catch 后的两个大括号内是 try 和 catch 之间的代码发生错误时执行的代码，用

于进行异常处理。有关 try-catch 语句块将在后面的章节中进行讲解。

# 10.4　处理异常

在 Java 中当程序发行异常时，可以使用 try-catch 语句块、try-catch-finally 语句块或使用 try-finally 语句块进行处理。接下来将对这 3 个语句块分别进行讲解。

## 10.4.1　使用 try-catch 处理异常

对于程序中可能发生异常的语句，可以将其添加到 try-catch 语句块中。这样当程序发生异常时，就可以对其进行相应的处理。try-catch 语句块的语法格式如下。

```
try{
    需要正常执行的语句
}catch(Exception ex){
    对异常进行处理的语句
}
```

- ■　try 和 catch 是进行异常处理的关键字。
- ■　try 和 catch 之间的两个大括号内是程序需要正常执行但又可能发生异常的语句。
- ■　catch 后的两个小括号内是程序需要处理的异常类型。
- ■　catch 后的两个大括号内是对程序发生的异常进行处理的语句。

## 10.4.2　使用 try-catch-finally 处理异常

对于程序中可能发生异常的语句，可以将其添加到 try-catch 语句块中。这样当程序发生异常时，就可以对其进行相应的处理。try-catch-finally 语句块的语法格式如下。

```
try{
    需要执行的语句
}catch(Exception ex){
    对异常进行处理的语句
}finally{
    一定会被处理的语句
}
```

- ■　try、catch 和 finally 是进行异常处理的关键字。
- ■　try 和 catch 之间的两个大括号内是程序需要正常执行但又可能发生异常的语句。
- ■　catch 后的两个小括号内是程序需要处理的异常类型。
- ■　catch 后的两个大括号内是对程序发生的异常进行处理的语句。
- ■　finally 后的两个大括号内的语句，不管程序是否发生异常都要执行的语句（也就是说程序执行完 try 和 catch 之间的语句或执行完 catch 后两个大括号内的语句都将执行 finally 后的语句）。因此，finally 语句块通常用于执行垃圾回收、释放资源等操作。

说明　　在 Java 中进行异常处理时，应该尽量使用 finally 块进行资源回收，因为在 try-catch-finally 语句块中，不管程序是否发生异常，最终都会执行 finally 语句块。因此，可以在 finally 块中添加释放资源的代码。

**【例 10-4 】**　在项目中创建 IO 流，分配内存资源。使用完后，在 finally 中关闭 IO 流并释放内存资源。（实例位置：光盘\MR\源码\第 10 章\10-4）

```
public class CloseIo {
    private FileInputStream in = null;        // 声明 FileInputStream 对象 in
    public void readInfo() {                   // 定义方法
        try {
            // 创建 FileInputStream 对象 in
            in = new FileInputStream("src/com/mingrisoft/CloseIo.java");
            System.out.println("创建 IO 流，分配内存资源。");
        } catch (IOException io) {
            io.printStackTrace();              // 输出栈踪迹
            System.out.println("创建 IO 对象发生异常。");
        } finally {
            if (in != null) {
                try {
                    in.close(); // 关闭 FileInputStream 对象 in，释放资源
                    System.out.println("关闭 IO 流，释放内存资源。");
                } catch (IOException ioe) {
                    ioe.printStackTrace();      // 输出栈踪迹
                    System.out.println("关闭 IO 对象发生异常。");
                }
            }
        }
    }
    public static void main(String[] args) {
        CloseIo ex = new CloseIo();            // 创建对象
        ex.readInfo();                          // 调用 readInfo()方法
    }
}
```

程序的运行效果如图 10-5 所示。

## 10.4.3　使用 try-finally 处理异常

对于程序中可能发生异常的语句，可以将其添加到 try-finally 语句块中。这样当程序发生异常时，就可以在 finally 语句块中对其进行相应的处理。另外当程序没有发生异常时，执行完 try 和 finally 之间的语句后，也将执行 finally 语句块中的代码。因此，可以在 finally 语句块中放置一些必须执行的代码，比如释放内存资源的代码等等。try-finally 语句块的语法格式如下。

图 10-5　在控制台输出释放信息

```
try{
    需要执行的语句
} finally{
    一定会被处理的语句
}
```

- ■　try 和 finally 是进行异常处理的关键字。
- ■　try 和 finally 之间的两个大括号内是程序需要正常执行但又可能发生异常的语句。
- ■　finally 后两个大括号内的语句是不管程序是否发生异常最终都要执行的语句，因此

finally 语句块通常用于放置程序中必须执行代码，如关闭数据库连接、关闭 IO 流等。

在有 try-finally 语句块的程序中，只要程序执行了 try 语句块中的代码，不管 try 语句块是否发生异常，与该 try 语句块对应的 finally 语句块都一定会被执行。因此，通常使用 finally 语句块进行资源释放。

【例 10-5】 在项目中创建 IO 流，分配内存资源。使用 try-finally 语句块对程序进行异常处理和资源释放。（实例位置：光盘\MR\源码\第 10 章\10-5）

```java
public class CloseIO {
    private FileReader read = null;              // 声明 FileReader 对象 read
    public void readFileInfo() {                 // 定义方法
        try {
            try {
                // 创建 FileReader 对象 read
                read = new FileReader("src/com/mingrisoft/CloseIO.java");
                System.out.println("找到指定的文件，创建 IO 对象成功! ");
            } catch (FileNotFoundException e) {
                e.printStackTrace();             // 输出栈踪迹
            }
        } finally {
            if (read != null) {
                try {
                    read.close();                // 关闭 FileReader 对象 read，释放资源
                    System.out.println("关闭 IO 对象! ");
                } catch (IOException ioe) {
                    ioe.printStackTrace();       // 输出栈踪迹
                    System.out.println("关闭 IO 对象发生异常。");
                }
            }
        }
    }
    public static void main(String[] args) {
        CloseIO ex = new CloseIO();              // 创建对象
        ex.readFileInfo();                       // 调用 readFileInfo()方法
    }
}
```

程序的运行效果如图 10-6 所示。

图 10-6　在控制台提示操作信息

从输出结果可以看出，程序在 try 语句块中创建了 IO 对象分配了内存资源，然后在 finally 语句块中关闭了 IO 对象，释放了内存资源。

# 10.5 抛出异常

对于程序中发生的异常，除了可以使用 try-catch 语句块处理异常之外，还可以使用 throws 声明抛出异常，也可以使用 throw 语句抛出异常。下面将分别进行讲解。

## 10.5.1 使用 throws 声明抛出异常

throws 通常用于方法声明。当方法中可能存在异常，却不想在方法中对异常进行处理时，就可以在声明方法时使用 throws 声明抛出的异常，然后在调用该方法的其他方法中对异常进行处理（如使用 try-catch 语句或使用 throws 声明抛出的异常）。

如果需要使用 throws 声明抛出多个异常，各异常之间要用逗号分隔。throws 声明抛出异常的语法格式如下。

```
数据类型  方法名(形参列表 )  throws 异常类 1,异常类 2,……,异常类 n{
    方法体;
}
```

- 数据类型是基本数据类型或对象类型。
- 方法名是 Java 语言的合法标识符。
- throws 是抛出异常的关键字。
- 异常类是 Java 的异常类或自定义异常类。
- 方法体是该方法需要执行的语句。

【例 10-6】 在项目中创建类 ThrowsDemo，在该类中创建一个使用 throws 抛出异常的 createFile()方法，然后创建一个 test()方法，在该方法中调用 createFile()方法，并进行异常处理。（实例位置：光盘\MR\源码\第 10 章\10-6）

```java
public class ThrowsDemo {
    private FileReader read = null;         // 声明 FileReader 对象 read
    // 定义方法，使用 throws 抛出 Exception 异常
    public void createFile() throws FileNotFoundException {
        // 创建 FileReader 对象 read
        read = new FileReader("src/com/mingrisoft/ThrowsDemo.java");
        System.out.println("分配内存资源。");
    }
    public void test() {
        try {
            createFile(); // 调用 createFile()方法，使用 try-catch-finally 处理异常
        } catch (Exception ex) {
            ex.printStackTrace();                   // 输出栈踪迹
            System.out.println("创建 IO 对象异常。");
        } finally {
            if (read != null) {
                try {
```

```
            read.close();                    // 关闭 IO 流
            System.out.println("释放内存资源。");
        } catch (IOException e) {
            e.printStackTrace();              // 输出栈踪迹
            System.out.println("关闭 IO 对象异常。");
        }
    }
}
public static void main(String[] args) {
    ThrowsDemo ex = new ThrowsDemo();         // 创建对象
    ex.test(); // 调用 test()方法
}
}
```

程序的运行效果如图 10-7 所示。

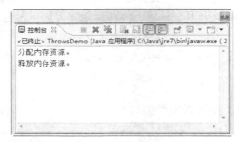

图 10-7　分配和释放内存资源提示

## 10.5.2　使用 throw 语句抛出异常

在通常情况下，程序发生错误时系统会自动抛出异常，而有时希望程序自行抛出异常，可以使用 throw 语句来实现。

throw 语句通常用在方法中，在程序中自行抛出异常。使用 throw 语句抛出的是异常类的实例，通常与 if 语句一起使用。throw 语句的语法格式如下。

```
throw new Exception("对异常的说明");
```

- throw 是抛出异常的关键字。
- Exception 是异常类（通常使用自定义异常类）。

【例 10-7】　在项目中创建类 ThrowDemo，使用该类计算圆的面积。设定圆的半径不能小于 20，如果半径小于 20，则使用 throw 语句抛出异常，并给出提示信息。（实例位置：光盘\MR\源码\第 10 章\10-7）

```
public class ThrowDemo {
    private static final double PI = 3.14;                   // 圆周率
    public void computeArea(double r) throws Exception {   // 根据半径计算圆面积的方法
        if (r <= 20.0) {
            // 使用 throw 语句抛出异常
            throw new Exception("程序异常: \n 半径为 : " + r + "\n 半径不能小于 20。");
        } else {
```

```
        double circleArea = PI * r * r;                    // 计算圆的面积
        System.out.println("半径是" + r + "的圆面积是: " + circleArea);
    }
}
public static void main(String[] args) {
    ThrowDemo ex = new ThrowDemo();                        // 创建对象
    try {
        ex.computeArea(10);                                // 调用方法
    } catch (Exception e) {
        System.out.println(e.getMessage());                // 输出异常信息
    }
}
}
```

程序的运行效果如图 10-8 所示。

图 10-8　半径小于 20 抛出异常

　　上面代码中的 computeArea()方法根据圆的半径计算圆的面积,并且当圆的半径小于等于 0 时,使用 throw 语句抛出异常。由于该方法使用 throw 语句抛出了异常,所以必须在调用该方法时对其进行异常处理。本例在主方法中使用 try-catch 语句对其进行了异常处理。

# 10.6　自定义异常

　　为了更广泛且准确地找到并处理异常,可自定义异常。自定义异常的用法与 Java API 提供的异常类类似。

## 10.6.1　创建自定义异常类

　　创建自定义的异常类需要继承自 Exception 类,并提供含有一个 String 类型形参的构造方法。该形参就是异常的描述信息,可以通过 getMessage()方法获得。例如以下代码就创建了一个自定义的异常类。

```
public class NewException extends Exception {
    public NewException(String s) {
        super(s);
    }
}
```

　　上面代码创建了一个自定义异常类 NewException,也就是说 NewException 是自定义异常类的名称,该类继承自 Exception 类,其构造方法的形参 s 是需要传递的异常描述信息。该信息可以通过异常类的 getMessage()方法获得。

## 10.6.2　使用自定义异常类

创建完自定义异常类，我们就可以在程序中使用自定义异常类了。使用自定义异常类可以通过 throw 语句抛出异常，接下来通过实例来说明自定义异常类的使用。

【例 10-8】　在项目中自定义异常类，然后编写测试类。(实例位置: 光盘\MR\源码\第 10 章\10-8)

(1)编写自定义异常类 NewException，该类继承自 Exception 类。在构造方法中，输出异常信息。代码如下。

```java
public class NewException extends Exception {
    private static final long serialVersionUID = -4007948050341662270L;
    // 创建自定义异常类
    public NewException(Double r) {              // 有一个 Double 类型形参的构造方法
        System.out.println("发生异常: 圆的半径不能小于20");
        System.out.println("圆的半径为: " + r);
    }
}
```

(2)编写 NewExceptionTest 类，在 showArea()方法中抛出异常，在 main()方法中处理异常。代码如下。

```java
public class NewExceptionTest {
    public static void showArea(double r) throws NewException { // 创建求圆面积的方法
        if (r <= 20) {
            throw new NewException(r);                      // 抛出异常
        }
        double area = 3.14 * r * r;                         // 计算圆的面积
        System.out.println("圆的面积是: " + area);          // 输出圆的面积
    }
    public static void main(String[] args) {
        try {
            showArea(10);                                   // 调用 showArea()方法，传递半径 10
        } catch (NewException ex) {
            System.out.println(ex);                         // 输出异常信息
        }
    }
}
```

程序的运行效果如图 10-9 所示。

图 10-9　半径小于 20 抛出异常

# 10.7　异常的使用原则

在程序中使用异常，可以捕获程序中的错误，但是异常的使用也要遵循一定的规则。下面是异常类的几项使用原则。

- 不要过多地使用异常，这样会增加系统的负担。
- 在方法中使用 try-catch 捕获异常时，要对异常做出处理。
- try-catch 语句块的范围不要太大，否则不利于对异常的分析。
- 一个方法被覆盖时，覆盖它的方法必须抛出相同的异常或子异常。

# 10.8　综合实例——空指针异常

在理想状态下，用户输入和程序的代码是没有任何问题的。然而在现实世界中，情况却正好相反。为了处理各种各样可能引起程序崩溃的因素，Java 提供了一种名为异常处理的错误捕获机制。本实例演示了出现空指针异常（NullPointerException）的情况，实例的运行效果如图 10-10 所示。

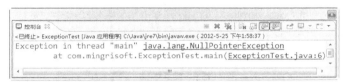

图 10-10　实例运行效果

（1）编写类 ExceptionTest，在该类的 main()方法中，输出了可能发生异常的运行结果。代码如下。

```
public class ExceptionTest {
    public static void main(String[] args) {
        String string = null;// 将字符串设置为 null
        System.out.println(string.toLowerCase());// 将字符串转换成小写
    }
}
```

（2）在代码编辑器中单击鼠标右键，在弹出菜单中选择"运行方式"/"Java 应用程序"菜单项，显示如图 10-10 所示的结果。

## 知识点提炼

（1）Java 中使用异常来处理程序运行过程中可能遇到的各种问题。

（2）Java 中的异常类都继承了 Throwable 类。

（3）Throwable 类有两个直接子类，Error 和 Exception。其中，Error 表示程序员不能处理的异常，例如虚拟机错误；Exception 表示程序员能够处理的异常，例如指定文件不存在。

（4）Exception 类的子类可以分成两类：可控式异常和运行时异常。其中，可控式异常一般需要程序员进行处理；运行时异常一般可以避免发生。

（5）使用 try-catch-finally 来处理异常，其中 catch 和 finally 语句块至少存在一个。

（6）throws 关键字可以在定义方法时抛出异常，throw 关键字可以在方法中抛出异常。

（7）可以通过继承 Exception 类来自定义异常。自定义异常的用法与 Java API 中提供的异常类类似。

（8）由于异常会增加系统额外开销，请不要随意使用。

# 习　　题

10-1　Java 中的异常类都继承了哪个类？

10-2　Exception 类的子类分成哪两类？它们有何区别？

10-3　说出 5 种常见的异常类型。

10-4　有哪些方法可以查看异常信息？

10-5　如何处理异常？

10-6　如何抛出异常？

10-7　如何自定义异常？

10-8　使用异常时有哪些原则？

# 实验：自定义异常类

## 实验目的

（1）了解 Java 中定义的异常类。

（2）掌握自定义异常类的语法。

（3）掌握自定义异常类的使用。

## 实验内容

编写 DivideZeroException 类处理除零异常并进行测试。

## 实验步骤

（1）编写类 DivideZeroException，该类继承自 ArithmeticException 并提供了两个构造方法。代码如下。

```
public class DivideZeroException extends ArithmeticException {// 自定义异常类
    private static final long serialVersionUID = 15638740581171161205L;
    public DivideZeroException() {
    }// 实现默认构造方法
    public DivideZeroException(String msg) {
```

```
        super(msg);
    }// 实现有输出信息的构造方法
}
```

（2）编写类 Test 进行测试，在 main() 方法中，抛出了自定义的异常。代码如下。

```java
public class Test {
    public static void main(String[] args) {
        int[] array = new int[5];                    // 定义长度为 5 的数组
        Arrays.fill(array, 5);                        // 将数组中的元素赋值为 5
        for (int i = 4; i > -1; i--) {               // 遍历整个数组
            if (i == 0) {                            // 如果除 0
                // 如果除零就抛出有异常信息的构造方法
                throw new DivideZeroException("除零异常");
            }                                        // 如果不是除零就输出结果
            System.out.println("array[" + i + "] / " + i + " = " + array[i] / i);
        }
    }
}
```

（3）运行程序，效果如图 10-11 所示。

图 10-11　实验运行效果

# 第11章
## 输入/输出

**本章要点**

- 了解 Java 中流的概念
- 了解 Java 中输入输出流的分类
- 掌握文件输入输出流的使用方法
- 掌握带缓存的输入输出流的使用方法
- 理解 ZIP 压缩输入输出流的应用

在变量、数组和对象中存储数据是暂时的，程序结束后它们就会丢失。为了能够永久地保存程序创建的数据，需要将其保存在磁盘文件中。这样以后就可以在其他程序中使用它们。Java 的 I/O（Input/Output，输入/输出端口）技术可以将数据保存到文本文件、二进制文件甚至是 ZIP 压缩文件中，以达到永久性保存数据的要求。掌握 I/O 处理技术能够提高对数据的处理能力。本章将向读者介绍 Java 的 I/O 输入输出技术。

# 11.1 流概述

流是一组有序的数据序列，根据操作的类型，可分为输入流和输出流两种。I/O 流提供了一条通道程序，可以使用这条通道把源中的字节序列送到目的地。虽然 I/O 流经常与磁盘文件存取有关，但是程序的源和目的地也可以是键盘、鼠标、内存或显示器窗口等。

Java 由数据流处理输入输出。程序从指向源的输入流中读取源中的数据，如图 11-1 所示。源可以是文件、网络、压缩包或者其他数据源。

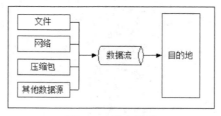

图 11-1　输入模式

输出流的指向是数据要到达的目的地，程序通过向输出流中写入数据把信息传递到目的地，如图 11-2 所示。输出流的目标可以是文件、网络、压缩包、控制台和其他数据输出目标。

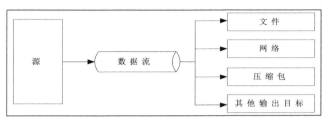

图 11-2　输出模式

# 11.2　输入输出流

Java 语言定义了许多类，专门负责各种方式的输入输出。这些类都被放在 java.io 包中。其中，所有输入流类都是抽象类 InputStream（字节输入流）或抽象类 Reader（字符输入流）的子类，而所有输出流都是抽象类 OutputStream（字节输出流）或抽象类 Writer（字符输出流）的子类。

## 11.2.1　输入流

InputStream 类是字节输入流的抽象类，是所有字节输入流的父类。InputStream 类的具体层次结构如图 11-3 所示。

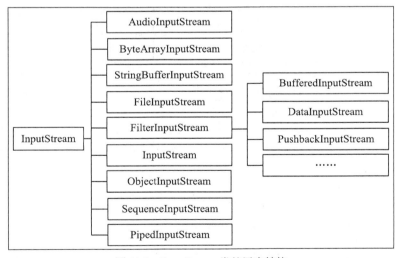

图 11-3　InputStream 类的层次结构

该类中所有方法遇到错误时都会引发 IOException 异常。下面是对该类中的一些方法的简要说明如表 11-1 所示。

表 11-1 InputStream 类常用的方法

| 方　法 | 说　明 |
| --- | --- |
| read() | 从输入流中读取数据的下一个字节。返回 0~255 范围内的 int 字节值。如果因为已经到达流末尾而没有可用的字节，则返回值-1 |
| read(byte[] b) | 从输入流中读入一定长度的字节，并以整数的形式返回字节数 |
| mark(int readlimit) | 在输入流的当前位置放置一个标记，readlimit 参数告知此输入流在标记位置失效之前允许读取的字节数 |
| reset() | 将输入指针返回到当前所做的标记处 |
| skip(long n) | 跳过输入流上的 n 个字节并返回实际跳过的字节数 |
| markSupported() | 如果当前流支持 mark()/reset()操作就返回 true |
| close() | 关闭此输入流并释放与该流关联的所有系统资源 |

并不是所有的 InputStream 类的子类都支持 InputStream 中定义的所有方法，例如 skip()、mark()、reset()等只对某些子类有用。

Java 中的字符是 Unicode 编码，是双字节的。InputStream 是用来处理字节的，在处理字符文本时不是很方便。Java 为字符文本的输入提供了专门一套单独的类 Reader，但 Reader 类并不是 InputStream 类的替换者，只是在处理字符串时简化了编程。Reader 类是字符输入流的抽象类，所有字符输入流的实现都是它的子类。Reader 类的具体层次结构如图 11-4 所示。

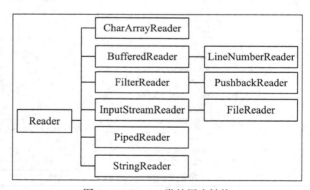

图 11-4　Reader 类的层次结构

Reader 类中方法与 InputStream 中方法类似，读者在需要时可查看 JDK 文档。

## 11.2.2　输出流

OutputStream 类是字节输入流的抽象类，此抽象类是表示输出字节流的所有类的超类。OutputStream 类的具体层次如图 11-5 所示。

OutputStream 类中的所有方法均返回 void，在遇到错误时会引发 IOException 异常。下面对 OutputStream 类中的方法作一简单的介绍，如表 11-2 所示。

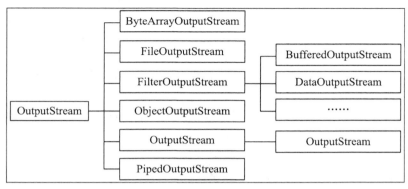

图 11-5  OutputStream 类的层次结构

表 11-2　　　　　　　　　　　　　　OutputStream 类常用的方法

| 方　　法 | 说　　明 |
| --- | --- |
| write(int b) | 将指定的字节写入此输出流 |
| write(byte[] b) | 将 b.length 个字节从指定的 byte 数组写入此输出流 |
| write(byte[] b,int off,int len) | 将指定 byte 数组中从偏移量 off 开始的 len 个字节写入此输出流 |
| flush() | 彻底完成输出并清空缓存区 |
| close() | 关闭输出流 |

Writer 类是字符输出流的抽象类，所有字符输出类的实现都是它的子类。Writer 类的层次结构如图 11-6 所示。

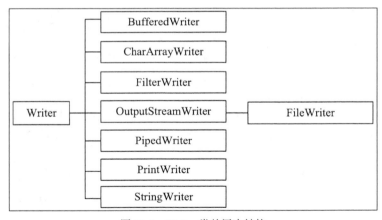

图 11-6  Writer 类的层次结构

# 11.3  File 类

File 类是 io 包中唯一代表磁盘文件本身的对象，其定义了一些与平台无关的方法来操作文件。可以通过调用 File 类中的方法，实现创建、删除、重命名文件等。File 类的对象主要用来获取文件本身的一些信息，例如文件所在的目录、文件的长度、文件读写权限等。数据流可以将数据写入文件中，而文件也是数据流最常用的数据媒体。

## 11.3.1　文件的创建与删除

可以使用 File 类创建一个文件对象，通常使用以下 3 种构造方法来创建文件对象。

1．File(String pathname)

该构造方法通过将给定路径名字符串转换为抽象路径名来创建一个新 File 实例。语法如下所示。

```
new File(String pathname)
```

- pathname：是指路径名称（包含文件名）

2．File(String parent , String child)

该构造方法根据定义的父路径和子路径字符串（包含文件名）创建一个新的 File 对象。语法如下所示。

```
new File(String parent , String child)
```

- parent：父路径字符串
- child：子路径字符串

3．File(File f , String child)

该构造方法根据 parent 抽象路径名和 child 路径名字符串创建一个新 File 实例。语法如下所示。

```
new File(File f , String child)
```

- f：父路径对象
- child：子路径字符串

对于 Microsoft Windows 平台，包含盘符的路径名前缀由驱动器号和一个":"组成。如果是绝对路径名，还可能后跟"\\"。

使用 File 类创建一个文件对象语法如下所示。

```
File file = new File("D:/myword","word.txt");
```

如果 D:/myword 目录中没有名称为 word 的文件，File 类对象可通过调用 createNewFile()方法创建一个名称为 word.txt 的文件。如果 word.txt 文件存在，可以通过文件对象的 delete()方法将其删除，如【例 11-1】所示。

【例 11-1】　在项目中创建类 FileTest，在主方法中判断 D 盘的 mywork 文件夹是否存在 work.txt 文件，如果该文件存在将其删除；不存在则创建该文件。（实例位置：光盘\MR\源码\第 11 章\11-1）

```
public class FileTest {                                    // 创建类 FileTest
    public static void main(String[] args) {               // 主方法
        File file = new File("D:/myword", "test.txt");     // 创建文件对象
        if (file.exists()) {                               // 如果该文件存在
            file.delete();                                 // 将文件删除
            System.out.println("文件已删除");               // 输出的提示信息
        } else { // 如果文件不存在
            try {// try 语句块捕捉可能出现的异常
                file.createNewFile();                      // 创建该文件
```

```
            System.out.println("文件已创建");                // 输出的提示信息
        } catch (IOException e) {                            // catch 处理该异常
            e.printStackTrace();                             // 输出异常信息
        }
    }
}
```

程序的运行效果如图 11-7 所示。

图 11-7　提示文件创建成功

　　　如果 myword 文件夹不存在会抛出 IOException。

## 11.3.2　获取文件信息

File 类提供了很多方法用于获取文件本身的一些信息。File 类的常用方法如表 11-3 所示。

表 11-3　　　　　　　　　　　　　File 类的常用方法

| 方　　　法 | 说　　　明 |
| --- | --- |
| write(int b) | 将指定的字节写入此输出流 |
| getName() | 获取文件的名称 |
| canRead() | 判断文件是否是可读的 |
| canWrite() | 判断文件是否可被写入 |
| exits() | 判断文件是否存在 |
| length() | 获取文件的长度（以字节为单位） |
| getAbsolutePath() | 获取文件的绝对路径 |
| getParent() | 获取文件的父路径 |
| isFile() | 判断文件是否存在 |
| isDirectory() | 判断文件是否是一个目录 |
| isHidden() | 判断文件是否是隐藏文件 |
| lastModified() | 获取文件最后修改时间 |

**【例 11-2】** 获取 D 盘中 mywork 文件夹下的 work.txt 文件的文件名、文件长度并判断该文件是否是隐藏文件。(实例位置：光盘\MR\源码\第 11 章\11-2)

```java
public class FileTest {
    public static void main(String[] args) {
        File file = new File("D:/mywork", "work.txt");      // 创建文件对象
        if (file.exists()) {                                // 如果文件存在
            String name = file.getName();                   // 获取文件名称
            long length = file.length();                    // 获取文件长度
            boolean hidden = file.isHidden();               // 判断文件是否隐藏文件
            System.out.println("文件名称: " + name);         // 输出信息
            System.out.println("文件长度是: " + length);
            System.out.println("该文件是隐藏文件吗? " + hidden);
        } else {                                            // 如果文件不存在
            System.out.println("该文件不存在");              // 输出信息
        }
    }
}
```

程序的运行效果如图 11-8 所示。

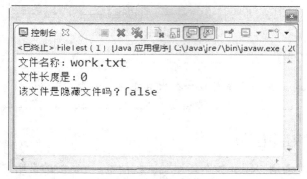

图 11-8　显示文件信息

# 11.4　文件输入输出流

程序运行期间，大部分数据都是在内存中进行操作，当程序结束或关闭时，这些数据将消失。如果需要将数据永久保存，可使用文件输入输出流与指定的文件建立连接，将需要的数据永久保存到文件中。本节将向读者介绍文件输入输出流。

## 11.4.1　FileInputStream 类与 FileOutputStream 类

FileInputStream 类与 FileOutputStream 类都用来操作磁盘文件。如果用户的文件读取需求比较简单，则可以使用 FileInputStream 类。该类继承自 InputStream 类。FileOutputStream 类与 FileInputStream 类对应，提供了基本的文件写入能力。FileOutputStream 类是 OutoputStream 类的子类。

FileInputStream 类常用的构造方法如下所示。

■　FileInputStream(String name)

■　FileInputStream(File file)

第一个构造方法使用给定的文件名 name 创建一个 FileInputStream 对象，第二个构造方法使用 File 对象创建 FileInputStream 对象。第一个构造方法比较简单，但第二个构造方法允许在把文件连接输入流之前对文件做进一步分析。

FileOutputStream 类有与 FileInputStream 类相同参数的构造方法。创建一个 FileOutputStream 对象时，可以指定不存在的文件名，但此文件不能是一个已被其他程序打开的文件。下面的实例就是使用 FileInputStream 与 FileOutputStream 类实现文件的读取与写入功能。

【例 11-3】　使用 FileOutputStream 类向 work.txt 文件写入信息，然后通过 FileInputStream 类将 work.txt 文件中的数据读取到控制台上。（实例位置：光盘\MR\源码\第 11 章\11-3）

```java
public class FileTest {                                    // 创建类
    public static void main(String[] args) {               // 主方法
        File file = new File("D:/mywork", "work.txt");      // 创建文件对象
        FileInputStream in = null;
        FileOutputStream out = null;
        try {
            out = new FileOutputStream(file);               // 创建 FileOutputStream 对象
            out.write("明日科技".getBytes());                // 将数组中信息写入文件中
        } catch (FileNotFoundException e) {
            e.printStackTrace();
        } catch (IOException e) {                           // catch 语句处理异常信息
            e.printStackTrace();                            // 输出异常信息
        } finally {
            if (out != null) {
                try {
                    out.close();                            // 将流关闭
                } catch (IOException e) {
                    e.printStackTrace();
                }
            }
        }
        try {
            in = new FileInputStream(file);                 // 创建 FileInputStream 类对象
            byte[] content = new byte[1024];                // 创建 byte 数组
            int length = in.read(content);                  // 从文件中读取信息
            // 将文件中信息输出
            System.out.println("文件中的信息是： " + new String(content, 0, length));
        } catch (FileNotFoundException e) {
            e.printStackTrace();
        } catch (IOException e) {
            e.printStackTrace();                            // 输出异常信息
        } finally {
            if (in != null) {
                try {
                    in.close();                             // 关闭流
                } catch (IOException e) {
                    e.printStackTrace();
                }
            }
        }
    }
}
```

程序的运行效果如图 11-9 所示。

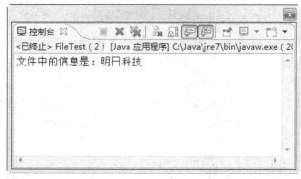

图 11-9 显示文件内容

虽然 Java 在程序结束时自动关闭所有打开的流,但是当使用完流后,显式地关闭任何打开的流仍是一个好习惯。一个被打开的流有可能会用尽系统资源,这取决于平台和实现。如果没有将打开的流关闭,当另一个程序试图打开另一个流时,可能会得不到资源。

## 11.4.2 FileReader 类和 FileWriter 类

使用 FileOutputStream 类向文件中写入数据与使用 FileInputStream 类从文件中将内容读出来,存在一点不足,即这两个类都只提供了对字节或字节数组的读取方法。由于汉字在文件中占用两个字节,如果使用字节流,读取不好可能会出现乱码现象。此时采用字符流 Reader 或 Writer 类即可避免这种现象。

FileReader、FileWriter 字符流对应了 FileInputStream、FileOutputStream 类。FileReader 流顺序地读取文件,只要不关闭流,每次调用 read()方法就顺序地读取源中其余的内容,直到源的末尾或流被关闭。

下面通过一个应用程序介绍 FileReader 与 FileWriter 类的用法。

【例 11-4】 使用 FileWriter 类向 work.txt 文件写入信息,然后通过 FileReader 类将 work.txt 文件中的数据读取到控制台上。(实例位置:光盘\MR\源码\第 11 章\11-4)

```java
public class FileTest {                              // 创建类
    public static void main(String[] args) {         // 主方法
        File file = new File("D:/mywork", "work.txt");  // 创建文件对象
        FileReader in = null;
        FileWriter out = null;
        try {
            out = new FileWriter(file);              // 创建 FileWriter 对象
            out.write("明日科技");                    // 将数组中信息写入到文件中
        } catch (FileNotFoundException e) {
            e.printStackTrace();
        } catch (IOException e) {                     // catch 语句处理异常信息
            e.printStackTrace();                      // 输出异常信息
        } finally {
            if (out != null) {
                try {
                    out.close();                      // 将流关闭
                } catch (IOException e) {
```

```
                    e.printStackTrace();
                }
            }
        }
        try {
            in = new FileReader(file);                  // 创建 FileReader 类对象
            char[] content = new char[1024];            // 创建 byte 数组
            int length = in.read(content);              // 从文件中读取信息
            // 将文件中信息输出
            System.out.println("文件中的信息是: " + new String(content, 0, length));
        } catch (FileNotFoundException e) {
            e.printStackTrace();
        } catch (IOException e) {
            e.printStackTrace();                        // 输出异常信息
        } finally {
            if (in != null) {
                try {
                    in.close();                         // 关闭流
                } catch (IOException e) {
                    e.printStackTrace();
                }
            }
        }
    }
}
```

程序的运行效果如图 11-10 所示。

图 11-10　显示文件内容

# 11.5　带缓存的输入输出流

缓存可以说是 I/O 的一种性能优化。缓存流为 I/O 流增加了内存缓存区。有了缓存区，使得在流上执行 skip()、mark() 和 reset() 方法都成为可能。

## 11.5.1　BufferedInputStream 类与 BufferedOutputStream 类

BufferedInputStream 类可以对任何的 InputStream 类进行带缓存区的包装以达到性能的优化。BufferedInputStream 类有两个构造方法。

■　　BufferedInputStream(InputStream in)

- BufferedInputStream(InputStream in , int size)

第一种形式的构造方法创建了一个带有 32 个字节的缓存流，第二种形式的构造方法按指定的大小来创建缓存区。一个最优的缓存区的大小，取决于它所在的操作系统、可用的内存空间以及机器配置。从构造方法可以看出，BufferedInputStream 对象位于 InputStream 类对象之前。图 11-11 描述了字节数据读取文件的过程。

图 11-11　BufferedInputStream 读取文件过程

使用 BufferedOutputStream 输出信息和往 OutputStream 输出信息完全一样，只不过 BufferedOutputStream 有一个 flush()方法用来将缓存区的数据强制输出完。BufferedOutputStream 类也有两个构造方法。

- BufferedOutputStream(OutputStream in)
- BufferedOutputStream(OutputStream in , int size)

第一种构造方法创建一个 32 个字节的缓存区，第二种形式以指定的大小来创建缓存区。

flush()方法就是用于即使缓存区没有满的情况下，也将缓存区的内容强制写入外设，习惯上称这个过程为刷新。flush()方法只对使用缓存区的 OutputStream 类的子类有效。当调用 close()方法时，系统在关闭流之前，也会将缓存区中信息刷新到磁盘文件中。

## 11.5.2　BufferedReader 类与 BufferedWriter 类

BufferedReader 类与 BufferedWriter 类分别继承 Reader 类与 Writer 类。这两个类同样具有内部缓存机制，并可以以行为单位进行输入输出。

根据 BufferedReader 类的特点，总结出如图 11-12 所示的字符数据读取文件的过程。

图 11-12　BufferedReader 类读取文件的过程

BufferedReader 类常用的方法如下所示。

- read()方法：读取单个字符。
- readLine()方法：读取一个文本行，并将其返回为字符串；若无数据可读，则返回 null。
- write(String s, int off, int len)方法：写入字符串的某一部分。
- flush()方法：刷新该流的缓存。
- newLine()方法：写入一个行分隔符。

在使用 BufferedWriter 类的 Write()方法时，数据并没有立刻被写入至输出流中，而是首先进入缓存区中。如果想立刻将缓存区中的数据写入输出流中，一定要调用 flush()方法。

# 11.6　数据输入输出流

数据输入输出流（DataInputStream 类与 DataOutputStream 类）允许应用程序以与机器无关的

方式从底层输入流中读取基本 Java 数据类型。也就是说，当读取一个数据时，不必再关心这个数值应当是多少字节。

1. DataInputStream 类与 DataOutputStream 类的构造方法如下所示。

■　DataInputStream(InputStream in)：使用指定的基础 InputStream 创建一个 DataInputStream。

■　DataOutputStream(OutputStream out)：创建一个新的数据输出流，将数据写入指定基础输出流。

2. DataOutputStream 类提供了如下 3 种写入字符串的方法。

■　writeBytes(String s)

■　writeChars(String s)

■　writeUTF(String s)

Java 中的字符是 Uincode 编码，是双字节的，writeBytes 只是将字符串中的每一个字符的低字节内容写入目标设备中；writeChars 将字符串中的每一个字符的两个字节的内容都写到目标设备中；writeUTF 将字符串按照 UTF 编码后的字节长度写入目标设备，然后才是每一个字节的 UTF 编码。

DataInputStream 类只提供了一个 readUTF() 方法返回字符串。这是因为要在一个连续的字节流读取一个字符串，如果没有特殊的标记作为一个字符串的结尾，并且事先也不知道这个字符串的长度，也就无法知道读取到什么位置才是这个字符串的结束。DataOutputStream 类中只有 writeUTF() 方法向目标设备中写入字符串的长度，所以我们也只能准确地读回写入字符串。

【例 11-5】　使用 DataOutputStream 类向 work.txt 文件写入信息，然后通过 DataInputStream 类将 work.txt 文件中的数据读取到控制台上。（实例位置：光盘\MR\源码\第 11 章\11-5）

```java
public class FileTest {                              // 创建类
    public static void main(String[] args) {         // 主方法
        File file = new File("D:/mywork", "work.txt");  // 创建文件对象
        FileOutputStream fos = null;
        FileInputStream fis = null;
        DataOutputStream dos = null;
        DataInputStream dis = null;
        try {
            fos = new FileOutputStream(file);        // 创建 FileOutputStream 对象
            dos = new DataOutputStream(fos);         // 创建 DataOutputStream 对象
            dos.writeUTF("明日科技");                  // 将字符串信息写入到文件中
        } catch (FileNotFoundException e) {
            e.printStackTrace();
        } catch (IOException e) {                     // catch 语句处理异常信息
            e.printStackTrace();                     // 输出异常信息
        } finally {
            if (dos != null) {
                try {
                    dos.close();                     // 将流关闭
                } catch (IOException e) {
                    e.printStackTrace();
                }
            }
        }
```

```
            if (fos != null) {
                try {
                    fos.close();                              // 将流关闭
                } catch (IOException e) {
                    e.printStackTrace();
                }
            }
        }
        try {
            fis = new FileInputStream(file);              // 创建 FileInputStream 对象
            dis = new DataInputStream(fis);              // 创建 DataInputStream 对象
            System.out.println("文件中的信息是: " + dis.readUTF());// 将文件中信息输出
        } catch (FileNotFoundException e) {
            e.printStackTrace();
        } catch (IOException e) {
            e.printStackTrace();
        } finally {
            if (dis != null) {
                try {
                    dis.close();                              // 将流关闭
                } catch (IOException e) {
                    e.printStackTrace();
                }
            }
            if (fis != null) {
                try {
                    fis.close();                              // 将流关闭
                } catch (IOException e) {
                    e.printStackTrace();
                }
            }
        }
    }
}
```

程序的运行效果如图 11-13 所示。

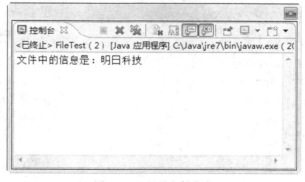

图 11-13　显示文件内容

请读者尝试使用 writeBytes()和 writeChars()方法来在 txt 文件中写入字符串，并打开
文件查看写入的内容。

# 11.7　ZIP 压缩输入输出流

　　使用 ZIP 压缩管理文件（ZIP archive），是一种十分典型的文件压缩形式，可以节省存储空间。
关于 ZIP 压缩的 I/O 实现，在 Java 的内置类中，提供了非常好用的相关类，使得实现方式非常简
单。本节将向读者介绍使用 java.util.zip 包中的 ZipOutputStream 类与 ZipInputStream 类来实现文
件的压缩/解压缩的相关知识。如要从 ZIP 压缩管理文件内读取某个文件，要先找到对应该文件的
"目录进入点"（从它可知该文件在 Zip 文件内的位置），才能读取这个文件的内容。如果要将文件
内容写至 Zip 文件内，必须先写入对应于该文件的"目录进入点"，并且把要写入文件内容的位置
移到此进入点所指的位置，然后再写入文件内容。

　　Java 实现了 I/O 数据流与网络数据流的单一接口，因此数据的压缩、网络传输和解压缩的实
现比较容易。ZipEntry 类产生的对象，是用来代表一个 ZIP 压缩文件内的进入点（entry）。
ZipInputStream 类用来读取 ZIP 压缩格式的文件，所支持的包括已压缩及未压缩的进入点（entry）。
ZipOutputStream 类用来写出 ZIP 压缩格式的文件，而且所支持的包括已压缩及未压缩的进入点
（entry）。下面介绍利用 ZipEntry、ZipInputStream 和 ZipOutputStream 三个 Java 类实现 ZIP 数据压
缩方式的编程方法。

## 11.7.1　压缩文件

　　利用 ZipOutputStream 类对象，可将文件压缩为".zip"文件。ZipOutputStream 类的构造方法
如下所示。

```
ZipOutputStream(OutputStream out);
```

ZipOutputStream 类的常用方法如表 11-4 所示。

表 11-4　　　　　　　　　　　　　　ZipOutputStream 类的常用方法

| 方　　法 | 说　　明 |
| --- | --- |
| putNextEntry(ZipEntry e) | 开始写一个新的 ZipEntry，并且将流内的位置移至此 entry 所指数据的开头 |
| write(byte[] b , int off , int len) | 将字节数组写入当前 ZIP 条目数据 |
| finish() | 完成写入 ZIP 输出流的内容，无须关闭它所配合的 OutputStream |
| setComment(String comment) | 可设置此 ZIP 文件的注释文字 |

　　【例 11-6】　　在项目中创建 ZipTxtFiles 类，在 main()方法中将 D 盘"新建文件夹"中的全部
文本文件压缩到 D 盘"新建文件夹.zip"文件当中。（实例位置：光盘\MR\源码\第 11 章\11-6）

```
public class ZipTxtFiles {
    public static void main(String[] args) {
        File root = new File("D:\\新建文件夹");              // 获得保存 txt 文件的文件夹
        File target = new File("D:\\新建文件夹.zip");         // 创建压缩完成后生成的文件
        File[] txtFiles = root.listFiles(new FileFilter() {// 使用匿名内部类进行文件过滤
                @Override
```

```java
            public boolean accept(File pathname) {// 获得当前文件夹中全部文本文件
                if (pathname.getName().endsWith(".txt")) {
                    return true;
                }
                return false;
            }
        });
        FileOutputStream fos = null;
        ZipOutputStream zos = null;
        FileInputStream fis = null;
        try {
            fos = new FileOutputStream(target);               // 创建 FileOutputStream 对象
            zos = new ZipOutputStream(fos);                   // 创建 ZipOutputStream 对象
            byte[] buffer = new byte[1024];                   // 创建写入压缩文件的数组
            for (File txtFile : txtFiles) {
                ZipEntry entry = new ZipEntry(txtFile.getName());// 创建 ZipEntry 对象
                fis = new FileInputStream(txtFile);           // 创建 FileInputStream 对象
                zos.putNextEntry(entry);// 在压缩文件中添加一个 ZipEntry 对象
                int read = 0;
                while ((read = fis.read(buffer)) != -1) {
                    zos.write(buffer, 0, read);               // 将输入写入到压缩文件
                }
                zos.closeEntry();                             // 关闭 ZipEntry
                if (fis != null) {
                    fis.close();                              // 释放资源
                }
            }
        } catch (FileNotFoundException e) {
            e.printStackTrace();
        } catch (IOException e) {
            e.printStackTrace();
        } finally {
            if (fis != null) {
                try {
                    fis.close();                              // 释放资源
                } catch (IOException e) {
                    e.printStackTrace();
                }
            }
            if (zos != null) {
                try {
                    zos.close();                              // 释放资源
                } catch (IOException e) {
                    e.printStackTrace();
                }
            }
            if (fos != null) {
                try {
                    fos.close();                              // 释放资源
                } catch (IOException e) {
                    e.printStackTrace();
                }
            }
```

```
        }
      }
    }
  }
```

运行程序后，会在 D 盘生成一个"新建文件夹.zip"文件，使用解压缩工具打开该文件可以看到压缩的文件。

请注意资源的释放顺序，先打开的资源后释放。

本请不要删除 D 盘上的"新建文件夹.zip"文件，下节将使用它来介绍如何解压缩文件。

## 11.7.2　解压缩 ZIP 文件

ZipInputStream 类可读取 ZIP 压缩格式的文件，包括对已压缩和未压缩条目的支持（entry）。ZipInputStream 类的构造方法如下所示。

```
ZipInputStream(InputStream in)
```

ZipInputStream 类的常用方法如表 11-5 所示。

表 11-5　　　　　　　　　　　ZipInputStream 类的常用方法

| 方　　法 | 说　　明 |
| --- | --- |
| read(byte[] b , int off , int len ) | 读取目标 b 数组内 off 偏移量的位置，长度是 len 字节 |
| available() | 判断是否已读目前 entry 所指定的数据。已读完返回 0，否则返回 1 |
| closeEntry() | 关闭当前 ZIP 条目并定位流以读取下一个条目 |
| skip(long n) | 跳过当前 ZIP 条目中指定的字节数 |
| getNextEntry() | 读取下一个 ZipEntry，并将流内的位置移至该 entry 所指数据的开头 |
| createZipEntry(String name) | 以指定的 name 参数新建一个 ZipEntry 对象 |

【例 11-7】　在项目中创建 UnzipTxtFiles 类，在 main()方法中将 D 盘"新建文件夹.zip"中的全部文本文件解压缩到 D 盘"新建文件夹"文件夹当中。( 实例位置：光盘\MR\源码\第 11 章\11-7 )

```
public class UnzipTxtFiles {
  public static void main(String[] args) {
    File root = new File("D:\\新建文件夹.zip");       // 获得需要解压缩的 zip 文件
    File target = new File("D:\\新建文件夹");          // 创建保存解压缩后生成文件的文件夹
    if (!target.exists()) {                          // 如果保存文件的文件夹不存在，则进行创建
      target.mkdir();
    }
    ZipFile zf = null;
    try {
      zf = new ZipFile(root);                        // 创建 ZipFile 对象
      Enumeration<? extends ZipEntry> e = zf.entries();// 创建枚举变量
      while (e.hasMoreElements()) {                  // 遍历枚举变量
        ZipEntry entry = e.nextElement();            // 获得 ZipEntry 对象
```

```
                          if (!entry.getName().endsWith(".txt")) { // 如果不是文本文件就不进行解压缩
                              continue;
                          }
                          File currentFile = new File(target + File.separator + entry.getName());
                          if (!currentFile.exists()) {// 如果当前文件不存在, 则进行创建
                              currentFile.createNewFile();
                          }
                          FileOutputStream fos = new FileOutputStream(currentFile);
                          // 利用获得的 ZipEntry 对象的输入流
                          InputStream in = zf.getInputStream(entry);
                          int buffer = 0;
                          while ((buffer = in.read()) != -1) {            // 将输入流写入本地文件
                              fos.write(buffer);
                          }
                          in.close();                                      // 释放资源
                          fos.close();                                     // 释放资源
                      }
               } catch (ZipException e) {
                   e.printStackTrace();
               } catch (IOException e) {
                   e.printStackTrace();
               } finally {
                   if (zf != null) {
                       try {
                           zf.close();                                     // 释放资源
                       } catch (IOException e) {
                           e.printStackTrace();
                       }
                   }
               }
           }
       }
```

# 11.8　综合实例——合并文本文件

　　文本文件是操作系统常用的文件类型。由于没有各种复杂的格式，它可以方便地进行读写。本实例将合并多个文本文件，合并后的效果如图 11-14 所示。

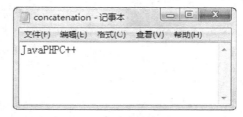

图 11-14　实例运行效果

 　　本实例需要在 D 盘 "新建文件夹" 中创建 3 个文本文件，其文件名分别是 "Java"、"PHP" 和 "C++"。

（1）编写 TextFileConcatenation 类，在 main()方法中遍历"新建文件夹"中的全部文本文件，读取文件内容然后将其写入到 D 盘 " concatenation.txt."文件当中。代码如下。

```java
public class TextFileConcatenation {
    public static void main(String[] args) {
        File root = new File("D:\\新建文件夹");// 获得保存文本文件的文件夹
        File[] txtFiles = root.listFiles(new FileFilter() {// 使用匿名内部类进行文件过滤
            @Override
            public boolean accept(File pathname) {// 获得当前文件夹中全部文本文件
                if (pathname.getName().endsWith(".txt")) {
                    return true;
                }
                return false;
            }
        });
        FileReader fr = null;
        FileWriter fw = null;
        BufferedReader br = null;
        try {
            fw = new FileWriter("D://concatenation.txt");
            for (File txtFile : txtFiles) {
                fr = new FileReader(txtFile);        // 创建 FileInputStream 对象
                br = new BufferedReader(fr);          // 创建缓冲输入流
                String line;
                while ((line = br.readLine()) != null) {
                    fw.write(line);                   // 将读入的数据写入到文件中
                }
            }
        } catch (FileNotFoundException e) {
            e.printStackTrace();
        } catch (IOException e) {
            e.printStackTrace();
        }finally {
            if(fw!=null) {
                try {
                    fw.close();                       // 释放资源
                } catch (IOException e) {
                    e.printStackTrace();
                }
            }
            if(br!=null) {
                try {
                    br.close();                       // 释放资源
                } catch (IOException e) {
                    e.printStackTrace();
                }
            }
            if(fr!=null) {
                try {
                    fr.close();                       // 释放资源
                } catch (IOException e) {
                    e.printStackTrace();
                }
```

```
        }
      }
    }
  }
```

（2）在代码编辑器中单击鼠标右键，在弹出菜单中选择"运行方式"/"Java 应用程序"菜单项。打开 D 盘"concatenation.txt"文件，显示如图 11-14 所示的结果。

# 知识点提炼

（1）流是一组有序的数据序列，根据操作的类型，可分为输入流和输出流两种。

（2）Java 中的字节输入流都继承了 InputStream 类，字符输入流都继承了 Reader 类。

（3）Java 中的字节输出流都继承了 OutputStream 类，字符输出流都继承了 Writer 类。

（4）File 类既可以表示文件也可以表示文件夹，需要使用 isFile() 和 isDirectory() 方法进行判断。

（5）使用 File 类中提供的方法可以获得和修改文件的属性。

（6）为了提高读写效率，可以使用带缓存的输入输出流。

（7）对于数据，可以使用 DataInputStream 和 DataOutputStream 类进行读写。

（8）Java 里面提供了 ZipInputStream 和 ZipOutputStream 类来压缩和解压缩文件。

# 习　　题

11-1　简述一下 Java 里面流的概念。

11-2　说出 6 对常见的 Java 输入输出类。

11-3　如何新建文件和文件夹？

11-4　FileInputStream 和 FileReader 有何区别？

11-5　如何向文件中写入和读取整数？

11-6　如何压缩文件夹？

11-7　如何解压缩文件夹？

# 实验：删除 TMP 文件

## 实验目的

（1）了解 File 类的概念。

（2）掌握 File 类的用法。

（3）掌握使用迭代遍历文件夹的方式。

## 实验内容

编写 TmpFileDeletion 类删除指定文件夹包括子文件夹中全部 TMP 文件。

## 实验步骤

（1）编写 TmpFileDeletion 类，在该类中定义 deleteTmpFile()方法，用于删除单个 TMP 文件。定义 deleteTmpFiles()方法用于删除文件夹中全部 TMP 文件。在 main()方法中进行测试。代码如下。

```
public class TmpFileDeletion {
    private static void deleteTmpFile(File tmpFile) {// 用于删除单个 TMP 文件
        String name = tmpFile.getName();// 获得文件名
        if (name.endsWith(".tmp") || name.endsWith(".TMP")) {// 如果文件名以 tmp 或者 TMP
结尾
            tmpFile.delete();// 删除文件
        }
    }
    public static void deleteTmpFiles(File root) {
        if (root.isDirectory()) {// 如果是文件夹
            File[] files = root.listFiles();// 获得该文件夹中的全部文件和子文件夹
            for (File file : files) {
                if (file.isDirectory()) {// 如果是子文件夹
                    deleteTmpFiles(file);// 进行迭代
                }
                if (file.isFile()) {// 如果是文件
                    deleteTmpFile(file);// 判断是否需要删除
                }
            }
        }
        if (root.isFile()) {// 如果是文件
            deleteTmpFile(root);// 判断是否需要删除
        }
    }
    public static void main(String[] args) {
        File root = new File("D:\\新建文件夹");// 创建测试用文件夹
        deleteTmpFiles(root);// 测试方法
    }
}
```

（2）在 D 盘中创建"新建文件夹"，并在其中添加"TMP"文件进行测试，运行程序后可以发现所有"TMP"文件都被删除。

# 第12章
# Swing 程序设计

**本章要点**

- 了解 Swing 组件
- 掌握使用常用窗体
- 掌握在标签上设置图标
- 掌握应用程序中的布局管理器
- 掌握常用面板
- 掌握按钮组件
- 掌握列表组件
- 掌握文本组件

　　Swing 较早期版本中的 AWT 更为强大、性能更优良，而现在的 Swing 中除了保留 AWT 中几个重要的重量级组件之外，其他组件都为轻量级组件。这样使用 Swing 开发出的窗体风格会与当前运行平台上的窗体风格一致，同时程序员也可以在跨平台时指定窗体统一的风格与外观。Swing 的使用很复杂，本章主要讲解 Swing 中的基本要素，包括容器、组件和窗体布局。

# 12.1　Swing 概述

　　Swing 是 GUI（Graphical User Interface，图形用户界面）开发工具包，在 AWT（Abstract Windowing Toolkit，抽象窗口工具包）的基础上使开发跨平台的 Java 应用程序界面成为可能。早期的 AWT 组件开发的图形用户界面，要依赖于本地系统，当把 AWT 组件开发的应用程序移植到其他平台的系统上运行，不能保证其外观风格。

　　使用 Swing 开发的 Java 应用程序，界面是不受本地系统平台限制的，也就是说 Swing 开发的 Java 应用程序移植到其他系统平台上，其界面外观是不会改变的。因为 Swing 组件内部提供了相应的用户界面，而这些用户界面是纯 Java 语言编写的而不依赖于本地系统平台，所以 Swing 开发的应用程序可以方便地移植。

---

　　虽然 Swing 提供的组件可以方便地开发 Java 应用程序，但是 Swing 并不能取代 AWT。在开发 Swing 程序时通常要借助于 AWT 的一些对象来共同完成应用程序的设计。

# 12.2　Swing 常用窗体

Swing 窗体是 Swing 的一个组件，同时也是创建图形化用户界面的容器，可以将其他组件放置在窗体容器中，完成应用程序界面的设计，接下来将对 Swing 的常用窗体进行讲解。

## 12.2.1　JFrame 框架窗体

JFrame 窗体是一个容器，是 Swing 程序中各个组件的载体。在开发应用程序时，可以通过继承 java.swing.JFrame 类创建一个窗体。在这个窗口中添加组件。同时为组件设置事件。由于该窗体继承了 JFrame 类，所以它拥有一些最大化、最小化、关闭的按钮。JFrame 在程序中的语法格式如下所示。

```
JFrame jf=new JFrame(title);
Container container=jf.getContentPane();
```

- jf：JFrame 类的对象。
- container：Container 类的对象，可以使用 JFrame 对象调用 getContentPane()方法获取。

读者大致应该有这样一个概念，Swing 组件的窗体通常与组件和容器相关，所以在 JFrame 对象创建完成后，需要调用 getContentPane()方法将窗体转换为容器，然后在容器中添加组件或设置布局管理器。通常这个容器用来包含和显示组件。如果需要将组件添加至容器，可以使用来自 Container 类的 add()方法进行设置。在容器中添加组件后，也可以使用 Container 类的 remove()方法将这些组件从容器中删除。

【例 12-1】　在项目中创建 MyFrame 类，该类继承 JFrame 窗体。在构造方法中创建面板及标签并设置标签文本、字体。在 main()方法中启动程序。（实例位置：光盘\MR\源码\第 12 章\12-1）

```
public class MyFrame extends JFrame {
    private static final long serialVersionUID = -8158038730410385624L;
    private JPanel contentPane;
    public static void main(String[] args) {
        EventQueue.invokeLater(new Runnable() {
            public void run() {
                try {
                    MyFrame frame = new MyFrame();
                    frame.setVisible(true);                 // 设置窗体可见
                } catch (Exception e) {
                    e.printStackTrace();
                }
            }
        });
    }
    public MyFrame() {
        setDefaultCloseOperation(JFrame.EXIT_ON_CLOSE);   // 设置关闭窗体时执行的操作
        setBounds(100, 100, 250, 150);                     // 设置窗体显示位置及大小
        contentPane = new JPanel();                        // 创建面板
        contentPane.setBorder(new EmptyBorder(5, 5, 5, 5));// 设置面板边框
        contentPane.setLayout(new BorderLayout(0, 0));     // 设置面板布局
```

```
            setContentPane(contentPane);                        // 应用面板
            // 创建标签
            JLabel label = new JLabel("\u8FD9\u662F\u4E00\u4E2AJFrame\u7A97\u4F53");
            label.setFont(new Font("微软雅黑", Font.PLAIN, 15));// 设置标签文本字体
            contentPane.add(label, BorderLayout.CENTER);        // 应用标签
        }
}
```

程序的运行效果如图 12-1 所示。

在【例 12-1】中 MyFrame 类继承了 JFrame 类，在 main()
方法中实例子化 MyFrame 对象。JFrame 类的常用构造方法
包括两种形式。

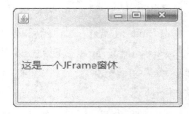

- public JFrame()
- public JFrame(String title)

JFrame 类中的两种构造方法分别为无参的构造方法与
有参的构造方法。其中，第一种形式的构造方法创建一个初

图 12-1　自定义 JFrame 窗体

始不可见、没有标题的新窗体；第二种形式的构造方法在实例化该 JFrame 对象时创建一个不可见
但具有标题的窗体。可以使用 JFrame 对象调用 show()方法使窗体可见，但是这个方法早已经被新
版 JDK 所弃用，而通常使用 setVisible(true)方法使窗体可见。

同时可以使用 setSize(int x,int y)方法设置窗体大小，其中 x 与 y 变量分别代表窗体的宽与高。

创建窗体后，需要给予窗体一个关闭方式，可以调用 setDefaultCloseOperation()方法关闭窗体。
Java 为窗体关闭提供了几种方式，常用的有以下四种方式。需要注意的是，这几种操作实质上是
一个 int 类型的常量，被封装在 javax.swing.WindowConstants 接口中。

- DO_NOTHING_ON_CLOSE
- DISPOSE_ON_CLOSE
- HIDE_ON_CLOSE
- EXIT_ON_CLOSE

其中，第一种窗体退出方式代表什么都不做就将窗体关闭；第二种退出方式则代表任何注册
监听程序对象后会自动隐藏并释放窗体；第 3 种方式表示隐藏窗口的默认窗口关闭；第 4 种退出
方式表示退出应用程序默认窗口关闭。

## 12.2.2　JDialog 窗体

JDialog 窗体是 Swing 组件中的对话框，继承了 AWT 组件中 java.awt.Dialog 类。

JDialog 窗体的功能是从一个窗体中弹出另一个窗体，就像是在使用 IE 浏览器时弹出的确定
对话框一样。JDialog 窗体实质上就是另一种类型的窗体。它与 JFrame 窗体类似，在使用时也需
要调用 getContentPane()方法将窗体转换为容器，然后在容器中设置窗体的特性。

在应用程序中创建 JDialog 窗体需要实例化 JDialog 类，通常使用以下几个 JDialog 类的构造
方法。

- public JDialog()：创建一个没有标题和父窗体的对话框。
- public JDialog(Frame f)：创建一个指定父窗体的对话框，但该窗体没有标题。
- public JDialog(Frame f,boolean model)：创建一个指定类型的对话框，并指定父窗体，但
该窗体没有指定标题。

- ■　public JDialog(Frame f,String title)：创建一个指定标题和父窗体的对话框。
- ■　public JDialog(Frame f,String title,boolean model)：创建一个指定标题、窗体和模式的对话框。

【例 12-2】　在项目中自定义对话框类和窗体类。在窗体类中单击按钮会显示对话框。（实例位置：光盘\MR\源码\第 12 章\12-2）

（1）创建 MyDialog 类，该类继承了 JDialog 类，在构造方法中增加标签并修改其字体。

```java
public class MyDialog extends JDialog {
    private static final long serialVersionUID = 5407285452661115798L;
    private final JPanel contentPanel = new JPanel();
    public MyDialog() {
        setBounds(100, 100, 250, 150);                          // 设置对话框显示位置及大小
        setDefaultCloseOperation(JDialog.DISPOSE_ON_CLOSE);     // 设置关闭对话框时执行的操作
        getContentPane().setLayout(new BorderLayout());         // 设置布局
        contentPanel.setBorder(new EmptyBorder(5, 5, 5, 5));    // 设置边框
        getContentPane().add(contentPanel, BorderLayout.CENTER);
        contentPanel.setLayout(new BorderLayout(0, 0));
        // 创建标签
        JLabel label = new JLabel("\u8FD9\u662F\u4E00\u4E2A\u5BF9\u8BDD\u6846");
        label.setFont(new Font("微软雅黑", Font.PLAIN, 15));     // 设置标签字体
        contentPanel.add(label, BorderLayout.CENTER);           // 显示标签
    }
}
```

（2）创建 MyFrame 类，该了继承了 JFrame 类。在构造方法中增加一个按钮并为其增加动作事件监听器，单击该按钮时，会显示对话框。

```java
public class MyFrame extends JFrame {
    private static final long serialVersionUID = -8158038730410385624L;
    private JPanel contentPane;
    public static void main(String[] args) {
        EventQueue.invokeLater(new Runnable() {
            public void run() {
                try {
                    MyFrame frame = new MyFrame();          // 创建窗体
                    frame.setVisible(true);                 // 显示窗体
                } catch (Exception e) {
                    e.printStackTrace();
                }
            }
        });
    }
    public MyFrame() {
        setDefaultCloseOperation(JFrame.EXIT_ON_CLOSE);     // 设置关闭窗体时执行的操作
        setBounds(100, 100, 250, 150);                      // 设置窗体显示位置及大小
        contentPane = new JPanel();                         // 创建面板
        contentPane.setBorder(new EmptyBorder(5, 5, 5, 5)); // 为面板设置边框
        setContentPane(contentPane);                        // 应用面板
        contentPane.setLayout(new FlowLayout(FlowLayout.CENTER, 5, 5)); // 设置面板布局
        JButton button = new JButton("\u5F39\u51FA\u5BF9\u8BDD\u6846"); // 创建按钮
```

```
button.addActionListener(new ActionListener() {// 为按钮增加动作事件监听器
    public void actionPerformed(ActionEvent e) {
        MyDialog dialog = new MyDialog();          // 创建对话框
        dialog.setVisible(true);                    // 显示对话框
    }
});
button.setFont(new Font("微软雅黑", Font.PLAIN, 15));// 设置按钮文本字体
contentPane.add(button);                            // 应用按钮
    }
}
```

运行程序后，效果如图 12-2 所示。

单击图 12-2 中的"弹出对话框"按钮，显示如图 12-3 所示的对话框窗体。

图 12-2　自定义 JFrame 窗体

图 12-3　自定义 JDialog 窗体

在本实例中，为了使对话框在父窗体弹出，定义了一个 JFrame 窗体。首先在该窗体中定义一个按钮，然后为此按钮添加一个鼠标单击监听事件（在这里使用了匿名内部类的形式，对于监听事件笔者会在后续章节中进行讲解，在这里读者只要知道这部分代码是待用户单击该按钮后实现的某种功能即可），使用 dialog.setVisible(true)语句使对话框窗体可见。这样就实现了当用户单击该按钮后将弹出对话框的功能。

在本实例代码中可以看到，JDialog 窗体与 JFrame 窗体形式基本相同，甚至在设置窗体的特性时调用的方法名称都基本相同，比如设置窗体大小、设置窗体关闭状态等。

# 12.3　常用布局管理器

在 Swing 中，每个组件在容器中都有一个具体的位置和大小，在容器中摆放各种组件时很难判断其具体位置和大小。布局管理器提供 Swing 组件安排展示在容器中的方法，提供了基本的布局功能。使用布局管理器较程序员直接在容器中控制 Swing 组件的位置和大小要方便得多，可以有效地处理整个窗体的布局。Swing 提供的常用布局管理器包括流布局管理器、边界布局管理器、网格布局管理器。本节将探讨 Swing 中的常用布局管理器。

## 12.3.1　绝对布局

在 Swing 中，除了使用布局管理器之外也可以使用绝对布局。绝对布局，顾名思义，就是硬性指定组件在容器中的位置和大小，可以使用绝对坐标的方式来指定组件的位置。

使用绝对布局的步骤如下。

（1）使用 Container.setLayout(null)方法取消布局管理器。

（2）使用 Component.setBounds()方法设置每个组件的大小与位置。

【例 12–3】　在项目中创建继承 JFrame 窗体组件的 AbsolutePosition 类，设置布局管理器为 null，即绝对定位的布局方式，并创建两个按钮组件，将按钮分别定位在不同的窗体位置上。（实例位置：光盘\MR\源码\第 12 章\12-3）

```
public class AbsolutePosition extends JFrame {
    private static final long serialVersionUID = -4978645517686172493L;
    public AbsolutePosition() {
        setTitle("本窗体使用绝对布局");              // 设置该窗体的标题
        setLayout(null);                          // 使该窗体取消布局管理器设置
        setBounds(0, 0, 250, 150);                // 绝对定位窗体的位置与大小
        Container c = getContentPane();           // 创建容器对象
        JButton b1 = new JButton("按钮1");         // 创建按钮
        JButton b2 = new JButton("按钮2");         // 创建按钮
        b1.setBounds(10, 30, 80, 30);             // 设置按钮的位置与大小
        b2.setBounds(60, 70, 100, 20);
        c.add(b1);                                // 将按钮添加到容器中
        c.add(b2);
        setVisible(true);                         // 使窗体可见
        // 设置窗体关闭方式
        setDefaultCloseOperation(WindowConstants.EXIT_ON_CLOSE);
    }
    public static void main(String[] args) {
        new AbsolutePosition();
    }
}
```

程序的运行效果如图 12-4 所示。

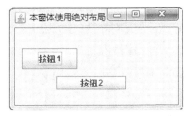

图 12-4　在应用程序中使用绝对布局

## 12.3.2　流布局管理器

流布局管理器是布局管理器中最基本的布局管理器。流布局管理器在整个容器中的布局正如其名，像"流"一样从左到右摆放组件，直到占据了这一行的所有空间，然后再向下移动一行。默认情况下，组件在每一行上都是居中排列的，但是通过设置也可以更改组件在每一行上的排列位置。

FlowLayout 类中具有以下常用的构造方法。

■　public FlowLayout()

■　public FlowLayout(int alignment)

■　public FlowLayout(int alignment,int horizGap,int vertGap)

构造方法中的 alignment 参数表示使用流布局管理器后组件在每一行的具体摆放位置。它可以被赋予以下 3 个值之一。

- FlowLayout.LEFT=0
- FlowLayout.CENTER=1
- FlowLayout.RIGHT=2

上述 3 个值分别代表容器使用流布局管理器后组件在每一行中的摆放位置。例如，将 alignment 设置为 0 时，每一行的组件将被指定按照左对齐排列，而将 alignment 设置为 2 时，每一行的组件将被指定为按照右对齐排列。

在 public FlowLayout(int alignment,int horizGap,int vertGap)构造方法中还存在 horizGap 与 vertGap 两个参数。这两个参数分别以像素为单位指定组件之间的水平间隔与垂直间隔。

下面是一个流布局管理器的例子。在此例中，首先将容器的布局管理器设置为 FlowLayout，然后在窗体上摆放组件。

【例 12-4】 在项目中创建 FlowLayoutPosition 类，该类继承 JFrame 类成为窗体组件。设置该窗体的布局管理器为 FlowLayout 布局管理器的实例对象。（实例位置：光盘\MR\源码\第 12 章\12-4）

```
public class FlowLayoutPosition extends JFrame {
    private static final long serialVersionUID = 2024942264274135282L;
    public FlowLayoutPosition() {
        setTitle("本窗体使用流布局管理器");                    // 设置窗体标题
        Container c = getContentPane();
        // 设置窗体使用流布局管理器，使组件右对齐，并且设置组件之间的水平间隔与垂直间隔
        setLayout(new FlowLayout(2, 10, 10));
        for (int i = 0; i < 10; i++) {                       // 在容器中循环添加 10 个按钮
            c.add(new JButton("button" + i));
        }
        setSize(300, 200);                                   // 设置窗体大小
        setVisible(true);                                    // 设置窗体可见
        // 设置窗体关闭方式
        setDefaultCloseOperation(WindowConstants.DISPOSE_ON_CLOSE);
    }
    public static void main(String[] args) {
        new FlowLayoutPosition();
    }
}
```

程序的运行效果如图 12-5 所示。

图 12-5　在应用程序中使用流式布局

在本实例运行结果中可以看到，如果改变整个窗体的大小，相应地其中组件的摆放位置也会

发生变化。这正好验证了使用流布局管理器时组件从左到右摆放,当组件填满一行后,将自动换行,直到所有的组件都摆放在容器中为止。

### 12.3.3 边界布局管理器

在默认不指定窗体布局的情况下,Swing 组件的布局模式是 BorderLayout 布局管理器。但是边界布局管理器的功能不止如此,边界布局管理器还可以将容器划分为东、南、西、北、中 5 个区域,可以将组件加入这 5 个区域中。容器调用 Container 类的 add() 方法添加组件时可以设置此组件在边界布局管理器中的区域,区域的控制可以由 BorderLayout 类中的成员变量来决定,这些成员变量的具体含义如表 12-1 所示。

表 12-1                         BorderLayout 类的主要成员变量

| 成 员 变 量 | 说　　明 |
| --- | --- |
| BorderLayout.NORTH | 在容器中添加组件时,组件置于顶端 |
| BorderLayout.SOUTH | 在容器中添加组件时,组件置于底端 |
| BorderLayout.EAST | 在容器中添加组件时,组件置于右端 |
| BorderLayout.WEST | 在容器中添加组件时,组件置于左端 |
| BorderLayout.CENTER | 在容器中添加组件时,组件置于中间开始填充,直到与其他组件边界连接 |

【例 12-5】 在项目中创建 BorderLayoutPosition 类,该类继承 JFrame 类成为窗体组件。设置该窗体的布局管理器为 BorderLayout 布局管理器的实例对象。(实例位置:光盘\MR\源码\第 12 章\12-5)

```
public class BorderLayoutPosition extends JFrame {
    private static final long serialVersionUID = 1022352632223273293L;
    // 定义组件摆放位置的数组
    String[] border = { BorderLayout.CENTER, BorderLayout.NORTH, BorderLayout.SOUTH,
BorderLayout.WEST, BorderLayout.EAST };
    String[] buttonName = { "center button", "north button", "south button", "west
button", "east button" };
    public BorderLayoutPosition() {
        setTitle("这个窗体使用边界布局管理器");
        Container c = getContentPane();                    // 定义一个容器
        setLayout(new BorderLayout());                     // 设置容器为边界布局管理器
        for (int i = 0; i < border.length; i++) {
            // 在容器中添加按钮,并设置按钮布局
            c.add(border[i], new JButton(buttonName[i]));
        }
        setSize(350, 200);                                 // 设置窗体大小
        setVisible(true);                                  // 使窗体可视
        // 设置窗体关闭方式
        setDefaultCloseOperation(WindowConstants.DISPOSE_ON_CLOSE);
    }
    public static void main(String[] args) {
        new BorderLayoutPosition();
    }
}
```

程序的运行效果如图 12-6 所示。

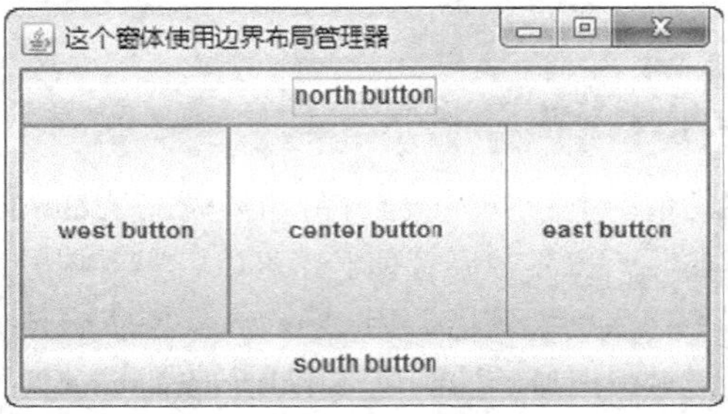

图 12-6　在应用程序中使用边界布局管理器

在本实例中将布局以及组件名称分别放置在数组中，然后设置容器使用边界布局管理器，最后在循环中将按钮添加至容器中，并设置组件布局。add()方法提供在容器中添加组件的功能，并同时设置组件的摆放位置。

## 12.3.4　网格布局管理器

网格布局管理器将容器划分成网格，使得组件可以按行和列进行排列。在网格布局管理器中，每一个组件的大小都相同，并且网格中的空格的个数由网格的行数和列数决定，例如一个两行两列的网格能产生 4 个大小相等的网格。组件从网格的左上角开始，按照从左到右、从上到下的顺序加入到网格中，而且每一个组件都会填满整个网格，改变窗体的大小，组件也会随之而改变大小。

网格布局管理器主要有以下两种常用构造方法。

- public GridLayout(int rows,int columns)
- public GridLayout(int rows,int columns,int horizGap,int vertGap)

在上述构造方法中，rows 与 columns 参数代表网格的行数与列数。这两个参数只有一个参数可以为 0，代表一行或一列可以排列任意多个组件。参数 horizGap 与 vertGap 指定网格之间的间距，其中 horizGap 参数指定网格之间的水平间距，而 vertGap 参数指定网格之间的垂直间距。

【例 12-6】　在项目中创建 GridLayoutPosition 类，该类继承 JFrame 类成为窗体组件，设置该窗体使用 GridLayout 布局管理器。（实例位置：光盘\MR\源码\第 12 章\12-6）

```
public class GridLayoutPosition extends JFrame {
    private static final long serialVersionUID = -39493371592286513592L;
    public GridLayoutPosition() {
        Container c = getContentPane();
        // 设置容器使用网格布局管理器，设置 7 行 3 列的网格
        setLayout(new GridLayout(7, 3, 5, 5));
        for (int i = 0; i < 20; i++) {
            c.add(new JButton("button" + i));        // 循环添加按钮
        }
        setSize(300, 300);
        setTitle("这是一个使用网格布局管理器的窗体");
        setVisible(true);
        setDefaultCloseOperation(WindowConstants.EXIT_ON_CLOSE);
    }
    public static void main(String[] args) {
        new GridLayoutPosition();
    }
}
```

程序的运行效果如图 12-7 所示。

图 12-7　在应用程序中使用边界布局管理器

# 12.4　常用面板

面板也是一个 Swing 容器。它可以作为容器容纳其他组件，但它也必须被添加到其他容器中。Swing 中常用的面板包括 JPanel 面板及 JScrollPane 面板。下面开始着重讲解这两种面板。

## 12.4.1　JPanel 面板

JPanel 面板可以聚集一些组件来布局。读者首先应该明确的是面板也是一种容器，因为它也继承自 java.awt.Container 类。

【例 12-7】　在项目中创建 JPanelTest 类，该类继承 JFrame 类成为窗体组件，在该类中创建 4 个 Jpanel 面板组件，并且将它们添加到窗体中。（实例位置：光盘\MR\源码\第 12 章\12-7）

```
public class JPanelTest extends JFrame {
    private static final long serialVersionUID = -70145742440472451106L;
    public JPanelTest() {
        Container c = getContentPane();
        // 将整个容器设置为 2 行 1 列的网格布局
        c.setLayout(new GridLayout(2, 1, 10, 10));
        // 初始化一个面板，设置 1 行 3 列的网格布局
        JPanel p1 = new JPanel(new GridLayout(1, 3, 10, 10));
        JPanel p2 = new JPanel(new GridLayout(1, 2, 10, 10));
        JPanel p3 = new JPanel(new GridLayout(1, 2, 10, 10));
        JPanel p4 = new JPanel(new GridLayout(2, 1, 10, 10));
        p1.add(new JButton("1"));                  // 在面板中添加按钮
        p1.add(new JButton("2"));                  // 在面板中添加按钮
        p1.add(new JButton("3"));                  // 在面板中添加按钮
        p2.add(new JButton("4"));                  // 在面板中添加按钮
        p2.add(new JButton("5"));                  // 在面板中添加按钮
        p3.add(new JButton("6"));                  // 在面板中添加按钮
        p3.add(new JButton("7"));                  // 在面板中添加按钮
        p4.add(new JButton("8"));                  // 在面板中添加按钮
```

```
        p4.add(new JButton("9"));                       // 在面板中添加按钮
        c.add(p1);                                       // 在容器中添加面板
        c.add(p2);                                       // 在容器中添加面板
        c.add(p3);                                       // 在容器中添加面板
        c.add(p4);                                       // 在容器中添加面板
        setTitle("在这个窗体中使用了面板");
        setSize(420, 200);
        setVisible(true);
        setDefaultCloseOperation(WindowConstants.DISPOSE_ON_CLOSE);
    }
    public static void main(String[] args) {
        new JPanelTest();
    }
}
```

程序的运行效果如图 12-8 所示。

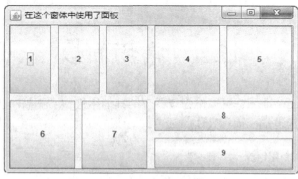

图 12-8　在应用程序中使用面板

## 12.4.2　JScrollPane 面板

在设置界面时，可能会遇到在一个较小的容器窗体中显示一个较大内容的情况，这时可以使用 JScrollPane 面板。JScrollPane 面板是带滚动条的面板。它也是一种容器，但只能放置一个组件，并且不可以使用布局管理器。如果需要在 JScrollPane 面板中放置多个组件，需要将多个组件放置在 JPanel 面板上，然后将 JPanel 面板作为一个整体组件添加在 JScrollPane 组件上。

【例 12-8】　在项目中创建 JPanelTest 类，该类继承 JFrame 类成为窗体组件，在该类中创建 4 个 Jpanel 面板组件，并且将它们添加到窗体中。（实例位置：光盘\MR\源码\第 12 章\12-8）

```
public class JScrollPaneTest extends JFrame {
    private static final long serialVersionUID = -55219026569270642251L;
    public JScrollPaneTest() {
        Container c = getContentPane();                  // 创建容器
        JTextArea ta = new JTextArea(20, 50);            // 创建文本区域组件
        ta.setText("带滚动条的文字编译器");
        JScrollPane sp = new JScrollPane(ta);            // 创建 JScrollPane 面板对象
        c.add(sp);                                        // 将该面板添加到该容器中
        setTitle("带滚动条的文字编译器");
        setSize(250, 200);
        setVisible(true);
        setDefaultCloseOperation(WindowConstants.DISPOSE_ON_CLOSE);
```

```
    }
    public static void main(String[] args) {
        new JScrollPaneTest();
    }
}
```

程序的运行效果如图 12-9 所示。

从本实例的运行结果中可以看到，在窗体中创建一个带滚动条的文字编译器，首先需要初始化编译器（在 Swing 中编译器类为 JTextArea 类），并在初始化时完成编译器的大小指定（如果读者对编译器的概念有些困惑，可以参见后续章节）。当创建带滚动条的面板时，将编译器加入面板中，最后将带滚动条的编译器放置在容器中即可。

图 12-9　在应用程序中使用滚动面板

# 12.5　标签组件与图标

在 Swing 中显示文本或提示信息的方法是使用标签，它支持文本字符串和图标。在应用程序的用户界面中，一个简短的文本标签可以使用户知道这些组件的意义，所以标签在 Swing 中是比较常用的组件。在本节中将探讨 Swing 标签的用法、如何创建标签，以及如何在标签上放置文本与图标。

## 12.5.1　标签的使用

标签由 JLabel 类定义，父类为 JComponent 类。

标签可以显示一行只读文本、一个图像或带图像的文本。它并不能产生任何类型的事件，只是简单地显示文本和图片，但是可以使用标签的特性指定标签上文本的对齐方式。

JLabel 类提供了多种构造方法，可以创建多种标签，如显示只有文本的标签、只有图标的标签或是包含文本与图标的标签。JLabel 类常用的几个构造方法如下。

- public JLabel()：创建一个不带图标和文本的 JLabel 对象。
- public JLabel(Icon icon)：创建一个带图标的 JLabel 对象。
- public JLabel(Icon icon,int aligment)：创建一个带图标的 JLabel 对象，并设置图标水平对齐方式。
- ublic JLabel(String text,int aligment)：创建一个带文本的 JLabel 对象，并设置文字水平对齐方式。
- public JLabel(String text,Icon icon,int aligment)：创建一个带文本、带图标的 JLabel 对象，并设置标签内容的水平对齐方式。

## 12.5.2　图标的使用

Swing 中的图标可以放置在按钮、标签等组件上，用于描述组件的用途。图标可以用 Java 支持的图片文件类型进行创建，也可以使用 java.awt.Graphics 类提供的功能方法来创建。

### 1. 创建图标

在 Swing 中通过 Icon 接口来创建图标，可以在创建时给定图标的大小、颜色等特性。如果使用 Icon 接口，必须实现 Icon 接口中的 3 个方法。

- public int getIconHeight()
- public int getIconWidth()
- public void paintIcon(Component arg0, Graphics arg1, int arg2, int arg3)

getIconHeigth()与 getIconWidth()方法顾名思义是获取图表长与宽的方法，paintIcon()方法用于实现在指定坐标位置画图。

【例 12-9】 在项目中创建 DrawIcon 类，它实现了 Icon 接口。在 paintIcon()方法中绘制圆形，在 main()方法中创建 JFrame 窗体，并使用标签来显示自定义的图标。(实例位置：光盘\MR\源码\第 12 章\12-9)

```java
public class DrawIcon implements Icon {                  // 实现 Icon 接口
    private int width;                                   // 声明图标的宽
    private int height;                                  // 声明图标的长
    @Override
    public int getIconHeight() {                         // 实现 getIconHeight()方法
        return this.height;
    }
    @Override
    public int getIconWidth() {                          // 实现 getIconWidth()方法
        return this.width;
    }
    public DrawIcon(int width, int height) {             // 定义构造方法
        this.width = width;
        this.height = height;
    }
    // 实现 paintIcon()方法
    @Override
    public void paintIcon(Component arg0, Graphics arg1, int x, int y) {
        arg1.fillOval(x, y, width, height);              // 绘制一个圆形
    }
    public static void main(String[] args) {
        DrawIcon icon = new DrawIcon(15, 15);
        // 创建一个标签，并设置标签上的文字在标签正中间
        JLabel j = new JLabel("测试", icon, SwingConstants.CENTER);
        JFrame jf = new JFrame();                        // 创建一个 JFrame 窗口
        Container c = jf.getContentPane();
        c.add(j);
        jf.setSize(250, 150);                            // 设置窗体大小
        jf.setVisible(true);                             // 设置窗体可见
        jf.setDefaultCloseOperation(WindowConstants.DISPOSE_ON_CLOSE);
    }
}
```

程序的运行效果如图 12-10 所示。

在本实例中，由于 DrawIcon 类继承了 Icon 接口，所以在该类中必须实现 Icon 接口中定义的所有方法。其中，在 paintIcon()方法中使用 Graphics 类中的方法绘制一个圆形的图标，其余实现接口的方法为返回图标长与宽。在 DrawIcon 类的构造方法中设置了图标的长与宽。如果需要在窗体中使用图标，

图 12-10 自定义图标

就可以使用如下代码创建图标。

```
DrawIcon icon=new DrawIcon(15,15);
```

在前文中提到过，一般情况下会将图标放置在按钮或标签上，在这里将图标放置在标签上，然后将标签添加到容器中，这样就实现了在窗体中使用图标的功能。

### 2. 使用图标

Swing 中的图标除了可以绘制之外，还可以使用某个特定的图片创建。Swing 利用 javax.swing.ImageIcon 类根据现有图片创建图标，ImageIcon 类实现了 Icon 接口，同时 Java 支持多种图片格式。

ImageIcon 类有多个构造方法，其中几个常用的构造方法如下。

■　public ImageIcon()：该构造方法创建一个通用的 ImageIcon 对象，当真正需要设置图片时再使用 ImageIcon 对象调用 setImage(Image image)方法来操作。

■　public ImageIcon(Image image)：可以直接从图片源创建图标。

■　public ImageIcon(Image image,Strign description)：除了可以从图片源创建图标之外，还可以为这个图标添加简短的描述，但这个描述不会在图标上显示，可以使用 getDescription()方法获取这个描述。

■　public ImageIcon(URL url)：该构造方法利用位于计算机网络上的图像文件创建图标。

【例 12-10】　在项目中创建 DrawIcon 类，实现 Icon 接口。在 paintIcon()方法中绘制圆形，在 main()方法中创建 JFrame 窗体，并使用标签来显示自定义的图标。（实例位置：光盘\MR\源码\第 12 章\12-10）

```java
public class MyImageIcon extends JFrame {
    private static final long serialVersionUID = 19471512705131185151L;
    public MyImageIcon() {
        Container container = getContentPane();
        // 创建一个标签
        JLabel jl = new JLabel("这是一个 JFrame 窗体", JLabel.CENTER);
        // 获取图片所在的 URL
        URL url = MyImageIcon.class.getResource("imageButton.jpg");
        Icon icon = new ImageIcon(url);                 // 实例化 Icon 对象
        jl.setIcon(icon); // 为标签设置图片
        // 设置文字放置在标签中间
        jl.setHorizontalAlignment(SwingConstants.CENTER);
        jl.setOpaque(true);                             // 设置标签为不透明状态
        container.add(jl);                              // 将标签添加到容器中
        setSize(250, 150);                              // 设置窗体大小
        setVisible(true);                               // 使窗体可见
        // 设置窗体关闭模式
        setDefaultCloseOperation(WindowConstants.EXIT_ON_CLOSE);
    }
    public static void main(String args[]) {
        new MyImageIcon();                              // 实例化 MyImageIcon 对象
    }
}
```

程序的运行效果如图 12-11 所示。

java.lang.Class 类中的 getResource()方法可以获取资源文件的 URL 路径。例 12-4 中该方法的

参数是"imageButton.jpg",这个路径是相对于 MyImageIcon 类文件的,所以,请将"imageButton.jpg"图片文件与 MyImageIcon 类文件放在同一个文件夹下。

在本实例中,首先使用 public JLabel(String text,int aligment) 构造方法创建一个 JLabel 对象,然后调用 setIcon()方法为标签设置图标。当然读者也可以选择在初始化 JLabel 对象时为标签指定图标,这时需要获取一个 Icon 实例。

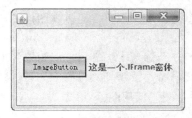

图 12-11　使用图片创建图标

# 12.6　按钮组件

按钮在 Swing 中是较为常见的组件,用于触发特定动作。Swing 中提供很多种按钮,包括提交按钮、复选框、单选按钮等。这些按钮都是从 AbstractButton 类中继承而来的。在本节中将着重讲解这些按钮的使用方法。

## 12.6.1　提交按钮组件

Swing 中的提交按钮由 JButton 对象表示,其构造方法主要有如下几种形式。

■　public JButton()

■　public JButton(String text)

■　public JButton(Icon icon)

■　public JButton(String text,Icon icon)

通过使用上述构造方法,在 Swing 按钮上不仅能显示文本标签,还可以显示图标。上述构造方法中的第一个构造方法可以生成不带任何文本组件的对象和图标,可以以后使用相应方法为按钮设置指定的文本和图标,其他构造方法都在初始化时指定了按钮上显示的图标或文字。

【例 12-11】　在项目中新建 JButtonTest 类,该类继承 JFrame 类成为窗体组件,在该窗体中创建按钮组件,并为按钮设置图标。(实例位置:光盘\MR\源码\第 12 章\12-11)

```java
public class JButtonTest extends JFrame {
    private static final long serialVersionUID = -4157799103787685703L;
    public JButtonTest() {
        URL url = JButtonTest.class.getResource("imageButtoo.jpg");
        Icon icon = new ImageIcon(url);
        setLayout(new GridLayout(3, 2, 5, 5));              // 设置网格布局管理器
        Container c = getContentPane();                     // 创建容器
        for (int i = 1; i <= 5; i++) {
            // 创建按钮,同时设置按钮文字与图标
            JButton J = new JButton("按钮" + i, icon);
            c.add(J);                                       // 在容器中添加按钮
            if (i % 2 == 0) {
                J.setEnabled(false);                        // 设置其中一些按钮不可用
            }
        }
        JButton jb = new JButton();                         // 实例化一个没有文字与图片的按钮
        jb.setMaximumSize(new Dimension(90, 30));           // 设置按钮与图片相同大小
        jb.setIcon(icon);                                   // 为按钮设置图标
```

```
jb.setHideActionText(true);
jb.setToolTipText("图片按钮");                    // 设置按钮提示为文字
jb.setBorderPainted(false);                     // 设置按钮边界不显示
c.add(jb);                                      // 将按钮添加到容器中
setTitle("创建带文字与图片的按钮");
setSize(350, 150);
setVisible(true);
setDefaultCloseOperation(WindowConstants.DISPOSE_ON_CLOSE);
}
public static void main(String args[]) {
    new JButtonTest();
}
}
```

程序的运行效果如图 12-12 所示。

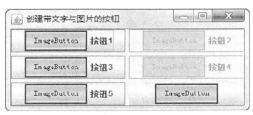

图 12-12　按钮组件的应用

上述这些设置按钮属性的方法多来自于 JButton 的父类 AbstractButton 类。这里只是简单列举了几个常用的方法，读者如果有需要可以查询 Java API，使用自己需要的方法实现相应的功能。

## 12.6.2　单选按钮组件

在默认情况下，单选按钮显示一个圆形图标，并且通常在该图标旁放置一些说明性文字，而在应用程序中，一般将多个单选按钮放置在按钮组中，使这些单选按钮表现出某种功能，当用户选中某个单选按钮后，按钮组中其他按钮将被自动取消。单选按钮是 Swing 组件中 JRadioButton 类的对象。该类是 JToggleButton 的子类，且 JToggleButton 类是 AbstractButton 类的子类。因此，控制单选按钮的诸多方法都是 AbstractButton 类中方法。

### 1．单选按钮

可以使用 JRadioButton 类中的构造方法创建单选按钮对象。JRadioButton 类的常用构造方法主要有以下几种形式。

■　public JRadioButton()
■　public JRadioButton(Icon icon)
■　public JRadioButton(Icon icon,boolean selected)
■　public JRadioButton(String text)
■　public JRadioButton(String text,Icon icon)
■　public JRadioButton(String text,Icon icon,boolean selected)

根据上述构造方法的形式，可以知道在初始化单选按钮时，同时设置单选按钮的图标、文字以及默认是否被选择等属性。

### 2．按钮组

在 Swing 中存在一个 ButtonGroup 类用于产生按钮组。如果希望将所有的单选按钮放置在按钮组中，需要实例化一个 JRadioButton 对象，并使用该对象调用 add()方法添加单选按钮。

**【例 12-12】** 在项目中新建 JRadioButtonTest 类，该类继承 JFrame 类成为窗体组件，在该窗体中创建两个单选按钮组件，并将其增加到按钮组中。（实例位置：光盘\MR\源码\第 12 章\12-12）

```java
public class JRadioButtonTest extends JFrame {
    private static final long serialVersionUID = -6340489969273108056L;
    private JPanel contentPane;
    public static void main(String[] args) {
        EventQueue.invokeLater(new Runnable() {
            public void run() {
                try {
                    JRadioButtonTest frame = new JRadioButtonTest(); // 创建窗体
                    frame.setVisible(true);                          // 设置窗体可见
                } catch (Exception e) {
                    e.printStackTrace();
                }
            }
        });
    }
    public JRadioButtonTest() {
        setDefaultCloseOperation(JFrame.EXIT_ON_CLOSE);         // 单击关闭按钮时关闭窗体
        setBounds(100, 100, 250, 150);                          // 设置窗体显示位置及大小
        contentPane = new JPanel();                             // 创建面板
        contentPane.setBorder(new EmptyBorder(5, 5, 5, 5));     // 设置面板边框
        setContentPane(contentPane);
        contentPane.setLayout(new FlowLayout(FlowLayout.CENTER, 5, 5));// 设置面板布局
        JLabel genderLabel = new JLabel("\u6027\u522B\uFF1A");  // 创建标签
        genderLabel.setFont(new Font("微软雅黑", Font.PLAIN, 20)); // 设置标签字体
        contentPane.add(genderLabel);                           // 应用标签
        JRadioButton maleRadioButton = new JRadioButton("\u7537"); // 创建单选按钮
        // 设置单选按钮字体
        maleRadioButton.setFont(new Font("微软雅黑", Font.PLAIN, 20));
        contentPane.add(maleRadioButton);                       // 应用单选按钮
        JRadioButton femaleRadioButton = new JRadioButton("\u5973"); // 创建单选按钮
        femaleRadioButton.setFont(new Font("微软雅黑", Font.PLAIN, 20));// 设置单选按钮
        contentPane.add(femaleRadioButton);                     // 应用单选按钮
        ButtonGroup group = new ButtonGroup();                  // 创建按钮组
        group.add(maleRadioButton);                             // 向按钮组增加单选按钮
        group.add(femaleRadioButton);                           // 向按钮组增加单选按钮
    }
}
```

程序的运行效果如图 12-13 所示。

图 12-13　单选按钮组件的应用

## 12.6.3　复选框组件

复选框在 Swing 组件中使用也非常广泛。它具有一个方块图标，外加一段描述性文字。与单选按钮唯一不同的是复选框可以进行多选设置，每一个复选框都提供"选择"与"不选择"两种状态。复选框由 JCheckBox 类的对象表示，同样继承于 AbstractButton 类，因此复选框组件的属性设置也来源于 AbstractButton 类。

JCheckBox 的常用构造方法如下。

- public JCheckBox()
- public JCheckBox(Icon icon,Boolean checked)
- public JCheckBox(String text,Boolean checked)

复选框与其他按钮设置基本相同，除了可以在初始化时设置图标之外还可以设置复选框的文字与是否被选中。

【例 12-13】　在项目中创建 JCheckBoxTest 类，该类继承 JFrame 类成为窗体组件，在类中设置窗体使用 BorderLayout 布局管理器，为窗体添加多个复选框对象。（实例位置：光盘\MR\源码\第 12 章\12-13）

```java
public class JCheckBoxTest extends JFrame {
    private static final long serialVersionUID = -7369314238433639843L;
    private JPanel panel1 = new JPanel();              // 创建面板
    private JPanel panel2 = new JPanel();              // 创建面板
    private JTextArea jt = new JTextArea(3, 10);       // 创建文本区
    private JCheckBox jc1 = new JCheckBox("1");        // 创建复选框
    private JCheckBox jc2 = new JCheckBox("2");        // 创建复选框
    private JCheckBox jc3 = new JCheckBox("3");        // 创建复选框
    public JCheckBoxTest() {
        Container c = getContentPane();
        setSize(200, 160);
        setVisible(true);
        setTitle("复选框的使用");
        setDefaultCloseOperation(WindowConstants.EXIT_ON_CLOSE);
        c.setLayout(new BorderLayout());
        c.add(panel1, BorderLayout.NORTH);
        final JScrollPane scrollPane = new JScrollPane(jt);
        panel1.add(scrollPane);
        c.add(panel2, BorderLayout.SOUTH);
        panel2.add(jc1);
        jc1.addActionListener(new ActionListener() {
            public void actionPerformed(ActionEvent e) {
                if (jc1.isSelected())                  // 如果选择复选框
                    jt.append("复选框 1 被选中\n");      // 向文本区中增加文本
            }
        });
        panel2.add(jc2);
        jc2.addActionListener(new ActionListener() {
            public void actionPerformed(ActionEvent e) {
                if (jc2.isSelected()) {                // 如果选择复选框
                    jt.append("复选框 2 被选中\n");      // 向文本区中增加文本
```

```
                }
            }
        });
        panel2.add(jc3);
        jc3.addActionListener(new ActionListener() {
            public void actionPerformed(ActionEvent e) {
                if (jc3.isSelected()) {                    // 如果选择复选框
                    jt.append("复选框 3 被选中\n");              // 向文本区中增加文本
                }
            }
        });
    }
    public static void main(String[] args) {
        new JCheckBoxTest();
    }
}
```

程序的运行效果如图 12-14 所示。

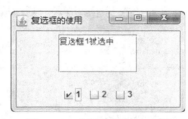

图 12-14　复选框组件的应用

# 12.7　列表组件

Swing 中提供两种列表组件，分别为下拉列表框与列表框。下拉列表与列表框都是带有一系列项目的组件，用户可以从中选择需要的项目。列表框较下拉列表框更直观一些，其将所有的项目罗列在列表框中。下拉列表较列表更为便捷和美观，可将所有的项目隐藏起来，当用户选用其中的项目时才会显现出来。在本节中将详细讲解列表与下拉列表框的应用。

## 12.7.1　下拉列表框组件

### 1. JComboBox 类

初次使用 Swing 中的下拉列表框时，会感觉到该此类下拉列表框与 Windows 操作系统中的下拉列表框有一些相似，实质上两者并不完全相同。因为 Swing 中的下拉列表框不仅可以从中选择项目，同时也提供用户编辑项目中的内容。

下拉列表框是一个带条状的显示区，具有下拉功能。在下拉列表框的右方存在一个倒三角形的按钮，当用户单击该按钮，下拉列表框中的项目将会以列表形式显示出来。

Swing 中的下拉列表框使用 JComboBox 类对象来表示，是 javax.swing.JComponent 类的子类。它的常用构造方法如下。

- public JComboBox()
- public JComboBox(ComboBoxModel dataModel)

- public JComboBox(Object[] arrayData)
- public JComboBox(Vector vector)

在初始化下拉列表框时，可以选择同时指定下拉列表框的项目内容，也可以在程序中使用其他方法设置下拉列表框的内容。此外，下拉列表框中的内容可以被封装在 ComboBoxModel 类型、数组或者 Vector 类型中。

### 2. JComboBox 模型

在开发程序中，一般将下拉列表框中的项目封装为 ComboBoxModel 的情况比较多。ComboBoxModel 为接口，代表一般模型，可以自定义一个类实现该接口，然后在初始化 JComboBox 对象时向上转型为 ComboBoxModel 接口类型，但是必须实现如下两个方法。

- public void setSelectedItem(Object item)
- public Object getSelectedItem()

其中，setSelectedItem()方法是设置下拉列表框的选中项，getSelectedItem()方法用于返回下拉列表框中选中项。有了这两个方法，就可以轻松对下拉列表框中的项目进行操作。

自定义这个类除了实现该接口之外，还可以继承 AbstractListModel 类，在该类中也有两个操作下拉列表框的重要方法。

- getSize()：返回列表的长度。
- getElementAt(int index)：返回指定索引处的值。

【例 12-14】　在项目中创建 JComboBoxModelTest 类，使该类继承 JFrame 类成为窗体组件，在类中创建下拉列表框，并添加到窗体中。（实例位置：光盘\MR\源码\第 12 章\12-14）

```java
public class JComboBoxModelTest extends JFrame {
    private static final long serialVersionUID = 89608146836884782L;
    JComboBox<String> jc = new JComboBox<String>(new MyComboBox());// 创建下拉列表框
    JLabel jl = new JLabel("请选择证件:");                        // 创建标签
    public JComboBoxModelTest() {
        setSize(new Dimension(250, 150));                        // 设置窗体大小
        setVisible(true);                                       // 设置窗体可见
        setTitle("在窗口中设置下拉列表框");                        // 设置标题
        // 单击关闭按钮时关闭窗体
        setDefaultCloseOperation(WindowConstants.DISPOSE_ON_CLOSE);
        Container cp = getContentPane();
        cp.setLayout(new FlowLayout());                         // 设置面板布局
        cp.add(jl);                                             // 增加标签
        cp.add(jc);                                             // 增加下拉列表框
    }
    public static void main(String[] args) {
        new JComboBoxModelTest();
    }
}
class MyComboBox extends AbstractListModel<String> implements ComboBoxModel<String> {
    private static final long serialVersionUID = 7419446883908139372L;
    String selecteditem = null;
    String[] test = { "身份证", "军人证", "学生证", "工作证" };
    @Override
    public int getSize() {                                      // 获得列表项个数
        return test.length;
```

```
    }
    @Override
    public String getElementAt(int index) {                    // 获得指定索引的元素
        return test[index];
    }
    @Override
    public void setSelectedItem(Object anItem) {               // 设置元素
        selecteditem = (String) anItem;
    }
    @Override
    public Object getSelectedItem() {                          // 获得选择的元素
        return selecteditem;
    }
}
```

程序的运行效果如图 12-15 所示。

图 12-15    下拉列表组件的应用

## 12.7.2    列表框组件

列表框与下拉列表框的区别不仅仅表现在外观上，还体现在是否可编辑。当激活下拉列表框时，会出现下拉列表框中的内容，但列表框只是在窗体上占据固定的大小，如果需要列表框具有滚动效果，可以将列表框放入滚动面板中。用户在选择列表框中的某一项时，按住 Shift 键并选择列表框中的其他项目，其他项目也将被选中，也可以按住 Ctrl 键并单击列表框中的项目，这样列表框中的项目处于非选择状态。

Swing 中使用 JList 类对象来表示列表框，下面列举几个常用的构造方法。

- ■    public void JList()
- ■    public void JList(Object[] listData)
- ■    public void JList(Vector listData)
- ■    public void JList(ListModel dataModel)

在上述构造方法中，存在一个没有参数的构造方法，这时可以在初始化列表框后使用 setListData()方法对列表框进行设置，同时也可以在初始化的过程中对列表框中的项目进行设置。设置的方式有 3 种类型，包括数组、Vector 类型和 ListModel 模型。

当使用数组作为构造方法的参数时，首先需要创建列表项目的数组，然后再利用构造方法来初始化列表框。

如果使用 ListModel 模型为参数，需要创建 ListModel 对象。ListModel 是 Swing 包中的一个接口，提供了获取列表框属性的方法。但是在通常情况下，为了使用户不完全实现 ListModel 接口中的方法，通常自定义一个类继承实现该接口的抽象类 AbstractListModel。在这个类中提供了 getElementAt()与 getSize()方法，其中 getElement()方法代表根据项目的索引获取列表框中的值，而 getSize()方法用于获取列表框中项目个数。

【例 12-15】   在项目中创建 JlistTest 类，使该类继承 JFrame 类成为窗体组件，在该类中创建列表框，并添加到窗体中。（实例位置：光盘\MR\源码\第 12 章\12-15）

```
public class JListTest extends JFrame {
    private static final long serialVersionUID = 2068017287028903877L;
    public JListTest() {
        Container cp = getContentPane();
        cp.setLayout(null);                              // 使用绝对布局管理器
        JList<String> jl = new JList<String>(new MyListModel());// 创建列表
        JScrollPane js = new JScrollPane(jl);            // 创建滚动面板
        js.setBounds(10, 10, 100, 100);                  // 设置列表大小及显示位置
        cp.add(js);                                      // 增加列表
        setTitle("在这个窗体中使用了列表框");               // 设置窗体标题
        setSize(250, 150);                               // 设置窗体大小
        setVisible(true);                                // 显示窗体
        setDefaultCloseOperation(WindowConstants.DISPOSE_ON_CLOSE);
    }
    public static void main(String args[]) {
        new JListTest();
    }
}
class MyListModel extends AbstractListModel<String> {
    private static final long serialVersionUID = 4335103731940774933L;
    private String[] contents = { "列表1", "列表2", "列表3", "列表4", "列表5", "列表6" };
    @Override
    public int getSize() {                               // 获得列表中元素个数
        return contents.length;
    }
    @Override
    public String getElementAt(int index) {              // 获得列表中指定位置元素
        return contents[index];
    }
}
```

程序的运行效果如图 12-16 所示。

图 12-16   列表框的应用

# 12.8   文本组件

文本组件在现实项目开发中使用最为广泛，尤其文本框与密码框组件。通过文本组件可以很轻松地处理单行文字、多行文字、口令字段。在本节中将探讨文本组件的定义以及应用。

## 12.8.1 文本框组件

文本框用来显示或编辑一个单行文本，在 Swing 中通过 javax.swing.JTextField 类对象创建。该类继承了 javax.swing.text.JTextComponent 类。下面列举了一些创建文本框常用的构造方法。

- public JTextField()
- public JTextField(String text)
- public JTextField(int fieldwidth)
- public JTextField(String text,int fieldwidth)
- public JTextField(Document docModel,String text,int fieldWidth)

在上述构造方法中可以看出，定义 JTextField 组件很简单，可以在初始化文本框时设置文本框的默认文字、文本框的长度等。

【例 12-16】 在项目中创建 JTextFieldTest 类，使该类继承 JFrame 类成为窗体组件，在该类中创建文本框和按钮组件，并添加到窗体中。（实例位置：光盘\MR\源码\第 12 章\12-16）

```java
public class JTextFieldTest extends JFrame {
    private static final long serialVersionUID = -31144694523263138888L;
    public JTextFieldTest() {
        setSize(250, 150);                                    // 设置窗体大小
        // 单击关闭按钮时关闭窗体
        setDefaultCloseOperation(WindowConstants.DISPOSE_ON_CLOSE);
        Container cp = getContentPane();
        getContentPane().setLayout(new FlowLayout());         // 设置布局
        final JTextField jt = new JTextField("aaa", 20);      // 创建文本域
        final JButton jb = new JButton("清除");               // 创建按钮
        cp.add(jt);                                           // 应用文本域
        cp.add(jb);                                           // 应用按钮
        jt.addActionListener(new ActionListener() {
            public void actionPerformed(ActionEvent arg0) {
                jt.setText("触发事件");                        // 设置文本域内容
            }
        });
        jb.addActionListener(new ActionListener() {
            public void actionPerformed(ActionEvent arg0) {
                jt.setText("");                               // 清空文本域内容
                jt.requestFocus();                            // 让文本域获得焦点
            }
        });
        setVisible(true);                                     // 设置窗体可见
    }
    public static void main(String[] args) {
        new JTextFieldTest();
    }
}
```

在本实例的窗体中主要设置一个文本框和一个按钮，然后分别为文本框和按钮设置事件，当用户将光标焦点落于文本框中并按下 Enter 键时，文本框将进行 actionPerformed()方法中设置的操作。同时还为按钮添加了相应的事件，当用户单击"清除"按钮时，文本框中的字符串将被清除。程序的运行效果如图 12-17 所示。

图 12-17 按钮控制文本框中的值

## 12.8.2 密码框组件

密码框与文本框的定义与用法基本相同，唯一不同的是密码使用户输入的字符串以某种符号进行加密。密码框对象是通过 javax.swing.JPasswordField 类来创建。JPasswordField 类的构造方法与 JTextField 类的构造方法非常相似。下面列举几个常用的构造方法。

- public JPasswordField()
- public JPasswordFiled(String text)
- public JPasswordField(int fieldwidth)
- public JPasswordField(String text,int fieldwidth)
- public JPasswordField(Document docModel,String text,int fieldWidth)

在 JPasswordField 类中提供一个 setEchoChar()方法，可以改变密码框的回显字符。

## 12.8.3 文本域组件

Swing 中任何一个文本区域都是 JTextArea 类型的对象。JTextArea 常用的构造方法如下。

- public JTextArea()
- public JTextArea(String text)
- public JTextArea(int rows,int columns)
- public JTextArea(Document doc)
- public JTextArea(Document doc,String Text,int rows,int columns)

在上述构造方法中，可以在初始化文本域时提供默认文本以及文本域的长与宽。

【例 12-17】 在项目中创建 JTextAreaTest 类，使该类继承 JFrame 类成为窗体组件，在该类中创建文本区组件，并添加到窗体中。(实例位置：光盘\MR\源码\第 12 章\12-17)

```
public class JTextAreaTest extends JFrame {
    private static final long serialVersionUID = 2703904745763545993L;
    public JTextAreaTest() {
        setSize(250, 150);                                    // 设置窗体大小
        setTitle("定义自动换行的文本域");                        // 设置窗体标题
        // 单击关闭按钮时关闭窗体
        setDefaultCloseOperation(WindowConstants.DISPOSE_ON_CLOSE);
        Container cp = getContentPane();
        JTextArea jt = new JTextArea("文本区", 6, 6);  // 创建文本区
        jt.setLineWrap(true);                                 // 可以自动换行
        cp.add(jt);
        setVisible(true);                                     // 显示窗体
    }
    public static void main(String[] args) {
```

```
            new JTextAreaTest();
        }
    }
```

程序的运行效果如图 12-18 所示。

图 12-18　文本区组件的应用

# 12.9　综合实例——简单的每日提示信息

对于一些功能比较复杂的软件，可以在软件启动时弹出一个对话框来显示一些提示信息，例如，软件的快捷键、软件的使用技巧、软件公司的简介等。本实例使用 JDialog 实现了一个每日提示对话框。实例的运行效果如图 12-19 所示。

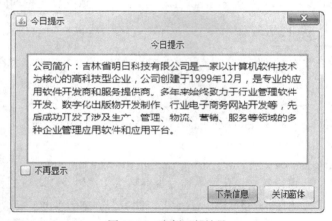

图 12-19　实例运行效果

（1）编写 TipOfDay 类，该类继承了 JDialog，实现了显示提示信息的功能。对话框包含一个标签、一个文本域、一个复选框和两个按钮。代码如下。

```
public class TipOfDay extends JDialog {
    private static final long serialVersionUID = -6493879146336970741L;
    private final JPanel contentPanel = new JPanel();
    public static void main(String[] args) {
        try {
            UIManager.setLookAndFeel("com.sun.java.swing.plaf.nimbus.NimbusLookAndFeel");
        } catch (Throwable e) {
            e.printStackTrace();
        }
        try {
            TipOfDay dialog = new TipOfDay();
            dialog.setDefaultCloseOperation(JDialog.DISPOSE_ON_CLOSE);
```

```
                dialog.setVisible(true);
            } catch (Exception e) {
                e.printStackTrace();
            }
        }
    public TipOfDay() {
        setTitle("\u4ECA\u65E5\u63D0\u793A");                    // 设置对话框的标题
        setBounds(100, 100, 450, 300);                           // 设置对话框的大小和位置
        getContentPane().setLayout(new BorderLayout()); // 设置对话框的布局是边框布局
        contentPanel.setBorder(new EmptyBorder(5, 5, 5, 5));// 设置边框是空边框, 宽度是 5
        getContentPane().add(contentPanel, BorderLayout.CENTER);// 在中央增加面板
contentPanel
        contentPanel.setLayout(new BorderLayout(0, 0));// 设置中央面板中空白大小是 0
        {
            JPanel panel = new JPanel();// 创建新的 panel 面板
            contentPanel.add(panel, BorderLayout.NORTH);// 在 contentPanel 中增加 panel
            {
                JLabel label = new JLabel("\u4ECA\u65E5\u63D0\u793A");// 创建标签
                panel.add(label);                        // 在 panel 中增加标签
            }
        }
        {
            JPanel panel = new JPanel();                 // 创建新的 panel 面板
            contentPanel.add(panel, BorderLayout.SOUTH);    // 在南方增加一个选择框
            panel.setLayout(new BorderLayout(0, 0));
            {
                JCheckBox checkBox = new JCheckBox("\u4E0D\u518D\u663E\u793A");
                panel.add(checkBox);
            }
        }
        {
            JPanel panel = new JPanel();                 // 创建新的 panel 面板
            contentPanel.add(panel, BorderLayout.WEST);     // 在西方增加一个空面板占位
        }
        {
            JPanel panel = new JPanel();// 创建新的 panel 面板
            contentPanel.add(panel, BorderLayout.EAST);     // 在东方增加一个空面板占位
        }
        {
            JScrollPane scrollPane = new JScrollPane();
            contentPanel.add(scrollPane, BorderLayout.CENTER);
            {
                JTextArea textArea = new JTextArea();    // 利用文本域来显示主要的信息
                textArea.setFont(new Font("微软雅黑", Font.PLAIN, 14));
                textArea.setLineWrap(true);
                textArea.setText("公司简介: 吉林省明日科技有限公司是一家以计算机软件技术为核心的
高科技型企业, 公司创建于 1999 年 12 月, 是专业的应用软件开发商和服务提供商。多年来始终致力于行业管理软件开
发、数字化出版物开发制作、行业电子商务网站开发等, 先后成功开发了涉及生产、管理、物流、营销、服务等领域的
多种企业管理应用软件和应用平台。");
                scrollPane.setViewportView(textArea);
```

```
                }
            }
            {
                JPanel buttonPane = new JPanel();                    // 创建新的 panel 面板
                buttonPane.setLayout(new FlowLayout(FlowLayout.RIGHT));
                getContentPane().add(buttonPane, BorderLayout.SOUTH);// 增加按钮面板 buttonPane
                {
                    JButton okButton = new JButton("\u4E0B\u6761\u4FE1\u606F");
                    okButton.setActionCommand("OK");
                    buttonPane.add(okButton);                        // 增加 "下一条" 按钮
                    getRootPane().setDefaultButton(okButton);
                }
                {
                    JButton cancelButton = new JButton("\u5173\u95ED\u7A97\u4F53");
                    cancelButton.setActionCommand("Cancel");
                    buttonPane.add(cancelButton);                    // 增加 "关闭" 按钮
                }
            }
        }
    }
```

（2）在代码编辑器中单击鼠标右键，在弹出菜单中选择 "运行方式" / "Java 应用程序" 菜单项，显示如图 12-19 所示的结果。

## 知识点提炼

（1）Swing 中的顶层窗体容器包括 JFrame、JDialog 和 JApplet。其中，JApplet 用于开发 Applets 程序。

（2）JLabel 类可以用来显示文本，也可以用来显示图标。

（3）常见的布局管理器包括绝对布局、流布局、边界布局、网格布局。

（4）JPanel 面板可以用来作为内部容器，JScrollPane 面板可以提供滚动条以便节约空间。

（5）将单选按钮放到按钮组当中可以提供单选功能。

（6）复选框组件可以让用户同时选择多项内容。

（7）JComboBox 和 JList 组件都提供了一个列表供用户选择。

（8）JTextField 组件用于让用户输出单行文本。

（9）JTextArea 组件用于让用户输出多行文本。

（10）JPasswordField 组件用于接收用户输入的密码。在使用完密码后，需要及时清空密码。

## 习　题

12-1　在继承 JFrame 类或者创建 JFrame 类对象后，通常需要调用哪些方法？（如设置窗体的大小、可见性等）。

12-2　如何自己使用图标？

12-3　常见的布局管理器有哪些？该如何使用？

12-4　JPanel 面板和 JScrollPane 面板有何异同？

12-5　如何使用单选按钮？

12-6　如何判断用户是否选中复选框？

12-7　如何获得用户在文本框中输入的内容？

12-8　如何获得用户在密码框中输入的内容？

# 实验：实现用户注册界面

## 实验目的

（1）掌握 Swing 常见的布局管理器。

（2）掌握文本框的用法。

（3）掌握密码框的用法。

## 实验内容

编写 RegistDemo 类，创建窗体实现用户注册功能。

## 实验步骤

（1）编写 RegistDemo 类，该类继承 JFrame 类。在窗体中增加文本域、密码域、按钮等组件、实现注册功能。代码如下。

```
public class RegistDemo extends JFrame {
    private static final long serialVersionUID = -7774133711807576073L;
    private JPanel contentPane;
    private JTextField textField;
    private JPasswordField passwordField1;
    private JPasswordField passwordField2;
    public static void main(String[] args) {
        try {

UIManager.setLookAndFeel("com.sun.java.swing.plaf.nimbus.NimbusLookAndFeel");
        } catch (Throwable e) {
            e.printStackTrace();
        }
        EventQueue.invokeLater(new Runnable() {
            public void run() {
                try {
                    RegistDemo frame = new RegistDemo();        // 创建窗体
                    frame.setVisible(true);                     // 设置窗体可见
                } catch (Exception e) {
                    e.printStackTrace();
                }
            }
        });
    }
    public RegistDemo() {
        setTitle("\u7528\u6237\u6CE8\u518C");                   // 设置窗体标题
```

```
            setDefaultCloseOperation(JFrame.EXIT_ON_CLOSE);      // 单击关闭按钮时关闭窗体
            setBounds(100, 100, 350, 250);                              // 设置窗体大小及显示位置
            contentPane = new JPanel();                              // 创建面板
            contentPane.setBorder(new EmptyBorder(5, 5, 5, 5));// 设置边框
            setContentPane(contentPane);                              // 应用面板
            contentPane.setLayout(new GridLayout(5, 1, 5, 5));// 设置布局管理器
            JPanel panel1 = new JPanel();                              // 创建面板
            contentPane.add(panel1);
            JLabel label1 = new JLabel("\u65B0\u7528\u6237\u6CE8\u518C");
            panel1.add(label1);
            JPanel panel2 = new JPanel();                              // 创建面板
            FlowLayout flowLayout = (FlowLayout) panel2.getLayout();
            flowLayout.setAlignment(FlowLayout.LEFT);
            contentPane.add(panel2);
            JLabel label2 = new JLabel("\u7528 \u6237 \u540D\uFF1A");
            panel2.add(label2);
            textField = new JTextField();
            panel2.add(textField);
            textField.setColumns(18);
            JPanel panel3 = new JPanel();                              // 创建面板
            FlowLayout flowLayout_1 = (FlowLayout) panel3.getLayout();
            flowLayout_1.setAlignment(FlowLayout.LEFT);
            contentPane.add(panel3);
            JLabel label3 = new JLabel("\u5BC6        \u7801\uFF1A");
            panel3.add(label3);
            passwordField1 = new JPasswordField();
            passwordField1.setColumns(18);
            panel3.add(passwordField1);
            JPanel panel4 = new JPanel();                              // 创建面板
            FlowLayout flowLayout_2 = (FlowLayout) panel4.getLayout();
            flowLayout_2.setAlignment(FlowLayout.LEFT);
            contentPane.add(panel4);
            JLabel label4 = new JLabel("\u786E\u8BA4\u5BC6\u7801\uFF1A");
            panel4.add(label4);
            passwordField2 = new JPasswordField();
            passwordField2.setColumns(18);
            panel4.add(passwordField2);
            JPanel panel5 = new JPanel();                              // 创建面板
            contentPane.add(panel5);
            JButton button = new JButton("\u63D0\u4EA4");
            button.addActionListener(new ActionListener() {
                public void actionPerformed(ActionEvent e) {    // 处理用户单击按钮事件
                    do_button_actionPerformed(e);
                }
            });
            panel5.add(button);
    }
    protected void do_button_actionPerformed(ActionEvent e) {
        char[] password1 = passwordField1.getPassword();   // 获得密码框 1 中的密码
        char[] password2 = passwordField2.getPassword();   // 获得密码框 2 中的密码
        // 判断两个密码框中密码是否相同
```

```
        boolean equals = Arrays.equals(password1, password2);
        if (equals) {                                    // 如果密码相同则提示注册成功
            JOptionPane.showMessageDialog(this, "用户注册成功！", null, JOptionPane.
INFORMATION_MESSAGE);
        } else {                                         // 如果密码不同则提示密码不同
            JOptionPane.showMessageDialog(this, "两次密码不同！", null, JOptionPane.
WARNING_MESSAGE);
        }
        Arrays.fill(password1, '0');                     // 清空密码
        Arrays.fill(password2, '0');                     // 清空密码
    }
}
```

（2）运行应用程序，显示如图 12-20 所示的界面效果。

图 12-20　用户注册界面

在日常开发中，通常需要将用户名和密码保存到数据库中。

# 第13章
# 事件处理

**本章要点**

- 了解监听事件
- 学会处理键盘事件
- 学会处理鼠标事件
- 学会处理窗体焦点变化、状态变化等事件
- 学会处理选项事件

本章将讲解监听事件以及常用的事件处理方法，包括键盘事件、鼠标事件、窗体事件和选项事件。通过捕获这些事件并对其进行处理，可以更进一步地控制程序的流程，保证每一步操作的合法性，实现一些更人性化的性能。例如，通过捕获键盘事件验证输入数据的合法性等。

## 13.1　监听事件简介

在 Swing 事件模型中由 3 个分离的对象完成对事件的处理，分别为事件源、事件以及监听程序。事件源触发一个事件，被一个或多个"监听器"接收，由监听器负责处理。

所谓事件监听器，实质上就是一个"实现特定类型监听器接口"的类对象。也许有些读者对此有些迷惑，下面就来解释一下。事件几乎都以对象来表示，它是某种事件类的对象，事件源（如按钮）会在用户作出相应的动作（如按钮被按下）时产生事件对象，如动作事件对应 ActionEvent 类对象，同时要编写一个监听器的类必须实现相应的接口，如 ActionEvent 类对应的是 ActionListener 接口，需要获取某个事件对象就必须实现相应的接口，同时需要将接口中的方法一一实现。最后事件源（按钮）调用相应的方法加载这个"实现特定类型监听器接口"的类对象，所有的事件源都具有 addXXXListener()和 removeXXXListener()方法（其中"XXX"方法表示监听事件类型），这样就可以为组件添加或移除相应的事件监听器。

## 13.2　键　盘　事　件

当向文本框中输入内容时，将发出键盘事件。KeyEvent 类负责捕获键盘事件，可以通过为组

件添加实现了 KeyListener 接口的监听器类来处理相应的键盘事件。

KeyListener 接口共有三个抽象方法，分别在发生击键事件、按键被按下和释放时被触发。KeyListener 接口的具体定义如下所示。

```
public interface KeyListener extends EventListener {
    public void keyTyped(KeyEvent e);          //发生击键事件时被触发
    public void keyPressed(KeyEvent e);        //按键被按下时被触发
    public void keyReleased(KeyEvent e);       //按键被释放时被触发
}
```

在每个抽象方法中均传入了 KeyEvent 类的对象，KeyEvent 类中比较常用的方法如表 13-1 所示。

表 13-1　KeyEvent 类中的常用方法

| 方　法 | 说　明 |
| --- | --- |
| getSource() | 用来获得触发此次事件的组件对象，返回值为 Object 类型 |
| getKeyChar() | 用来获得与此事件中的键相关联的字符 |
| getKeyCode() | 用来获得与此事件中的键相关联的整数 keyCode |
| getKeyText(int keyCode) | 用来获得描述 keyCode 的标签，例如，A、F1 和 HOME 等 |
| isActionKey() | 用来查看此事件中的键是否为"动作"键 |
| isControlDown() | 用来查看 Ctrl 键在此次事件中是否被按下，当返回 true 时表示被按下 |
| isAltDown() | 用来查看 Alt 键在此次事件中是否被按下，当返回 true 时表示被按下 |
| isShiftDown() | 用来查看 Shift 键在此次事件中是否被按下，当返回 true 时表示被按下 |

在 KeyEvent 类中以"VK_"开头的静态常量代表各个按键的 keyCode，可以通过这些静态常量判断事件中的按键，以及获得按键的标签。

【例 13-1】　在项目中创建 KeyEventDemo 类，该类继承 JFrame 类。在窗体中增加文本区，然后为文本区增加键盘事件监听器，获得用户单击键盘按键并输出。（实例位置：光盘\MR\源码\第 13 章\13-1）

```
public class KeyEventDemo extends JFrame {
    private static final long serialVersionUID = 7408181574918173831L;
    private JPanel contentPane;
    public static void main(String[] args) {
        EventQueue.invokeLater(new Runnable() {
            public void run() {
                try {
                    KeyListenerDemo frame = new KeyListenerDemo();   // 创建窗体对象
                    frame.setVisible(true);                          // 设置窗体可见
                } catch (Exception e) {
                    e.printStackTrace();
                }
            }
        });
    }
    public KeyListenerDemo() {
        setTitle("\u76D1\u542C\u952E\u76D8\u4E8B\u4EF6");          // 设置窗体标题
        setDefaultCloseOperation(JFrame.EXIT_ON_CLOSE);            // 单击关闭按钮时关闭窗体
```

```
        setBounds(100, 100, 450, 300);                              // 设置窗体显示位置及大小
        contentPane = new JPanel();                                 // 创建面板
        contentPane.setBorder(new EmptyBorder(5, 5, 5, 5));         // 设置面板边框
        contentPane.setLayout(new BorderLayout(0, 0));             // 设置边界
        setContentPane(contentPane);
        JScrollPane scrollPane = new JScrollPane();
        contentPane.add(scrollPane, BorderLayout.CENTER);
        final JTextArea textArea = new JTextArea();                 // 创建文本区
        textArea.addKeyListener(new KeyListener() {
            public void keyPressed(KeyEvent e) {                    // 按键被按下时被触发
                // 获得描述 keyCode 的标签
                String keyText = KeyEvent.getKeyText(e.getKeyCode());
                if (e.isActionKey()) {                              // 判断按下的是否为动作键
                    System.out.println("您按下的是动作键“" + keyText + "”");
                } else {
                    System.out.print("您按下的是非动作键“" + keyText + "”");
                    int keyCode = e.getKeyCode();                   // 获得与此事件中的键相关联的字符
                    switch (keyCode) {
                    case KeyEvent.VK_CONTROL:                       // 判断按下的是否为 Ctrl 键
                        System.out.print(", Ctrl 键被按下");
                        break;
                    case KeyEvent.VK_ALT:                           // 判断按下的是否为 Alt 键
                        System.out.print(", Alt 键被按下");
                        break;
                    case KeyEvent.VK_SHIFT:                         // 判断按下的是否为 Shift 键
                        System.out.print(", Shift 键被按下");
                        break;
                    }
                    System.out.println();
                }
            }
            public void keyTyped(KeyEvent e) {                      // 发生击键事件时被触发
                // 获得输入的字符
                System.out.println("此次输入的是“" + e.getKeyChar() + "”");
            }
            public void keyReleased(KeyEvent e) {                   // 按键被释放时被触发
                // 获得描述 keyCode 的标签
                String keyText = KeyEvent.getKeyText(e.getKeyCode());
                System.out.println("您释放的是“" + keyText + "”键");
            }
        });
        textArea.setFont(new Font("微软雅黑", Font.PLAIN, 20));// 设置文本区字体
        scrollPane.setViewportView(textArea);
    }
}
```

运行程序后，在文本区中单击"m"键，此时在控制台上输出如图 13-1 所示的效果。

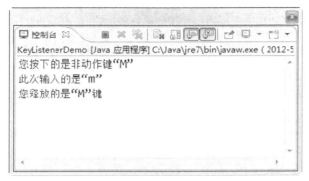

图 13-1　监听键盘事件

# 13.3　鼠　标　事　件

所有组件都能发出鼠标事件，MouseEvent 类负责捕获鼠标事件，可以通过为组件添加实现了 MouseListener 接口的监听器类来处理相应的鼠标事件。

MouseListener 接口共有 5 个抽象方法，分别在光标移入或移出组件时、鼠标按键被按下或释放时和发生单击事件时被触发。所谓单击事件，就是按键被按下并释放。需要注意的是，如果按键是在移出组件之后才被释放，则不会触发单击事件。MouseListener 接口的具体定义如下所示。

```
public interface MouseListener extends EventListener {
    public void mouseEntered(MouseEvent e);        //光标移入组件时被触发
    public void mousePressed(MouseEvent e);        //鼠标按键被按下时被触发
    public void mouseReleased(MouseEvent e);       //鼠标按键被释放时被触发
    public void mouseClicked(MouseEvent e);        //发生单击事件时被触发
    public void mouseExited(MouseEvent e);         //光标移出组件时被触发
}
```

在每个抽象方法中均传入了 MouseEvent 类的对象，MouseEvent 类中比较常用的方法如表 13-2 所示。

表 13-2　　　　　　　　　　　　MouseEvent 类中的常用方法

| 方　　法 | 说　　　　明 |
| --- | --- |
| getSource() | 用来获得触发此次事件的组件对象，返回值为 Object 类型 |
| getButton() | 用来获得代表触发此次按下、释放或单击事件的按键的 int 型值 |
| getClickCount() | 用来获得单击按键的次数 |

当需要判断触发此次事件的按键时，可以通过表 13-3 中的静态常量判断由 getButton()方法返回的 int 型值代表的键。

表 13-3　　　　　　　　　　　MouseEvent 类中代表鼠标按键的静态常量

| 静　态　常　量 | 常　量　值 | 代　表　的　键 |
| --- | --- | --- |
| BUTTON1 | 1 | 代表鼠标左键 |
| BUTTON2 | 2 | 代表鼠标滚轮 |
| BUTTON3 | 3 | 代表鼠标右键 |

【例 13-2】 在项目中创建 KeyListenerDemo 类，该类继承 JFrame 类。在窗体中增加文本区，然后为文本区增加键盘事件监听器，获得用户单击键盘按键并输出。（实例位置：光盘\MR\源码\第 13 章\13-2）

```java
public class MouseEventDemo extends JFrame {          // 继承窗体类 JFrame
    private static final long serialVersionUID = -2953655633515616460L;
    public static void main(String args[]) {
        MouseEventDemo frame = new MouseEventDemo();
        frame.setVisible(true);                       // 设置窗体可见，默认为不可见
    }
    public MouseEventDemo() {
        super();                                      // 继承父类的构造方法
        setTitle("鼠标事件示例");                        // 设置窗体的标题
        setBounds(100, 100, 500, 375);                // 设置窗体的显示位置及大小
        setDefaultCloseOperation(JFrame.EXIT_ON_CLOSE);// 设置窗体关闭按钮的动作为退出
        final JLabel label = new JLabel();
        label.addMouseListener(new MouseListener() {
            public void mouseEntered(MouseEvent e) {  // 光标移入组件时被触发
                System.out.println("光标移入组件");
            }
            public void mousePressed(MouseEvent e) {  // 鼠标按键被按下时被触发
                System.out.print("鼠标按键被按下，");
                int i = e.getButton();                // 通过该值可以判断按下的是哪个键
                if (i == MouseEvent.BUTTON1)
                    System.out.println("按下的是鼠标左键");
                if (i == MouseEvent.BUTTON2)
                    System.out.println("按下的是鼠标滚轮");
                if (i == MouseEvent.BUTTON3)
                    System.out.println("按下的是鼠标右键");
            }
            public void mouseReleased(MouseEvent e) { // 鼠标按键被释放时被触发
                System.out.print("鼠标按键被释放，");
                int i = e.getButton();                // 通过该值可以判断释放的是哪个键
                if (i == MouseEvent.BUTTON1)
                    System.out.println("释放的是鼠标左键");
                if (i == MouseEvent.BUTTON2)
                    System.out.println("释放的是鼠标滚轮");
                if (i == MouseEvent.BUTTON3)
                    System.out.println("释放的是鼠标右键");
            }
            public void mouseClicked(MouseEvent e) {  // 发生单击事件时被触发
                System.out.print("单击了鼠标按键，");
                int i = e.getButton();                // 通过该值可以判断单击的是哪个键
                if (i == MouseEvent.BUTTON1)
                    System.out.print("单击的是鼠标左键，");
                if (i == MouseEvent.BUTTON2)
                    System.out.print("单击的是鼠标滚轮，");
                if (i == MouseEvent.BUTTON3)
```

```
            System.out.print("单击的是鼠标右键，");
            int clickCount = e.getClickCount();
            System.out.println("单击次数为" + clickCount + "下");
        }
        public void mouseExited(MouseEvent e) {    // 光标移出组件时被触发
            System.out.println("光标移出组件");
        }
    });
    getContentPane().add(label, BorderLayout.CENTER);
    }
}
```

运行本示例，首先将光标移入窗体，然后单击鼠标左键，接着双击鼠标右键，最后将光标移出窗体。运行结果如图 13-2 所示。

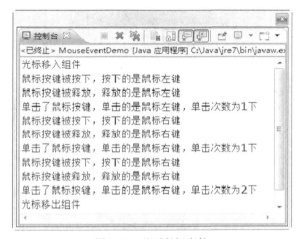

图 13-2　监听鼠标事件

从图 13-2 中可以发现，当双击鼠标时，第一次点击鼠标将触发一次单击事件。

# 13.4　窗 体 事 件

在捕获窗体事件时，可以通过三个事件监听器接口来实现，分别为 WindowFocusListener、WindowStateListener 和 WindowListener。本节将深入学习这三种事件监听器的使用方法，主要涉及各自捕获的事件类型和各个抽象方法的触发条件。

## 13.4.1　捕获窗体焦点变化事件

需要捕获窗体焦点发生变化的事件时，即窗体获得或失去焦点的事件时，可以通过实现了 WindowFocusListener 接口的事件监听器完成。WindowFocusListener 接口的具体定义如下所示。

```
public interface WindowFocusListener extends EventListener {
    public void windowGainedFocus(WindowEvent e);          //窗体获得焦点时被触发
    public void windowLostFocus(WindowEvent e);            //窗体失去焦点时被触发
```

```
}
```

通过捕获窗体获得或失去焦点的事件，可以进行一些相关的操作，例如当窗体重新获得焦点时，令所有组件均恢复为默认设置。

【例 13-3】 演示捕获和处理窗体焦点变化事件的方法，尤其是窗体焦点事件监听器接口 WindowFocusListener 中各个方法的使用方法，代码如下所示。（实例位置：光盘\MR\源码\第 13 章\13-3）

```java
public class WindowFocusDemo extends JFrame {
    private static final long serialVersionUID = -761940036093776390L;
    public static void main(String args[]) {
        WindowFocusDemo frame = new WindowFocusDemo();
        frame.setVisible(true);
    }
    public WindowFocusDemo() {
        addWindowFocusListener(new MyWindowFocusListener());// 为窗体添加焦点事件监听器
        setTitle("捕获窗体焦点事件");
        setBounds(100, 100, 500, 375);
        setDefaultCloseOperation(JFrame.DISPOSE_ON_CLOSE);
    }
    private class MyWindowFocusListener implements WindowFocusListener {
        public void windowGainedFocus(WindowEvent e) {      // 窗口获得焦点时被触发
            System.out.println("窗口获得了焦点！");
        }
        public void windowLostFocus(WindowEvent e) {        // 窗口失去焦点时被触发
            System.out.println("窗口失去了焦点！");
        }
    }
}
```

运行程序后，效果如图 13-3 所示。

图 13-3　捕获窗体焦点变化事件

## 13.4.2　捕获窗体状态变化事件

需要捕获窗体状态发生变化的事件时，即窗体由正常化变为图标化、由最大化变为正常化等事件时，可以通过实现了 WindowStateListener 接口的事件监听器完成。WindowStateListener 接口的具体定义如下所示。

```java
public interface WindowStateListener extends EventListener {
    public void windowStateChanged(WindowEvent e);              //窗体状态发生变化时被触发
}
```

在抽象方法 windowStateChanged()中传入了 WindowEvent 类的对象。WindowEvent 类中有如下两个常用方法，用来获得窗体的状态，它们均返回一个代表窗体状态的 int 型值。

- getNewState()：用来获得窗体以前的状态。
- getOldState()：用来获得窗体现在的状态。

可以通过 Frame 类中的静态常量判断返回的 int 型值具体代表什么状态。这些静态常量如表 13-4 所示。

表 13-4　　　　　　　　　　　　　Frame 类中代表窗体状态的静态常量

| 静 态 常 量 | 常 量 值 | 用 途 |
|---|---|---|
| NORMAL | 0 | 代表窗体处于"正常化"状态 |
| ICONIFIED | 1 | 代表窗体处于"图标化"状态 |
| MAXIMIZED_BOTH | 6 | 代表窗体处于"最大化"状态 |

【例 13-4】　演示捕获和处理窗体状态变化事件的方法，尤其是窗体状态变化事件监听器接口 WindowStateListener 中各个方法的使用方法，代码如下所示。（实例位置：光盘\MR\源码\第 13 章\13-4）

```java
public class WindowStateDemo extends JFrame {
    private static final long serialVersionUID = 1444570547531302408L;
    public static void main(String args[]) {
        WindowStateDemo frame = new WindowStateDemo();
        frame.setVisible(true);
    }
    public WindowStateDemo() {
        addWindowStateListener(new MyWindowStateListener()); // 为窗体添加状态事件监听器
        setTitle("捕获窗体状态事件");
        setBounds(100, 100, 500, 375);
        setDefaultCloseOperation(JFrame.DISPOSE_ON_CLOSE);
    }
    private class MyWindowStateListener implements WindowStateListener {
        public void windowStateChanged(WindowEvent e) {
            int oldState = e.getOldState();              // 获得窗体以前的状态
            int newState = e.getNewState();              // 获得窗体现在的状态
            String from = "";                            // 标识窗体以前状态的中文字符串
            String to = "";                              // 标识窗体现在状态的中文字符串
            switch (oldState) {                          // 判断窗体以前的状态
            case Frame.NORMAL:                           // 窗体处于正常化
                from = "正常化";
                break;
            case Frame.MAXIMIZED_BOTH:                   // 窗体处于最大化
                from = "最大化";
                break;
            default:                                     // 窗体处于图标化
                from = "图标化";
            }
            switch (newState) {                          // 判断窗体现在的状态
            case Frame.NORMAL:                           // 窗体处于正常化
```

```
                to = "正常化";
                break;
            case Frame.MAXIMIZED_BOTH:                    // 窗体处于最大化
                to = "最大化";
                break;
            default:                                      // 窗体处于图标化
                to = "图标化";
            }
            System.out.println(from + "—>" + to);
        }
    }
}
```

运行本示例，首先将窗体图标化后再恢复正常化，然后将窗体最大化后再图标化，最后将窗体最大化后再恢复正常化，在控制台将得到如图 13-4 所示信息。

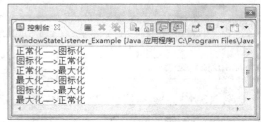

图 13-4　捕获窗体状态变化事件

### 13.4.3　捕获其他窗体事件

需要捕获其他与窗体有关的事件时，例如，捕获窗体被打开、将要被关闭、已经被关闭等事件时，可以通过实现了 WindowListener 接口的事件监听器完成。WindowListener 接口的具体定义如下所示。

```
public interface WindowListener extends EventListener {
    public void windowActivated(WindowEvent e);       //窗体被激活时触发
    public void windowOpened(WindowEvent e);          //窗体被打开时触发
    public void windowIconified(WindowEvent e);       //窗体被图标化时触发
    public void windowDeiconified(WindowEvent e);     //窗体被非图标化时触发
    public void windowClosing(WindowEvent e);         //窗体将要被关闭时触发
    public void windowDeactivated(WindowEvent e);     //窗体不再处于激活状态时触发
    public void windowClosed(WindowEvent e);          //窗体已经被关闭时触发
}
```

通过捕获窗体将要被关闭等事件，可以进行一些相关的操作，例如，当窗体将要被关闭时，询问是否保存未保存的设置等。

【例 13-5】　演示捕获和处理其他窗体事件的方法，尤其是事件监听器接口 WindowListener 中各个方法的使用方法，代码如下所示。(实例位置：光盘\MR\源码\第 13 章\13-5)

```
public class WindowListenerDemo extends JFrame {
    private static final long serialVersionUID = 597304080218532709L;
    public static void main(String args[]) {
        WindowListenerDemo frame = new WindowListenerDemo();
        frame.setVisible(true);
    }
    public WindowListenerDemo() {
        addWindowListener(new MyWindowListener());    // 为窗体添加其他事件监听器
        setTitle("捕获其他窗体事件");
        setBounds(100, 100, 500, 375);
        setDefaultCloseOperation(JFrame.DISPOSE_ON_CLOSE);
    }
```

```
private class MyWindowListener implements WindowListener {
    public void windowActivated(WindowEvent e) {          // 窗体被激活时触发
        System.out.println("窗口被激活! ");
    }
    public void windowOpened(WindowEvent e) {             // 窗体被打开时触发
        System.out.println("窗口被打开! ");
    }
    public void windowIconified(WindowEvent e) {          // 窗体被图标化时触发
        System.out.println("窗口被图标化! ");
    }
    public void windowDeiconified(WindowEvent e) {        // 窗体被非图标化时触发
        System.out.println("窗口被非图标化! ");
    }
    public void windowClosing(WindowEvent e) {            // 窗体将要被关闭时触发
        System.out.println("窗口将要被关闭! ");
    }
    public void windowDeactivated(WindowEvent e) {        // 窗体不再处于激活状态时触发
        System.out.println("窗口不再处于激活状态! ");
    }
    public void windowClosed(WindowEvent e) {             // 窗体已经被关闭时触发
        System.out.println("窗口已经被关闭! ");
    }
}
```

运行本示例，调整窗体状态，在控制台上输出的信息效果如图 13-5 所示。

图 13-5　捕获其他窗体事件

# 13.5　选 项 事 件

当修改下拉菜单中的选中项时，将发出选项事件。ItemEvent 类负责捕获选项事件，可以通过为组件添加实现了 ItemListener 接口的监听器类来处理相应的选项事件。

ItemListener 接口只有一个抽象方法，在修改一次下拉菜单选中项的过程中，该方法将被触发两次，一次是由取消原来选中项的选中状态触发的，另一次是由选中新选项触发的。ItemListener接口的具体定义如下所示。

```
public interface ItemListener extends EventListener {
    void itemStateChanged(ItemEvent e);
}
```

在抽象方法 itemStateChanged()中传入了 ItemEvent 类的对象。ItemEvent 类中有如下两个常用方法。

- getItem()

用来获得触发此次事件的选项，返回值为 Object 型。

- getStateChange()

用来获得此次事件的类型，即是由取消原来选中项的选中状态触发的，还是由选中新选项触发的。方法 getStateChange()将返回一个 int 型值，可以通过 ItemEvent 类中的如下静态常量判断此次事件的具体类型。

- SELECTED

如果返回值等于该静态常量，说明此次事件是由选中新选项触发的。

- DESELECTED

如果返回值等于该静态常量，说明此次事件是由取消原来选中项的选中状态触发的。

通过捕获选项事件，可以进行一些相关的操作，例如同步处理其他下拉菜单的可选项。

【例 13-6】 演示捕获和处理选项事件的方法，尤其是事件监听器接口 ItemListener 中各个方法的使用方法，代码如下所示。（实例位置：光盘\MR\源码\第 13 章\13-6）

```java
public class ItemEventDemo extends JFrame {
    private static final long serialVersionUID = 6236320392976508115L;
    public static void main(String args[]) {
        ItemEventDemo frame = new ItemEventDemo();
        frame.setVisible(true);
    }
    public ItemEventDemo() {
        super();
        getContentPane().setLayout(new FlowLayout());
        setTitle("选项事件示例");
        setBounds(100, 100, 500, 375);
        setDefaultCloseOperation(JFrame.EXIT_ON_CLOSE);
        JComboBox<String> comboBox = new JComboBox<>();    // 创建一个下拉菜单
        for (int i = 1; i < 6; i++) {// 通过循环添加选项
            comboBox.addItem("选项" + i);
        }
        comboBox.addItemListener(new ItemListener() {        // 添加选项事件监听器
            public void itemStateChanged(ItemEvent e) {
                int stateChange = e.getStateChange();        // 获得事件类型
                String item = e.getItem().toString();        // 获得触发此次事件的选项
                if (stateChange == ItemEvent.SELECTED) {    // 查看是否由选中选项触发
                    System.out.println("此次事件由    选中  选项 "" + item + "" 触发！");
                    // 查看是否由取消选中选项触发
                } else if (stateChange == ItemEvent.DESELECTED) {
                    System.out.println("此次事件由  取消选中  选项 "" + item + "" 触发！");
                } else {                                    // 由其他原因触发
                    System.out.println("此次事件由其他原因触发！");
                }
            }
        });
        getContentPane().add(comboBox);
```

```
    }
}
```

首先将选中项由"选项 1"改为"选项 2"，然后将选中项由"选项 2"改为"选项 2"；最后将选中项由"选项 2"改为"选项 5"，将得到如图 13-6 所示信息。

图 13-6　捕获其他窗体事件

当选中项未发生变化时，并不会触发选项事件，例如在将选中项由"选项 2"改为"选项 2"时，在控制台并未输出信息。

# 13.6　综合实例——模拟相机拍摄

在使用数码相机拍摄时，用户可以通过屏幕上提供的聚焦图标来选择拍摄的位置。本实例将实现类似的功能，用户可以通过单击方向键来完成移动镜头的操作，例如单击"→"可以让镜头向右移动。实例的运行效果如图 13-7 所示。

（1）在 Eclipse 中创建 JFrame 窗体，名为"KeyMoveBackground"。对于图片，使用标签来保存。将保存背景图片的标签设置成窗体的背景，将保存镜头图片的标签应用到玻璃面板中，代码如下所示。

图 13-7　实例运行效果

```java
public KeyMoveBackground() {
    super();
    setResizable(false);                                    // 禁止调整窗体大小
    getContentPane().setLayout(null);                       // 设置空布局
    setTitle("方向键移动背景");                              // 设置窗体标题
    setBounds(100, 100, 500, 375);                          // 设置窗体位置和大小
    setDefaultCloseOperation(JFrame.EXIT_ON_CLOSE);         // 设置窗体退出时操作
    label = new JLabel();                                   // 创建标签组件
    icon = new ImageIcon("src/images/background.jpg");
    glassImg = new ImageIcon("src/images/glass.png");
    label.setIcon(icon);                                    // 设置标签使用背景图像
    label.setSize(icon.getIconWidth(), icon.getIconHeight());// 使标签与图像同步大小
    label.setLocation(0, 0);                                // 设置标签默认位置
    addKeyListener(new KeyAdapter() {                       // 为窗体添加按键事件监听适配器
        public void keyPressed(final KeyEvent e) {
            do_label_keyPressed(e);                         // 调用事件处理方法
        }
```

```
    });
    getContentPane().add(label);                          // 添加背景标签到窗体
    JLabel glassLabel = new JLabel(glassImg);             // 创建取景框标签
    JPanel glassPane = new JPanel(new BorderLayout());
    glassPane.add(glassLabel, BorderLayout.CENTER);       // 添加取景框标签到玻璃面板
    glassPane.setOpaque(false);                           // 使面板透明
    setGlassPane(glassPane);                              // 设置窗体使用玻璃面板
    getGlassPane().setVisible(true);                      // 显示玻璃面板
}
```

（2）监听用户单击键盘上方向键事件，通过移动背景图片标签来表现移动镜头的效果。每次移动 3 个像素，例如单击 "→" 键可以让保存背景图片的标签向左移动 3 像素，代码如下所示。

```
protected void do_label_keyPressed(final KeyEvent e) {
    int code = e.getKeyCode(); // 获取按键代码
    Point location = label.getLocation(); // 获取标签组件位置
    int step = 30; // 移动速度
    switch (code) {
    case KeyEvent.VK_RIGHT: // 如果按键代码是右方向键
        if (location.x > (getWidth() - label.getWidth())) // 在不超出屏幕情况下
            label.setLocation(location.x - step, location.y); // 向左移动标签
        break;
    case KeyEvent.VK_LEFT: // 如果是按键代码是左方向键
        if (location.x < 0) // 在不超出屏幕情况下
            label.setLocation(location.x + step, location.y);  // 向右移动标签
        break;
    case KeyEvent.VK_DOWN:                               // 如果是按键代码是下方向键
        if (location.y > (getHeight() - label.getHeight()))   // 在不超出屏幕情况下
            label.setLocation(location.x, location.y - step); // 向上移动标签
        break;
    case KeyEvent.VK_UP:                                // 如果是按键代码是上方向键
        if (location.y < 0) {                          // 在不超出屏幕情况下
            label.setLocation(location.x, location.y + step); // 向下移动标签
        }
        break;
    default:
        break;
    }
}
```

（3）在代码编辑器中单击鼠标右键，在弹出菜单中选择 "运行方式" / "Java 应用程序" 菜单项，显示如图 13-7 所示的结果。

# 知识点提炼

（1）Swing 中常见的事件处理包括键盘事件、鼠标事件、窗体事件和选项事件。

（2）键盘事件来源于用户操作键盘，根据 KeyEvent 类中提供的方法，可以获得用户单击的具体键盘键。

（3）鼠标事件来源于用户操作鼠标，例如，单击鼠标左键、右键等。

（4）对于 Swing 中的窗体，当用户进行不同的操作也会触发不同的事件，例如，窗体获得、失去焦点，窗体最大化、最小化等。

（5）对于下拉列表、列表等组件，在选择其选项时会触发选项事件。

# 习　题

13-1　KeyListener 接口中定义了哪些方法？它们各自有何用途？

13-2　如何获得用户在键盘上按下的字符？例如"m"键。

13-3　MouseListener 接口中定义了哪些方法？它们各自有何用途？

13-4　如何获得用户单击鼠标次数？

13-5　WindowFocusListener 接口中定义了哪些方法？它们各自有何用途？

13-6　使用 Swing 中定义的哪些常量可以表示窗体状态？

13-7　WindowListener 接口中定义了哪些方法？它们各自有何用途？

13-8　如何处理选项事件？

# 实验：简易配对游戏

## 实验目的

（1）掌握 Swing 常见的布局管理器。

（2）掌握文本框的用法。

（3）掌握鼠标相关事件的用法。

## 实验内容

编写 Matching 类，实现简易配对游戏。

## 实验步骤

（1）在窗体中增加图片和标签。其中各个图片先放到标签中，再放置到一个面板中并将该面板应用到玻璃窗格。这样可以方便地移动图片而不会对窗体中的其他控件产生不良影响。对于标签需要指定标签的大小和背景色，方便玩家放置图片。这部分的关键代码如下。

```
public Matching() {
    super();
    getContentPane().setLayout(new BorderLayout());      // 将内容面板设置成边界布局
    setBounds(100, 100, 550, 300);                        // 设置窗体位置和大小
    setTitle("简易配对游戏");                              // 设置窗体的标题
    setDefaultCloseOperation(JFrame.EXIT_ON_CLOSE);      // 设置窗体退出时操作
    final JPanel imagePanel = new JPanel();              // 创建面板来保存图片
    imagePanel.setLayout(null);                          // 将面板设置成绝对布局
    imagePanel.setOpaque(false);                         // 将面板设置成可见
    setGlassPane(imagePanel);                            // 将面板应用到玻璃窗格
```

```
        getGlassPane().setVisible(true);                                // 设置玻璃窗格可见
        ImageIcon icon[] = new ImageIcon[5];                            // 创建图标数组
        icon[0] = new ImageIcon(getClass().getResource("kafei.png"));// 为图标数组指定图片
        // 为图标数组指定图片
        icon[1] = new ImageIcon(getClass().getResource("xianshiqi.png"));
        icon[2] = new ImageIcon(getClass().getResource("xiyiji.png"));// 为图标数组指定图片
        icon[3] = new ImageIcon(getClass().getResource("yifu.png"));// 为图标数组指定图片
        // 为图标数组指定图片
        icon[4] = new ImageIcon(getClass().getResource("zixingche.png"));
        final JPanel bottomPanel = new JPanel();                        // 新建面板保存标签
        // 将面板设置成流式布局
        bottomPanel.setLayout(new FlowLayout(FlowLayout.CENTER, 20, 5));
        getContentPane().add(bottomPanel, BorderLayout.SOUTH);// 将面板放置在内容面板南部
        for (int i = 0; i < 5; i++) {
            img[i] = new JLabel(icon[i]);                               // 创建图像标签
            img[i].setSize(50, 50); // 设置标签大小
            img[i].setBorder(new LineBorder(Color.GRAY));       // 设置线性边框
            int x = (int) (Math.random() * (getWidth() - 50));      // 生成随机坐标
            int y = (int) (Math.random() * (getHeight() - 150));    // 生成随机坐标
            img[i].setLocation(x, y);                               // 设置随机坐标
            img[i].addMouseListener(this);                          // 为每个图像标签添加鼠标事件监听器
            img[i].addMouseMotionListener(this);
            imagePanel.add(img[i]);                                 // 添加图像标签到图像面板
            targets[i] = new JLabel();                              // 创建匹配位置标签
            targets[i].setOpaque(true);                             // 使标签不透明，以设置背景色
            targets[i].setBackground(Color.ORANGE);                 // 设置标签背景色
            // 设置文本与图像水平居中
            targets[i].setHorizontalTextPosition(SwingConstants.CENTER);
            // 设置文本显示在图像下方
            targets[i].setVerticalTextPosition(SwingConstants.BOTTOM);
            targets[i].setPreferredSize(new Dimension(80, 80));         // 设置标签大小
            targets[i].setHorizontalAlignment(SwingConstants.CENTER);  // 文字居中对齐
            bottomPanel.add(targets[i]);                            // 添加标签到底部面板
        }
        targets[0].setText("咖啡");                                 // 设置匹配位置的文本
        targets[1].setText("显示器");                               // 设置匹配位置的文本
        targets[2].setText("洗衣机");                               // 设置匹配位置的文本
        targets[3].setText("衣服");                                 // 设置匹配位置的文本
        targets[4].setText("自行车");                               // 设置匹配位置的文本
    }
```

（2）监听鼠标按下和释放事件。当按下鼠标时要保存鼠标的位置。当释放鼠标时，需要检查图片是否放置到了正确的位置。如果全部图片都放置到了正确的位置，则隐藏玻璃窗格并用标签来显示图片。这部分的关键代码如下。

```
    public void mousePressed(MouseEvent e) {
        pressPoint = e.getPoint();                                  // 保存拖放图片标签时的起始坐标
    }
```

```
public void mouseReleased(MouseEvent e) {
    if (check()) {                                          // 如果配对正确
        getGlassPane().setVisible(false);
        for (int i = 0; i < 5; i++) {                       // 遍历所有匹配位置的标签
            targets[i].setText("配对成功");                  // 设置正确提示
            targets[i].setIcon(img[i].getIcon());           // 设置匹配的图标
        }
    }
}
```

（3）监听鼠标拖拽事件。它可以让显示图片的标签随着鼠标的拖拽而不断的改变位置。这部分的关键代码如下。

```
public void mouseDragged(MouseEvent e) {
    JLabel source = (JLabel) e.getSource();                 // 获取事件源控件
    Point imgPoint = source.getLocation();                  // 获取控件坐标
    Point point = e.getPoint();                             // 获取鼠标坐标
    source.setLocation(imgPoint.x + point.x - pressPoint.x, imgPoint.y + point.y -
pressPoint.y);                                              // 设置控件新坐标
}
```

（4）判断图片的位置。如果图片配对成功，则将对应的标签背景色设置成绿色。如果配对失败，则不做任何修改。关键代码如下。

```
private boolean check() {
    boolean result = true;
    for (int i = 0; i < 5; i++) {
        Point location = img[i].getLocationOnScreen();      // 获取每个图像标签的位置
        Point seat = targets[i].getLocationOnScreen();      // 获取每个对应位置的坐标
        targets[i].setBackground(Color.GREEN);              // 设置匹配后的颜色
        // 如果配对错误
        if (location.x < seat.x || location.y < seat.y|| location.x > seat.x + 80 ||
location.y > seat.y + 80) {
            targets[i].setBackground(Color.ORANGE);         // 恢复对应位置的颜色
            result = false;                                 // 检测结果为 false
        }
    }
    return result;                                          // 返回检测结果
}
```

（5）运行应用程序，显示如图 13-8 所示的界面效果。

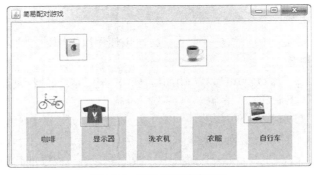

图 13-8　简易配对游戏界面

# 第14章
# 表格组件的应用

**本章要点**

- Swing 表格的创建方法
- 定制和操纵表格的常用方法
- 维护表格模型的常用方法
- JTable 和 DefaultTableModel 类的主要功能
- 提供行标题栏表格的开发思路
- Swing 表格的设计思路
- 模型的事件监听和处理

表格是最常用的数据统计形式之一。在日常生活中经常需要使用表格统计数据，例如，对销售数据的统计、日常开销的统计以及生成员工待遇报表等。本堂课将学习 Swing 表格的使用方法，在最后还讲解了提供行标题栏表格的实现思路和方法。在讲解过程中为了便于读者理解使用了大量的实例。

# 14.1　创 建 表 格

表格是最常用的数据统计组件之一，是由多行和多列组成的二维表形式。在 Swing 中由 JTable 类实现表格。本节将学习利用 JTable 类创建和定制表格。

## 14.1.1　创建表格

javax.swing.JTable 类创建的对象是一个表格，可以使用以下两种方法创建表格。

### 1. 使用数组创建表格

使用 JTable 类的如下构造方法可以根据指定的列名数组和数据数组创建表格。

```
JTable(Object[][] rowData, Object[] columnNames)
```

- rowData：封装表格数据的数组。
- columnNames：封装表格列名的数组。

在使用表格时，通常将其添加到滚动面板中，然后将滚动面板添加到相应的位置，实现表格的显示。例如如下代码就实现了此功能。

```
final JScrollPane scrollPane = new JScrollPane();
String[] columnNames = { "A", "B" };                        // 定义表格列名数组
String[][] tableValues = { { "A1", "B1" }, { "A2", "B2" }, { "A3", "B3" }, { "A4", "B4" },
{ "A5", "B5" } };                                           // 定义表格数据数组
table = new JTable(tableValues, columnNames);               // 创建表格
scrollPane.setViewportView(table);                          // 把表格添加到滚动面板
```

这段代码创建了一个滚动面板，又创建了表格的列名数组和数据数组，然后使用列名数组和数据数组创建了表格，并把表格添加到滚动面板上。

说明　　上面代码只是说明了如何创建表格，及如何将表格放到滚动面板中，并没有把滚动面板放到其他容器中。

【例 14-1】　本例利用构造方法 JTable(Object[][] rowData, Object[] columnNames)创建了一个表格，并将表格添加到滚动面板中。(实例位置：光盘\MR\源码\第 14 章\14-1)

```
public class JTableDemo extends JFrame {
    private static final long serialVersionUID = -3450208259420253198L;
    private JPanel contentPane;
    private JTable table;
    public static void main(String[] args) {
        try {
UIManager.setLookAndFeel("com.sun.java.swing.plaf.nimbus.NimbusLookAndFeel");
        } catch (Throwable e) {
            e.printStackTrace();
        }
        EventQueue.invokeLater(new Runnable() {
            public void run() {
                try {
                    JTableDemo frame = new JTableDemo();
                    frame.setVisible(true);
                } catch (Exception e) {
                    e.printStackTrace();
                }
            }
        });
    }
    public JTableDemo() {
        setTitle("使用数组创建表格");                               // 设置窗体的标题
        setDefaultCloseOperation(JFrame.EXIT_ON_CLOSE);          // 设置窗体退出时操作
        setBounds(100, 100, 250, 150);                           // 设置窗体位置和大小
        contentPane = new JPanel();                              // 创建内容面板
        contentPane.setBorder(new EmptyBorder(5, 5, 5, 5));// 设置面板的边框
        contentPane.setLayout(new BorderLayout(0, 0));           // 使用边界布局
        setContentPane(contentPane);                             // 应用内容面板
        JScrollPane scrollPane = new JScrollPane();              // 创建滚动面板
        contentPane.add(scrollPane, BorderLayout.CENTER); // 应用滚动面板
        String[] columnNames = { "A", "B" };                     // 定义表格列名数组
        String[][] tableValues = { { "A1", "B1" }, { "A2", "B2" }, { "A3", "B3" }, { "A4",
"B4" }, { "A5", "B5" } };                                       // 定义表格数据数组
        table = new JTable(tableValues, columnNames);            // 创建表格
```

```
            scrollPane.setViewportView(table);
        }
    }
```

运行程序后，显示如图 14-1 所示的效果。

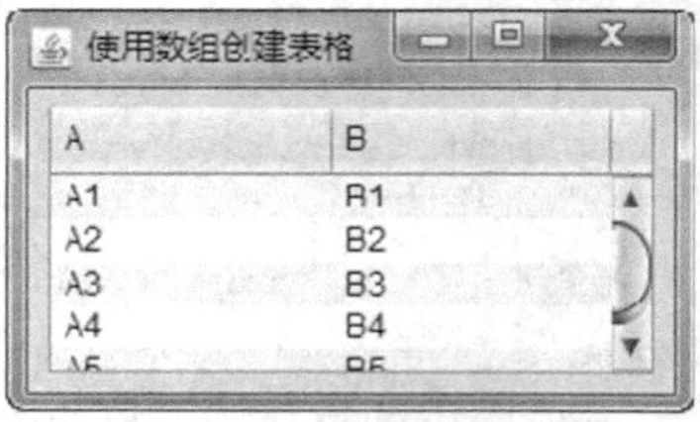

图 14-1　实例运行效果

### 2．使用向量创建表格

在 JTable 类中还提供了如下利用指定表格列名向量和表格数据向量创建表格的构造方法。

JTable(Vector rowData, Vector columnNames)

■　rowData：封装表格数据的向量。

■　columnNames：封装表格列名的向量。

如下代码就是使用向量创建了表格。

```
Vector columnNameV = new Vector();                        // 定义表格列名向量
columnNameV.add("A");                                     // 添加列名
columnNameV.add("B");                                     // 添加列名
Vector tableValueV = new Vector();                        // 定义表格数据向量
for (int row = 1; row < 6; row++) {
    Vector rowV = new Vector();                           // 定义表格行向量
    rowV.add("A" + row);                                  // 添加单元格数据
    rowV.add("B" + row);                                  // 添加单元格数据
    tableValueV.add(rowV);                                // 添加表格行向量
}
JTable table = new JTable(tableValueV, columnNameV);// 创建指定表格列名和表格数据的表格
final JScrollPane scrollPane = new JScrollPane();         // 创建滚动面板
scrollPane.setViewportView(table);                        // 把表格添加到滚动面板中
```

这段代码创建了一个滚动面板，又创建了表格的列名向量和数据向量，然后使用列名向量和数据向量创建了表格，并把表格添加到滚动面板上。

【例 14-2】　本例利用构造方法 JTable(Vector rowData, Vector columnNames)创建了一个表格，并将表格添加到滚动面板中。（实例位置：光盘\MR\源码\第 14 章\14-2）

```
    public class JTableDemo extends JFrame {
        private static final long serialVersionUID = -3450208259420253198L;
        private JPanel contentPane;
        private JTable table;
        public static void main(String[] args) {
            try {

UIManager.setLookAndFeel("com.sun.java.swing.plaf.nimbus.NimbusLookAndFeel");
            } catch (Throwable e) {
                e.printStackTrace();
            }
            EventQueue.invokeLater(new Runnable() {
                public void run() {
                    try {
                        JTableDemo frame = new JTableDemo();
                        frame.setVisible(true);
                    } catch (Exception e) {
                        e.printStackTrace();
                    }
                }
            }
```

```
        });
    }
    public JTableDemo() {
        setTitle("使用向量创建表格");                      // 设置窗体的标题
        setDefaultCloseOperation(JFrame.EXIT_ON_CLOSE);   // 设置窗体退出时操作
        setBounds(100, 100, 250, 150);                    // 设置窗体位置和大小
        contentPane = new JPanel();                        // 创建内容面板
        contentPane.setBorder(new EmptyBorder(5, 5, 5, 5));// 设置面板的边框
        contentPane.setLayout(new BorderLayout(0, 0));     // 使用边界布局
        setContentPane(contentPane);                       // 应用内容面板
        JScrollPane scrollPane = new JScrollPane();        // 创建滚动面板
        contentPane.add(scrollPane, BorderLayout.CENTER);  // 应用滚动面板
        Vector<String> columnNameV = new Vector<String>(); // 定义表格列名向量
        columnNameV.add("A");                              // 添加列名
        columnNameV.add("B");                              // 添加列名
        // 定义表格数据向量
        Vector<Vector<String>> tableValueV = new Vector<Vector<String>>();
        for (int row = 1; row < 6; row++) {
            Vector<String> rowV = new Vector<String>();    // 定义表格行向量
            rowV.add("A" + row);                           // 添加单元格数据
            rowV.add("B" + row);                           // 添加单元格数据
            tableValueV.add(rowV);                         // 将表格行向量添加到表格数据向量
        }
        table = new JTable(tableValueV, columnNameV);
// 创建指定列名和数据的表格
        scrollPane.setViewportView(table);
    }
}
```

运行程序后，显示如图 14-2 所示的效果。

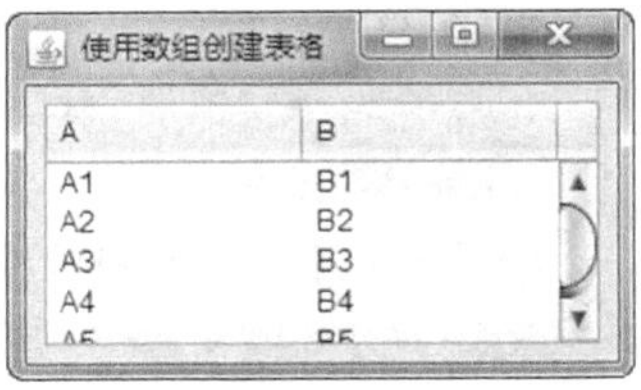

图 14-2　实例运行效果

## 14.1.2　定制表格

　　表格创建完成后，还需要对其进行一系列的定义，以便适合于具体的使用情况。默认情况下通过双击表格中的单元格就可以对其进行编辑。如果不需要提供该功能，可以通过重写 JTable 类的 isCellEditable(int row, int column)方法来禁止。默认情况下该方法返回 boolean 型值 true，表示指定单元格可编辑，如果返回 false 则表示不可编辑。如下代码就实现了禁止编辑表格的功能。

```
public class MTable extends JTable {                       // 实现自己的表格类
    // 重写表格类的 isCessEditable(int row,int column)方法
    public boolean isCellEditable(int row, int column) {   // 表格不可编辑
        return false;                                      // 返回 false
    }
}
```

　　这段代码创建了一个表格类的子类，并重写了表格类的 isCellEditable(int row,int column)方法，将其返回值设置为 false，表示表格单元格不可编辑。

　　如果表格只有几列，通常不需要表格列的可重新排列功能。如果表格的列较多，就可以把一

些重要的列移动到表格前几列的位置。这样能保证对表格中重要信息的浏览。表格列的移动可以通过 javax.swing.table.JTableHeader 类的 setReorderingAllowed(boolean reorderingAllowed)方法来实现。该方法设置表格是否支持重新排列功能，设为 false 表示不支持重新排列功能，设置为 true 表示支持重新排列功能。通过 JTable 类的 getTableHeader()方法可以获得 JTableHeader 类的实例。例如，以下代码创建了一个滚动面板，又创建了表格的列名数组和数据数组，使用列名数组和数据数组创建了表格，并把表格添加到滚动面板上，然后获得 JTableHeader 类的实例，最后一行代码设置表格不支持列的重新排列功能。

```
final JScrollPane scrollPane = new JScrollPane();            // 创建滚动面板
String[] columnNames = { "A", "B" };                         // 定义表格列名数组
String[][] tableValues = { { "A1", "B1" }, { "A2", "B2" }, { "A3", "B3" }, { "A4", "B4" },
{ "A5", "B5" } };// 定义表格数据数组
table = new JTable(tableValues, columnNames);                // 创建表格
scrollPane.setViewportView(table);                           // 把表格添加到滚动面板
JTableHeader tableHeader = table.getTableHeader();           // 获得表格头的实例
tableHeader.setReorderingAllowed(false);                     // 设置列不支持重新排列
```

默认情况下单元格中的内容靠左侧显示，如果需要单元格中的内容居中显示，可以通过重写 JTable 类的 getDefaultRenderer(Class<?> columnClass)方法实现。例如，以下代码创建了一个表格类的子类，并重写了表格类的 getDefaultRenderer(Class<?> columnClass)方法，通过 javax.swing.table.DefaultTableCellRenderer 类的 setHorizontalAlignment(int alignment)方法将表格单元格的水平对齐方式设置为 DefaultTableCellRenderer.CENTER 字段，表示单元格内容居中显示。

```
public class MTable extends JTable {
    // 重写 JTable 类的 getDefautRenderer 方法
    public TableCellRenderer getDefaultRenderer(Class<?> columnClass) {
        // 获得 DefaultTableCellRenderer 对象
        DefaultTableCellRenderer cr = (DefaultTableCellRenderer) super.getDefaultRenderer
(columnClass);
        // 设置单元格内容居中
        cr.setHorizontalAlignment(DefaultTableCellRenderer.CENTER);
        return cr; // 返回 DefaultTableCellRenderer 对象
    }
}
```

DefaultTableCellRenderer 类的 setHorizontalAlignment(int alignment)方法常用字段如表 14-1 所示。

表 14-1                用于设置表格单元格水平对齐方式的字段

| 成 员 变 量 | 说　　明 |
| --- | --- |
| DefaultTableCellRenderer.LEFT | 表格单元格内容左对齐显示 |
| DefaultTableCellRenderer.CENTER | 表格单元格内容居中显示 |
| DefaultTableCellRenderer.RIGHT | 表格单元格内容右对齐显示 |

JTable 类创建的对象是一个表格。该类还提供了一些用来定义表格的常用方法。JTable 类中用来定义表格的常用方法如表 14-2 所示。

表 14-2　　　　　　　　　　　　JTable 类中用来定义表格的常用方法

| 成 员 变 量 | 说 明 |
| --- | --- |
| setRowHeight(int rowHeight) | 设置表格的行高，默认为 16 像素 |
| setRowSelectionAllowed(boolean sa) | 设置是否允许选中表格行，默认为允许选中，设为 false 表示不允许选中 |
| setSelectionMode(int sm) | 设置表格行的选择模式 |
| setSelectionBackground(Color bc) | 设置表格选中行的背景色 |
| setSelectionForeground(Color fc) | 设置表格选中行的前景色（通常情况下为文字的颜色） |
| setAutoResizeMode(int mode) | 设置表格的自动调整模式 |

在利用表 14-2 中的 setSelectionMode(int sm) 方法设置表格行的选择模式时，入口参数可以从表 14-3 中列出的 javax.swing.ListSelectionModel 接口的字段中选择。

表 14-3　　　　　　　　ListSelectionModel 接口中用于设置选择模式的字段

| 成 员 变 量 | 常 量 | 说 明 |
| --- | --- | --- |
| SINGLE_SELECTION | 0 | 只允许选择一行 |
| SINGLE_INTERVAL_SELECTION | 1 | 允许连续选择多行 |
| MULTIPLE_INTERVAL_SELECTION | 2 | 可以随意选择多行 |

在利用表 14-2 中的 setAutoResizeMode(int mode)方法设置表格的自动调整模式时，入口参数可以从表 14-4 列出的 JTable 类的字段中选择。

 所谓表格的自动调整模式，就是在调整表格某一列的宽度时，表格采用何种方式保持其总宽度不变。

表 14-4　　　　　　　　　　JTable 类中用来设置自动调整模式的字段

| 成 员 变 量 | 常 量 | 说 明 |
| --- | --- | --- |
| AUTO_RESIZE_OFF | 0 | 关闭自动调整功能，使用水平滚动条时的必要设置 |
| AUTO_RESIZE_NEXT_COLUMN | 1 | 只调整其下一列的宽度 |
| AUTO_RESIZE_SUBSEQUENT_COLUMNS | 2 | 按比例调整其后所有列的宽度，为默认设置 |
| AUTO_RESIZE_LAST_COLUMN | 3 | 只调整最后一列的宽度 |
| AUTO_RESIZE_ALL_COLUMNS | 4 | 按比例调整表格所有列的宽度 |

 当调整表格所在窗体的宽度时，如果是关闭了表格的自动调整功能，表格的总宽度仍保持不变，如果是开启了表格的自动调整功能，表格将按比例调整所有列的宽度至适合窗体的宽度。

【例 14-3】　本例利用本节所讲的全部知识对表格进行了定制。（实例位置：光盘\MR\源码\第 14 章\14-3）

```
public class DefinedTableDemo extends JFrame {
    private static final long serialVersionUID = 22611315705553903421L;
    private JTable table;
    public static void main(String args[]) {
        DefinedTableDemo frame = new DefinedTableDemo();        // 创建窗体
```

```
            frame.setVisible(true);                                    // 显示窗体
        }
    public DefinedTableDemo() {
        setTitle("定制表格窗体");                                        // 设置窗体标题
        setBounds(100, 100, 250, 200);                                 // 设置窗体的位置和大小
        setDefaultCloseOperation(JFrame.EXIT_ON_CLOSE);                // 设置窗体的默认关闭模式
        final JScrollPane scrollPane = new JScrollPane();              // 创建滚动面板
        getContentPane().add(scrollPane, BorderLayout.CENTER);         // 在窗体中央添加滚动面板
        // 创建表格列名数组
        Vector<String> columnNames = new Vector<String>();
        columnNames.add("A");
        columnNames.add("B");
        columnNames.add("C");
        columnNames.add("D");
        Vector<Vector<String>> rowValues = new Vector<Vector<String>>();
        for (int i = 1; i < 6; i++) {
            Vector<String> rowValue = new Vector<String>();
            rowValue.add("A" + i);
            rowValue.add("B" + i);
            rowValue.add("C" + i);
            rowValue.add("D" + i);
            rowValues.add(rowValue);
        }
        table = new MTable(rowValues, columnNames);
        // 关闭表格列的自动调整功能，这样就能产生水平滚动条了，否则只能产生垂直滚动条
        table.setAutoResizeMode(JTable.AUTO_RESIZE_OFF);
        // 选择模式设置为可以连续选择多行
        table.setSelectionMode(ListSelectionModel.SINGLE_INTERVAL_SELECTION);
        table.setSelectionBackground(Color.YELLOW);                    // 被选择行的背景色为黄色
        table.setSelectionForeground(Color.RED);                       // 被选择行的前景色为红色
        table.setRowHeight(30);                                        // 表格的行高为30像素
        scrollPane.setViewportView(table);                             // 把表格添加到滚动面板中
    }
    private class MTable extends JTable {
        private static final long serialVersionUID = 2213676529544788264L;
        // 实现自己的表格类
        // 重写JTable类的构造方法
        public MTable(Vector<Vector<String>> rowData, Vector<String> columnNames) {
            super(rowData, columnNames);                               // 调用父类的构造方法
        }
        // 重写JTable类的getTableHeader()方法
        public JTableHeader getTableHeader() {                         // 定义表格头
            JTableHeader tableHeader = super.getTableHeader();         // 获得表格头对象
            tableHeader.setReorderingAllowed(false);                   // 设置表格列不可重排
            // 获得表格头的单元格对象
            DefaultTableCellRenderer hr = (DefaultTableCellRenderer) tableHeader.getDefault
Renderer();
            // 设置列名居中显示
            hr.setHorizontalAlignment(DefaultTableCellRenderer.CENTER);
            return tableHeader;
```

```
    }
    // 重写 JTable 类的 getDefaultRenderer(Class<?> columnClass)方法
    public TableCellRenderer getDefaultRenderer(Class<?> columnClass) {
        // 定义单元格
        DefaultTableCellRenderer cr = (DefaultTableCellRenderer) super.getDefault
Renderer(columnClass);                          // 获得表格的单元格对象
        // 设置单元格内容居中
        cr.setHorizontalAlignment(DefaultTableCellRenderer.CENTER);
        return cr;
    }
    // 重写 JTable 类的 isCellEditable(int row, int
column)方法
    public boolean isCellEditable(int row, int
column) {          // 表格不可编辑
        return false;
    }
    }
}
```

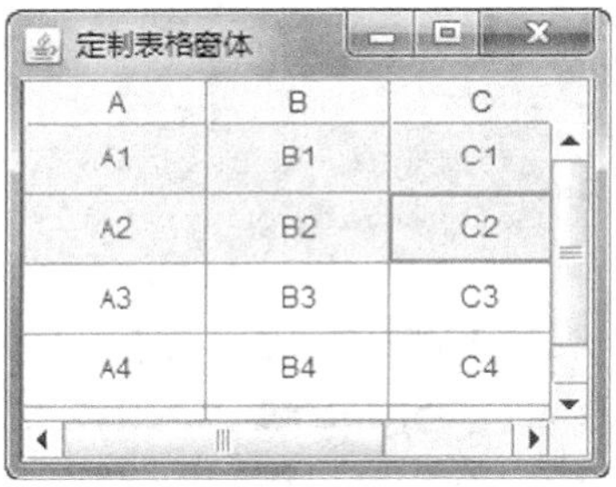

运行程序后，显示如图 14-3 所示的效果。

图 14-3　实例运行效果

# 14.2　维护表格模型

用来创建表格的 JTable 类并不负责存储表格中的数据，而是由表格模型负责存储。当利用 JTable 类直接创建表格时，只是将数据封装到了默认的表格模型中。本节将学习表格模型的使用方法。

## 14.2.1　创建表格模型

接口 javax.swing.table.TableModel 定义了一个表格模型。该模型提供了操作表格的方法。抽象类 javax.swing.table.AbstractTableModel 实现了 TableModel 接口的大部分方法，只有如下 3 个方法没有实现。

- public int getRowCount();
- public int getColumnCount();
- public Object getValueAt(int rowIndex, int columnIndex);

通过继承 AbstractTableModel 类实现上面 3 个方法可以创建自己的表格模型类。javax.swing.table.DefaultTableModel 类是由 Swing 提供的继承了 AbstractTableModel 类，并实现了上面 3 个抽象方法的表格模型类。DefaultTableModel 类提供的常用构造方法如表 14-5 所示。

表 14-5　　　　　　　　　　DefaultTableModel 类中常见构造方法

| 构　造　方　法 | 说　　　明 |
| --- | --- |
| DefaultTableModel() | 创建一个零行零列的表格模型 |
| DefaultTableModel(int rowCount, int columnCount) | 创建一个 rowCount 行 columnCount 列的表格模型 |
| DefaultTableModel(Object[][] data, Object[] columnNames) | 按照数组中指定的数据和列名创建一个表格模型 |
| DefaultTableModel(Vector data, Vector columnNames) | 按照向量中指定的数据和列名创建一个表格模型 |

## 14.2.2　设置表格模型

表格模型创建完成后，通过 JTable 类的构造方法 JTable(TableModel dm)创建表格，并把表格模型设置为该构造方法的参数，就实现了利用表格模型创建表格。例如，以下代码创建了表格模型，首先定义了表格模型的列名数组和数据数组，并创建了表格模型，最后把表格模型设置为表格构造方法的参数创建表格。

```
String[] columnNames = { "A", "B" };                         // 定义模型的列名数组
String[][] values = { { "A1", "B1" }, { "A2", "B2" }, { "A3", "B3" }, { "A4", "B4" },
{ "A5", "B5" } };                                            // 定义模型的数据数组
// 按照数组 values 指定的数据和数组 columnNames 指定的列名创建一个表格模型
DefaultTableModel tableModel = new DefaultTableModel(values, columnNames);
JTable table = new JTable(tableModel);                       // 利用表格模型创建表格
```

从 JDK1.6 开始，提供了对表格进行排序的功能，通过 JTable 类的 setRowSorter(RowSorter<? extends TableModel> sorter)方法可以为表格设置排序器，而 javax.swing.table.TableRowSorter 类是 Swing 提供的一个排序器类，可以为表格设置排序器。例如，以下代码在创建表格的基础上，创建了排序器。

```
String[] columnNames = { "A", "B" };                         // 定义模型的列名数组
String[][] values = { { "A1", "B1" }, { "A2", "B2" }, { "A3", "B3" }, { "A4", "B4" },
{ "A5", "B5" } };                                            // 定义模型的数据数组
// 按照数组 values 指定的数据和数组 columnNames 指定的列名创建一个表格模型
DefaultTableModel tableModel = new DefaultTableModel(values, columnNames);
JTable table = new JTable(tableModel);                       // 创建表格
table.setRowSorter(new TableRowSorter(tableModel));          // 设置排序器
```

【例 14-4】　利用表格模型创建一个表格，并使用表格排序器对表格进行排序。(实例位置：光盘\MR\源码\第 14 章\14-4)

```
public class JTableDemo extends JFrame {
    private static final long serialVersionUID = -3450208259420253198L;
    private JPanel contentPane;
    private JTable table;
    public static void main(String[] args) {
        try {
UIManager.setLookAndFeel("com.sun.java.swing.plaf.nimbus.NimbusLookAndFeel");
        } catch (Throwable e) {
            e.printStackTrace();
        }
        EventQueue.invokeLater(new Runnable() {
            public void run() {
                try {
                    JTableDemo frame = new JTableDemo();
                    frame.setVisible(true);
                } catch (Exception e) {
                    e.printStackTrace();
                }
            }
        });
    }
    public JTableDemo() {
        setTitle("\u652F\u6301\u6392\u5E8F\u7684\u8868\u683C");
```

```
setDefaultCloseOperation(JFrame.EXIT_ON_CLOSE);
setBounds(100, 100, 250, 160);
contentPane = new JPanel();
contentPane.setBorder(new EmptyBorder(5, 5, 5, 5));
contentPane.setLayout(new BorderLayout(0, 0));
setContentPane(contentPane);
JScrollPane scrollPane = new JScrollPane();
contentPane.add(scrollPane, BorderLayout.CENTER);
String[] columnNames = { "A", "B" };                    // 定义表格模型的列名数组
String[][] values = { { "A1", "B1" }, { "A2", "B2" }, { "A3", "B3" }, { "A4",
"B4" }, { "A5", "B5" } }; // 定义表格模型的数据数组
    // 按照数组 values 指定的数据和数组 columnNames 指定的列名创建一个表格模型
DefaultTableModel tableModel = new DefaultTableModel(values, columnNames);
table = new JTable(tableModel);                         // 创建表格
    // 设置表格排序器
table.setRowSorter(new TableRowSorter<DefaultTableModel>(tableModel));
scrollPane.setViewportView(table);
    }
}
```

运行程序后，显示如图 14-4 所示的效果。

单击 A 列的表头，显示如图 14-5 所示的效果。

图 14-4　实例运行效果

图 14-5　对表格列进行排序

## 14.2.3　维护模型对象

在使用表格时，经常需要对表格中的内容进行维护，例如向表格中添加新的数据行、修改表格中某一单元格的值、从表格中删除指定的数据行。这些操作均可以通过维护表格模型来完成。

在向表格模型中添加新的数据行时有两种情况，一种情况是添加到表格模型的尾部，另一种情况是插入到表格模型的指定索引位置。

（1）添加到表格模型的尾部，可以通过 addRow()方法完成，具有以下两个重载方法。

```
public void addRow(Object[] rowData)
```

❑ rowData：要添加的行数据。

```
public void addRow(Vector rowData)
```

❑ rowData：要添加的行数据。

例如，以下代码创建了表格模型，首先定义了表格模型的列名数组和数据数组，并创建了表格模型，然后把表格模型设置为表格构造方法的参数创建表格，接着创建一个行值数组，并把行值数组追加到表格模型的末尾。

```
String[] columnNames = { "A", "B" };                    // 定义表格模型的列名数组
    // 定义表格模型的数据数组
```

```
String[][] values = { { "A1", "B1" }, { "A2", "B2" }, { "A3", "B3" } };
// 按照数组 values 指定的数据和数组 columnNames 指定的列名创建一个表格模型
DefaultTableModel tableModel = new DefaultTableModel(values, columnNames);
JTable table = new JTable(tableModel);                    // 利用表格模型创建表格
String[] rowValue = { "A4", "B4" };                       // 定义表格模型的行值数组
tableModel.addRow(rowValue);                              // 为表格模型添加行值数组
```

（2）添加到表格模型的指定位置，可以通过 insertRow ()方法完成。它的两个重载方法如下。

```
public void insertRow(int row,Object[] rowData)
```

■ row：要插入的位置。rowData 是要添加的行数据。

```
public void insertRow(int row,Vector rowData)
```

■ row：要插入的位置。rowData 是要添加的行数据。

例如，以下代码创建了表格模型，首先定义了表格模型的列向量和数据向量，并创建了表格模型，然后把表格模型设置为表格构造方法的参数创建表格，接着创建一个行值向量，并把行值向量添加到表格模型行索引是 1 的行，即第 2 行。

```
Vector columnNameV = new Vector();              // 定义表格列名向量
columnNameV.add("A");                           // 添加列名
columnNameV.add("B");                           // 添加列名
Vector tableValueV = new Vector();              // 定义表格数据向量
for (int row = 1; row < 4; row++) {
    Vector rowV = new Vector();                 // 定义表格行向量
    rowV.add("A" + row);                        // 添加单元格数据
    rowV.add("B" + row);                        // 添加单元格数据
    tableValueV.add(rowV);                      // 将行向量添加到表格数据向量中
}
// 按照向量 tableValueV 指定的数据和向量 columnNameV 指定的列名创建一个表格模型
DefaultTableModel tableModel = new DefaultTableModel(tableValueV, columnNameV);
JTable table = new JTable(tableModel);          // 通过表格模型创建表格
Vector rowValueVector = new Vector();           // 定义行值向量
rowValueVector.add("A4");                       // 向行值向量添加数据
rowValueVector.add("B4");                       // 向行值向量添加数据
tableModel.insertRow(1, rowValueVector);        // 向表格模型行索引为 1 的行添加行值向量
```

表格模型的行索引和列索引都是从零开始的，因此行索引值是 1 的行是表格模型中的第 2 行。当用 insertRow 方法向表格模型的某一行添加行数据后，表格模型中原来该行和该行下面的其他行会自动下移一行。

如果需要修改表格模型中某一单元格的数据，可以通过 DefaultTableModel 类的 setValueAt (Object aValue, int row, int column)方法来完成。其中，aValue 为单元格修改后的值，row 为单元格所在行的索引，column 为单元格所在列的索引。可以通过 DefaultTableModel 类的 getValueAt(int row, int column)方法获得表格模型中指定单元格的值，其中 row 为单元格所在行的索引，column 为单元格所在列的索引。该方法的返回值类型为 Object。

如果需要删除表格模型中某一行的数据，可以通过 DefaultTableModel 类的 removeRow(int row) 方法来完成，其中 row 为欲删除行的索引。例如，以下代码创建了表格模型，首先定义了表格模型的列名数组和数据数组，并创建了表格模型，然后把表格模型设置为表格构造方法的参数创建

表格，接着修改表格模型第二行第一列的值为 A10，再把获得的表格模型第二行第一列的值在控制台输出，最后删除表格模型第二行的数据，删除该行数据后，下面的其他行会自动上移一行。

```
String[] columnNames = { "A", "B" };                    // 定义表格模型的列名数组
// 定义表格模型的数据数组
String[][] values = { { "A1", "B1" }, { "A2", "B2" },  { "A3", "B3" } };
// 按照数组 values 指定的数据和数组 columnNames 指定的列名创建一个表格模型
DefaultTableModel tableModel=new DefaultTableModel(values,columnNames);
JTable table=new JTable(tableModel);                    // 利用表格模型创建表格
tableModel.setValue("A10",1,0);                        // 修改第二行第一列的值为 A10
String s=(String)tableModel.getValue(1,0);             // 获得表格模型第二行第一列的值
System.out.println(s);                                 // 输出获得的表格模型第二行第一列的值
tableModel.remove(1);                                  // 删除表格模型第二行的数据
```

注意　　在删除表格模型中的数据时，每删除一行，其后所有行的索引值将相应的减 1。因此当连续删除多行时，需要注意对删除行索引的处理。

【例 14-5】　利用表格模型创建一个表格，并提供修改表格数据的方式。（实例位置：光盘\MR\源码\第 14 章\14-5）

```
public class EditTableModelFrame extends JFrame {
    private static final long serialVersionUID = -6462158531496637367L;
    private DefaultTableModel tableModel;                // 定义表格模型对象
    private JTable table;                                // 定义表格对象
    private JTextField aTextField;
    private JTextField bTextField;
    public static void main(String args[]) {
        try {
UIManager.setLookAndFeel("com.sun.java.swing.plaf.nimbus.NimbusLookAndFeel");
        } catch (Throwable e) {
            e.printStackTrace();
        }
        EditTableModelFrame frame = new EditTableModelFrame();
        frame.setVisible(true);
    }
    public EditTableModelFrame() {
        super();
        setTitle("维护表格模型");
        setBounds(100, 100, 400, 200);
        setDefaultCloseOperation(JFrame.EXIT_ON_CLOSE);     // 设置窗体的默认关闭模式
        final JScrollPane scrollPane = new JScrollPane();
        getContentPane().add(scrollPane, BorderLayout.CENTER);
        String[] columnNames = { "A", "B" };                // 定义表格列名数组
        // 定义表格数据数组
        String[][] tableValues = { { "A1", "B1" }, { "A2", "B2" }, { "A3", "B3" } };
        tableModel = new DefaultTableModel(tableValues, columnNames); // 创建表格模型
        table = new JTable(tableModel); // 创建指定表格模型的表格
         // 设置表格的排序器
        table.setRowSorter(new TableRowSorter<DefaultTableModel>(tableModel));
        // 设置表格的选择模式为单选
```

```
table.setSelectionMode(ListSelectionModel.SINGLE_SELECTION);
table.addMouseListener(new MouseAdapter() {          // 为表格添加鼠标事件监听器
    public void mouseClicked(MouseEvent e) {          // 发生了点击事件
        int selectedRow = table.getSelectedRow();    // 获得被选中行的索引
        // 从表格模型中获得指定值
        Object oa = tableModel.getValueAt(selectedRow, 0);
        // 从表格模型中获得指定值
        Object ob = tableModel.getValueAt(selectedRow, 1);
        aTextField.setText(oa.toString());                // 将获得的值赋值给文本框
        bTextField.setText(ob.toString());                // 将获得的值赋值给文本框
    }
});
scrollPane.setViewportView(table);
final JPanel panel = new JPanel();
getContentPane().add(panel, BorderLayout.SOUTH);   // 把面板添加到窗体下面
panel.add(new JLabel("A: "));
aTextField = new JTextField("A4", 5);
panel.add(aTextField);
panel.add(new JLabel("B: "));
bTextField = new JTextField("B4", 5);
panel.add(bTextField);
final JButton addButton = new JButton("添加");
addButton.addActionListener(new ActionListener() {
    public void actionPerformed(ActionEvent e) {
        // 创建表格行数组
        String[] rowValues = { aTextField.getText(), bTextField.getText() };
        tableModel.addRow(rowValues);                       // 向表格模型中添加一行
        int rowCount = table.getRowCount() + 1;      // 把表格的总行数加 1
        aTextField.setText("A" + rowCount); // 文本框设置值为 A 连接总行数加 1 的值
        bTextField.setText("B" + rowCount); // 文本框设置值为 B 连接总行数加 1 的值
    }
});
panel.add(addButton);
final JButton updButton = new JButton("修改");
updButton.addActionListener(new ActionListener() {
    public void actionPerformed(ActionEvent e) {
        int selectedRow = table.getSelectedRow();    // 获得被选中行的索引
        if (selectedRow != -1) {                          // 判断是否存在被选中行
            // 修改表格模型当中的指定值
            tableModel.setValueAt(aTextField.getText(), selectedRow, 0);
            tableModel.setValueAt(bTextField.getText(), selectedRow, 1);
        }
    }
});
panel.add(updButton);
final JButton delButton = new JButton("删除");
delButton.addActionListener(new ActionListener() {
    public void actionPerformed(ActionEvent e) {
        int selectedRow = table.getSelectedRow();    // 获得被选中行的索引
```

```
            if (selectedRow != -1)  // 判断是否存在被选中行
                tableModel.removeRow(selectedRow);           // 从表格模型当中删除指定行
            }
        });
        panel.add(delButton);
    }
}
```

运行程序后，显示如图 14-6 所示的效果。

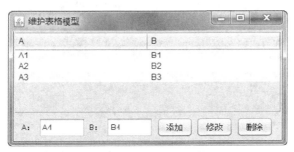

图 14-6　实例运行效果

# 14.3　创建行标题栏

　　通过 JTable 类创建的表格列标题栏是永远可见的，即使是向下滚动了垂直滚动条也能看见。这就大大增强了表格的可读性。但是当不能显示出表格的所有列时，如果向右滚动水平滚动条则会导致表格左侧的部分列不可见，而通常情况下表格左侧的一列或几列为表格的基本数据。如图 14-7 所示，如果通过移动滚动条查看未显示出的列数据时，则会导致如图 14-8 所示效果，即不知道每一行的具体销售日期，但是针对表格的列则不会出现这样的问题。

图 14-7　表格左侧的一列为表格的基本数据 　　　　图 14-8　移动滚动条查看未显示出的列数据

　　如果能够使表格左侧的一列或几列不随着水平滚动条滚动，使其永远可见，就解决了上面的问题。可以通过两个并列显示的表格实现这样的效果，其中左侧的表格用来显示永远可见的一列或几列，右侧的表格则用来显示其他的表格列。

　　【例 14-6】　本例实现了一个提供行标题栏的表格，运行本例后，移动水平滚动条，表格最左侧的列仍然可见。实现本例的基本步骤如下。（实例位置：光盘\MR\源码\第 14 章\14-6）

　　（1）创建 MFixedColumnTable 类，该类继承了 JPanel 类，并声明 3 个属性，具体代码如下。

```
public class MFixedColumnTable extends JPanel {
    private Vector<String> columnNameV;                    // 表格的列名数组
    private Vector<Vector<Object>> tableValueV;            // 表格的数据数组
    private int fixedColumn = 1;                           // 固定列的数量
}
```

（2）创建用于左侧固定列表格的模型类 FixedColumnTableModel。该类继承了 AbstractTableModel 类，并且为 MFixedColumnTable 类的内部类。FixedColumnTableModel 类除了需要实现 AbstractTableModel 类的 3 个抽象方法外，还需要重构 getColumnName(int columnIndex)方法。具体代码如下。

```
private class FixedColumnTableModel extends AbstractTableModel {
    public int getColumnCount() {                          // 返回固定列的数量
        return fixedColumn;
    }
    public int getRowCount() {                             // 返回行数
        return tableValueV.size();
    }
    public Object getValueAt(int rowIndex, int columnIndex) { // 返回指定单元格的值
        return tableValueV.get(rowIndex).get(columnIndex);
    }
    public String getColumnName(int columnIndex) {         // 返回指定列的名称
        return columnNameV.get(columnIndex);
    }
}
```

（3）创建用于右侧移动列表格的模型类 FloatingColumnTableModel，该类继承了 AbstractTableModel 类，并且为 MFixedColumnTable 类的内部类。FixedColumnTableModel 类除了需要实现 AbstractTableModel 类的 3 个抽象方法外，还需要重构 getColumnName(int columnIndex)方法。具体代码如下。

```
private class FloatingColumnTableModel extends AbstractTableModel {
    public int getColumnCount() {                          // 返回可移动列的数量
        return columnNameV.size() - fixedColumn;           // 返回去掉固定列后的数量
    }
    public int getRowCount() {                             // 返回行数
        return tableValueV.size();
    }
    public Object getValueAt(int rowIndex, int columnIndex) { // 返回指定单元格的值
        // 为列索引加上固定列的数量
        return tableValueV.get(rowIndex).get(columnIndex + fixedColumn);
    }
    public String getColumnName(int columnIndex) {         // 返回指定列的名称
        return columnNameV.get(columnIndex + fixedColumn);// 为列索引加上固定列的数量
    }
}
```

注意

在处理与表格列有关的信息时，均需要在表格总列数的基础上减去固定列的数量。

（4）在 MFixedColumnTable 类中再声明如下 4 个属性。

```
private JTable fixedColumnTable;                           // 固定列表格对象
```

```
private FixedColumnTableModel fixedColumnTableModel;          // 固定列表格模型对象
private JTable floatingColumnTable;                           // 移动列表格对象
private FloatingColumnTableModel floatingColumnTableModel;    // 移动列表格模型对象
```

（5）创建用于同步两个表格中被选中行的事件监听器类 MListSelectionListener，即当选中左侧固定列表格中的某一行时，监听器会同步选中右侧移动列表格中的对应行，同样，当选中右侧移动列表格中的某一行时，监听器会同步选中左侧固定列表格中的对应行。该类继承了 ListSelectionListener 类，并且为 MFixedColumnTable 类的内部类。具体代码如下。

```
private class MListSelectionListener implements ListSelectionListener {
    boolean isFixedColumnTable = true;                    // 默认由选中固定列表格中的行触发
    public MListSelectionListener(boolean isFixedColumnTable) {
        this.isFixedColumnTable = isFixedColumnTable;     // 为成员变量赋值
    }
    public void valueChanged(ListSelectionEvent e) {
        if (isFixedColumnTable) {                         // 由选中固定列表格中的行触发
            int row = fixedColumnTable.getSelectedRow();  // 获得固定列表格中的选中行
            // 同时选中右侧可移动列表格中的相应行
            floatingColumnTable.setRowSelectionInterval(row, row);
        } else {                                          // 由选中可移动列表格中的行触发
            // 获得可移动列表格中的选中行
            int row = floatingColumnTable.getSelectedRow();
            // 同时选中左侧固定列表格中的相应行
            fixedColumnTable.setRowSelectionInterval(row, row);
        }
    }
}
```

这里实现的事件监听器要求两个表格必须均是单选模式的，即一次只允许选中一行。

（6）编写 MFixedColumnTable 类的构造方法，需要传入 3 个参数，分别为表格列名数组、表格数据数组和固定列数量，之后就是创建固定列表格、移动列表格和滚动面板。具体代码如下。

```
public MFixedColumnTable(Vector columnNameV, Vector tableValueV, int fixedColumn) {
    super();
    setLayout(new BorderLayout());
    this.columnNameV = columnNameV;                       // 表格列名数组
    this.tableValueV = tableValueV;                       // 表格数据数组
    this.fixedColumn = fixedColumn;                       // 固定列数量
    // 创建固定列表格
    fixedColumnTableModel = new FixedColumnTableModel();  // 创建固定列表格模型对象
    fixedColumnTable = new JTable(fixedColumnTableModel); // 创建固定列表格对象
    // 获得选择模型对象
    ListSelectionModel fixed = fixedColumnTable.getSelectionModel();
    // 选择模式为单选
    fixed.setSelectionMode(ListSelectionModel.SINGLE_SELECTION);
    // 添加行被选中的事件监听器
    fixed.addListSelectionListener(new MListSelectionListener(true));
    // 创建移动列表格
```

237

```
        // 创建可移动列表格模型对象
        floatingColumnTableModel = new FloatingColumnTableModel();
        // 创建可移动列表格对象
        floatingColumnTable = new JTable(floatingColumnTableModel);
        // 关闭表格的自动调整功能
        floatingColumnTable.setAutoResizeMode(JTable.AUTO_RESIZE_OFF);
        // 获得选择模型对象
        ListSelectionModel floating = floatingColumnTable.getSelectionModel();
        // 选择模式为单选
        floating.setSelectionMode(ListSelectionModel.SINGLE_SELECTION);
        // 添加行被选中的事件监听器
        floating.addListSelectionListener(new MListSelectionListener(false));
        // 创建滚动面板
        JScrollPane scrollPane = new JScrollPane();                    // 创建一个滚动面版对象
        scrollPane.setCorner(JScrollPane.UPPER_LEFT_CORNER,
fixedColumnTable.getTableHeader());
        JViewport viewport = new JViewport();
        viewport.setView(fixedColumnTable);                            // 将固定列表格添加到视口中
        // 设置视口的首选大小
        viewport.setPreferredSize(fixedColumnTable.getPreferredSize());
        scrollPane.setRowHeaderView(viewport);
        scrollPane.setViewportView(floatingColumnTable);
        add(scrollPane, BorderLayout.CENTER);
    }
```

（7）创建 RowTitleTableFrame 类，该类继承自 JFrame 类成为窗体，编写测试带行标题栏表格的代码，首先封装表格列名数组和表格数据数组，然后创建 MFixedColumnTable 类的对象，最后将其添加到窗体中央。该类的完整代码如下。

```
public class RowTitleTableFrame extends JFrame {
    private static final long serialVersionUID = -8272741793330300492L;
    public RowTitleTableFrame() {
        super();
        setTitle("带行标题栏的表格");                              // 设置窗体的标题
        setBounds(100, 100, 400, 230);                          // 设置窗体的位置和大小
        setDefaultCloseOperation(JFrame.EXIT_ON_CLOSE);         // 设置窗体的默认关闭模式
        Vector<String> columnNameV = new Vector<String>();      // 创建列名向量
        columnNameV.add("日期");
        for (int i = 1; i < 21; i++) {
            columnNameV.add("商品" + i);
        }
        // 创建数据向量
        Vector<Vector<Object>> tableValueV = new Vector<Vector<Object>>();
        for (int row = 1; row < 31; row++) {
            Vector<Object> rowV = new Vector<Object>();         // 创建行向量
            rowV.add(row);
            for (int col = 0; col < 20; col++) {
                rowV.add((int) (Math.random() * 1000));         // 向行向量添加随机整数
            }
            tableValueV.add(rowV);                              // 把行向量添加到数据向量
        }
```

```
        // 创建面板，在该面板中实现了带行标题栏的表格
        final MFixedColumnTable panel = new MFixedColumnTable(columnNameV, tableValueV, 1);
        getContentPane().add(panel, BorderLayout.CENTER);        // 把面板添加到窗体中央

    }
    public static void main(String[] args) {
        RowTitleTableFrame frame = new RowTitleTableFrame();    // 创建窗体
        frame.setVisible(true);                                // 显示窗体
    }
}
```

运行本例后将得到如图 14-9 所示的窗体，在表格最左侧的"日期"列下方并没有滚动条，移动水平滚动条后将得到如图 14-10 所示的效果。这时表格最左侧的"日期"列仍然可见。

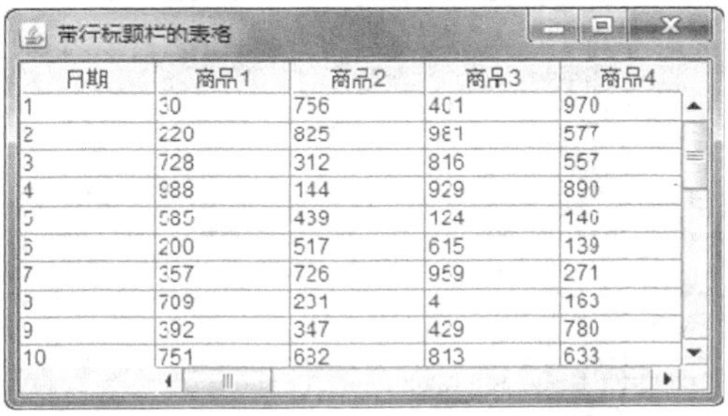

图 14-9　实例运行效果 　　　　　　图 14-10　实例运行效果

# 14.4　表格模型事件监听与处理

在学习模型的事件监听与处理之前，先回顾一下前面章节的内容。由于接口 TableModel 定义了一个表格模型，该模型提供了操作表格的方法，抽象类 AbstractTableModel 实现了 TableModel 接口的大部分方法，只有如下 3 个抽象方法没有实现。

```
public int getRowCount();
public int getColumnCount();
public Object getValueAt(int rowIndex, int columnIndex);
```

■　rowIndex：元素的行坐标
■　columnIndex：元素的列坐标

因此，通过继承 AbstractTableModel 类实现上面 3 个方法可以创建自己的表格模型类。Swing 提供的 DefaultTableModel 类是继承了 AbstractTableModel 类，并实现了上面 3 个方法的表格模型类。

无论是自定义的继承自抽象类 AbstractTableModel 的表格模型类，还是 Swing 提供的 DefaultTableModel 类，都可以使用如下方法为表格模型添加表格模型事件监听器，并进行事件处理操作。

```
public void addTableModelListener(TableModelListener l)
```

■　l：表格模型监听器。

该方法每当数据模型发生变化时，例如对表格模型的单元格进行了更新，为表格模型添加了数据行，从表格模型中删除了数据行等操作，就会触发表格模型的事件监听器，并执行如下方法。

```
public void tableChanged(TableModelEvent e)
```
■　e：表格模型事件。

该方法有一个 TableModelEvent 类型的入口参数。TableModelEvent 类提供的方法可以对表格模型事件进行处理。TableModelEvent 类的方法如表 14-6 所示。

表 14-6　　　　　　　　　　　　　　　TableModelEvent 类的方法

| 方　　法 | 说　　明 |
|---|---|
| getColumn() | 返回表格模型中事件的列 |
| getFirstRow() | 返回表格模型中第一个被更改的行 |
| getLastRow() | 返回表格模型中最后一个被更改的行 |
| getType() | 返回事件类型，该类型为 INSERT、UPDATE 和 DELETE 之一 |

TableModelEvent 类的 getType()方法可以判断事件的类型，通过 TableModelEvent 类的字段可以实现对事件类型的判断。TableModelEvent 类的常用字段如表 14-7 所示。

表 14-7　　　　　　　　　　　　　　　TableModelEvent 类的方法

| 字　　段 | 说　　明 |
|---|---|
| TableModelEvent.DELETE | 表示对表格模型中的行或列进行了删除操作 |
| TableModelEvent.INSERT | 表示在表格模型中添加了新行或新列 |
| TableModelEvent.UPDATE | 表示对表格模型中的现有数据进行了修改操作 |

例如，以下代码定义了表格模型的列名数组和数据数组，并创建了表格模型，然后为表格模型添加表格模型事件监听器。如果把下面两行语句放在按钮的动作事件或其他组件的事件中，当单击按钮时，就向表格模型的末尾追加一行数据，导致表格模型数据发生变化，因而就会触发表格模型事件监听器实现事件处理操作。由于事件类型是向表格模型中添加了新行，所以在控制台输出信息。

```
String[] columnNames = { "A", "B" };                        // 定义表格模型的列名数组
// 定义表格模型的数据数组
String[][] tableValues = { { "A1", "B1" }, { "A2", "B2" }, { "A3", "B3" } };
// 按照数组 tableValues 指定的数据和数组 columnNames 指定的列名创建一个表格模型
DefaultTableModel tableModel = new DefaultTableModel(tableValues, columnNames);
// 通过匿名类添加表格模型监听器
tableModel.addTableModelListener(new TableModelListener() {
    public void tableChanged(TableModelEvent e) {    // 表格模型变化时对模型事件进行处理
        if (e.getType() == TableModelEvent.INSERT) {  // 是否在表格模型中添加了新行或新列
            System.out.println("数据模型发生了变化");      // 如果添加了新行或新列就输出信息
        }
    }
});
```
通过以下代码可为表格模型添加行值数值。
```
String[] rowValue = { "A4", "B4" };                        // 定义表格模型的行值数组
tableModel.addRow(rowValue);                               // 为表格模型添加行值数组
```
除了数据模型发生变化会触发表格模型事件监听器以外，还可以通过 AbstractTableModel 类提供的方法来触发表格模型事件监听器。AbstractTableModel 类用于触发表格模型事件监听器的

常用方法如表 14-8 所示。

表 14-8                            TableModelEvent 类的方法

| 方 法 | 说 明 |
| --- | --- |
| firstTableCellUpdated(int row,int column) | 通知所有监听器，已更新[row, column]处的单元格值 |
| firstTableRowsDeleted(int firstRow,int lastRow) | 通知所有侦听器，已删除范围在[firstRow, lastRow]的行 |
| firstTableRowsInserted(int firstRow,int lastRow) | 通知所有侦听器，已插入范围在[firstRow, lastRow]的行 |
| firstTableRowsUpdated(int firstRow,int lastRow) | 通知所有侦听器，已更新范围在[firstRow, lastRow]的行 |

例如，以下代码定义了表格模型的列名数组和数据数组，并创建了表格模型，然后为表格模型添加表格模型事件监听器。如果把下面任何一条语句放在按钮的动作事件或其他组件的事件中，当单击按钮时，就会触发表格模型事件监听器对事件进行处理，并在控制台输出信息。

```java
String[] columnNames = { "A", "B" };                    // 定义表格模型的列名数组
// 定义表格模型的数据数组
String[][] tableValues = { { "A1", "B1" }, { "A2", "B2" }, { "A3", "B3" } };
// 按照数组 tableValues 指定的数据和数组 columnNames 指定的列名创建一个表格模型
DefaultTableModel tableModel = new DefaultTableModel(tableValues, columnNames);
tableModel.addTableModelListener(new TableModelListener() {  // 添加模型监听器
        public void tableChanged(TableModelEvent e) {  // 表格模型变化时执行此方法
            System.out.println("数据模型发生了变化");       // 在控制台输出信息
        }
    });
```

以下代码通知所有监听器行索引为 0，列所索引为 1 的单元格被修改了。这段代码中的任何一条都能触发表格模型事件监听器，如果只希望执行某种事件类型的操作，可以条件语句和事件类型进行处理。

```java
tableModel.fireTableCellUpdated(0, 1);
tableModel.fireTableRowsInserted(1, 1);// 通知所有监听器在行索引是 1 的位置添加了数据行
tableModel.fireTableRowsDeleted(1, 1); // 通知所有监听器行索引从 1 到 1 的行被删除了
tableModel.fireTableRowsUpdated(1, 2); // 通知所有监听器行索引从 1 到 2 的行进行了修改
```

例如，以下代码定义了表格模型的列名数组和数据数组，并创建了表格模型，然后为表格模型添加表格模型事件监听器。如果把下面的语句分别放在按钮的动作事件中，当单击按钮时，就会触发表格模型事件监听器对事件进行处理。

```java
String[] columnNames = { "A", "B" }; // 定义表格模型的列名数组
// 定义表格模型的数据数组
String[][] tableValues = { { "A1", "B1" }, { "A2", "B2" }, { "A3", "B3" } };
// 按照数组 tableValues 指定的数据和数组 columnNames 指定的列名创建一个表格模型
DefaultTableModel tableModel = new DefaultTableModel(tableValues, columnNames);
// 通过匿名类添加表格模型监听器
tableModel.addTableModelListener(new TableModelListener() {
        public void tableChanged(TableModelEvent e) {  // 表格模型变化时执行此方法
            if (e.getType() == TableModelEvent.INSERT) {// 是否添加了新行或新列
                System.out.println("数据模型发生了变化");  // 输出信息
            }
        }
```

```
            });
```

但是只有下面的第一条语句放在按钮中，单击按钮才能在控制台输出信息，是由于在上面的代码中用条件语句对事件类型进行了判断。代码如下所示。

```
tableModel.fireTableRowsInserted(1, 1);// 通知所有监听器在行索引是 1 的位置添加了数据行
// 通知所有监听器行索引为 0，列索引为 1 的单元格被修改了
tableModel.fireTableCellUpdated(0, 1);
tableModel.fireTableRowsDeleted(1, 1); // 通知所有监听器行索引从 1 到 1 的行被删除了
tableModel.fireTableRowsUpdated(1, 2); // 通知所有监听器行索引从 1 到 2 的行进行了修改
```

当使用 AbstractTableModel 类的方法触发表格模型事件监听器时，并不是真的对表格模型进行了添加、修改和删除等操作，只是通过这些方法来通知表格模型的所有监听器，并对事件进行响应处理。在事件响应代码中可以对事件类型进行判断，使各事件类型分别实现不同的功能。

【例 14-7】 创建 TableModelEventFrame 类，该类继承了 JFrame 类。在构造方法中向窗体中增加表格并监听与表格模型相关的事件。（实例位置：光盘\MR\源码\第 14 章\14-7）

```java
public class TableModelEventFrame extends JFrame {
    private static final long serialVersionUID = -1439361565492730724L;
    private DefaultTableModel tableModel;                       // 定义表格模型对象
    private JTable table;                                       // 定义表格对象
    public TableModelEventFrame() {
        super();
        setTitle("表格模型事件");                                // 设置窗体标题
        setBounds(100, 100, 300, 160);                          // 设置窗体的位置和大小
        setDefaultCloseOperation(JFrame.EXIT_ON_CLOSE);         // 设置窗体的默认关闭模式
        final JScrollPane scrollPane = new JScrollPane();       // 创建滚动面板
        getContentPane().add(scrollPane, BorderLayout.CENTER); // 在窗体中央添加滚动面板
        String[] columnNames = { "A", "B" };                    // 定义表格列名数组
        // 定义表格数据数组
        String[][] tableValues = { { "A1", "B1" }, { "A2", "B2" }, { "A3", "B3" } };
        tableModel = new DefaultTableModel(tableValues, columnNames); // 创建表格模型
        // 为表格添加模型事件监听器
        tableModel.addTableModelListener(new TableModelListener() {
                // 表格内容改执行模型事件
                public void tableChanged(TableModelEvent e) {
                    // 判断是否在表格模型中添加了新行或新列
                    if (e.getType() == TableModelEvent.INSERT) {
                        // 如果添加了新行或新列，则输出信息
                        System.out.println("你单击的是 "添加" 按钮");
                    }
                    // 判断是否对表格模型中的行或列进行了编辑修改
                    if (e.getType() == TableModelEvent.UPDATE) {
                        // 如果对表格模型中的行或列进行了编辑修改，则输出信息
                        System.out.println("你单击的是 "编辑" 按钮或 "修改" 按钮");
                    }
                    // 判断是否删除了表格模型中的行或列
                    if (e.getType() == TableModelEvent.DELETE) {
                        // 如果删除了表格模型中的行或列，则输出信息
                        System.out.println("你单击的是 "删除" 按钮");
```

```
                            }
                        }
                    });
            table = new JTable(tableModel);  // 创建指定表格模型的表格
            // 设置表格的排序器
            table.setRowSorter(new TableRowSorter<DefaultTableModel>(tableModel));
            // 设置表格的选择模式为单选
            table.setSelectionMode(ListSelectionModel.SINGLE_SELECTION);
            scrollPane.setViewportView(table);                      //表格添加到滚动面板视图
            final JPanel panel = new JPanel();                 // 创建面板
            getContentPane().add(panel, BorderLayout.SOUTH);   // 把面板添加到窗体下面
            final JButton editButton = new JButton("编辑");      // 创建编辑按钮
            editButton.addActionListener(new ActionListener() { // 为编辑按钮添加动作监听器
                    public void actionPerformed(ActionEvent e) { // 单击按钮执行动作事件
                        int selectedRow = table.getSelectedRow(); // 获得被选中行的索引
                        // 获得选中列的索引
                        int selectedColumn = table.getSelectedColumn();
                        // 判断是否存在被选中行
                        if (selectedRow != -1 && selectedColumn != -1) {
                            // 通知所有监听器对选择的单元格进行了编辑操作
                            tableModel.fireTableCellUpdated(selectedRow, selectedColumn);
                        }
                    }
                });
            panel.add(editButton); // 把编辑按钮添加到面板上
            final JButton addButton = new JButton("添加");         // 创建添加按钮
            addButton.addActionListener(new ActionListener() { // 为添加按钮添加动作监听器
                    public void actionPerformed(ActionEvent e) { // 单击按钮执行动作事件
                        int selectedRow = table.getSelectedRow(); // 获得被选中行的索引
                        if (selectedRow != -1) {                   // 判断是否存在被选中行
                            // 通知所有监听器在选择行的索引位置添加了数据行
                            tableModel.fireTableRowsInserted(selectedRow, selectedRow);
                        }
                    }
                });
            panel.add(addButton);                              // 把添加按钮添加到面板上
            final JButton updButton = new JButton("修改");        // 创建修改按钮
            updButton.addActionListener(new ActionListener() { // 为修改按钮添加动作监听器
                    public void actionPerformed(ActionEvent e) { // 单击按钮执行动作事件
                        int selectedRow = table.getSelectedRow(); // 获得被选中行的索引
                        if (selectedRow != -1) {                   // 判断是否存在被选中行
                            // 通知所有监听器修改了选择行索引位置的数据行
                            tableModel.fireTableRowsUpdated(selectedRow, selectedRow);
                        }
                    }
                });
            panel.add(updButton);                              // 把修改按钮添加到面板上
            final JButton delButton = new JButton("删除");        // 创建删除按钮
```

```
        delButton.addActionListener(new ActionListener() { // 为删除按钮添加动作监听器
                public void actionPerformed(ActionEvent e) { // 单击按钮执行动作事件
                    int selectedRow = table.getSelectedRow(); // 获得被选中行的索引
                    if (selectedRow != -1) {                    // 判断是否存在被选中行
                        // 通知所有监听器删除了选择行索引位置的数据行
                        tableModel.fireTableRowsDeleted(selectedRow, selectedRow);
                    }
                }
            });
        panel.add(delButton);                               // 把删除按钮添加到面板上
    }
    public static void main(String[] args) {
        try {
            UIManager.setLookAndFeel("com.sun.java.swing.plaf.nimbus.NimbusLookAndFeel");
        } catch (Throwable e) {
            e.printStackTrace();
        }
        TableModelEventFrame frame = new TableModel
EventFrame(); // 创建窗体
        frame.setVisible(true);         // 显示窗体
    }
}
```

运行程序后，显示如图 14-11 所示的效果。

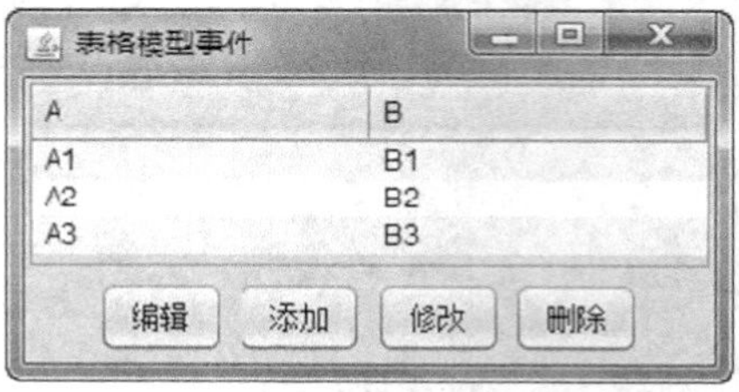

图 14-11　实例运行效果

# 14.5　综合实例——表格栅栏特效

对于长时间使用电脑的用户来说，如果表格中各行的颜色相同是很累眼睛的。为了让用户获得更舒适的体验，通常将表格设置成栅栏效果，即奇数行和偶数行的背景颜色是不同的。本实例将演示如何实现该效果。实例的运行效果如图 14-12 所示。

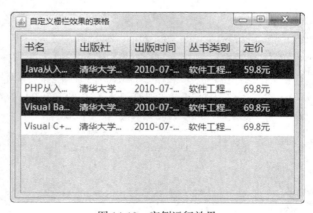

图 14-12　实例运行效果

（1）编写类 FenseRenderer，该类实现了 TableCellRenerer 接口。在该接口的 getTableCellRenderer Component()方法中，为不同的行设置了不同的背景颜色和文本颜色。代码如下。

```
public class FenseRenderer implements TableCellRenderer {
    @Override
    public Component getTableCellRendererComponent(JTable table, Object value, boolean
isSelected, boolean hasFocus, int row, int column) {
        JLabel renderer = (JLabel) new DefaultTableCellRenderer().
    getTableCellRendererComponent(table, value, isSelected, hasFocus, row, column);
        if (row % 2 == 0) {//偶数行
            renderer.setForeground(Color.WHITE);        //将文本设置成白色
            renderer.setBackground(Color.BLUE);          //将背景设置成蓝色
        } else {//奇数行
            renderer.setForeground(Color.BLUE);          //将文本设置成蓝色
            renderer.setBackground(Color.WHITE);         //将背景设置成白色
        }
        return renderer;
    }
}
```

（2）编写方法 do_this_windowActivated()，用来监听窗体激活事件。在该方法中，初始化了表格的数据并设置了新的渲染器。核心代码如下。

```
protected void do_this_windowActivated(WindowEvent e) {
    DefaultTableModel model = (DefaultTableModel) table.getModel();//获得表格模型
    model.setRowCount(0);//清空表格中的数据
    model.setColumnIdentifiers(new Object[] { "书名", "出版社", "出版时间", "丛书类别", "
定价" });                                              //增加一行数据
    model.addRow(new Object[] { "Java 从入门到精通(第 2 版)", "清华大学出版社", "2010-07-01",
"软件工程师入门丛书", "59.8 元" });                        //增加一行数据
    model.addRow(new Object[] { "PHP 从入门到精通（第 2 版）", "清华大学出版社", "2010-07-01",
"软件工程师入门丛书", "69.8 元" });                        //增加一行数据
    model.addRow(new Object[] { "Visual Basic 从入门到精通（第 2 版）", "清华大学出版社",
"2010-07-01", "软件工程师入门丛书", "69.8 元" });           //增加一行数据
    model.addRow(new Object[] { "Visual C++从入门到精通（第 2 版）", "清华大学出版社",
"2010-07-01", "软件工程师入门丛书", "69.8 元" });           //增加一行数据
    table.setModel(model);//设置表格模型
    table.setDefaultRenderer(Object.class, new FenseRenderer());  //设置新的渲染器
}
```

（3）在代码编辑器中单击鼠标右键，在弹出菜单中选择"运行方式"/"Java 应用程序"菜单项，显示如图 14-12 所示的结果。

# 知识点提炼

（1）Swing 中使用 JTable 类来表示表格，使用 JTableHeader 类表示表头。

（2）根据程序的实际需求不同，如果已经确定了表格内容，可以使用数组或者向量创建表格。如果表格内容需要动态变化，通常需要使用表格模型来创建表格。

（3）使用 DefaultTableCellRenderer 类可以自己定义表格单元格的性质，例如，内容居中显示、单元格文本颜色等。

（4）DefaultTableModel 类用于维护表格中的数据。该类继承自 AbstractTableModel 类。日常开发中，使用 DefaultTableModel 类即可满足大部分需求。如果需要自定义表格模型，则可以直接继承 AbstractTableModel 类。

（5）表格模型事件主要包括插入、修改及删除表格中的数据。

# 习　　题

14-1　如何创建表格？

14-2　如何设置表格字体？如何设置表头字体？

14-3　如何让表格内容居中显示？如何让表头内容居中显示？

14-4　使用 DefaultTableModel 类的哪个方法可以清空表格中的数据？

14-5　使用 JTableHeader 类中的哪个方法可以为表头设置提示信息？

14-6　如何获得用户选中的表格中行的索引值？

14-7　如何删除用户选中的行？

# 实验：表格分页技术

## 实验目的

（1）掌握 JTable 组件的使用。

（2）掌握分页技术的原理。

## 实验内容

编写 PageTable 类，实现将数据按 5 行为上限进行分页并在表格中显示。

## 实验步骤

（1）编写类 PageTable。该类继承了 JFrame。在框架中包含了一个表格和 4 个按钮："首页"、"前一页"、"后一页" 和 "末页"。

（2）编写方法 do_this_windowActivated()，用来监听窗体激活事件。在该方法中，使用表格模型初始化表格中的数据，计算了总页数，并设置了按钮的初始状态。核心代码如下。

```
protected void do_this_windowActivated(WindowEvent e) {
    defaultModel = (DefaultTableModel) table.getModel();              //获得表格模型
    defaultModel.setRowCount(0);//清空表格模型中的数据
    defaultModel.setColumnIdentifiers(new Object[] { "序号", "平方数" });//定义表头
    for (int i = 0; i < 23; i++) {
        defaultModel.addRow(new Object[] { i, i * i });              //向表格模型中增加数据
    }
```

```
//计算总页数
maxPageNumber = (int) Math.ceil(defaultModel.getRowCount() / pageSize);
table.setModel(defaultModel);                               //设置表格模型
firstPageButton.setEnabled(false);                          //禁用"首页"按钮
latePageButton.setEnabled(false);                           //禁用"前一页"按钮
nextPageButton.setEnabled(true);                            //启用"后一页"按钮
lastPageButton.setEnabled(true);                            //启用"末页"按钮
}
```

Math 类的 ceil()方法可以获得不超过其参数的最大整数，刚好适合计算最大页数。

（3）编写方法 do_firstPageButton_actionPerformed ()，用来监听单击"首页"按钮事件。在该方法中，创建了一个新的表格模型来保存原表格模型中的首页数据。核心代码如下。

```
protected void do_firstPageButton_actionPerformed(ActionEvent e) {
    currentPageNumber = 1; //将当前页码设置成1
    Vector dataVector = defaultModel.getDataVector();       //获得原表格模型中的数据
    DefaultTableModel newModel = new DefaultTableModel();//创建新的表格模型
    newModel.setColumnIdentifiers(new Object[] { "序号", "随机数" });//定义表头
    for (int i = 0; i < pageSize; i++) {
        newModel.addRow((Vector) dataVector.elementAt(i));//根据页面大小来获得数据
    }
    table.setModel(newModel);//设置表格模型
    firstPageButton.setEnabled(false);                     //禁用"首页"按钮
    latePageButton.setEnabled(false);                      //禁用"前一页"按钮
    nextPageButton.setEnabled(true);                       //启用"后一页"按钮
    lastPageButton.setEnabled(true);                       //启用"末页"按钮
}
```

（4）编写方法 do_latePageButton_actionPerformed()，用来监听单击"前一页"按钮事件。在该方法中，创建了一个新的表格模型来保存原表格模型中的前一页数据。核心代码如下。

```
protected void do_latePageButton_actionPerformed(ActionEvent e) {
    currentPageNumber--;//将当前页面减一
    Vector dataVector = defaultModel.getDataVector();       //获得原表格模型中的数据
    DefaultTableModel newModel = new DefaultTableModel();//创建新的表格模型
    newModel.setColumnIdentifiers(new Object[] { "序号", "随机数" });//定义表头
    for (int i = 0; i < pageSize; i++) {
        newModel.addRow((Vector) dataVector.elementAt((int) (pageSize * (currentPageNumber -
1) + i)));//根据页面大小来获得数据
    }
    table.setModel(newModel);//设置表格模型
    if (currentPageNumber == 1) {
        firstPageButton.setEnabled(false);                 //禁用"首页"按钮
        latePageButton.setEnabled(false);                  //禁用"前一页"按钮
    }
    nextPageButton.setEnabled(true);                       //启用"后一页"按钮
    lastPageButton.setEnabled(true);                       //启用"末页"按钮
}
```

（5）编写方法 do_nextPageButton_actionPerformed()，用来监听单击"后一页"按钮事件。在该方法中，创建了一个新的表格模型来保存原表格模型中的后一页数据。核心代码如下。

```java
protected void do_nextPageButton_actionPerformed(ActionEvent e) {
    currentPageNumber++;//将当前页面加一
    Vector dataVector = defaultModel.getDataVector();        //获得原表格模型中的数据
    DefaultTableModel newModel = new DefaultTableModel();//创建新的表格模型
    newModel.setColumnIdentifiers(new Object[] { "序号", "随机数" });//定义表头
    if (currentPageNumber == maxPageNumber) {
        int lastPageSize = (int) (defaultModel.getRowCount() - pageSize * (maxPageNumber - 1));
        for (int i = 0; i < lastPageSize; i++) {
            newModel.addRow((Vector) dataVector.elementAt((int) (pageSize *
(maxPageNumber - 1) + i)));                          //根据页面大小来获得数据
        }
        nextPageButton.setEnabled(false);                       //禁用"后一页"按钮
        lastPageButton.setEnabled(false);                       //禁用"末页"按钮
    } else {
        for (int i = 0; i < pageSize; i++) {
            newModel.addRow((Vector) dataVector.elementAt((int) (pageSize *
(currentPageNumber - 1) + i)));                      //根据页面大小来获得数据
        }
    }
    table.setModel(newModel);                               //设置表格模型
    firstPageButton.setEnabled(true);                       //启用"首页"按钮
    latePageButton.setEnabled(true);                        //启用"前一页"按钮
}
```

（6）编写方法 do_lastPageButton_actionPerformed()，用来监听单击"末页"按钮事件。在该方法中，创建了一个新的表格模型来保存原表格模型中的末页数据。核心代码如下。

```java
protected void do_lastPageButton_actionPerformed(ActionEvent e) {
    currentPageNumber = maxPageNumber;                      //将当前页面设置为末页
    Vector dataVector = defaultModel.getDataVector();        //获得原表格模型中的数据
    DefaultTableModel newModel = new DefaultTableModel();//创建新的表格模型
    newModel.setColumnIdentifiers(new Object[] { "序号", "随机数" });//定义表头
    int lastPageSize = (int) (defaultModel.getRowCount() - pageSize * (maxPageNumber - 1));
    if (lastPageSize == 5) {
        for (int i = 0; i < pageSize; i++) {
            newModel.addRow((Vector) dataVector.elementAt((int) (pageSize * (maxPageNumber
- 1) + i)));                                         //根据页面大小来获得数据
        }
    } else {
        for (int i = 0; i < lastPageSize; i++) {
            newModel.addRow((Vector) dataVector.elementAt((int) (pageSize * (maxPageNumber
- 1) + i)));                                         //根据页面大小来获得数据
        }
    }
    table.setModel(newModel);//设置表格模型
    firstPageButton.setEnabled(true);                       //启用"首页"按钮
    latePageButton.setEnabled(true);                        //启用"前一页"按钮
    nextPageButton.setEnabled(false);                       //禁用"后一页"按钮
    lastPageButton.setEnabled(false);                       //禁用"末页"按钮
}
```

（7）运行应用程序，显示如图 14-13 所示的界面效果。

图 14-13　实例运行效果（首页如左图，末页如右图）

第15章
# 树组件的应用

**本章要点**

- 创建树的方法
- 维护树模型的方法
- 定制树的基本方法
- 处理选中节点事件的方法
- 处理展开节点事件的方法

　　树状结构是一种常用的信息表现形式之一，可以直观地显示出一组信息的层次结构。Swing中的 JTree 类用来创建树。本堂课将深入学习该类以及一些相关类的使用方法，在讲解过程中为了便于读者理解结合了大量的实例。

# 15.1　创建树组件

　　可以使用 Swing 中的 javax.swing.JTree 类来创建树。该类的常用构造方法如表 15-1 所示。

表 15-1　　　　　　　　　　　　　　JTree 组件常用构造方法

| 构 造 方 法 | 说　　明 |
|---|---|
| JTree() | 创建一个默认的树 |
| JTree(TreeNode root) | 根据指定根节点创建树 |
| JTree(TreeModel newModel) | 根据指定树模型创建树 |

　　树组件本身不能显示滚动条，一般都与滚动面板一起使用。例如，以下代码首选创建了一个滚动面板，然后创建了一个默认的树，并把树添加到滚动面板的视图中。如果把滚动面板放到窗体上，将在窗体上显示如图 15-1 所示的树。由于把树放到滚动面板中，所以当窗体中不能完全显示树的所有节点，将会出现滚动条。

图 15-1　使用默认方式创建树

```
final JScrollPane scrollPane = new JScrollPane();
    // 创建滚动面板
```

```
JTree tree = new JTree();                                    // 创建默认的树
scrollPane.setViewportView(tree);                            // 把树放到滚动面板中
```

　　　　　　上面代码只是说明了如何使用创建默认树的构造方法 JTree()创建树，而使用树节点
创建树和使用树模型创建树将在本章陆续讲解。

　　javax.swing.tree.DefaultMutableTreeNode 类实现了 TreeNode 接口，用来创建树的节点。一个
节点只能有一个父节点，可以有 0 个或多个子节点，在默认情况下，每个节点都允许有子节点。
如果某个节点不需要有子节点，可以将其设置为不允许有子节点。该类的常用构造方法如表 15-2
所示。

表 15-2　　　　　　　　　　　DefaultMutableTreeNode 类常用构造方法

| 构 造 方 法 | 说　　明 |
| --- | --- |
| DefaultMutableTreeNode() | 创建一个默认的节点，在默认情况下允许有子节点 |
| DefaultMutableTreeNode(Object userObject) | 创建一个具有指定标签的节点 |
| DefaultMutableTreeNode(Object userObject, boolean allowsChildren) | 创建一个具有指定标签的节点，并且指定是否允许有子节点 |

　　利用 DefaultMutableTreeNode 类的 add(MutableTreeNode newChild)方法可以为该节点添加子节
点。该节点则称为父节点。没有父节点的节点称为根节点。可以通过根节点利用 JTree 类的构造方
法 JTree(TreeNode root)直接创建树。例如，以下代码不仅创建了树，还把树放到了滚动面板中。

```
final JScrollPane scrollPane = new JScrollPane();                    // 创建滚动面板
// 创建根节点
DefaultMutableTreeNode rootNode = new DefaultMutableTreeNode("根节点");
// 创建一级子节点
DefaultMutableTreeNode childNode1 = new DefaultMutableTreeNode("一级子节点 1");
// 创建二级子节点
DefaultMutableTreeNode childNode11 = new DefaultMutableTreeNode("二级子节点 11");
// 创建二级子节点
DefaultMutableTreeNode childNode12 = new DefaultMutableTreeNode("二级子节点 12");
childNode1.add(childNode11);                        // 为一级子节点添加二级子节点
childNode1.add(childNode12);                        // 为一级子节点添加二级子节点
// 创建一级子节点
DefaultMutableTreeNode childNode2 = new DefaultMutableTreeNode("一级子节点 2");
// 创建二级子节点
DefaultMutableTreeNode childNode21 = new DefaultMutableTreeNode("二级子节点 21");
// 创建二级子节点
DefaultMutableTreeNode childNode22 = new DefaultMutableTreeNode("二级子节点 22");
childNode2.add(childNode21);                        // 为一级子节点添加二级子节点
childNode2.add(childNode22);                        // 为一级子节点添加二级子节点
rootNode.add(childNode1);                           // 为根节点添加一级子节点
rootNode.add(childNode2);                           // 为根节点添加一级子节点
tree = new JTree(rootNode);                         // 创建根节点创建树
```

```
scrollPane.setViewportView(tree);                              // 把树放到滚动面板中
```

这段代码首选创建了一个滚动面板，然后创建了根节点、一级子节点和二级子节点，并把二级子节点添加到一级子节点上，使其成为一级子节点的子节点，接着又把一级子节点添加到根节点上，使其成为根节点的子节点，最后通过根节点创建了一个树，并把树添加到滚动面板的视图中。如果把滚动面板放到窗体上，将在窗体上显示如图 15-2 所示的树。

图 15-2　使用根节点创建树

【例 15-1】　本例利用一个根节点创建了一个树。该树有一个根节点、3 个一级子节点和 4 个二级子节点。（实例位置：光盘\MR\源码\第 15 章\15-1）

```java
public class TreeCreationDemo extends JFrame {
    private static final long serialVersionUID = 2236425566565391978L;
    private JPanel contentPane;
    public static void main(String[] args) {
        try {

UIManager.setLookAndFeel("com.sun.java.swing.plaf.nimbus.NimbusLookAndFeel");
        } catch (Throwable e) {
            e.printStackTrace();
        }
        EventQueue.invokeLater(new Runnable() {
            public void run() {
                try {
                    TreeCreationDemo frame = new TreeCreationDemo();
                    frame.setVisible(true);
                } catch (Exception e) {
                    e.printStackTrace();
                }
            }
        });
    }
    public TreeCreationDemo() {
        setTitle("为树组件增加节点");
        setDefaultCloseOperation(JFrame.EXIT_ON_CLOSE);
        setBounds(100, 100, 400, 250);
        contentPane = new JPanel();
        contentPane.setBorder(new EmptyBorder(5, 5, 5, 5));
        contentPane.setLayout(new BorderLayout(0, 0));
        setContentPane(contentPane);
        JScrollPane scrollPane = new JScrollPane();
        contentPane.add(scrollPane, BorderLayout.CENTER);
        // 创建根节点
        DefaultMutableTreeNode rootNode = new DefaultMutableTreeNode("根节点");
        // 创建一级子节点
        DefaultMutableTreeNode childNode1 = new DefaultMutableTreeNode("一级子节点1");
        // 创建二级子节点
        DefaultMutableTreeNode childNode11 = new DefaultMutableTreeNode("二级子节点11");
        // 创建二级子节点
        DefaultMutableTreeNode childNode12 = new DefaultMutableTreeNode("二级子节点12");
```

```
childNode1.add(childNode11);                    // 为一级子节点添加二级子节点
childNode1.add(childNode12);                    // 为一级子节点添加二级子节点
// 创建一级子节点
DefaultMutableTreeNode childNode2 = new DefaultMutableTreeNode("一级子节点2");
// 创建二级子节点
DefaultMutableTreeNode childNode21 = new DefaultMutableTreeNode("二级子节点21");
// 创建二级子节点
DefaultMutableTreeNode childNode22 = new DefaultMutableTreeNode("二级子节点22");
childNode2.add(childNode21);                    // 为一级子节点添加二级子节点
childNode2.add(childNode22);                    // 为一级子节点添加二级子节点
// 创建一级子节点
DefaultMutableTreeNode childNode3 = new DefaultMutableTreeNode("一级子节点3");
rootNode.add(childNode1);                       // 为根节点添加一级子节点
rootNode.add(childNode2);                       // 为根节点添加一级子节点
rootNode.add(childNode3);                       // 为根节点添加一级子节点
JTree tree = new JTree(rootNode);              // 创建根节点创建树
scrollPane.setViewportView(tree);
    }
}
```

运行程序后，显示如图 15-3 所示的效果。

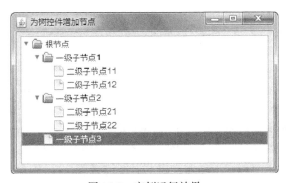

图 15-3　实例运行效果

# 15.2　维护树模型

除了使用 JTree 类和根节点创建树以外，还可以使用 JTree 类和树模型创建树。javax.swing.tree.TreeModel 接口定义了一个树模型，并提供了操作树的方法。在创建树时，可以先创建一个树模型 TreeModel，然后再把树模型作为参数传递给树的构造方法 JTree(TreeModel newModel)来创建树。

## 15.2.1　创建模型对象

javax.swing.tree.DefaultTreeModel 类实现了 TreeModel 接口。该类仅提供了如下两个构造方法，因此在利用该类创建树模型时，必须指定树的根节点。

### 1. 创建一个采用默认方式判断节点是否为叶子节点的树模型

```
public DefaultTreeModel(TreeNode root)
```

■ root：作为树的根的 TreeNode 对象。

### 2. 创建一个采用指定方式判断节点是否为叶子节点的树模型

```
public DefaultTreeModel(TreeNode root, boolean asksAllowsChildren)
```

■ root：作为树的根的 TreeNode 对象

■ asksAllowsChildren：一个布尔值，如果任何节点都可以有子节点，则为 false，如果询问每个节点看是否有子节点，则为 true。

由 DefaultTreeModel 类实现的树模型判断节点是否为叶子节点有两种方式。

第一种方式：如果节点不存在子节点则为叶子节点。

```
DefaultMutableTreeNode rootNode = new DefaultMutableTreeNode("部门"); // 创建根节点
// 创建一级子节点
DefaultMutableTreeNode childNode1 = new DefaultMutableTreeNode("开发部");
// 创建二级子节点
DefaultMutableTreeNode childNode11 = new DefaultMutableTreeNode("开发部经理");
// 创建二级子节点
DefaultMutableTreeNode childNode12 = new DefaultMutableTreeNode("开发部成员");
childNode1.add(childNode11);                              // 为一级子节点添加二级子节点
childNode1.add(childNode12);                              // 为一级子节点添加二级子节点
// 创建一级子节点
DefaultMutableTreeNode childNode2 = new DefaultMutableTreeNode("基础部");
rootNode.add(childNode1);                                 // 为根节点添加一级子节点
rootNode.add(childNode2);                                 // 为根节点添加一级子节点
DefaultTreeModel treeModel = new DefaultTreeModel(rootNode); // 使用根节点创建树模型
```

上述代码首选创建了根节点、一级子节点和二级子节点，并把二级子节点添加到一级子节点上，使其成为一级子节点的子节点，接着又把一级子节点添加到根节点上，使其成为根节点的子节点，最后通过根节点创建了一个采用默认方式判断节点是否为叶子节点的树模型。如果通过此树模型创建一个树，把树添加到滚动面板的视图中，再把滚动面板放到窗体上，将在窗体上显示如图 15-4 所示的树。

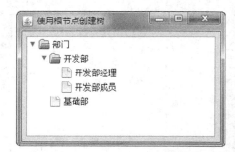

图 15-4　使用默认方式创建树

 　　　　上面代码中的二级子节点"开发部经理"和"开发部成员"以及一级子节点"基础部"都将显示没有子节点的叶子节点图标。

第二种方式：根据节点是否允许有子节点，只要不允许有子节点，则该节点就是叶子节点，如果允许有子节点，则不管该节点是否有子节点，都是叶子节点，将第二个构造方法的入口参数 asksAllowsChildren 设置为 true 表示允许有子节点，设置为 false 表示不允许有子节点。

```
DefaultMutableTreeNode rootNode = new DefaultMutableTreeNode("公司");// 创建根节点
// 创建一级子节点
DefaultMutableTreeNode childNode1 = new DefaultMutableTreeNode("设计部");
```

```
// 创建二级子节点
DefaultMutableTreeNode childNode11 = new DefaultMutableTreeNode("设计部经理");
// 创建二级子节点
DefaultMutableTreeNode childNode12 = new DefaultMutableTreeNode("设计部成员");
childNode1.add(childNode11);                              // 为一级子节点添加二级子节点
childNode1.add(childNode12);                              // 为一级子节点添加二级子节点
// 创建一级子节点
DefaultMutableTreeNode childNode2 = new DefaultMutableTreeNode("财务部");
rootNode.add(childNode1);                                 // 为根节点添加一级子节点
rootNode.add(childNode2);                                 // 为根节点添加一级子节点
// 使用根节点创建允许有子节点的树模型
DefaultTreeModel treeModel = new DefaultTreeModel
(rootNode, true);
```

上述代码首选创建了根节点、一级子节点和二级子
节点，并把二级子节点添加到一级子节点上，使其成为
一级子节点的子节点，接着又把一级子节点添加到根节
点上，使其成为根节点的子节点，最后通过根节点创建
了一个不允许有子节点的树模型。如果通过此树模型创
建一个树，把树添加到滚动面板的视图中，再把滚动面
板放到窗体上，将在窗体上显示如图 15-5 所示的树。

图 15-5　使用非默认方式创建树

上面代码中的二级子节点"设计部经理"和"设计部成员"以及一级子节点"财务
部"，虽然都没有子节点，但是却都将显示允许有子节点的非叶子节点图标。

## 15.2.2　设置树组件的模型

树模型创建完成后，然后通过 JTree 类的构造方法 JTree(TreeModel newModel)创建树，并把
树模型设置为该构造方法的参数，就实现了利用树模型创建树。

```
final JScrollPane scrollPane = new JScrollPane();    // 创建滚动面板
// 创建根节点
DefaultMutableTreeNode rootNode = new DefaultMutableTreeNode("公司");
// 创建一级子节点
DefaultMutableTreeNode childNode1 = new DefaultMutableTreeNode("开发部");
// 创建二级子节点
DefaultMutableTreeNode childNode11 = new DefaultMutableTreeNode("开发部经理");
// 创建二级子节点
DefaultMutableTreeNode childNode12 = new DefaultMutableTreeNode("开发部成员");
childNode1.add(childNode11);                   // 为一级子节点添加二级子节点
childNode1.add(childNode12);                   // 为一级子节点添加二级子节点
// 创建一级子节点
DefaultMutableTreeNode childNode2 = new DefaultMutableTreeNode("设计部");
// 创建二级子节点
DefaultMutableTreeNode childNode21 = new DefaultMutableTreeNode("设计部经理");
```

```
        // 创建二级子节点
DefaultMutableTreeNode childNode22 = new DefaultMutableTreeNode("设计部成员");
childNode2.add(childNode21);                    // 为一级子节点添加二级子节点
childNode2.add(childNode22);                    // 为一级子节点添加二级子节点
        // 创建一级子节点
DefaultMutableTreeNode childNode3 = new DefaultMutableTreeNode("基础部");
rootNode.add(childNode1);                        // 为根节点添加一级子节点
rootNode.add(childNode2);                        // 为根节点添加一级子节点
rootNode.add(childNode3);                        // 为根节点添加一级子节点
DefaultTreeModel treeModel = new DefaultTreeModel(rootNode); // 使用根节点创建树模型
JTree tree = new JTree(treeModel);              // 使用树模型创建树
scrollPane.setViewportView(tree);               // 把树放到滚动面板的视图中
```

上述代码首选创建了一个滚动面板，然后创建了根节点、一级子节点和二级子节点，并把二级子节点添加到一级子节点上，使其成为一级子节点的子节点，接着又把一级子节点添加到根节点上，使其成为根节点的子节点，最后通过根节点创建了一个树模型，并且采用默认方式判断节点是否为叶子节点的树模型创建了一个树，把树添加到滚动面板的视图中。如果把滚动面板放到窗体上，将在窗体上显示如图 15-6 所示的树。

图 15-6　设置树模型

【例 15-2】　本例利用根节点通过树模型创建了一个树，采用的是使用默认方式判断节点是否为叶子节点树模型。（实例位置：光盘\MR\源码\第 15 章\15-2）

```
public class TreeModelDemo extends JFrame {
    private static final long serialVersionUID = -1416643860525572102L;
    private JPanel contentPane;
    public static void main(String[] args) {
        try {

UIManager.setLookAndFeel("com.sun.java.swing.plaf.nimbus.NimbusLookAndFeel");
        } catch (Throwable e) {
            e.printStackTrace();
        }
        EventQueue.invokeLater(new Runnable() {
            public void run() {
                try {
                    TreeModelDemo frame = new TreeModelDemo();
                    frame.setVisible(true);
                } catch (Exception e) {
                    e.printStackTrace();
                }
            }
        });
    }
    public TreeModelDemo() {
        setTitle("使用树模型创建树");
        setDefaultCloseOperation(JFrame.EXIT_ON_CLOSE);
        setBounds(100, 100, 300, 200);
        contentPane = new JPanel();
```

```
            contentPane.setBorder(new EmptyBorder(5, 5, 5, 5));
            contentPane.setLayout(new BorderLayout(0, 0));
            setContentPane(contentPane);
            JScrollPane scrollPane = new JScrollPane();
            contentPane.add(scrollPane, BorderLayout.CENTER);
            // 创建根节点
            DefaultMutableTreeNode rootNode = new DefaultMutableTreeNode("图书");
            // 创建一级子节点
            DefaultMutableTreeNode childNode1 = new DefaultMutableTreeNode("编程类图书");
            // 创建二级子节点
            DefaultMutableTreeNode childNode11 = new DefaultMutableTreeNode("Java 类图书");
            // 创建二级子节点
            DefaultMutableTreeNode childNode12 = new DefaultMutableTreeNode("VC 类图书");
            // 创建二级子节点
            DefaultMutableTreeNode childNode13 = new DefaultMutableTreeNode("C#类图书");
            childNode1.add(childNode11);                    // 为一级子节点添加二级子节点
            childNode1.add(childNode12);                    // 为一级子节点添加二级子节点
            childNode1.add(childNode13);                    // 为一级子节点添加二级子节点
            // 创建一级子节点
            DefaultMutableTreeNode childNode2 = new DefaultMutableTreeNode("图像类图书");
            DefaultMutableTreeNode childNode21 = new DefaultMutableTreeNode("Photoshop 类图书");
                                                            // 创建二级子节点
            // 创建二级子节点
            DefaultMutableTreeNode childNode22 = new DefaultMutableTreeNode("CAD 类图书");
            // 创建二级子节点
            DefaultMutableTreeNode childNode23 = new DefaultMutableTreeNode("3d Max 类图书");
            childNode2.add(childNode21);                    // 为一级子节点添加二级子节点
            childNode2.add(childNode22);                    // 为一级子节点添加二级子节点
            childNode2.add(childNode23);                    // 为一级子节点添加二级子节点
            rootNode.add(childNode1);                       // 为根节点添加一级子节点
            rootNode.add(childNode2);                       // 为根节点添加一级子节点
            // 使用根节点创建树模型
            DefaultTreeModel treeModel = new DefaultTreeModel(rootNode);
            JTree tree = new JTree(treeModel);
            scrollPane.setViewportView(tree);
        }
    }
```

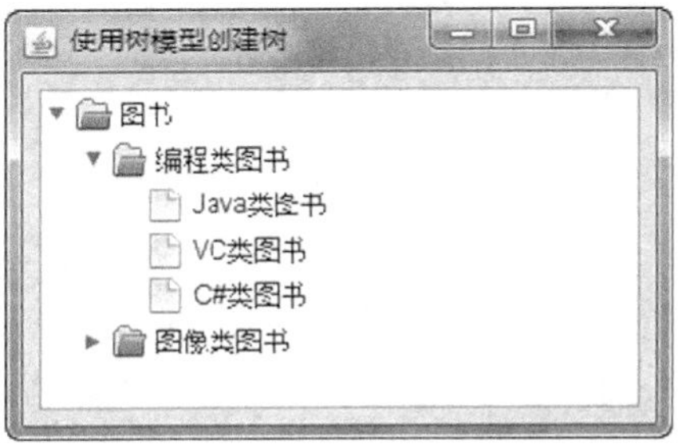

运行程序后，显示如图 15-7 所示的效果。

【例 15-3】 本例利用根节点通过树模型创建了一个树，采用的是使用默认方式判断节点是否为叶子节点树模型。（实例位置：光盘\MR\源码\第 15 章\15-3）

图 15-7　实例运行效果

```
public class TreeModelDemo extends JFrame {
    private static final long serialVersionUID =
-1416643860525572102L;
    private JPanel contentPane;
    public static void main(String[] args) {
        try {
```

```
            UIManager.setLookAndFeel("com.sun.java.swing.plaf.nimbus.NimbusLookAndFeel");
        } catch (Throwable e) {
            e.printStackTrace();
        }
        EventQueue.invokeLater(new Runnable() {
            public void run() {
                try {
                    TreeModelDemo frame = new TreeModelDemo();
                    frame.setVisible(true);
                } catch (Exception e) {
                    e.printStackTrace();
                }
            }
        });
    }
    public TreeModelDemo() {
        setTitle("使用树模型创建树");
        setDefaultCloseOperation(JFrame.EXIT_ON_CLOSE);
        setBounds(100, 100, 300, 200);
        contentPane = new JPanel();
        contentPane.setBorder(new EmptyBorder(5, 5, 5, 5));
        contentPane.setLayout(new BorderLayout(0, 0));
        setContentPane(contentPane);
        JScrollPane scrollPane = new JScrollPane();
        contentPane.add(scrollPane, BorderLayout.CENTER);
        // 创建根节点
        DefaultMutableTreeNode rootNode = new DefaultMutableTreeNode("中国");
        // 创建一级子节点
        DefaultMutableTreeNode childNode1 = new DefaultMutableTreeNode("吉林省");
        // 创建二级子节点
        DefaultMutableTreeNode childNode11 = new DefaultMutableTreeNode("长春市");
        DefaultMutableTreeNode childNode12 = new DefaultMutableTreeNode("吉林市", false);
                                        // 创建不允许有子节点的二级子节点
        // 创建允许有子节点的二级子节点
        DefaultMutableTreeNode childNode13 = new DefaultMutableTreeNode("四平市", true);
        childNode1.add(childNode11);              // 为一级子节点添加二级子节点
        childNode1.add(childNode12);              // 为一级子节点添加二级子节点
        childNode1.add(childNode13);              // 为一级子节点添加二级子节点
        // 创建一级子节点
        DefaultMutableTreeNode childNode2 = new DefaultMutableTreeNode("辽宁省");
        // 创建二级子节点
        DefaultMutableTreeNode childNode21 = new DefaultMutableTreeNode("沈阳市");
        // 创建二级子节点
        DefaultMutableTreeNode childNode22 = new DefaultMutableTreeNode("铁岭市");
        childNode2.add(childNode21);              // 为一级子节点添加二级子节点
        childNode2.add(childNode22);              // 为一级子节点添加二级子节点
        rootNode.add(childNode1);                 // 为根节点添加一级子节点
        rootNode.add(childNode2);                 // 为根节点添加一级子节点
        // 使用根节点创建树模型
```

```
DefaultTreeModel treeModel = new DefaultTreeModel(rootNode);
JTree tree = new JTree(treeModel);
scrollPane.setViewportView(tree);
    }
}
```

　　运行本例，将得到如图 15-8 所示的窗体，窗体中的树是采用非默认方式判断节点的。这个树中名称为"吉林市"的节点不允许有子节点，即该节点为叶子节点，而"长春市"节点、"四平市"节点、"沈阳市"节点和"铁岭市"节点虽然没有子节点，但是这 4 个节点却是允许有子节点的。

　　上面代码在使用 DefaultTreeModel 类的构造方法 DefaultTreeModel(TreeNode root, boolean asksAllowsChildren) 创建树模型时，把第二个入口参数指定为 true，表示允许有子节点，因此"长春市"、"四平市"、"沈阳市"和"铁岭市" 4 个节点虽然没有子节点，但是显示的却是允许有子节点的

图 15-8　实例运行效果

图标。在创建二级子节点"吉林市"时，使用了 DefaultMutableTreeNode 类的构造方法 DefaultMutableTreeNode(Object userObject,boolean allowsChildren)，把第二个入口参数指定为 false，表示不允许有子节点，因此显示的是不允许有子节点的叶子节点图标。

## 15.2.3　维护树的模型

　　在使用树时，有些时候需要提供对树的维护功能，包括向树中添加新节点，以及修改或删除树中的现有节点。这些操作需要通过树的模型类 DefaultTreeModel 来实现，下面就介绍维护树模型的方法。

### 1．添加树节点

　　利用 DefaultTreeModel 类的 insertNodeInto()方法可以向树模型中添加新的节点。insertNodeInto() 方法的具体定义如下。

```
public void insertNodeInto(MutableTreeNode newChild,MutableTreeNode parent,int index)
```

　　■　newChild：新插入的节点
　　■　parent：插入节点的父节点
　　■　index：插入的位置。

　　例如，假设要为节点"parentNode"添加一个子节点"treeNode"，当前在父节点"parentNode"中已经存在 6 个子节点。现在要将该节点添加到其所有子节点之后。若父节点"parentNode"为树模型"treeModel"中的一个节点，则向父节点"parentNode"的所有子节点的最后添加子节点"treeNode"的典型代码如下。

```
treeModel.insertNodeInto(treeNode, parentNode, parentNode.getChildCount());
```

### 2．修改树节点

　　DefaultTreeModel 类的 nodeChanged(TreeNode node)方法用来通知树模型某节点已经被修改，否则如果修改的是节点的用户对象，修改信息将不会被同步到 GUI 界面，其中入口参数为被修改的节点对象。

　　例如，假设现在已经修改了树模型"treeModel"中的节点"treeNode"，修改的是节点"treeNode"的用户对象，那通知树模型"treeModel"其组成节点"treeNode"已经被修改的典型代码如下。

■  treeModel.nodeChanged(treeNode);

### 3. 删除树节点

DefaultTreeModel 类的 removeNodeFromParent(MutableTreeNode node)方法用来从树模型中删除指定节点 node。例如，假设要从树模型 "treeModel" 中删除节点 "treeNode"，那删除的典型代码如下。

```
treeModel.removeNodeFromParent(treeNode);
```

注意　　树的根节点不允许删除，当试图删除根节点时，将抛出 "java.lang.IllegalArgumentException: node does not have a parent." 异常。

【例 15-4】　本例通过维护树模型，实现了一个对中国各省份以及各省份中城市的维护操作。实例的代码如下。(实例位置：光盘\MR\源码\第 15 章\15-4)

```
public class EditableTreeModeDemo extends JFrame {
    private static final long serialVersionUID = 546598023500487736L;
    private JPanel contentPane;
    private JTextField textField;
    private JTree tree;
    private DefaultTreeModel treeModel;
    public static void main(String[] args) {
        try {
            UIManager.setLookAndFeel("com.sun.java.swing.plaf.nimbus.NimbusLookAndFeel");
        } catch (Throwable e) {
            e.printStackTrace();
        }
        EventQueue.invokeLater(new Runnable() {
            public void run() {
                try {
                    EditableTreeModeDemo frame = new EditableTreeModeDemo();
                    frame.setVisible(true);
                } catch (Exception e) {
                    e.printStackTrace();
                }
            }
        });
    }
    public EditableTreeModeDemo() {
        setTitle("维护树结构");
        setDefaultCloseOperation(JFrame.EXIT_ON_CLOSE);
        setBounds(100, 100, 350, 200);
        contentPane = new JPanel();
        contentPane.setBorder(new EmptyBorder(5, 5, 5, 5));
        contentPane.setLayout(new BorderLayout(0, 0));
        setContentPane(contentPane);
        JPanel panel = new JPanel();
        contentPane.add(panel, BorderLayout.SOUTH);
        textField = new JTextField();
        panel.add(textField);
        textField.setColumns(10);
        JButton button1 = new JButton("增加");
        button1.addActionListener(new ActionListener() {
            public void actionPerformed(ActionEvent e) {
```

```
            do_button1_actionPerformed(e);
        }
    });
    panel.add(button1);
    JButton button2 = new JButton("修改");
    button2.addActionListener(new ActionListener() {
        public void actionPerformed(ActionEvent e) {
            do_button2_actionPerformed(e);
        }
    });
    panel.add(button2);
    JButton button3 = new JButton("删除");
    button3.addActionListener(new ActionListener() {
        public void actionPerformed(ActionEvent e) {
            do_button3_actionPerformed(e);
        }
    });
    panel.add(button3);
    JScrollPane scrollPane = new JScrollPane();
    contentPane.add(scrollPane, BorderLayout.CENTER);
    // 创建根节点
    DefaultMutableTreeNode rootNode = new DefaultMutableTreeNode("中国");
    // 创建一级子节点
    DefaultMutableTreeNode childNode1 = new DefaultMutableTreeNode("黑龙江省");
    // 创建二级子节点
    DefaultMutableTreeNode childNode11 = new DefaultMutableTreeNode("哈尔滨市");
    // 创建二级子节点
    DefaultMutableTreeNode childNode12 = new DefaultMutableTreeNode("齐齐哈尔市");
    // 创建二级子节点
    DefaultMutableTreeNode childNode13 = new DefaultMutableTreeNode("大庆市");
    childNode1.add(childNode11);              // 为一级子节点添加二级子节点
    childNode1.add(childNode12);              // 为一级子节点添加二级子节点
    childNode1.add(childNode13);              // 为一级子节点添加二级子节点
    // 创建一级子节点
    DefaultMutableTreeNode childNode2 = new DefaultMutableTreeNode("辽宁省");
    // 创建二级子节点
    DefaultMutableTreeNode childNode21 = new DefaultMutableTreeNode("沈阳市");
    // 创建二级子节点
    DefaultMutableTreeNode childNode22 = new DefaultMutableTreeNode("鞍山市");
    childNode2.add(childNode21);              // 为一级子节点添加二级子节点
    childNode2.add(childNode22);              // 为一级子节点添加二级子节点
    rootNode.add(childNode1);                 // 为根节点添加一级子节点
    rootNode.add(childNode2);                 // 为根节点添加一级子节点
    treeModel = new DefaultTreeModel(rootNode);
    tree = new JTree(treeModel);
    scrollPane.setViewportView(tree);
}
protected void do_button1_actionPerformed(ActionEvent e) {
```

```
                    // 创建欲添加节点
              DefaultMutableTreeNode node = new DefaultMutableTreeNode(textField.getText());
              TreePath selectionPath = tree.getSelectionPath();    // 获得选中的父节点路径
              DefaultMutableTreeNode parentNode = (DefaultMutableTreeNode) selectionPath.getLast
        PathComponent();                         // 获得选中的父节点
                    // 插入节点到所有子节点之后
              treeModel.insertNodeInto(node, parentNode, parentNode.getChildCount());
                    // 获得新添加节点的路径
              TreePath path = selectionPath.pathByAddingChild(node);
              if (!tree.isVisible(path))
                  tree.makeVisible(path);                          // 如果该节点不可见则令其可见
          }
          protected void do_button2_actionPerformed(ActionEvent e) {
                    // 获得选中的欲修改节点的路径
              TreePath selectionPath = tree.getSelectionPath();
              DefaultMutableTreeNode node = (DefaultMutableTreeNode) selectionPath.getLastPath
        Component();                   // 获得选中的欲修改节点
              node.setUserObject(textField.getText());             // 修改节点的用户标签
              treeModel.nodeChanged(node);                         // 通知树模型该节点已经被修改
              tree.setSelectionPath(selectionPath);                // 选中被修改的节点
          }
          protected void do_button3_actionPerformed(ActionEvent e) {
                    // 获得选中的欲删除节点
            DefaultMutableTreeNode node = (DefaultMutableTreeNode) tree.getLastSelectedPathComponent();
                    // 查看欲删除的节点是否为根节点，根节点不允许删除
              if (!node.isRoot()) {
                    // 获得下一个兄弟节点，以备选中
                  DefaultMutableTreeNode nextSelectedNode = node.getNextSibling();
                  if (nextSelectedNode == null)                    // 查看是否存在兄弟节点
                        // 如果不存在则选中其父节点
                      nextSelectedNode = (DefaultMutableTreeNode) node.getParent();
                  treeModel.removeNodeFromParent(node);            // 删除节点
                    // 选中节点
                  tree.setSelectionPath(new TreePath(nextSelectedNode.getPath()));
              }
          }
      }
```

运行程序后，显示如图 15-9 所示的效果。

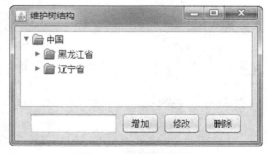

图 15-9　实例运行效果

说明　读者在运行本程序时需要先选择一个节点才能进行添加、删除等操作。

# 15.3　综合实例——查看节点的各种状态

对于一棵树而言，各个节点的状态是不同的。例如，是否是根节点、是否是叶子节点、具有子节点的个数等。这些状态值对于树而言是非常重要的。例如，对于一棵完全二叉树而言，节点的子节点数只能是 0 和 2 两种。本实例将实现查看树节点状态的功能，实例的运行效果如图 15-10 所示。

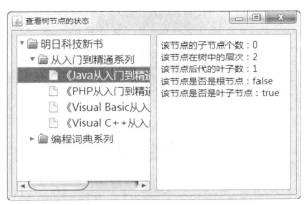

图 15-10　实例运行效果

（1）编写方法 do_this_windowActivated()，用来监听窗体激活事件。在该方法中，为树增加了数据。核心代码如下。

```
protected void do_this_windowActivated(WindowEvent e) {
    //设置根节点
    DefaultMutableTreeNode root = new DefaultMutableTreeNode("明日科技新书");
    DefaultMutableTreeNode parent1 = new DefaultMutableTreeNode("从入门到精通系列");
    parent1.add(new DefaultMutableTreeNode("《Java 从入门到精通（第 2 版）》"));
    parent1.add(new DefaultMutableTreeNode("《PHP 从入门到精通（第 2 版）》"));
    parent1.add(new DefaultMutableTreeNode("《Visual Basic 从入门到精通（第 2 版）》"));
    parent1.add(new DefaultMutableTreeNode("《Visual C++从入门到精通（第 2 版）》"));
    root.add(parent1);                              //增加子节点
    DefaultMutableTreeNode parent2 = new DefaultMutableTreeNode("编程词典系列");
    parent2.add(new DefaultMutableTreeNode("《Java 编程词典》"));
    parent2.add(new DefaultMutableTreeNode("《PHP 编程词典》"));
    parent2.add(new DefaultMutableTreeNode("《Visual Basic 编程词典》"));
    parent2.add(new DefaultMutableTreeNode("《Visual C++编程词典》"));
    root.add(parent2);                              //增加子节点
    DefaultTreeModel model = new DefaultTreeModel(root);//使用根节点创建默认树模型
    tree.setModel(model);                           //更新树模型
}
```

（2）编写方法 do_tree_valueChanged ()，用来监听用户选择不同的树节点事件。在该方法中，根据用户选择的节点更新了文本区内容。核心代码如下。

```
protected void do_tree_valueChanged(TreeSelectionEvent e) {
    TreePath path = tree.getSelectionPath();//获得用户选择的路径
    if (path == null) {
        return;
    }
    DefaultMutableTreeNode node = (DefaultMutableTreeNode) path.getLastPathComponent();
    StringBuilder sb = new StringBuilder();
    sb.append("该节点的子节点个数: " + node.getChildCount() + "\n"); //获得子节点个数
    sb.append("该节点在树中的层次: " + node.getLevel() + "\n");        //获得层次
    sb.append("该节点后代的叶子数: " + node.getLeafCount() + "\n");   //获得叶子树
    sb.append("该节点是否是根节点: " + node.isRoot() + "\n");        //判断是否是根节点
    sb.append("该节点是否是叶子节点: " + node.isLeaf() + "\n");//判断是否是叶子节点
    textArea.setText(sb.toString());
}
```

（3）在代码编辑器中单击鼠标右键，在弹出菜单中选择"运行方式"/"Java 应用程序"菜单项，显示如图 15-10 所示的结果。

# 知识点提炼

（1）Swing 中使用 JTree 类来表示树结构，通常将其与 JScrollPane 一同使用。

（2）DefaultMutableTreeNode 类用来表示树节点，根据层次关系的不同，形成了子节点、父节点等。

（3）除了可以使用 DefaultMutableTreeNode 类创建树，还可以使用树模型来创建树。

（4）通过修改树模型就可以修改树中的节点。

（5）在 TreeModel 接口中，定义的 isLeaf()方法可以用来判断某一节点是否为根节点。

# 习    题

15-1  使用树结构显示当前磁盘中包含的文件。

15-2  如何向树中添加新节点？

15-3  如何修改当前用户选中的节点？

15-4  如何删除用户选中的节点？

# 实验：自定义树节点的外观

## 实验目的

（1）掌握 JTree 组件的使用。

（2）掌握 TreeCellRenderer 接口的实现方式。

## 实验内容

编写 BookCellRendererTest 类，实现将自定义树节点的外观。

## 实验步骤

（1）编写类 Book。在该类中定义了 5 个域变量，分别代表图书的书名、出版社、出版时间、丛书类别和定价属性。为了节约空间，省略了 get 和 set 方法，核心代码如下。

```
public class Book {
    private String title;                         //书名
    private String press;                         //出版社
    private String publicaitonDate;               //出版时间
    private String booksCategory;                 //丛书类别
    private double price;                          //定价
    //省略 get 和 set 方法
}
```

（2）编写类 BookCellRenderer。该类实现了 TreeCellRenderer 接口，定义了 5 个域变量，分别用来显示图书的 5 种属性。在该类的构造方法中，为 5 个标签设置了不同的颜色和相同的字体，并将其增加到面板中。在 getTreeCellRendererComponent()方法中，渲染了 Book 类型的节点。核心代码如下。

```
public class BookCellRenderer implements TreeCellRenderer {
    private JLabel titleLabel = new JLabel();                 //书名标签
    private JLabel pressLabel = new JLabel();                 //出版社标签
    private JLabel publicationDateLabel = new JLabel();       //出版时间标签
    private JLabel booksCategoryLabel = new JLabel();         //丛书类别标签
    private JLabel priceLabel = new JLabel();                 //定价标签
    private JPanel panel = new JPanel(new GridLayout(5, 1, 5, 5));//使用网格布局的面板
    public BookCellRenderer() {
        titleLabel.setForeground(Color.RED);                 //设置标签的文本颜色
        titleLabel.setFont(new Font("微软雅黑", Font.PLAIN, 16)); //设置标签的字体
        panel.add(titleLabel);                               //在面板中增加标签
        pressLabel.setForeground(Color.GREEN);               //设置标签的文本颜色
        pressLabel.setFont(new Font("微软雅黑", Font.PLAIN, 16)); //设置标签的字体
        panel.add(pressLabel);                               //在面板中增加标签
        publicationDateLabel.setForeground(Color.BLUE);      //设置标签的文本颜色
        //设置标签的字体
        publicationDateLabel.setFont(new Font("微软雅黑", Font.PLAIN, 16));
        panel.add(publicationDateLabel);                     //在面板中增加标签
        booksCategoryLabel.setForeground(Color.ORANGE);      //设置标签的文本颜色
        //设置标签的字体
        booksCategoryLabel.setFont(new Font("微软雅黑", Font.PLAIN, 16));
        panel.add(booksCategoryLabel);                       //在面板中增加标签
        priceLabel.setForeground(Color.PINK);                //设置标签的文本颜色
```

```
            priceLabel.setFont(new Font("微软雅黑", Font.PLAIN, 16));//设置标签的字体
            panel.add(priceLabel);                              //在面板中增加标签
            panel.setPreferredSize(new Dimension(350, 110));      //设置面板的大小
        }
        @Override
        public Component getTreeCellRendererComponent(JTree tree, Object value, boolean
selected, boolean expanded, boolean leaf, int row, boolean hasFocus) {
            Object userObject = ((DefaultMutableTreeNode) value).getUserObject();
            if (userObject instanceof Book) {//对于 Book 类型的节点使用自定义渲染器
                Book book = (Book) userObject;                  //获得 Book 类型的对象
                titleLabel.setText("书名: " + book.getTitle());      //设置属性
                pressLabel.setText("出版社: " + book.getPress());     //设置属性
                //属性
                publicationDateLabel.setText("出版时间: " + book.getPublicationDate());
                //设置属性
                booksCategoryLabel.setText("丛书类别: " + book.getBooksCategory());
                priceLabel.setText("定价: " + book.getPrice() + "元");    //设置属性
                return panel;
            } else {                                    //对于其他节点使用默认的渲染器
                return new DefaultTreeCellRenderer().getTreeCellRendererComponent(tree,
value, selected, expanded, leaf, row, hasFocus);
            }
        }
    }
```

（3）创建 BookCellRendererTest 类。该类继承 JFrame 类。编写方法 do_this_windowActivated()，用来监听窗体激活事件。在该方法中，创建了两个 Book 对象作为树的节点，并为树设置了渲染器。核心代码如下。

```
protected void do_this_windowActivated(WindowEvent e) {
    //根节点
    DefaultMutableTreeNode root = new DefaultMutableTreeNode("从入门到精通系列");
    Book java = new Book();                          //创建 Book 对象并为其设置属性
    java.setTitle("《Java 从入门到精通（第 2 版）》");
    java.setPress("清华大学出版社");
    java.setPublicationDate("2010-07-01");
    java.setBooksCategory("软件工程师入门丛书");
    java.setPrice(59.8);
    DefaultMutableTreeNode javaNode = new DefaultMutableTreeNode(java);//创建树节点
    root.add(javaNode);                              //为根节点增加节点
    Book php = new Book();//创建 Book 对象并为其设置属性
    php.setTitle("《PHP 从入门到精通（第 2 版）》");
    php.setPress("清华大学出版社");
    php.setPublicationDate("2010-07-01");
    php.setBooksCategory("软件工程师入门丛书");
    php.setPrice(69.8);
    DefaultMutableTreeNode phpNode = new DefaultMutableTreeNode(php); //创建树节点
    root.add(phpNode);//为根节点增加节点
    DefaultTreeModel model = (DefaultTreeModel) tree.getModel();      //获得树的模型
```

```
        model.setRoot(root);                          //为模型设置根节点
        tree.setModel(model);                         //使用新的模型
        tree.setCellRenderer(new BookCellRenderer());//使用新的渲染器
}
```

（4）运行应用程序，显示如图 15-11 所示的界面效果。

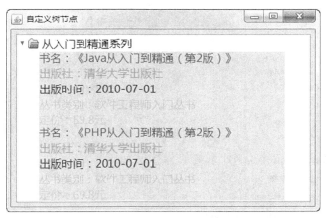

图 15-11　实例运行效果

# 第 16 章
# 多线程

## 本章要点

- 了解多线程在 Windows 操作系统的执行模式
- 掌握实现线程的两种方式
- 掌握线程的状态
- 掌握使线程进入各种状态的方法
- 掌握线程的优先级
- 掌握线程安全
- 掌握线程同步机制
- 掌握线程间的通信

如果一次只完成一件事情，很容易实现，但事实上世间很多事情都是同时进行的。因此，在 Java 中为了模拟这种状态，引入了线程机制。简单地说，当程序同时完成多件事情，就是所谓的多线程程序。多线程应用相当广泛，使用多线程可以创建窗口程序、网络程序等。本章会由浅入深地介绍多线程，除了介绍多线程的概念之外，还结合实例让读者了解如何使程序具有多线程功能。

# 16.1 线 程 简 介

世间万物会同时完成很多工作，例如，人体同时进行呼吸、血液循环、思考问题等活动，用户既可以使用计算机听歌，也可以使用它打印文件，而这些活动完全可以同时进行。这种思想放在 Java 中被称为并发，而将并发完成的每一件事情称为线程。

在人们的生活中，并发机制非常重要，但并不是所有的程序语言都支持线程。在以往的程序中，多以一个任务完成后再进行下一个项目的模式进行开发。这样下一个任务的开始必须等待前一个任务的结束。Java 语言提供并发机制，程序员可以在程序中执行多个线程，每一个线程完成一个功能，并与其他线程并发执行。这种机制被称为多线程。

多线程是非常复杂的机制。如果此时读者不能体会这句话的含义，可以理解为同时阅读 3 本书，首先阅读第 1 本书第 1 章，然后再阅读第 2 本书第 1 章，再阅读第 3 本书第 1 章，回过头再阅读第 1 本书第 2 章，依此类推，不用很长时间读者就可以体会多线程的复杂性。

　　既然多线程这样复杂，那么它在操作系统中是怎样工作的呢？其实 Java 中的多线程在每个操作系统中的运行方式也存在差异，在此着重说明多线程在 Windows 操作系统的运行模式。Windows 操作系统是多任务操作系统，以进程为单位。一个进程是一个包含有自身地址的程序，每个独立执行的程序都称为进程，也就是正在执行的程序。系统可以分配给每个进程一段有限的使用 CPU 的时间（也可以称为 "CPU 时间片"），CPU 在这段时间中执行某个进程，然后下一个时间片又跳至另一个进程中去执行。由于 CPU 转换较快，所以使得每个进程好像是同时执行一样。

　　图 16-1 表明了 Windows 操作系统的执行模式。

图 16-1　使用默认方式创建树

　　一个线程则是进程中的执行流程，一个进程中可以同时包括多个线程，每个线程也可以得到一小段程序的执行时间。这样一个进程就可以具有多个并发执行的线程。在单线程中，程序代码按调用顺序依次往下执行，如果需要一个进程同时完成多段代码的操作，就需要产生多线程。

# 16.2　实现线程的两种方式

　　在 Java 中主要提供两种方式实现线程，分别为继承 java.lang.Thread 类与实现 java.lang.Runnable 接口。在本节中将着重讲解这两种实现线程的方式。

## 16.2.1　继承 Thread 类

　　Thread 类是 java.lang 包中的一个类。从这个类中实例化的对象代表线程，程序员启动一个新线程需要建立 Thread 实例。Thread 类中常用的两个构造方法如下。

```
public Thread(String threadName);
public Thread();
```

其中，第一个构造方法是创建一个名称为 threadName 的线程对象。

继承 Thread 类创建一个新的线程的语法如下。

```
public class ThreadTest extends Thread{
    //...
}
```

完成线程真正功能的代码放在类的 run()方法中。当一个类继承 Thread 类后，就可以在该类中覆盖 run()方法，将实现该线程功能的代码写入 run()方法中，然后同时调用 Thread 类中的 start()方法执行线程，也就是调用 run()方法。

　　Thread 对象需要一个任务来执行，任务是指线程在启动时执行的工作，该工作的功能代码被写在 run()方法中。这个 run()方法必须使用如下这种语法格式。

```
public void run(){
```

```
    //...
}
```

如果 start()方法调用一个已经启动的线程，系统将抛出 IllegalThreadStateException 异常。

当执行一个线程程序时，就自动产生一个线程。主方法正是在这个线程上运行的。当不再启动其他线程时，该程序就为单线程程序，比如在本章以前的程序都是单线程程序。main()方法线程启动由 Java 虚拟机负责，程序员负责启动自己的线程。语法如下。

```
public static void main(String[] args) {
    new ThreadTest().start();
}
```

【例 16-1】 在项目中创建 ThreadTest 类。该类中继承 Thread 类方法创建线程。（实例位置：光盘\MR\源码\第 16 章\16-1）

```
public class ThreadTest extends Thread {       // 指定类继承 Thread 类
    private int count = 10;
    public void run() {                        // 重写 run()方法
        while (true) {
            System.out.print(count + " ");     // 打印 count 变量
            if (--count == 0) {                // 使 count 变量自减，当自减为 0 时，退出循环
                return;
            }
        }
    }
    public static void main(String[] args) {
        new ThreadTest().start();
    }
}
```

在 Eclipse 中运行本实例，运行结果如图 16-2 所示。

图 16-2　使用继承 Thread 类方法创建线程

在上述实例中，ThreadTest 类继承了 Thread 类，然后在该类中覆盖了 run()方法。通常在 run()方法中使用无限循环的形式，使得线程一直运行下去，因此要指定一个跳出循环的条件，例如，本实例中使用变量 count 递减为零作为跳出循环的条件。

在 main 方法中，使线程执行需要调用 Thread 类中的 start()方法。start()方法调用被覆盖的 run()方法，如果不调用 start()方法，线程永远都不会启动。在主方法没有调用 start()方法之前，Thread

对象只是一个实例，而不是一个真正的线程。

## 16.2.2　实现 Runnable 接口

到目前为止，线程都是通过扩展 Thread 类来创建的。如果程序员需要继承其他类（非 Thread 类）并使该程序可以使用线程，就需要使用 Runnable 接口。例如，一个扩展 JFrame 类的 GUI 程序不可能再继承 Thread 类，因为 Java 语言中不支持多继承。这时该类就需要实现 Runnable 接口使其具有使用线程的功能。实现 Runnable 接口的语法如下。

```
public class Thread extends Object implements Runnable
```

有兴趣的读者可以查询 API，从中可以惊奇地发现 Thread 类已经实现了 Runnable 接口，其中的 run()方法正是对 Runnable 接口中的 run()方法的具体实现。

实现 Runnable 接口的程序会创建一个 Thread 对象,并将 Runnable 对象与 Thread 对象相关联。Thread 类中有如下两个构造方法。

```
public Thread(Runnable r)
public Thread(Runnable r,String name)
```

这两个构造方法的参数中都存在 Runnable 实例。使用以上构造方法就可以将 Runnable 实例与 Thread 实例相关联。

使用 Runnable 接口启动新的线程的步骤如下。

（1）建立 Runnable 对象。

（2）使用参数为 Runnable 对象的构造方法创建 Thread 实例。

（3）调用 start()方法启动线程。

通过 Runnable 接口创建线程时。程序员首先需要编写一个实现 Runnable 接口的类，然后实例化该类的对象。这样就建立了 Runnable 对象。接下来，使用相应的构造方法创建 Thread 实例。最后，使用该实例调用 Thread 类中的 Start()方法启动线程。图 16-3 表明了实现 Runnable 接口创建线程的流程。

线程最引人注目的部分应该是与 Swing 相结合创建 GUI 程序。下面演示一个 GUI 程序，实现图标滚动的功能。

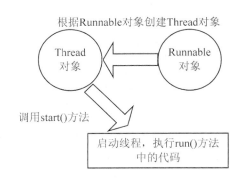

图 16-3　实现 Runnable 接口创建线程的流程

【例 16-2】　在项目中创建 SwingAndThread 类。该类继承了 JFrame 类，实现图标在标签上滚动的功能，其中使用了 Swing 与线程相结合的技术。（实例位置：光盘\MR\源码\第 16 章\16-2）

```
public class SwingAndThread extends JFrame {
    private static final long serialVersionUID = 30726101506883336300L;
    private JLabel jl = new JLabel();                      // 声明 JLabel 对象
    private static Thread t;                               // 声明线程对象
    private int count = 0;                                 // 声明计数变量
    private Container container = getContentPane();         // 声明容器
    public SwingAndThread() {
        setBounds(300, 200, 250, 100);                     // 绝对定位窗体大小与位置
        container.setLayout(null);                         // 使窗体不使用任何布局管理器
```

```
                Icon icon = new ImageIcon("src/com/mingrisoft/1.gif"); // 实例化一个 Icon
                jl.setIcon(icon);                                       // 将图标放置在标签中
                jl.setHorizontalAlignment(SwingConstants.LEFT);    // 设置图片在标签的最左方
                jl.setBounds(10, 10, 200, 50);                     // 设置标签的位置与大小
                jl.setOpaque(true);
                t = new Thread(new Runnable() {       // 定义匿名内部类, 该类实现 Runnable 接口
                        public void run() {           // 重写 run()方法
                            while (count <= 200) {  // 设置循环条件
                                jl.setBounds(count, 10, 200, 50); // 将标签的横坐标用变量表示
                                try {
                                    Thread.sleep(1000);            // 使线程休眠 1000 毫秒
                                } catch (Exception e) {
                                    e.printStackTrace();
                                }
                                count += 4;                        // 使横坐标每次增加 4
                                if (count == 200) {
                                    // 当图标到达标签的最右边, 使其回到标签最左边
                                    count = 10;
                                }
                            }
                        }
                });
                t.start(); // 启动线程
                container.add(jl);                               // 将标签添加到容器中
                setVisible(true);                                // 使窗体可视
                // 设置窗体的关闭方式
                setDefaultCloseOperation(WindowConstants.DISPOSE_ON_CLOSE);
            }
            public static void main(String[] args) {
                new SwingAndThread();                            // 实例化一个 SwingAndThread 对象
            }
        }
```

运行应用程序, 效果如图 16-4 所示。

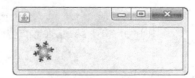

图 16-4　使图标在标签上滚动

  在本实例中, 为了使图标具有滚动功能, 需要在类的构造方法中创建 Thread 实例。在创建该实例的同时需要 Runnable 对象作为 Thread 类构造方法的参数, 然后使用内部类形式实现 run()方法。在 run()方法中主要循环图标的横坐标位置, 当图标横坐标到了标签的最右方时, 将图标的横坐标再置于图标滚动的初始位置。

  启动一个新的线程, 不是直接调用 Thread 子类对象的 run()方法, 而是调用 Thread 子类的 start()方法。Thread 类的 start()方法产生一个新的线程, 将运行 Thread 子类的 run()方法。

# 16.3　线程的生命周期

线程具有生命周期，包含 7 种状态，分别为出生状态、就绪状态、运行状态、等待状态、休眠状态、阻塞状态和死亡状态。出生状态就是用户在创建线程时处于的状态，在用户使用该线程实例调用 start() 方法之前线程都处于出生状态。当用户调用 start() 方法后，线程处于就绪状态（又被称为"可执行状态"）。当线程得到系统资源后就进入运行状态。

一旦线程进入可执行状态，就会在就绪与运行状态下辗转，同时也有可能进入等待、休眠、阻塞或死亡状态。当处于运行状态下的线程调用 Thread 类中的 wait() 方法，该线程处于等待状态，进入等待状态的线程必须调用 Thread 类中的 notify() 方法才能被唤醒，而 notifyAll() 方法是将所有处于等待状态下的线程唤醒。当线程调用 Thread 类中的 sleep() 方法，则会进入休眠状态。如果一个线程在运行状态下发出输入/输出请求，该线程将进入阻塞状态，在其等待输入/输出结束时线程进入就绪状态。对于阻塞的线程来说，即使系统资源空闲，线程依然不能回到运行状态。当线程的 run() 方法执行完毕时，线程进入死亡状态。

　　　　　　使线程处于不同状态下的方法笔者会在 16.4 节中进行介绍，在此读者了解线程的多个状态即可。

图 16-5 描述了线程生命周期中的各种状态。

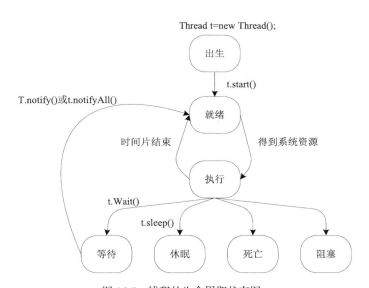

图 16-5　线程的生命周期状态图

虽然多线程看起来像同时执行，但事实上在同一时间点上只有一个线程被执行。只是线程之间切换较快，才会使人产生线程是同时进行的假象。在 Windows 操作系统中，系统会为每个线程分配一小段 CPU 时间片，一旦 CPU 时间片结束就会将当前线程换为下一个线程，即使该线程没有结束。

根据图 16-5 所示，可以总结出使线程序处于就绪状态有以下几种可能。

■　　调用 sleep() 方法。

- 调用 wait()方法。
- 等待输入/输出完成。

当线程处于就绪状态后，可以通过以下几种方式使线程再次进入运行状态。

- 线程调用 notify()方法。
- 线程调用 notifyAll()方法。
- 线程调用 interrupt()方法。
- 线程的休眠时间结束。
- 输入/输出结束。

下面将着重讲解使线程处于各种状态的方法。

# 16.4  操作线程的方法

操作线程有很多方法，这些方法可以使线程从某一种状态过渡到另一种状态。

## 16.4.1  线程的休眠

一种能控制线程行为的方法是调用 sleep()方法。sleep()方法需要一个参数用于指定该线程休眠的时间。该时间使用毫秒为单位。在前面的实例中已经演示过 sleep()方法，它通常是在 run() 方法内的循环中被使用。sleep()方法的语法如下。

```
try{
    Thread.sleep(2000);
}catch(InterruptedException e){
    e.printStackTrace();
}
```

上述代码会使线程在 2 秒之内不会进入就绪状态。由于 sleep()方法的执行有可能抛出 InterruptedException 异常，所以将 sleep()方法的调用放在 try/catch 块中。虽然使用了 sleep()方法的线程在一段时间内会醒来，但是并不能保证它醒来后进入运行状态，只能保证它进入就绪状态。

【例 16-3】  在项目中创建 SleepMethodTest 类。该类继承了 JFrame 类，实现在窗体中自动画线段的功能，并且为线段设置颜色，颜色是随机产生的。（实例位置：光盘\MR\源码\第 16 章\16-3）

```
public class SleepMethodTest extends JFrame {
    private static final long serialVersionUID = 5415557900264291475L;
    private Thread t;
    private static Color[] color = { Color.BLACK, Color.BLUE, Color.CYAN, Color.GREEN,
Color.ORANGE, Color.YELLOW, Color.RED, Color.PINK, Color.LIGHT_GRAY };
    private static final Random rand = new Random();
    private static Color getC() {
        return color[rand.nextInt(color.length)];
    }
    public SleepMethodTest() {
        t = new Thread(new Runnable() {
            int x = 30;
            int y = 50;
            public void run() {
                while (true) {
                    try {
```

```
                Thread.sleep(100);
            } catch (InterruptedException e) {
                e.printStackTrace();
            }
            Graphics graphics = getGraphics();
            graphics.setColor(getC());
            graphics.drawLine(x, y, 200, y++);
            if (y >= 80) {
                y = 50;
            }
        }
    }
});
    t.start();
}
public static void main(String[] args) {
    init(new SleepMethodTest(), 250, 150);
}
public static void init(JFrame frame, int width, int height) {
    frame.setDefaultCloseOperation(JFrame.EXIT_ON_CLOSE);
    frame.setSize(width, height);
    frame.setVisible(true);
}
}
```

运行本实例，运行结果如图 16-6 所示。

在本实例中定义了 getC()方法。该方法用于随机产生 Color
类型的对象，并且在产生线程的匿名内部类中使用 getGraphics()
方法获取 Graphics 对象，使用该对象调用 setColor()方法为图形
设置颜色。同时，调用 drawLine()方法绘制一条线段，该线段
会根据纵坐标的变化自动调整。

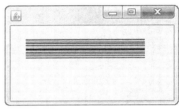

图 16-6　线程的休眠

## 16.4.2　线程的加入

如果当前某程序为多线程程序，假如存在一个线程 A，现在需要插入线程 B，并要求线程 B
先执行完毕，然后再继续执行线程 A，此时可以使用 Thread 类中的 join()方法来完成。这就好比
此时读者正在看电视，却突然有人上门收水费，读者必须付完水费后才能继续看电视。

当某个线程使用 join()方法加入到另外一个线程时，另一个线程会等待该线程执行完毕再继续执行。

【例 16-4】　在项目中创建 JoinTest 类。该类继承了 JFrame 类。该实例包括两个进度条，进
度条的进度由线程来控制，通过使用 join()方法使上面的进度条必须等待下面的进度条完成后才可
以继续。（实例位置：光盘\MR\源码\第 16 章\16-4）

```java
public class JoinTest extends JFrame {
    private static final long serialVersionUID = -39326170392364354111L;
    private Thread threadA;                              // 定义两个线程
    private Thread threadB;
    final JProgressBar progressBar = new JProgressBar(); // 定义两个进度条组件
    final JProgressBar progressBar2 = new JProgressBar();
    int count = 0;
    public static void main(String[] args) {
        init(new JoinTest(), 100, 100);
    }
```

```java
    public JoinTest() {
        super();
        // 将进度条设置在窗体最北面
        getContentPane().add(progressBar, BorderLayout.NORTH);
        // 将进度条设置在窗体最南面
        getContentPane().add(progressBar2, BorderLayout.SOUTH);
        progressBar.setStringPainted(true);                    // 设置进度条显示数字字符
        progressBar2.setStringPainted(true);
        // 使用匿名内部类形式初始化 Thread 实例子
        threadA = new Thread(new Runnable() {
            int count = 0;
            public void run() {                                // 重写 run()方法
                while (true) {
                    progressBar.setValue(++count);             // 设置进度条的当前值
                    try {
                        Thread.sleep(100);                     // 使线程 A 休眠 100 毫秒
                        threadB.join();                        // 使线程 B 调用 join()方法
                    } catch (Exception e) {
                        e.printStackTrace();
                    }
                }
            }
        });
        threadA.start();                                       // 启动线程 A
        threadB = new Thread(new Runnable() {
            int count = 0;
            public void run() {
                while (true) {
                    progressBar2.setValue(++count);            // 设置进度条的当前值
                    try {
                        Thread.sleep(100);                     // 使线程 B 休眠 100 毫秒
                    } catch (Exception e) {
                        e.printStackTrace();
                    }
                    if (count == 100)                          // 当 count 变量增长为 100 时
                        break;                                 // 跳出循环
                }
            }
        });
        threadB.start();                                       // 启动线程 B
    }
    // 设置窗体各种属性方法
    public static void init(JFrame frame, int width,
int height) {
        frame.setDefaultCloseOperation    (JFrame.EXIT_
ON_CLOSE);
        frame.setSize(width, height);
        frame.setVisible(true);
    }
}
```

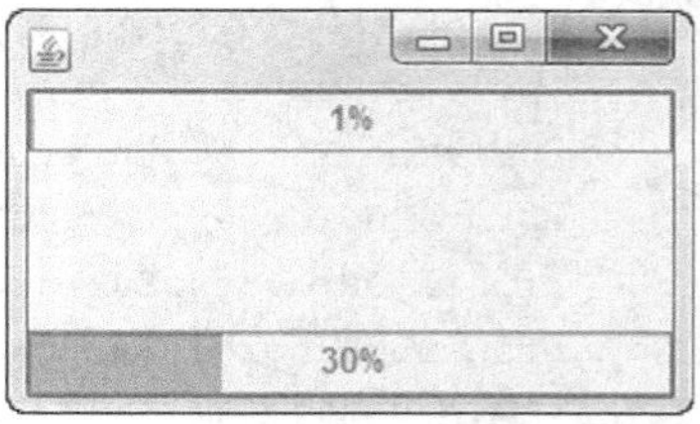

运行本实例，运行结果如图 16-7 所示。

图 16-7　使用 join()方法控制
进度条的滚动

在本实例中同时创建了两个线程，分别负责进度条的滚动。在线程 A 的 run()方法中使线程 B 的对象调用 join()方法，我们知道 join()方法是使当前运行线程暂停，直到调用 join()方法的线程执行完毕后再执行，所以线程 A 等待线程 B 执行完毕后再开始执行，也就是下面的进度条滚动完毕后上面的进度条才开始滚动。

## 16.4.3  线程的中断

在以往时候会使用 stop()方法停止线程，但当前版本的 JDK 早已废除了 stop()方法，同时也不建议使用 stop()方法来停止一个线程的运行。现在提倡在 run()方法中使用无限循环的形式，然后使用一个布尔型标记控制循环的停止。

【例 16-5】　在项目中创建 InterruptedSwing 类。该类继承了 Runnable 类，创建一个进度条，在表示进度条的线程中使用 interrupted()方法。(实例位置：光盘\MR\源码\第 16 章\16-5)

```java
public class InterruptedSwing extends JFrame {
    private static final long serialVersionUID = 4710681128153976211L;
    Thread thread;
    public static void main(String[] args) {
        init(new InterruptedSwing(), 100, 100);
    }
    public InterruptedSwing() {
        super();
        final JProgressBar progressBar = new JProgressBar();   // 创建进度条
        // 将进度条放置在窗体合适位置
        getContentPane().add(progressBar, BorderLayout.NORTH);
        progressBar.setStringPainted(true);                    // 设置进度条上显示数字
        thread = new Thread(new Runnable() {
            int count = 0;
            public void run() {
                while (true) {
                    progressBar.setValue(++count);             // 设置进度条的当前值
                    try {
                        Thread.sleep(1000);                    // 使线程休眠 1000 豪秒
                    } catch (InterruptedException e) { // 捕捉 InterruptedException 异常
                        System.out.println("当前线程序被中断");
                    }
                }
            }
        });
        thread.start();                                        // 启动线程
        thread.interrupt();                                    // 中断线程
    }
    public static void init(JFrame frame, int width, int height) {
        frame.setDefaultCloseOperation(JFrame.EXIT_ON_CLOSE);
        frame.setSize(width, height);
        frame.setVisible(true);
    }
}
```

运行本实例，运行结果如图 16-8 所示。

图 16-8　线程的中断

### 16.4.4　线程的礼让

Thread 类中提供了一种礼让方法，使用 yield()方法表示。它只是给当前正处于运行状态下的线程一个提醒，告知该线程可以将资源礼让给其他线程。需要注意的是，这仅仅是一种暗示，没有任何一种机制保证当前线程会将资源礼让。

yield()方法使具有同样优先级的线程有进入可执行状态的机会，当当前线程放弃执行权时会再度回到就绪状态。对于支持多任务的操作系统来说，不需要调用 yeild()方法，因为操作系统会为线程自动分配 CPU 时间片来执行。

# 16.5　线程的优先级

每个线程都具有各自的优先级，用于在程序中表明该线程的重要性。如果有很多线程处于就绪状态，系统会根据优先级来决定首先使哪个线程进入运行状态。但这并不意味着低优先级的线程得不到运行，而只是它运行的概率比较小，比如垃圾回收线程的优先级就较低。

Thread 类中包含的成员变量代表了线程的某些优先级，比如 Thread.MIN_PRIORITY( 常数 1 )、Thread.MAX_PRIORITY（常数 2）、Thread.NORM_PRIORITY（常数 5）。其中每个线程的优先级都在 Thread.MIN_PRIORITY～Thread.MAX_PRIORITY 之间，在默认情况下其优先级都是 Thread.NORM_PRIORITY。每个新产生的线程都继承了父线程的优先级。

在多任务操作系统中，每个线程都会得到一小段 CPU 时间片运行，在时间结束时，将轮换另一个线程进入运行状态，这时系统会选择与当前线程优先级相同的线程予以运行。系统始终选择就绪状态下优先级较高的线程进入运行状态。图 16-9 表明了处于各个优先级状态下的线程的运行顺序。

在图 16-9 中，优先级为 5 的线程 A 首先得到 CPU 时间片；当该时间结束后，轮换到与线程 A 相同优先级的线程 B；当线程 B 的运行时间结束后，会继续轮换到线程 A，直到线程 A 与线程 B 都执行完毕，才会轮换到线程 C；当线程 C 结束后，最后才会轮到线程 D。

线程的优先级可以使用 setPriority()方法调整，如果使用该方法设置的优先级不在 1～10 之内，将产生一个 IllegalArgumentException 异常。

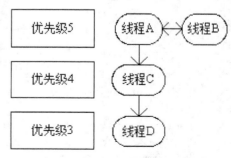

图 16-9　处于各个优先级状态下的
线程的运行顺序

【例 16-6】　在项目中创建 PriorityTest 类。该类继承了 Runnable 类。创建 4 个进度条，分别由 4 个线程来控制，并且为这 4 个线程设置不同的

优先级。（实例位置：光盘\MR\源码\第 16 章\16-6）

```java
public class PriorityTest extends JFrame {
    private static final long serialVersionUID = 3801072094600139764L;
    private Thread threadA;
    private Thread threadB;
    private Thread threadC;
    private Thread threadD;
    public PriorityTest() {
        getContentPane().setLayout(new GridLayout(4, 1));
        final JProgressBar progressBar = new JProgressBar();
        final JProgressBar progressBar2 = new JProgressBar();
        final JProgressBar progressBar3 = new JProgressBar();
        final JProgressBar progressBar4 = new JProgressBar();
        getContentPane().add(progressBar);
        getContentPane().add(progressBar2);
        getContentPane().add(progressBar3);
        getContentPane().add(progressBar4);
        progressBar.setStringPainted(true);
        progressBar2.setStringPainted(true);
        progressBar3.setStringPainted(true);
        progressBar4.setStringPainted(true);
        threadA = new Thread(new MyThread(progressBar));
        threadB = new Thread(new MyThread(progressBar2));
        threadC = new Thread(new MyThread(progressBar3));
        threadD = new Thread(new MyThread(progressBar4));
        setPriority("threadA", 5, threadA);
        setPriority("threadB", 5, threadB);
        setPriority("threadC", 4, threadC);
        setPriority("threadD", 3, threadD);
    }
    // 定义设置线程的名称、优先级的方法
    public static void setPriority(String threadName, int priority, Thread t) {
        t.setPriority(priority);                      // 设置线程的优先级
        t.setName(threadName);                        // 设置线程的名称
        t.start(); // 启动线程
    }
    public static void main(String[] args) {
        init(new PriorityTest(), 250, 100);
    }
    public static void init(JFrame frame, int width, int height) {
        frame.setDefaultCloseOperation(JFrame.EXIT_ON_CLOSE);
        frame.setSize(width, height);
        frame.setVisible(true);
    }
    private final class MyThread implements Runnable { // 定义一个实现 Runnable 接口的类
        private final JProgressBar bar;
        int count = 0;
        private MyThread(JProgressBar bar) {
            this.bar = bar;
        }
        public void run() {                           // 重写 run()方法
            while (true) {
                bar.setValue(count += 10);            // 设置滚动条的值每次自增 10
```

```
        try {
            Thread.sleep(1000);
        } catch (InterruptedException e) {
            System.out.println("当前线程被中断");
        }
      }
    }
  }
}
```

运行本实例，运行结果如图 16-10 所示。

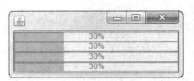

图 16-10　线程的优先级

在本实例中，定义了 4 个线程，用于设置 4 个进度条的
进度。笔者定义了 setPriority()方法设置了每个线程的优先级和名称等。虽然在图 16-10 中看这 4
个进度条好像是在一起滚动，但如果仔细观察还是可以看到细微差别：第一个进度条总是最先变
化。由于 threadA 线程和 threadB 线程优先级最高，所以系统首先处理这两个线程，然后才是 threadC
和 threadD 这两个线程。

# 16.6　线 程 同 步

在单线程程序中，每次只能做一件事情，后面的事情需要等待前面的事情完成后才可以进行。
如果使用多线程程序，就会发生两个线程抢占资源的问题，例如两个人同时说话，两个人同时过
同一个独木桥等。因此，在多线程编程中，需要防止这些资源访问的冲突。Java 提供线程同步的
机制来防止资源访问的冲突。

## 16.6.1　线程安全

实际开发中，使用多线程程序的情况很多，如银行排号系统、火车站售票系统等。这种多线
程的程序通常会发生问题，以火车站售票系统为例，在代码中判断当前票数是否大于 0，如果大
于 0 则执行将该票出售给乘客功能，但当两个线程同时访问这段代码时（假如这时只剩下一张票），
第一个线程将票售出，与此同时第二个线程也已经执行完成判断是否有票的操作，并得出结论票
数大于 0，于是它也执行售出操作，这样就会产生负数。因此，在编写多线程程序时，应该考虑
到线程安全问题。实质上线程安全问题来源于两个线程同时存取单一对象的数据。

【例 16-7】　在项目中创建 ThreadSafeTest 类。该类继承了 Runnable 类，主要实现模拟火车
站售票系统。（实例位置：光盘\MR\源码\第 16 章\16-7）

```java
public class ThreadSafeTest implements Runnable {
    int num = 10;                              // 设置当前总票数
    public void run() {
        while (true) {
            if (num > 0) {
                try {
                    Thread.sleep(100);
                } catch (Exception e) {
                    e.printStackTrace();
                }
                System.out.println("tickets" + num--);
            }
```

```
        }
    }
    public static void main(String[] args) {
        ThreadSafeTest t = new ThreadSafeTest();        // 实例化类对象
        Thread tA = new Thread(t);                       // 以该类对象分别实例化 4 个线程
        Thread tB = new Thread(t);
        Thread tC = new Thread(t);
        Thread tD = new Thread(t);
        tA.start();                                      // 分别启动线程
        tB.start();
        tC.start();
        tD.start();
    }
}
```

运行本实例，运行结果如图 16-11 所示。

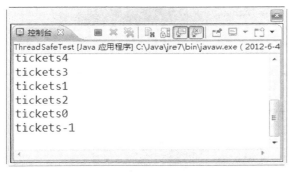

图 16-11　资源共享冲突后出现的问题

从图 16-11 中可以看到，最后打印售出后剩下的票为负值，这样就出现了问题。这是由于同时创建了 4 个线程。这 4 个线程执行 run()方法，在 num 变量为 1 时，线程 1、线程 2、线程 3、线程 4 都对 num 变量有存储功能，当线程 1 执行 run()方法时，还没有来得及做递减操作，笔者就指定它调用 sleep()方法进入就绪状态，这时线程 2、线程 3、线程 4 都进入了 run()方法，发现 num 变量依然大于 0，但此时线程 1 休眠时间已到，将 num 变量值递减，同时线程 2、线程 3、线程 4 也都对 num 变量进行递减操作，从而就产生了负值。

## 16.6.2　线程同步机制

如何解决资源共享的问题？基本上所有解决多线程资源冲突问题都会采用给定时间只允许一个线程访问共享资源的方法。这时就需要给共享资源上一道锁。这就好比一个人进入洗手间后将门锁上，当他出来时再将锁打开，然后其他人才可以进入。

### 1. 同步块

在 Java 中提供了同步机制，可以有效地防止资源冲突。同步机制使用 synchronized 关键字。
【例 16-8】　在本实例中，创建类 CopyOf ThreadSafeTest.java。在该类中修改例 16-7 中的 run()方法，使对 num 操作的代码设置在同步块中。（实例位置：光盘\MR\源码\第 16 章\16-8）

```
public class CopyOfThreadSafeTest implements Runnable {
    int num = 10;
    public void run() {
        while (true) {
```

```
                synchronized ("") {
                    if (num > 0) {
                        try {
                            Thread.sleep(1000);
                        } catch (Exception e) {
                            e.printStackTrace();
                        }
                        System.out.println("tickets" + --num);
                    }
                }
            }
        }
        public static void main(String[] args) {
            CopyOfThreadSafeTest t = new CopyOfThreadSafeTest();
            Thread tA = new Thread(t);
            Thread tB = new Thread(t);
            Thread tC = new Thread(t);
            Thread tD = new Thread(t);
            tA.start();
            tB.start();
            tC.start();
            tD.start();
        }
    }
```

运行本实例，运行结果如图 16-12 所示。

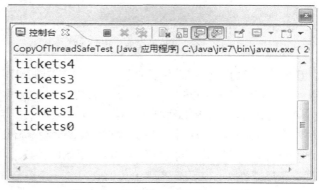

图 16-12　修改例 16-7 中的 run()方法

从图 16-12 中可以看出，打印到最后票数没有出现负数。这是因为将资源放置在了同步块中。这个同步块也被称为"临界区"，需使用 synchronized 关键字建立。语法如下。

```
synchronized(Object){
    ...//
}
```

通常将共享资源的操作放置在 synchronized 定义的区域内。这样当其他线程也获取到这个锁时，必须等待锁被释放时才能进入该区域。Object 为任意一个对象，每个对象都存在一个标志位，并具有两个值，分别为 0 和 1。一个线程运行到同步块时首先检查该对象的标志位，如果为 0 状态，表明此同步块中存在其他线程在运行。这时该线程处于就绪状态，直到处于同步块中的线程执行完同步块中的代码为止。这时该对象的标识位被设置为 1，该线程才能执行同步块中的代码，并将 Object 对象的标识位设置为 0，防止其他线程执行同步块中的代码。

## 2．同步方法

同步方法就是在方法前面修饰 synchronized 关键字的方法，其语法如下。

```
synchronized void f(){}
```

当某个对象调用了同步方法，则该对象上的其他同步方法必须等待该同步方法执行完毕才能被执行。这时必须将每个能访问共享资源的方法修饰为 synchronized，否则就会出错。

# 16.7　线程间的通信

在学习完如何避免线程产生冲突的问题后，下面将学习线程之间的通信。线程之间的通信使用 wait()、notify()以及 notifyAll()方法实现。

我们知道线程如果调用 wait()方法后可以使该线程从运行状态进入就绪状态，而 sleep()方法也达到这样一个效果，那么两者究竟有何区别？从同步的角度上来说，调用 sleep()方法的线程不释放锁，但调用 wait()方法的线程释放锁。

使用 wait()方法有以下两种形式。

```
wait(time)
wait()
```

第一种形式的 wait()方法与 sleep()方法的含义相同，都是指在此时间之内暂停，第二种形式的 wait()方法会使线程永久无限地等待下去，需要使用 notify()或者 notifyAll()方法唤醒。

【例 16-9】　在项目中创建 Commnicate 类。该类继承了 Runnable 类。创建一个进度条，使用线程的 wait()与 notify()方法控制进度条的进度。（实例位置：光盘\MR\源码\第 16 章\16-9）

```
public class Commnicate extends JFrame {
    private static final long serialVersionUID = -4532342445622085716L;
    Thread t1;
    Thread t2;
    private int count = 0;
    final JProgressBar progressBar = new JProgressBar();
    public static void main(String[] args) {
        init(new Commnicate(), 150, 100);
    }
    public Commnicate() {
        super();
        progressBar.setStringPainted(true);
        getContentPane().add(progressBar, BorderLayout.NORTH);
        deValue();
        addValue();
        t1.start();
        t2.start();
    }
    public void addValue() {
        t1 = new Thread(new Runnable() {                    // 实例化线程 t1
                public void run() {
                    while (true) {
                        if (count >= 100) {
                            System.out.println("进度条已满,递增线程等待");
                            break;
                        }
                        if (count == 0) {
```

```
                                progressBar.setValue(count += 100);
                                System.out.println("进度条的当前值为: " + count);
                                synchronized (t2) {              // 定义同步块
                                    System.out.println("进度条已有值，可以进行递减操作");
                                    t2.notify();                  // 在同步块中将线程 t2 唤醒
                                }
                            }
                            try {
                                Thread.sleep(100);               // 使当前线程休眠 100 毫秒
                            } catch (Exception e) {
                                e.printStackTrace();
                            }
                        }
                    }
                });
        }
        public void deValue() {
            t2 = new Thread(new Runnable() {                     // 定义线程 t2
                    public void run() {
                        while (true) {
                            if (count == 0) {
                                synchronized (this) {           // 定义同步块
                                    try {
                                        wait();                 // 使线程 t2 等待
                                    } catch (Exception e) {
                                        e.printStackTrace();
                                    }
                                }
                            }
                            progressBar.setValue(--count); // 将进度条的当前值递减
                            System.out.println("进度条的当前值为: " + count);
                            try {
                                Thread.sleep(100);
                            } catch (Exception e) {
                                e.printStackTrace();
                            }
                        }
                    }
                });
        }
        public static void init(JFrame frame, int width, int height) {
            frame.setDefaultCloseOperation(JFrame.EXIT_ON_CLOSE);
            frame.setSize(width, height);
            frame.setVisible(true);
        }
    }
```

运行上述代码，结果如图 16-13 所示。

在本实例中，首先调用了 deValue() 与 addValue() 方法，分别用于完成进度条的值递减与递增的功能。在 deValeu() 方法中，首先判断进度条当前的值是否为 0，如果为 0 则在同步块中使当前线程等待。这时调用 addValue() 方法，使进度条进行递增操作。然后在同步块中唤醒用于设置进度条递减的线程 t2，进行进度条递减操作。这样一来，使用 wait() 与 notify() 方法就能控制进度条的递增与递减。

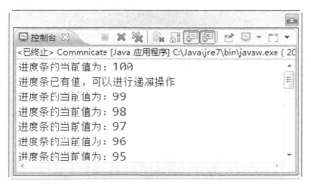

图 16-13　线程间的通信

 　　在线程 t2 使用 notify()方法时，需要获取锁，而在线程 t2 调用 wait()方法的同时就释放了这个锁。这就能保证两个线程试图调用同一个对象时不会发生资源共享冲突的问题。

# 16.8　综合实例——查看线程的运行状态

　　线程共有以下 6 种状态：新建、运行（可运行）、阻塞、等待、计时等待和终止。当使用 new 操作符创建新线程时，线程处于"新建"状态。当调用 start()方法时，线程处于运行（可运行）状态。当线程需要获得对象的内置锁，而该锁正被别的线程拥有，线程处于阻塞状态。当线程等待其他线程通知调度表可以运行时，该线程处于等待状态。对于一些含有时间参数的方法，例如 Thread 类的 sleep()方法，可以使线程处于计时等待状态。当 run()方法运行完毕或出现异常时，线程处于终止状态。实例的运行效果如图 16-14 所示。

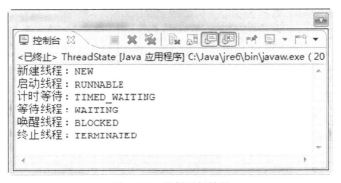

图 16-14　实例运行效果

　　（1）编写类 ThreadState。该类实现了 Runnable 接口。在该类中定义了 3 个方法：waitForASecond()方法用于将当前线程暂时等待 0.5 秒，waitForYears()方法用于将当前线程永久等待，notifyNow()方法用于通知等待状态的线程运行。run()方法中，运行了 waitForASecond()方法和 waitForYears()方法。代码如下：

```
public class ThreadState implements Runnable {
    public synchronized void waitForASecond() throws InterruptedException {
        wait(500);//使当前线程等待 0.5 秒或其他线程调用 notify()或 notifyAll()方法
    }
    public synchronized void waitForYears() throws InterruptedException {
        wait();      //使当前线程永久等待，直到其他线程调用 notify()或 notifyAll()方法
    }
    public synchronized void notifyNow() throws InterruptedException {
        notify();    //唤醒由调用 wait()方法进入等待状态的线程
    }
    public void run() {
        try {
            waitForASecond();     //在新线程中运行 waitForASecond()方法
            waitForYears();       //在新线程中运行 waitForYears()方法
        } catch (InterruptedException e) {
            e.printStackTrace();
        }
    }
}
```

（2）编写类 Test 进行测试，在 main()方法中，输出了线程的各种不同的状态，代码如下：

```
public class Test {
    public static void main(String[] args) throws InterruptedException {
        ThreadState state = new ThreadState();      //创建 State 对象
        Thread thread = new Thread(state);          //利用 State 对象创建 Thread 对象
        System.out.println("新建线程: " + thread.getState());// 输出线程状态
        thread.start();        //调用 thread 对象的 start()方法，启动新线程
        System.out.println("启动线程: " + thread.getState());// 输出线程状态
        Thread.sleep(100);  //当前线程休眠 0.1 秒，使新线程运行 waitForASecond()方法
        System.out.println("计时等待: " + thread.getState());// 输出线程状态
        Thread.sleep(1000);//当前线程休眠 1 秒，使新线程运行 waitForYears()方法
        System.out.println("等待线程: " + thread.getState());// 输出线程状态
        state.notifyNow();  //调用 state 的 notifyNow()方法
        System.out.println("唤醒线程: " + thread.getState());// 输出线程状态
        Thread.sleep(1000); //当前线程休眠 1 秒，使新线程结束
        System.out.println("终止线程: " + thread.getState());// 输出线程状态
    }
}
```

（3）在代码编辑器中单击鼠标右键，在弹出菜单中选择"运行方式"/"Java 应用程序"菜单项，显示如图 16-14 所示的结果。

## 知识点提炼

（1）Java 语言自诞生之日起就支持多线程。

（2）实现线程的两种常见方式是继承 Thread 类和实现 Runnable 接口。

（3）线程共有以下 6 种状态：新建、运行（可运行）、阻塞、等待、计时等待和终止。

（4）Thread 类中定义的 sleep() 方法可以让线程休眠。

（5）Thread 类中定义的 join() 方法可以让线程插队运行。

（6）使用布尔值判断条件的方式可以实现线程的停止。

（7）可以为线程设置优先级，具有高优先级的线程其运行的概率比低优先级的线程大。

（8）使用线程同步可以避免线程死锁、数据读写错误等问题。

（9）可以使用同步块和同步方法来实现线程同步。

（10）不同的线程之间也可以进行通信。

# 习　　题

16-1　使用两种不同的方式创建线程并比较其差异。

16-2　Thread 类和 Runnable 接口位于哪个包中？在使用它们时，是否需要导入该包？

16-3　线程的生命周期中包含哪些状态？

16-4　如何让线程休眠？

16-5　如何让线程插队运行？

16-6　如何修改线程的优先级？

16-7　产生死锁需要哪些条件？如何避免死锁？

16-8　Java 中提供的线程同步方式有哪些？

16-9　如何实现线程间的通信？

# 实验：简单的线程死锁

## 实验目的

（1）掌握 Java 中多线程的创建及使用。

（2）掌握线程死锁出现的原因及解决方式。

## 实验内容

编写 DeadLock 类，利用抢占各自的资源实现线程死锁。

## 实验步骤

（1）编写类 DeadLock。该类实现了 Runnable 接口。在 run() 方法中，由于两个线程都需要使用对方的方法而进入死锁状态。代码如下。

```
public class DeadLock implements Runnable {
    private boolean flag;// 使用 flag 变量作为进入不同块的标志
    private static final Object o1 = new Object();
    private static final Object o2 = new Object();
    public void run() {
        String threadName = Thread.currentThread().getName();// 获得当前线程的名字
```

```
        System.out.println(threadName + ": flag = " + flag);// 输出当前线程的 flag 变量值
        if (flag == true) {
            synchronized (o1) {// 为 o1 加锁
                try {
                    Thread.sleep(1000);// 线程休眠 1 秒钟
                } catch (InterruptedException e) {
                    e.printStackTrace();
                }
                // 显示进入 o1 块
                System.out.println(threadName + "进入同步块 o1 准备进入 o2");
                synchronized (o2) {                                    // 为 o2 加锁
                    System.out.println(threadName + "已经进入同步块 o2");// 显示进入 o2 块
                }
            }
        }
        if (flag == false) {
            synchronized (o2) {
                try {
                    Thread.sleep(1000);
                } catch (InterruptedException e) {
                    e.printStackTrace();
                }
                // 显示进入 o2 块
                System.out.println(threadName + "进入同步块 o2 准备进入 o1");
                synchronized (o1) {
                    System.out.println(threadName + "已经进入同步块 o1");// 显示进入 o1 块
                }
            }
        }
    }
    public static void main(String[] args) {
        DeadLock d1 = new DeadLock();                    // 创建 DeadLock 对象 d1
        DeadLock d2 = new DeadLock();                    // 创建 DeadLock 对象 d2
        d1.flag = true;                                  // 将 d1 的 flag 设置为 true
        d2.flag = false;                                 // 将 d2 的 flag 设置为 false
        new Thread(d1).start();                          // 在新线程中运行 d1 的 run()方法
        new Thread(d2).start();                          // 在新线程中运行 d2 的 run()方法
    }
}
```

（2）运行应用程序，显示如图 16-15 所示的界面效果。

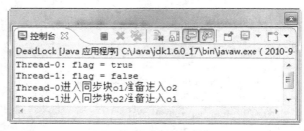

图 16-15　实例运行效果

# 第 *17* 章
## 图形绘制技术

**本章要点**

- 了解 Java 绘制图形
- 了解 Java 绘图颜色与笔画属性
- 掌握 Java 绘制文本
- 掌握 Java 图片处理

要开发高级的应用程序就必须适当掌握图像处理技术。它是程序开发不可缺少的技术，可以为程序提供数据统计、图表分析等功能。本章将向读者介绍绘图技术的基本知识以及图像处理技术。

# 17.1 绘 制 图 形

绘图是高级程序设计中非常重要的技术，例如应用程序需要绘制闪屏图片、绘制背景图片、绘制组件外观，Web 程序可以绘制统计图、绘制数据库存储的图片资源等。正所谓"一图胜千言"，使用图片能够更好地表达程序运行结果、进行细致的数据分析与保存等。本节将介绍 Java 语言程序设计的绘图类 Graphics 与 Graphics2D。

## 17.1.1 Graphics

Graphics 类是所有图形上下文的抽象基类，允许应用程序在组件以及闭屏图像上进行绘制。Graphics 类封装了 Java 支持的基本绘图操作所需的状态信息，主要包括颜色、字体、画笔、文本、图像等。

Graphics 类提供了绘图常用的方法，利用这些方法可以实现直线、矩形、多边形、椭圆、圆弧等形状和文本、图片的绘制操作。另外，在执行这些操作之前，还可以使用相应的方法，设置绘图的颜色、字体等状态属性。

Graphics 类使用不同的方法实现不同图形的绘制，例如 drawLine()方法可以绘制直线、drawRect()方法用于绘制矩形、drawOval()方法用于绘制椭圆形等。

【例 17-1】 在项目中创建 DrawCircle 类，使该类继承 JFrame 类成为窗体组件，在类中创建继承 Jpanel 类的 DrawPanel 内部类，并重写 paint()方法，实现绘制 5 个圆形组成的图案。(实例位置：光盘\MR\源码\第 17 章\17-1 )

```
public class DrawCircle extends JFrame {
    private static final long serialVersionUID = 3109454026048754015L;
    private final int OVAL_WIDTH = 80;                    // 圆形的宽
    private final int OVAL_HEIGHT = 80;                   // 圆形的高
    public DrawCircle() {
        super();
        initialize();                                     // 调用初始化方法
    }
    // 初始化方法
    private void initialize() {
        this.setSize(300, 200);                           // 设置窗体大小
        setDefaultCloseOperation(JFrame.EXIT_ON_CLOSE);   // 设置窗体关闭模式
        setContentPane(new DrawPanel());                  // 设置窗体面板为绘图面板对象
        this.setTitle("绘图实例");                         // 设置窗体标题
    }
    // 主方法
    public static void main(String[] args) {
        new DrawCircle().setVisible(true);
                    // 创建窗体
    }
    // 创建绘图面板
    class DrawPanel extends JPanel {
        private static final long
serialVersionUID = -4636964496682683380L;
        public void paint(Graphics g) {
            super.paint(g);
            g.drawOval(10, 10, OVAL_WIDTH, OVAL_HEIGHT);  // 绘制第 1 个圆形
            g.drawOval(80, 10, OVAL_WIDTH, OVAL_HEIGHT);  // 绘制第 2 个圆形
            g.drawOval(150, 10, OVAL_WIDTH, OVAL_HEIGHT); // 绘制第 3 个圆形
            g.drawOval(50, 70, OVAL_WIDTH, OVAL_HEIGHT);  // 绘制第 4 个圆形
            g.drawOval(117, 70, OVAL_WIDTH, OVAL_HEIGHT); // 绘制第 5 个圆形
        }
    }
}
```

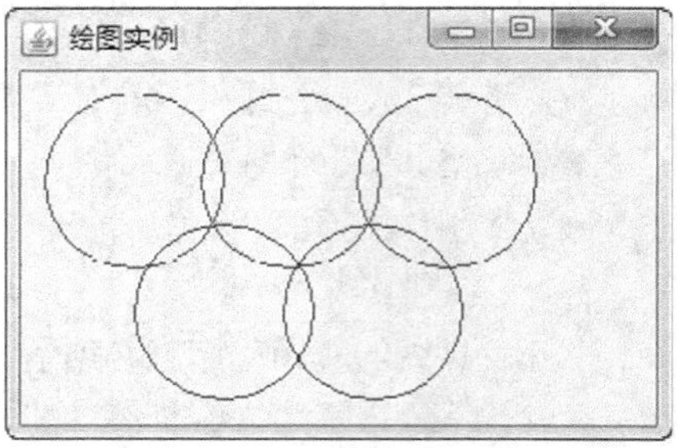

图 17-1　绘制圆形图的窗体

运行本实例，效果如图 17-1 所示。

Graphics 类常用的图形绘制方法如表 17-1 所示。

表 17-1　　　　　　　　　　　Graphics 类常用的图形绘制方法

| 方　　法 | 说　　明 | 举　　例 | 绘图效果 |
| --- | --- | --- | --- |
| drawArc(int x, int y, int width, int height, int startAngle, int arcAngle) | 弧形 | drawArc(100,100,100,50,270,170); |  |
| drawLine(int x1, int y1, int x2, int y2) | 直线 | drawLine(10,10,50,10);<br>drawLine(30,10,30,40); | 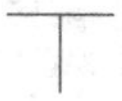 |
| drawOval(int x, int y, int width, int height) | 椭圆 | drawOval(10,10,50,30); | 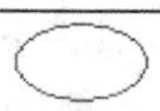 |
| drawPolygon(int[] xPoints, int[] yPoints, int nPoints) | 多边形 | int[] xs={10,50,10,50};<br>int[] ys={10,10,50,50};<br>drawPolygon(xs, ys, 4); | 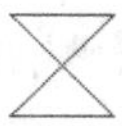 |

续表

| 方　法 | 说　明 | 举　例 | 绘图效果 |
|---|---|---|---|
| drawPolyline(int[] xPoints, int[] yPoints, int nPoints) | 多边线 | int[] xs={10,50,10,50};<br>int[] ys={10,10,50,50};<br>drawPolyline(xs, ys, 4); |  |
| drawRect(int x, int y, int width, int height) | 矩形 | drawRect(10, 10, 100, 50); |  |
| drawRoundRect(int x, int y, int width, int height, int arcWidth, int arcHeight) | 圆角矩形 | drawRoundRect(10, 10, 50, 30,10,10); |  |
| fillArc(int x, int y, int width, int height, int startAngle, int arcAngle) | 实心弧形 | fillArc(100,100,50,30,270,170); |  |
| fillOval(int x, int y, int width, int height) | 实心椭圆 | fillOval(10,10,50,30); |  |
| fillPolygon(int[] xPoints, int[] yPoints, int nPoints) | 实心多边形 | int[] xs={10,50,10,50};<br>int[] ys={10,10,50,50};<br>fillPolygon(xs, ys, 4); |  |
| fillRect(int x, int y, int width, int height) | 实心矩形 | fillRect(10, 10, 50, 30); |  |
| fillRoundRect(int x, int y, int width, int height, int arcWidth, int arcHeight) | 实心圆角矩形 | g.fillRoundRect(10, 10, 50, 30,10,10); |  |

## 17.1.2　Graphics2D

虽然使用 Graphics 类可以完成简单的图形绘制任务，但是所实现的功能非常有限，例如，无法改变线条的粗细、不能对图片使用旋转、模糊等过滤效果。

Graphics2D 继承 Graphics 类，实现了功能更加强大的绘图操作的集合。由于 Graphics2D 类是 Graphics 类的扩展，也是推荐使用的 Java 绘图类，所以本章主要介绍如何使用 Graphics2D 类实现 Java 绘图。

　　　　Graphics2D 是推荐使用的绘图类，但是程序设计中提供的绘图对象大多是 Graphics 类的实例对象。这时应该使用强制类型转换将其转换为 Graphics2D 类型。

要绘制指定形状的图形，需要先创建并初始化该图形类的对象。这些图形类必须是 Shape 接口的实现类，然后使用 Graphics2D 类的 draw()方法绘制该图形对象或者使用 fill()方法填充该图形对象。语法如下所示。

```
draw(Shape form)
```
或者
```
fill(Shape form)
```
■　　form：实现 Shape 接口的对象

java.awt.geom 包中提供了如下一些常用的图形类，这些图形类都实现了 Shape 接口。

■　　Arc2D
■　　CubicCurve2D
■　　Ellipse2D
■　　Line2D
■　　Point2D
■　　QuadCurve2D

■ Rectangle2D

■ RoundRectangle2D

各图形类都是抽象类型的。在不同图形类中有 Double 和 Float 两个实现类，以不同精度构建图形对象。为方便计算，在程序开发中经常使用 Double 类的实例对象进行图形绘制，但是如果程序中要使用成千上万个图形，则建议使用 Float 类的实例对象进行绘制，这样会节省内存空间。

**【例 17-2】**　在窗体的实现类中创建图形类的对象，然后使用 Graphics2D 类绘制和填充这些图形。（实例位置：光盘\MR\源码\第 17 章\17-2）

```java
public class DrawFrame extends JFrame {
    private static final long serialVersionUID = -2320860851838058505L;
    public DrawFrame() {
        super();
        initialize();                                    // 调用初始化方法
    }
    // 初始化方法
    private void initialize() {
        this.setSize(300, 170);                          // 设置窗体大小
        setDefaultCloseOperation(JFrame.EXIT_ON_CLOSE);  // 设置窗体关闭模式
        add(new CanvasPanel());                          // 设置窗体面板为绘图面板对象
        this.setTitle("绘图实例2");                       // 设置窗体标题
    }
    public static void main(String[] args) {
        new DrawFrame().setVisible(true);
    }
    class CanvasPanel extends JPanel {
        private static final long serialVersionUID = -8820215495841252970L;
        public void paint(Graphics g) {
            super.paint(g);
            Graphics2D g2 = (Graphics2D) g;
            Shape[] shapes = new Shape[4];                         // 声明图形数组
            shapes[0] = new Ellipse2D.Double(5, 5, 100, 100);   // 创建圆形对象
            shapes[1] = new Rectangle2D.Double(110, 5, 100, 100);  // 创建矩形对象
            shapes[2] = new Rectangle2D.Double(15, 15, 80, 80);    // 创建圆形对象
            shapes[3] = new Ellipse2D.Double(117, 15, 80, 80);     // 创建矩形对象
            for (Shape shape : shapes) {                          // 遍历图形数组
                Rectangle2D bounds = shape.getBounds2D();
                if (bounds.getWidth() == 80)
                    g2.fill(shape);
                                        // 填充图形
                else
                    g2.draw(shape);
                // 绘制图形
            }
        }
    }
}
```

运行本实例，效果如图 17-2 所示。

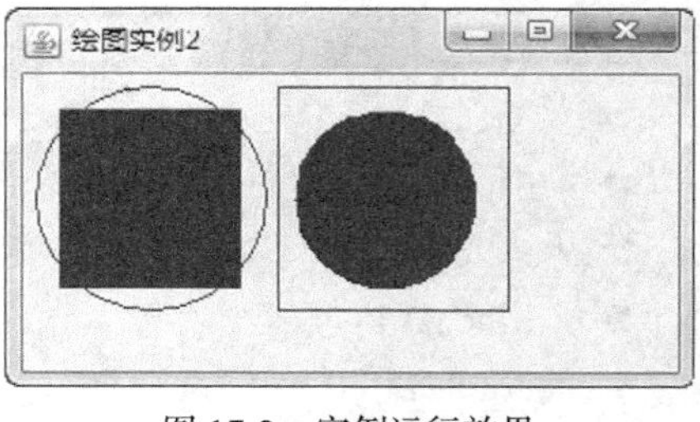

图 17-2　实例运行效果

# 17.2　绘图颜色与笔画属性

Java 语言使用 Color 类封装颜色的各种属性，并对颜色进行管理。另外，在绘制图形时还可以指定线的粗细、虚线还是实线等笔画属性。

## 17.2.1　设置颜色

使用 Color 类可以创建任何颜色的对象，而不用担心不同平台对该颜色的支持与否，因为 Java 以跨平台和与硬件无关的方式支持颜色管理。创建 Color 对象的构造方法如下所示。

```
Color col = new Color(int r, int g, int b)
```

或者

```
Color col = new Color(int rgb)
```

- rgb：颜色值，该值是红、绿、蓝三原色的总和。
- r：该参数是三原色中红色的取值。
- g：该参数是三原色中绿色的取值。
- b：该参数是三原色中蓝色的取值。

Color 类定义了常用色彩的常量值，如表 17-2 所示。这些常量都是静态的 Color 对象，可以直接使用这些常量值定义的颜色对象。

表 17-2　　　　　　　　　　　　　常用 Color 常量

| 常　量　名 | 颜　色　值 |
|---|---|
| Color BLACK | 黑色 |
| Color BLUE | 蓝色 |
| Color CYAN | 青色 |
| Color DARK_GRAY | 深灰色 |
| Color GRAY | 灰色 |
| Color GREEN | 绿色 |
| Color L IGHT_GRAY | 浅灰色 |
| Color MAGENTA | 洋红色 |
| Color ORANGE | 橘黄色 |
| Color PINK | 粉红色 |
| Color RED | 红色 |
| Color WHITE | 白色 |
| Color YELLOW | 黄色 |

绘图类可以使用 setColor()方法设置当前颜色，语法如下所示。

```
setColor(Color color);
```

- color：Color 对象，代表一个颜色值，例如红色、黄色或者默认的黑色。

　　　　设置绘图颜色以后，再进行绘图或者绘制文本，都会采用该颜色作为前景色。如果想再绘制其他颜色的图形或文本，需要调用 setColor()方法。

### 17.2.2 笔画属性

在默认情况下，Graphics 绘图类使用的笔画属性是粗细为 1 个像素的正方形，而 Java2D 的 Graphics2D 类可以调用 setStroke()方法设置笔画的属性，例如改变线条的粗细、使用实线还是虚线、定义线段端点的形状、风格等。语法如下所示。

```
setStroke(Stroke stroke)
```

- stroke：Stroke 接口的实现类

setStroke()方法必须接受一个 Stroke 接口的实现类作参数，java.awt 包中提供了 BasicStroke 类，实现了 Stroke 接口，并且通过不同的构造方法创建笔画属性不同的对象。这些构造方法包括。

- BasicStroke()
- BasicStroke(float width)
- BasicStroke(float width, int cap, int join)
- BasicStroke(float width, int cap, int join, float miterlimit)
- BasicStroke(float width, int cap, int join, float miterlimit, float[] dash, float dash_phase)

这些构造方法中的参数说明如表 17-3 所示。

表 17-3　　　　　　　　　　　方法参数说明

| 常量名 | 说　　明 |
|---|---|
| width | 笔画宽度，必须大于或等于 0.0f。如果将宽度设置为 0.0f，则将笔划设置为当前设备的默认宽度 |
| cap | 线端点的装饰 |
| join | 应用在路径线段交汇处的装饰 |
| miterlimit | 斜接处的剪裁限制。该参数值必须大于或等于 1.0f |
| dash | 表示虚线模式的数组 |
| dash_phase | 开始虚线模式的偏移量 |

cap 参数可以使用 CAP_BUTT、CAP_ROUND 和 CAP_SQUARE 常量。这 3 个常量对线端点的装饰效果如图 17-3 所示。

join 参数用于修饰线段交汇效果，可以使用 JOIN_BEVEL、JOIN_MITER 和 JOIN_ROUND 常量。这 3 个常量对线段交汇的修饰效果如图 17-4 所示。

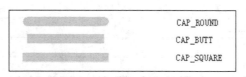

图 17-3　cap 参数对线端点的装饰效果

图 17-4　join 参数修饰线段交汇的效果

# 17.3　绘　制　文　本

Java 绘图类也可以绘制文本内容，在绘制文本之前可以设置使用的字体、大小等属性。本节将介绍如何绘制文本以及设置文本的字体。

## 17.3.1　设置字体

Java 使用 Font 类封装了字体的大小、样式等属性。该类在 java.awt 包中定义，构造方法可以指定字体的名称、大小和样式 3 个属性。语法如下所示。

```
Font(String name, int style, int size)
```

- ■　name：字体的名称
- ■　style：字体的样式
- ■　size：字体的大小

其中字体样式可以使用 Font 类的 PLAIN、BOLD 和 ITALIC 常量。这 3 个字体样式常量的效果如图 17-5 所示。

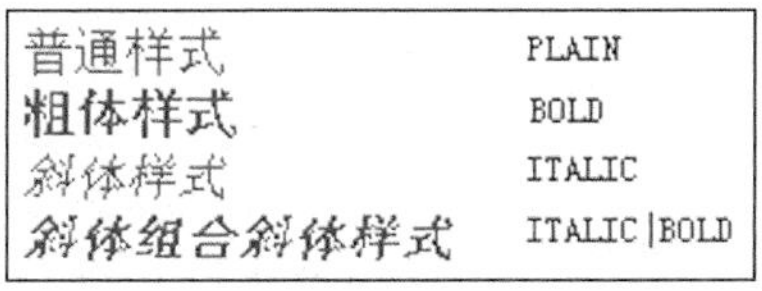

设置绘图类的字体可以使用绘图类的 setFont()方法。设置字体以后在图形上下文中绘制的所有文字都使用该字体，除非再次设置其他字体。语法如下所示。

| 普通样式 | PLAIN |
| **粗体样式** | BOLD |
| *斜体样式* | ITALIC |
| *斜体组合斜体样式* | ITALIC\|BOLD |

图 17-5　字体样式

```
setFont(Font font)
```

- ●　font：Font 类的字体对象

## 17.3.2　显示文字

Graphics2D 类提供了 drawString()方法，可以实现图形上下文的文本绘制，从而实现在图片上显示文字的功能。语法如下所示。

```
drawString(String str, int x, int y);
```

或者

```
drawString(String str, float x, float y)
```

- ●　str：要绘制的文本字符串。
- ●　x：绘制字符串的水平起始位置。
- ●　y：绘制字符串的垂直起始位置。

这两个方法唯一不同的就是方法使用的 x 和 y 参数的类型不同。

【例 17-3】　绘制一个矩形图，使其中间显示文本，且文本的内容是当前时间。（实例位置：光盘\MR\源码\第 17 章\17-3）

```java
public class DrawString extends JFrame {
    private static final long serialVersionUID = -38264175592350098174L;
    private Shape rect;                              // 矩形对象
    private Font font;                               // 字体对象
    private Date date;                               // 当前日期对象
    public DrawString() {
        rect = new Rectangle2D.Double(10, 10, 200, 80);
        font = new Font("宋体", Font.BOLD, 16);
        date = new Date();
        this.setSize(230, 140);                     // 设置窗体大小
        setDefaultCloseOperation(JFrame.EXIT_ON_CLOSE); // 设置窗体关闭模式
        add(new CanvasPanel());                     // 设置窗体面板为绘图面板对象
        this.setTitle("绘图文本");                   // 设置窗体标题
    }
```

```
public static void main(String[] args) {
    new DrawString().setVisible(true);
}
class CanvasPanel extends Canvas {
    private static final long serialVersionUID = -16803622628702297151L;
    public void paint(Graphics g) {
        super.paint(g);
        Graphics2D g2 = (Graphics2D) g;
        g2.setColor(Color.CYAN);                    // 设置当前绘图颜色
        g2.fill(rect);                              // 填充矩形
        g2.setColor(Color.BLUE);                    // 设置当前绘图颜色
        g2.setFont(font);                           // 设置字体
        g2.drawString("现在时间是", 20, 30);
                                                    // 绘制文本
        g2.drawString(String.format("%tr", date),
50, 60); // 绘制时间文本
    }
}
}
```

运行本实例，效果如图 17-6 所示。

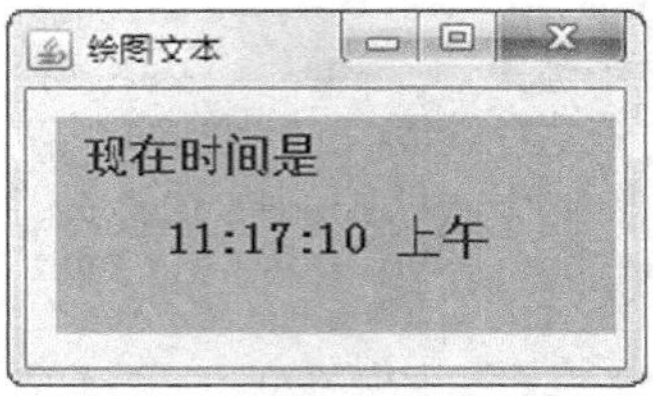

图 17-6　在窗体中绘制文本

# 17.4　图　片　处　理

## 17.4.1　绘制图片

绘图类不仅可以绘制图形和文本，还可以使用 drawImage()方法将图片资源显示到绘图上下文中，而且可以实现各种特效处理，例如，图片的缩放、翻转等。本节主要介绍如何显示图片。语法如下所示。

```
drawImage(Image img, int x, int y, ImageObserver observer)
```

该方法将 img 图片显示在 x、y 指定的位置上。方法中涉及的参数说明如表 17-4 所示。

表 17-4　　　　　　　　　　　方法参数说明

| 参　数　名 | 说　　明 |
| --- | --- |
| img | 要显示的图片对象 |
| x | 水平位置 |
| y | 垂直位置 |
| observer | 要通知的图像观察者 |

该方法的使用与绘制文本的 drawString()方法类似，唯一不同的是 drawImage()方法需要指定通知的图像观察者。

【例 17-4】　在整个窗体中显示图片，图片的大小保持不变。（实例位置：光盘\MR\源码\第17章\17-4）

```
public class DrawImage extends JFrame {
    private static final long serialVersionUID = -8157885202207662195L;
    Image img;
```

```
public DrawImage() {
    // 获取图片资源的路径
    URL imgUrl = DrawImage.class.getResource("/com/mingrisoft/img.jpg");
    img = Toolkit.getDefaultToolkit().getImage(imgUrl);       // 获取图片资源
    this.setSize(440, 300);                                    // 设置窗体大小
    setDefaultCloseOperation(JFrame.EXIT_ON_CLOSE);            // 设置窗体关闭模式
    add(new CanvasPanel());                                    // 设置窗体面板为绘图面板对象
    this.setTitle("绘图图片");                                 // 设置窗体标题
}
public static void main(String[] args) {
    new DrawImage().setVisible(true);
}
class CanvasPanel extends Canvas {
    private static final long serialVersionUID = 6231413538537931506L;
    public void paint(Graphics g) {
        super.paint(g);
        Graphics2D g2 = (Graphics2D) g;
        g2.drawImage(img, 0, 0, this);                         // 显示图片
    }
}
}
```

运行本实例，效果如图 17-7 所示。

图 17-7　显示图片的窗体

开发高级的桌面应用程序，必须掌握一些图像处理与动画制作的技术，例如，在程序中显示统计图、销售趋势图、动态按钮等。本节将在 Java 绘图的基础上讲解图像处理技术。

## 17.4.2　放大与缩小

在 17.4.1 节讲解绘制图片时，使用了 drawImage()方法将图片以原始大小显示在窗体中，而想要实现图片的放大与缩小则需要使用它的重载方法。语法如下所示。

```
drawImage(Image img, int x, int y, int width, int height, ImageObserver observer)
```

该方法将 img 图片显示在 x、y 指定的位置上，并指定图片的宽度和高度属性。方法中涉及的参数说明如表 17-5 所示。

表 17-5                                                        方法参数说明

| 参　数　名 | 说　　明 |
| --- | --- |
| img | 要显示的图片对象 |
| x | 水平位置 |
| y | 垂直位置 |
| width | 图片的新宽度属性 |
| height | 图片的新高度属性 |
| observer | 要通知的图像观察者 |

**【例 17-5】** 在窗体中显示原始大小的图片，然后通过两个按钮的单击事件，分别显示该图片缩小与放大后的效果。（实例位置：光盘\MR\源码\第 17 章\17-5）

```
public class ImageZoom extends JFrame {
    private static final long serialVersionUID = -6634238650426259213L;
    Image img;
    private JPanel contentPanel = null;
    private JSlider jSlider = null;
    private int imgWidth, imgHeight;
    private Canvas canvas = null;
    public ImageZoom() {
        initialize();                                          // 调用初始化方法
    }
    // 界面初始化方法
    private void initialize() {
        // 获取图片资源的路径
        URL imgUrl = ImageZoom.class.getResource("/com/mingrisoft/img.jpg");
        img = Toolkit.getDefaultToolkit().getImage(imgUrl);   // 获取图片资源
        canvas = new MyCanvas();
        this.setBounds(100, 100, 800, 600);                   // 设置窗体大小和位置
        this.setContentPane(getContentPanel());               // 设置内容面板
        setDefaultCloseOperation(JFrame.EXIT_ON_CLOSE);       // 设置窗体关闭模式
        this.setTitle("绘制图片");                              // 设置窗体标题
    }
    // 内容面板的布局
    private JPanel getContentPanel() {
        if (contentPanel == null) {
            contentPanel = new JPanel();
            contentPanel.setLayout(new BorderLayout());
            contentPanel.add(getJSlider(), BorderLayout.SOUTH);
            contentPanel.add(canvas, BorderLayout.CENTER);
        }
        return contentPanel;
    }
    // 获取滑块组件
    private JSlider getJSlider() {
        if (jSlider == null) {
            jSlider = new JSlider();
            jSlider.setMaximum(1000);
            jSlider.setValue(100);
            jSlider.setMinimum(1);
```

```
            jSlider.addChangeListener(new javax.swing.event.ChangeListener() {
                public void stateChanged(javax.swing.event.ChangeEvent e) {
                    canvas.repaint();
                }
            });
        }
        return jSlider;
    }
    // 主方法
    public static void main(String[] args) {
        new ImageZoom().setVisible(true);
    }
    // 画板类
    class MyCanvas extends Canvas {
        private static final long serialVersionUID = 1468397635447432539L;
        public void paint(Graphics g) {
            int newW = 0, newH = 0;
            imgWidth = img.getWidth(this);              // 获取图片宽度
            imgHeight = img.getHeight(this);            // 获取图片高度
            float value = jSlider.getValue();           // 滑块组件的取值
            newW = (int) (imgWidth * value / 100);      // 计算图片放大后的宽度
            newH = (int) (imgHeight * value / 100);     // 计算图片放大后的高度
            g.drawImage(img, 0, 0, newW, newH, this);   // 绘制指定大小的图片
        }
    }
}
```

运行本实例，效果如图 17-8 所示。

图 17-8　图像缩放效果

　　repaint()方法将调用 paint()方法，实现组件或画板的重画功能，类似于界面刷新。

## 17.4.3　图片翻转

图像的翻转需要使用 drawImage()方法的另一个重载方法。语法如下所示。

```
drawImage(Image img, int dx1, int dy1, int dx2, int dy2, int sx1, int sy1, int sx2,
int sy2, ImageObserver observer)
```

此方法总是用非缩放的图像来呈现缩放的矩形，并且动态地执行所需的缩放。此操作不使用

缓存的缩放图像，执行图像从源到目标的缩放：源矩形的第一个坐标被映射到目标矩形的第一个坐标，第二个源坐标被映射到第二个目标坐标。daw Image()方法按需要缩放和翻转子图像以保持这些映射关系。方法中涉及的参数说明如表 17-6 所示。

表 17-6　　　　　　　　　　　　　　方法参数说明

| 参　数　名 | 说　　　明 |
|---|---|
| img | 要绘制的指定图像 |
| dx1 | 目标矩形第一个坐标的 x 位置 |
| dy1 | 目标矩形第一个坐标的 y 位置 |
| dx2 | 目标矩形第二个坐标的 x 位置 |
| dy2 | 目标矩形第二个坐标的 y 位置 |
| sx1 | 源矩形第一个坐标的 x 位置 |
| sy1 | 源矩形第一个坐标的 y 位置 |
| sx2 | 源矩形第二个坐标的 x 位置 |
| sy2 | 源矩形第二个坐标的 y 位置 |
| observer | 要通知的图像观察者 |

【例 17-6】　　在窗体界面中绘制图像的翻转效果。程序中 drawImage()方法使用的参数名称与语法中介绍的相同，MyCanvas 类只是在 paint()方法中按照参数顺序执行 drawImage()方法，图片的翻转由控制按钮变换参数值，然后执行 MyCanvas 类的 repaint()方法实现。(实例位置：光盘\MR\源码\第 17 章\17-6)

```java
public class PartImage extends JFrame {
    private static final long serialVersionUID = 1570658656511946130L;
    private Image img;
    private int dx1, dy1, dx2, dy2;
    private int sx1, sy1, sx2, sy2;
    private JPanel jPanel = null;
    private JPanel jPanel1 = null;
    private JButton jButton = null;
    private JButton jButton1 = null;
    private MyCanvas canvasPanel = null;
    public PartImage() {
        dx2 = sx2 = 300;                                    // 初始化图像大小
        dy2 = sy2 = 200;
        initialize();                                       // 调用初始化方法
    }
    // 界面初始化方法
    private void initialize() {
        // 获取图片资源的路径
        URL imgUrl = PartImage.class.getResource("/com/mingrisoft/cow.jpg");
        img = Toolkit.getDefaultToolkit().getImage(imgUrl);  // 获取图片资源
        this.setBounds(100, 100, 300, 260);                  // 设置窗体大小和位置
        this.setContentPane(getJPanel());
        setDefaultCloseOperation(JFrame.EXIT_ON_CLOSE);      // 设置窗体关闭模式
        this.setTitle("图片翻转");                            // 设置窗体标题
    }
```

```
// 获取内容面板的方法
private JPanel getJPanel() {
    if (jPanel == null) {
        jPanel = new JPanel();
        jPanel.setLayout(new BorderLayout());
        jPanel.add(getControlPanel(), BorderLayout.SOUTH);
        jPanel.add(getMyCanvas1(), BorderLayout.CENTER);
    }
    return jPanel;
}
// 获取按钮控制面板的方法
private JPanel getControlPanel() {
    if (jPanel1 == null) {
        GridBagConstraints gridBagConstraints = new GridBagConstraints();
        gridBagConstraints.gridx = 1;
        gridBagConstraints.gridy = 0;
        jPanel1 = new JPanel();
        jPanel1.setLayout(new GridBagLayout());
        jPanel1.add(getJButton(), new GridBagConstraints());
        jPanel1.add(getJButton1(), gridBagConstraints);
    }
    return jPanel1;
}
// 获取水平翻转按钮
private JButton getJButton() {
    if (jButton == null) {
        jButton = new JButton();
        jButton.setText("水平翻转");
        jButton.addActionListener(new java.awt.event.ActionListener() {
            public void actionPerformed(java.awt.event.ActionEvent e) {
                sx1 = Math.abs(sx1 - 300);
                sx2 = Math.abs(sx2 - 300);
                canvasPanel.repaint();
            }
        });
    }
    return jButton;
}
// 获取垂直翻转按钮
private JButton getJButton1() {
    if (jButton1 == null) {
        jButton1 = new JButton();
        jButton1.setText("垂直翻转");
        jButton1.addActionListener(new java.awt.event.ActionListener() {
            public void actionPerformed(java.awt.event.ActionEvent e) {
                sy1 = Math.abs(sy1 - 200);
                sy2 = Math.abs(sy2 - 200);
                canvasPanel.repaint();
            }
        });
    }
    return jButton1;
}
// 获取画板面板
```

```
    private MyCanvas getMyCanvas1() {
        if (canvasPanel == null) {
            canvasPanel = new MyCanvas();
        }
        return canvasPanel;
    }
    // 主方法
    public static void main(String[] args) {
        new PartImage().setVisible(true);
    }
    // 画板
    class MyCanvas extends JPanel {
        private static final long serialVersionUID = -9000556665445315872L;
        public void paint(Graphics g) {
            // 绘制指定大小的图片
            g.drawImage(img, dx1, dy1, dx2, dy2, sx1, sy1, sx2, sy2, this);
        }
    }
}
```

运行本实例，效果如图 17-9 所示。

图 17-9  图像翻转效果

## 17.4.4  图片旋转

图像的旋转需要调用 Graphics2D 类的 rotate()方法。该方法将根据指定的弧度旋转图像。语法如下所示。

```
rotate(double theta)
```

● theta：旋转的弧度

该方法只接受旋转的弧度作参数。可以使用 Math 类的 toRadians()方法将角度转换为弧度。toRadians()方法接受角度值作参数，返回值是转换完毕的弧度值。

【例 17-7】　在主窗体中绘制 3 个旋转后的图像，且每个图像旋转角度值为 5。（实例位置：光盘\MR\源码\第 17 章\17-7）

```
public class RotateImage extends JFrame {
    private static final long serialVersionUID = 1377679910184197623L;
    private Image img;
```

```
    private MyCanvas canvasPanel = null;
    public RotateImage() {
        initialize();                                              // 调用初始化方法
    }
    // 界面初始化方法
    private void initialize() {
        // 获取图片资源的路径
        URL imgUrl = RotateImage.class.getResource("/com/mingrisoft/cow.jpg");
        img = Toolkit.getDefaultToolkit().getImage(imgUrl);        // 获取图片资源
        canvasPanel = new MyCanvas();
        this.setBounds(100, 100, 400, 350);                        // 设置窗体大小和位置
        add(canvasPanel);
        setDefaultCloseOperation(JFrame.EXIT_ON_CLOSE);            // 设置窗体关闭模式
        this.setTitle("图片旋转");                                  // 设置窗体标题
    }
    // 主方法
    public static void main(String[] args) {
        new RotateImage().setVisible(true);
    }
    // 画板
    class MyCanvas extends JPanel {
        private static final long serialVersionUID = -4388641572936881613L;
        public void paint(Graphics g) {
            Graphics2D g2 = (Graphics2D) g;
            g2.rotate(Math.toRadians(5));
            g2.drawImage(img, 70, 10, 300, 200, this);             // 绘制指定大小的图片
            g2.rotate(Math.toRadians(5));
            g2.drawImage(img, 70, 10, 300, 200, this);             // 绘制指定大小的图片
            g2.rotate(Math.toRadians(5));
            g2.drawImage(img, 70, 10, 300, 200, this);             // 绘制指定大小的图片
        }
    }
}
```

运行本实例，效果如图 17-10 所示。

图 17-10　图像旋转效果

## 17.4.5　图片倾斜

可以使用Graphics2D类提供的shear()方法设置绘图的倾斜方向,从而实现使图像倾斜的效果。语法如下所示。

```
shear(double shx, double shy)
```

- shx:水平方向的倾斜量
- shy:垂直方向的倾斜量

**【例 17-8】**　在窗体上绘制图像,使图像在水平方向实现倾斜效果。(实例位置:光盘\MR\源码\第 17 章\17-8)

```java
public class TiltImage extends JFrame {
    private static final long serialVersionUID = 8877114330873057705L;
    private Image img;
    private MyCanvas canvasPanel = null;
    public TiltImage() {
        initialize();                                        // 调用初始化方法
    }
    // 界面初始化方法
    private void initialize() {
        // 获取图片资源的路径
        URL imgUrl = TiltImage.class.getResource("/com/mingrisoft/cow.jpg");
        img = Toolkit.getDefaultToolkit().getImage(imgUrl);  // 获取图片资源
        canvasPanel = new MyCanvas();
        this.setBounds(100, 100, 400, 300);                  // 设置窗体大小和位置
        add(canvasPanel);
        setDefaultCloseOperation(JFrame.EXIT_ON_CLOSE);      // 设置窗体关闭模式
        this.setTitle("图片倾斜");                            // 设置窗体标题
    }
    // 主方法
    public static void main(String[] args) {
        new TiltImage().setVisible(true);
    }
    // 画板
    class MyCanvas extends JPanel {
        private static final long serialVersionUID = -8758254440120410046L;
        public void paint(Graphics g) {
            Graphics2D g2 = (Graphics2D) g;
            g2.shear(0.3, 0);
            g2.drawImage(img, 0, 0, 300, 200, this);         // 绘制指定大小的图片
        }
    }
}
```

运行本实例,效果如图 17-11 所示。

图 17-11　图像倾斜效果

# 17.5　综合实例——绘制直方图

在使用 Excel 等具有统计功能的软件时，可以为一组选择的数据绘制直方图。这样可以对数据进行简单的处理，例如可以方便的比较一个季度中各个产品的销量。使用 Java 语言也能实现这个功能。本实例将在一个窗体中绘制一个直方图，来表示两种产品的销量。实例的运行效果如图 17-12 所示。

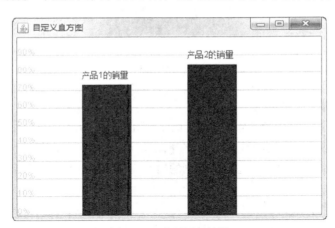

图 17-12　实例运行效果

（1）在 Eclipse 中新建项目，并创建窗体类 HistogramDemo。

（2）重写 HistogramDemo 类继承的 paint()方法。在该方法中，完成了绘制直方图的操作。它可以分成两部分：一个是直方图的背景，显示销售比例；另一个是矩形块，显示产品的销量。代码如下。

```
public void paint(Graphics g) {
    g.setColor(Color.WHITE);                         // 将画笔颜色设置成白色
    g.fillRect(0, 0, getWidth(), getHeight());       // 使用白色填充整个面板
    Insets inset = getInsets();                      // 获得可用的绘图区域
    g.setColor(Color.LIGHT_GRAY);                    // 将画笔颜色设置成浅灰色
    int usefulWidth = getWidth() - inset.right;      // 可用宽度
```

```
int usefulHeight = getHeight() - inset.top - inset.bottom;          // 可用高度
int lineHeight = usefulHeight / 10;                                 // 计算百分比线间距离
for (int i = 1; i < 11; i++) {
    // 计算百分比线起点
    Point start = new Point(inset.left, inset.top + lineHeight * i);
    // 计算百分比终点
    Point end = new Point(usefulWidth, inset.top + i * lineHeight);
    g.drawString(100 - i * 10 + "%", start.x, start.y);             // 绘制字符串
    g.drawLine(start.x, start.y, end.x, end.y);                     // 绘制百分比线
}
g.setColor(Color.BLUE);                                             // 将画笔颜色设置成蓝色
g.drawString("产品1的销量", 100, 90);                               // 绘制字符串
g.drawRect(100, 100, 70, usefulHeight - 70);                        // 绘制矩形
g.fillRect(100, 100, 70, usefulHeight - 70);                        // 为矩形填充颜色
g.drawString("产品2的销量", 250, 60);                               // 绘制字符串
g.drawRect(250, 70, 70, usefulHeight - 40);                         // 绘制矩形
g.fillRect(250, 70, 70, usefulHeight - 40);                         // 为矩形填充颜色
}
```

（3）在代码编辑器中单击鼠标右键，在弹出菜单中选择"运行方式"/"Java 应用程序"菜单项，显示如图 17-12 所示的结果。

# 知识点提炼

（1）Java 中使用 Graphics 和 Graphics2D 类来完成绘制图形。其中 Graphcis2D 类继承了 Graphics 类。

（2）Graphics 类提供了绘制图片、字符串等基本方法。Graphics2D 类在 Graphics 类基础上提供了绘制直线、椭圆、多边形等功能。

（3）Color 类用于表示各种常见的颜色，可以使用 Graphics 类提供的 setColor()方法设置颜色。

（4）在默认情况下，Graphics 绘图类使用的笔画属性是粗细为 1 个像素的正方形，而 Java2D 的 Graphics2D 类可以调用 setStroke()方法设置笔画的属性，例如改变线条的粗细、使用实线还是虚线、定义线段端点的形状、风格等。

（5）Font 类用于表示文本字体，包含了字体名称、大小以及样式。

（6）Graphics 类的 drawImage()方法用于绘制图片，可以通过设置不同的参数来实现图片的缩放、翻转等。

（7）Graphics2D 类的 rotate()方法可以将图片进行旋转。该方法的参数需要使用弧度值。

（8）Graphics2D 类的 shear()方法可以将图片进行倾斜。

# 习　　题

17-1　在绘制图形时，经常需要使用哪些类？

17-2　Color 类中包含哪些常量？

17-3　如何设置画笔属性？

17-4　如何设置字体？
17-5　如何绘制字符串？
17-6　如何绘制图片？
17-7　如何缩放图片？
17-8　如何翻转图片？
17-9　如何选择图片？
17-10　如何倾斜图片？

# 实验：绘制彩色字符串

## 实验目的

（1）掌握绘图中设置颜色的方式。
（2）掌握绘制字符串的方式。

## 实验内容

编写 ColorfulTextDemo 类，在窗体中绘制彩色字符串。

## 实验步骤

（1）在 Eclipse 中新建项目并创建窗体类 ColorfulTextDemo。

（2）在窗体中增加一个标签并监听窗体激活事件。这是通过 do_this_windowActivated()方法完成的。该方法使用 Graphics 类中的 drawString()方法来绘制字符串。关键代码如下。

```
protected void do_this_windowActivated(WindowEvent e) {
    Image image = createImage(200, 100);                       // 创建新图片并指定其大小
    // 获得图片的 Graphics 对象并转换其类型
    Graphics2D g = (Graphics2D) image.getGraphics();
    g.setColor(Color.WHITE);                                   // 设置画笔为白色
    g.fillRect(0, 0, 200, 100);                                // 将图片的背景填充成白色
    g.setFont(new Font("微软雅黑", Font.BOLD, 30));             // 设置文本的字体
    String t ext = "明日科技";                                  // 创建要绘制的字符串
    // 创建颜色数组
    Color[] colors = { Color.ORANGE, Color.YELLOW, Color.GREEN, Color.BLUE,Color.CYAN };
    for (int i = 0; i < text.length(); i++) {
        g.setColor(colors[i % 5]);                             // 选择颜色
        g.drawString(text.charAt(i) + "", 30 + i * 30,
60);      // 绘制文本信息
    }
    label.setIcon(new ImageIcon(image));     //  在
标签上显示绘制的图片
}
```

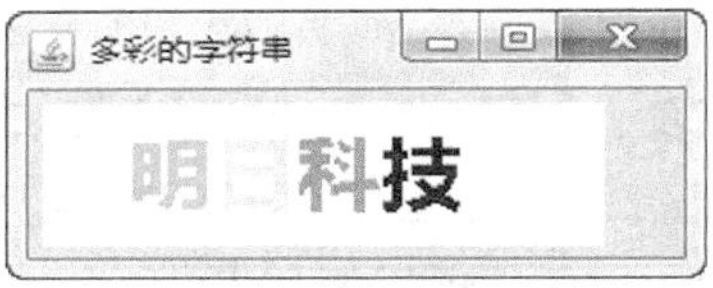

图 17-13　实例运行效果

（3）运行应用程序，显示如图 17-13 所示的界面效果。

# 第18章
# 常用工具类

**本章要点**

- 日期时间对象
- 日期与时间的格式化
- 各种数学函数方法的调用
- 两种生成随机数的方法
- 数字的格式化输出

程序开发经常需要一些算法,例如,提取当前系统日期、生成不重复的随机数字、对数字和日期的格式化输出及一些数学函数的运算等。这些都是程序开发中不可避免要使用的技术。为提高读者的程序开发能力,使得读者能够独立开发项目,本章分别介绍了上述相关算法和技术。

## 18.1 日期时间类

Date 类用于表示日期时间,位于 java.util 包中。Date 类在设计之初没有考虑到国际化,并且现在有很多方法都被标记为过时状态(从 Java 的 API 规范文档中可以看到),但它还是程序开发不可缺少的常用类之一。本节将介绍 Date 类的创建和常用方法,以及如何格式化为指定格式的字符串。这里不会介绍那些过时的方法,读者学到的将是最新的 API。

### 18.1.1 创建 Date 类的对象

Date 类最简单的构造方法就是默认的无参数的 Date()构造方法。它使用系统中当前日期和时间创建并初始化 Date 类的实例对象。例如:

```
Date now = new Date();
```

Date 类的另一个够构造方法是 Date(long date),用于接收一个 long 类型的整数来初始化 Date 对象,这个 long 类型的整数是标准基准时间(称为"历元(epoch)",即 1970 年 1 月 1 日 00:00:00)开始的毫秒数。很多和日期时间有关的类都能够转换为 long 类型整数。System 类的 currentTimeMillis()方法可以获取系统当前时间距历元的毫秒数。例如:

```
long timeMillis = System.currentTimeMillis();
Date date=new Date(timeMillis);
```

## 18.1.2　比较 Date 对象

Date 类创建的对象代表日期和时间，涉及最多的操作就是比较，例如两个人的生日，哪个较早，哪个又晚一些，或者两人的生日完全相等。

### 1. after()方法

该方法用于测试此日期对象是否在指定日期之后。

```
public boolean after(Date when)
```

■　when 是要比较的日期对象。当且仅当此 Date 对象表示的时间比 when 表示的时间晚，才返回 true，否则返回 false。

【例 18-1】　创建两个不同时间的 Date 对象，判断两个对象表示的时间，谁在前，谁在后。（实例位置：光盘\MR\源码\第 18 章\18-1）

```java
public class DateDemo {
    public static void main(String[] args) {
        Date now = new Date();                            // 创建当前时间对象
        long tMillis = System.currentTimeMillis() + 5000; // 当前时间+5 秒
        Date otherDate = new Date(tMillis);               // 创建累加 5 秒后的时间
        if (otherDate.after(now))
            System.out.println("otherDate 对象表示的时间在 now 对象表示的时间之后");
        else
            System.out.println("otherDate 对象表示的时间在 now 对象表示的时间之前");
    }
}
```

运行本实例，效果如图 18-1 所示。

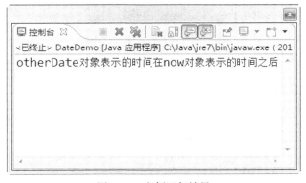

图 18-1　实例运行效果

### 2. before 方法

该方法用于测试此日期对象是否在指定日期之前，和 after()方法正好相反。

```
public boolean before(Date when)
```

■　when 是要比较的日期对象。当且仅当此 Date 对象表示的时间比 when 表示的时间早，才返回 true；否则返回 false。

例如：

```
boolean result = otherDate.before(now);
```

这段代码的运行结果，将为 result 变量赋值两个日期对象执行 before()方法的结果。如果把代码放到 after()方法的实例中，那么 result 的变量值为 false。

### 3. compareTo 方法

该方法用于比较两个日期对象的顺序，该方法常用于多个 Date 对象的排序。

```
public int compareTo(Date anotherDate)
```

■ anotherDate 是要比较的其他日期对象。

如果参数 anotherDate 表示的时间等于当前 Date 对象表示的时间，该方法返回值为 0。如果当前 Date 对象表示的时间在 anotherDate 参数表示的时间之前，则返回小于 0 的值。如果当前 Date 对象在 anotherDate 参数表示的时间之后，则返回大于 0 的值。

【例 18-2】 创建两个不同时间的 Date 对象，比较两个对象，分别输出两个对象的日期是相等、大于还是小于关系。（实例位置：光盘\MR\源码\第 18 章\18-2）

```java
public class DateDemo {
    public static void main(String[] args) {
        Date now = new Date();                              // 创建当前时间对象
        long tMillis = System.currentTimeMillis() - 5000;  // 当前时间减少 5 秒
        Date otherDate = new Date(tMillis);                 // 创建累加 5 秒后的时间
        int compare = otherDate.compareTo(now);
        switch (compare) {
        case 0:
            System.out.println("两个日期对象表示的时间相等");
            break;
        case 1:
            System.out.println("otherDate 对象表示的时间大于 new 对象表示的时间");
            break;
        case -1:
            System.out.println("otherDate 对象表示的时间小于 new 对象表示的时间");
            break;
        default:
            System.out.println(compare);
            break;
        }
    }
}
```

运行本实例，效果如图 18-2 所示。

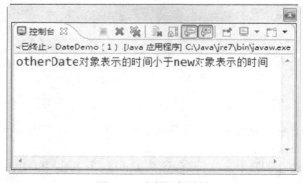

图 18-2 实例运行效果

## 18.1.3 更改 Date 对象

Date 类的大多数方法已经不推荐使用，而 getTime()与 setTime()方法却被保留了下来，它们分别用于设置和获取 Date 对象的毫秒数值。

1. getTime()方法

该方法返回自 1970 年 1 月 1 日 00:00:00 GMT 以来的毫秒数。

```
public long getTime()
```

2. setTime()方法

该方法用于设置此 Date 对象，以表示 1970 年 1 月 1 日 00:00:00 GMT 以后 time 毫秒的时间点。

```
public void setTime(long time)
```

- time：毫秒数。

# 18.2　数 学 运 算

在 Java 语言中提供了一个执行数学基本运算的 Math 类，包括常见有用的数学运算方法。这些方法包括三角函数方法、指数函数方法、对数函数方法、平方根函数方法等一些常用数学函数，除此之外该类还提供了一些常用的数学常量，如 PI、E 等。本堂课节将介绍 Math 类以及其中的一些常用函数方法。

## 18.2.1　Math 类

Math 类包含了所有用于数学运算的函数方法。这些方法都是静态的，每个方法只要使用"Math.数学方法"就可以调用，使用起来比较简单。

在 Math 类中提供了众多数学函数方法，主要包括三角函数方法、指数函数方法、取整函数方法、取最大值、最小值以及平均值函数方法。这些方法都被定义为 static 形式的，在程序中应用比较简便，可以使用如下方式进行调用。语法如下。

```
Math.数学方法
```

在 Math 类中除了函数方法之外还存在一些常用数学常量，如圆周率、E 等。这些数学常量作为 Math 类的成员变量出现，调用起来也很简单，可以使用如下形式进行调用。语法如下。

```
Math.PI
Math.E
```

## 18.2.2　Math 类的数学方法

在 Math 类中的常用数学运算方法较多，大致可以分为 4 大类别，分别为三角函数方法、指数函数方法、取整函数方法以及取最大值、最小值和绝对值的函数方法。

### 1. 三角函数方法

在 Math 类中包含的三角函数方法如表 18-1 所示。

表 18-1　　　　　　　　　　Math 类中包含的三角函数方法说明

| 方　　法 | 说　　明 | 返回值类型 |
| --- | --- | --- |
| sin(double a) | 返回角的三角正弦 | double |
| cos(double a) | 返回角的三角余弦 | double |
| tan(double a) | 返回角的三角正切 | double |
| asin(double a) | 返回一个值的反正弦 | double |

续表

| 方　　法 | 说　　明 | 返回值类型 |
|---|---|---|
| acos(double a) | 返回一个值的反余弦 | double |
| atan(double a) | 返回一个值的反正切 | double |
| toRadians(double angdeg) | 将角度转换为弧度 | double |
| toDegrees(double angrad) | 将弧度转换为角度 | double |

以上每个方法的参数和返回值都为 double 型的。将这些方法的参数的值设置为 double 型是有一定道理的。参数以弧度代替角度来实现，其中 1 度等于 π/180 弧度，所以 180 度可以使用 π/2 弧度来表示。除了可以获取角的正弦、余弦、正切、反正弦、反余弦、反正切之外，Math 类还提供了角度和弧度相互转换的方法 toRadians()、toDegrees()方法。值得注意的是，角度与弧度的互换通常是不精确的。

【例 18-3】　在项目中创建 TrigonometricFunction 类，在该类的 main()方法中调用 Math 类提供的这种数学运算方法，并输出运算结果。（实例位置：光盘\MR\源码\第 18 章\18-3）

```java
public class TrigonometricFunction {
    public static void main(String[] args) {
        System.out.println("90度的正弦值: " + Math.sin(Math.PI / 2)); // 取90度的正弦
        System.out.println("0度的余弦值: " + Math.cos(0));          // 取0度的余弦
        System.out.println("60度的正切值: " + Math.tan(Math.PI / 3)); // 取60度的正切
        // 取2的平方根与2商的反正弦
        System.out.println("2的平方根与2商的反正切值: " + Math.asin(Math.sqrt(2) / 2));
        // 取2的平方根与2商的反余弦
        System.out.println("2的平方根与2商的反余切值: " + Math.acos(Math.sqrt(2) / 2));
        System.out.println("1的反正切值: " + Math.atan(1)); // 取1的反正切
        // 取120度的弧度值
        System.out.println("120度的弧度值: " + Math.toRadians(120.0));
        // 取π/2的角度
        System.out.println("π/2的角度值: " + Math.toDegrees(Math.PI / 2));
    }
}
```

运行本实例，效果如图 18-3 所示。

图 18-3　实例运行效果

读者可以通过上述代码运行结果中看出，90 度的正弦值为 1，0 度的正弦值为 1，60 度的正切与 Math.sqrt(3)的值应该是一致的，也就是取 3 的平方根。在结果中可以看到第 3 行～第 4 行的值是基本相同的，这个值换算后正是 45 度，也就是获取的 Math.sqrt(2)/2 反正弦、反余弦值与 1 的反正切值都是 45 度。最后两行打印语句实现的是角度和弧度的转换，其中 Math.toRadians(120.0) 语句是获取 120 度的弧度值，而 Math.toDegrees(Math.PI/2)语句获取 π/2 的角度。读者可以将这些具体的值使用 π 的形式表示出来，与上述结果应该是基本一致的。这些结果不能作到十分精确，因为 π 本身也是一个近似值。

### 2. 指数函数方法

在 Math 类中存在与指数相关的函数方法如表 18-2 所示。

表 18-2　　　　　　　　　　Math 类中存在与指数相关的函数方法说明

| 方　　法 | 说　　明 | 返回值类型 |
| --- | --- | --- |
| public static double exp(double a) | 获取 e 的 a 次方，即取 $e^a$ | double |
| public static double log(double a) | 取自然对数 | double |
| public static double log10(double a) | 取底数为 10 的对数 | double |
| public static double sqrt(double a) | 取 a 的平方根，其中 a 的值不能为负值 | double |
| public static double cbrt(double a) | 取 a 的立方根 | double |
| public static double pow(double a,double b) | 取 a 的 b 次方 | double |

指数运算包括求方根、取对数以及求 n 次方的运算。为了使读者更好地理解这些运算函数方法的用法，请读者看下面的实例。

【例 18-4】　在项目中创建 ExponentFunction 类，在该类的 main()方法中调用 Math 类中的方法实现指数函数的运算，并输出运算结果。（实例位置：光盘\MR\源码\第 18 章\18-4）

```java
public class ExponentFunction {
    public static void main(String[] args) {
        System.out.println("e 的平方值: " + Math.exp(2));       // 取 e 的 2 次方
        System.out.println("以 e 为底 2 的对数值: " + Math.log(2));   // 取以 e 为底 2 的对数
        // 取以 10 为底 2 的对数
        System.out.println("以 10 为底 2 的对数值: " + Math.log10(2));
        System.out.println("4 的平方根值: " + Math.sqrt(4));      // 取 4 的平方根
        System.out.println("8 的立方根值: " + Math.cbrt(8));      // 取 8 的立方根
        System.out.println("2 的 2 次方值: " + Math.pow(2, 2));   // 取 2 的 2 次方
    }
}
```

运行本实例，效果如图 18-4 所示。

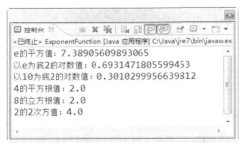

图 18-4　实例运行效果

在本实例中可以看到, 使用 Math 类中的方法比较简单, 只需直接使用 Math 类名调用相应的方法即可。

### 3. 取整函数方法

在具体的问题中, 取整操作使用也很普遍, 因此 Java 在 Math 类中添加了数字取整方法。在 Math 类中关键的取整方法如表 18-3 所示。

表 18-3                                Math 类中关键的取整方法说明

| 方法 | 说　　明 | 返回值类型 |
|---|---|---|
| ceil(double a) | 返回大于等于参数的最小整数 | double |
| floor(double a) | 返回小于等于参数的最大整数 | double |
| rint(double a) | 返回与参数最接近的整数, 如果两个同为整数都同样接近, 则结果取偶数 | double |
| round(float a) | 将参数加上 1/2 后返回与参数最近的整数 | int |
| round(double a) | 将参数加上 1/2 后返回与参数最近的整数, 然后强制转换为长整型 | long |

在坐标轴上表示上述方法的布局如图 18-5 所示。

【例 18-5】 在项目中创建 IntFunction 类, 在该类的 main()方法中调用 Math 类中的方法实现取整函数的运算, 并输出运算结果。( 实例位置: 光盘\MR\源码\第 18 章\18-5 )

```java
public class IntFunction {
    public static void main(String[] args) {
        // 返回第一个大于等于参数的整数
        System.out.println("使用 ceil()方法取整: " + Math.ceil(5.2));
        // 返回第一个小于等于参数的整数
        System.out.println("使用 floor()方法取整: " + Math.floor(2.5));
        // 返回与参数最接近的整数
        System.out.println("使用 rint()方法取整: " + Math.rint(2.7));
        // 返回与参数最接近的整数
        System.out.println("使用 rint()方法取整: " + Math.rint(2.5));
        // 将参数加上 0.5 后返回最接近的整数
        System.out.println("使用 round()方法取整: " + Math.round(3.4f));
        // 将参数加上 0.5 后返回最接近的整数, 并将结果强制转换为长整型
        System.out.println("使用 round()方法取整: " + Math.round(2.5));
    }
}
```

运行本实例, 效果如图 18-6 所示。

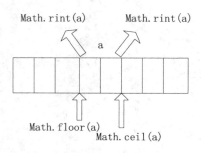

图 18-5　取整方法说明

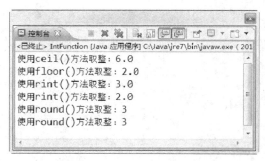

图 18-6　实例运行效果

#### 4. 取最大值、最小值、绝对值函数方法

在程序中最常用的方法就是取最大值、最小值、绝对值等。在 Math 类中包括的这些操作的方法如表 18-7 所示。

表 18-4                                Math 类中极值、绝对值方法说明

| 方　　法 | 说　　明 | 返回值类型 |
|---|---|---|
| max(double a,double b) | 取 a 与 b 之间的最大值 | double |
| min(int a,int b) | 取 a 与 b 之间的最小值，参数为整型 | int |
| min(long a,long b) | 取 a 与 b 之间的最小值，参数为长整型 | long |
| min(float a,float b) | 取 a 与 b 之间的最小值，参数为浮点型 | float |
| min(double a,double b) | 取 a 与 b 之间的最小值，参数为双精度型 | double |
| abs(int a) | 返回整型参数的绝对值 | int |
| abs(long a) | 返回长整型参数的绝对值 | long |
| abs(float a) | 返回浮点型参数的绝对值 | float |
| abs(double a) | 返回双精度型的绝对值 | double |

【例 18-6】　在项目中创建 AnyFunction 类，在该类的 main()方法中调用 Math 类中的方法实现求两数的最大值、最小值和取绝对值运算，并输出运算结果。（实例位置：光盘\MR\源码\第 18 章\18-6）

```java
public class AnyFunction {
    public static void main(String[] args) {
        System.out.println("4 和 8 较大者:" + Math.max(4, 8));    // 取两个参数的最大值
        System.out.println("4.4 和 4 较小者: " + Math.min(4.4, 4)); // 取两个参数的最小值
        System.out.println("-7 的绝对值: " + Math.abs(-7));        // 取参数的绝对值
    }
}
```

运行本实例，效果如图 18-7 所示。

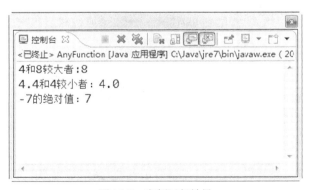

图 18-7　实例运行效果

# 18.3　随　机　数

在实际开发中产生随机数的使用是很普遍的，使得在程序中作产生随机数操作显得很重要。在 Java 中主要提供两种方式产生随机数，分别为调用 Math 类的 random()方法和 Random 类提供

的产生各种数据类型随机数的方法。本节将讲述这两个产生随机数的方式。

## 18.3.1  通过 Math 类生成随机数

在 Math 类中存在一个 random()方法，用于产生随机数字。这个方法默认生成大于等于 0.0 小于 1.0 的 double 型随机数，即 0 <= Math.random() < 1.0。虽然 Math.random()方法只可以产生 0～1 的 double 型数字，其实只要在 Math.random()语句上稍加处理，就可以使用这个方法产生任意范围的随机数。如图 18-8 所示。

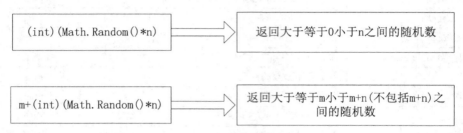

图 18-8  产生随机数示意图

【例 18-7】  在项目中创建 MathRondom 类，在该类中编写 GetEvenNum()方法产生两数之间的随机数，并在 main()方法中输出这个随机数。（实例位置：光盘\MR\源码\第 18 章\18-7）

```
public class MathRondom {
    public static int GetEvenNum(double num1, double num2) { // 定义产生偶数的方法
        // 产生 num1～num2 之间的随机数
        int s = (int) num1 + (int) (Math.random() * (num2 - num1));
        if (s % 2 == 0) {                                   // 判断随机数是否为偶数
            return s;                                       // 返回
        } else
            // 如果是奇数
            return s + 1;                                   // 将结果加一后返回
    }
    public static void main(String[] args) {
        // 调用产生随机数方法
        System.out.println("任意一个 2～32 之间的偶数: " + GetEvenNum(2, 32));
    }
}
```

运行本实例，效果如图 18-9 所示。

图 18-9  实例运行效果

　　本实例在每次运行时，结果都不相同，实现了随机产生数据的结果，并且每次产生的值都是偶数。为了实现这个功能，笔者定义了一个方法 GetEvenNum()方法。这个方法的参数分别为产生随机数字的上限与下限。我们知道"m+(随机数*n)"这个公式可以获取 m～m+n 之间的随机数，所以"2+(int)(Math.random()*(32-2));"这个表达式就可以求出 2～32 之间的随机数。当获取到这个区间的随机数以后需要判断这个数字是否为偶数。对该数字做对 2 取余操作即可判断这个数字是否为偶数，如果该数字为奇数，将该奇数加一也可以返回偶数。

　　使用 Math 类的 random()方法也可以随机生成字符，可以使用如下代码生成字符"a"～"z"之间的字符。

```
(char)('a'+Math.random()*('z'-'a'+1));
```

　　通过上述表达式可以求出更多的随机字符，如"A"～"Z"之间的随机，进而可以推理到求任意两个字符之间的随机字符，可以使用如下语句表示。

```
(char)(cha1+Math.random()*(cha2-cha1+1));
```

　　在这里可以将这个表达式设计为一个方法，参数设置为随机产生字符的上限与下限。为了说明这个方法，请读者看下面的实例。

　　【例 18-8】　在项目中创建 MathRandomChar 类，在该类中编写 GetRandomChar()方法产生随机字符，并在 main()方法中输出该字符。（实例位置：光盘\MR\源码\第 18 章\18-8）

```java
public class MathRandomChar {
    // 定义获取任意字符之间的随机字符
    public static char GetRandomChar(char cha1, char cha2) {
        return (char) (cha1 + Math.random() * (cha2 - cha1 + 1));
    }
    public static void main(String[] args) {
        // 获取 a～z 的随机字符
        System.out.println("任意小写字符: " + GetRandomChar('a', 'z'));
        // 获取 A～Z 的随机字符
        System.out.println("任意大写字符: " + GetRandomChar('A', 'Z'));
        // 获取 0～9 的随机字符
        System.out.println("0 到 9 任意数字字符: " + GetRandomChar('0', '9'));
    }
}
```

运行本实例，效果如图 18-10 所示。

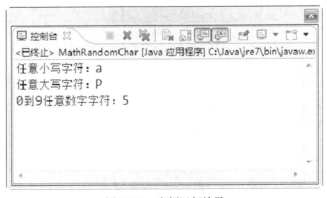

图 18-10　实例运行效果

random()方法返回的值实际上是伪随机数，其是通过当前时间作为随机数生成器的参数，使得每次执行程序都会产生不同的随机数。

## 18.3.2 使用 Random 类生成随机数

除了 Math 类中的 random()方法可以获取随机数之外，在 Java 中又提供了一种可以获取随机数的方式，那就是 java.util.Random 类。可以通过实例化一个 Random 对象创建一个随机数生成器。语法如下。

```
public Random();
```

以这种形式实例化对象时，Java 编译器以系统当前时间作为随机数生成器的种子。因为每时每刻的时间不可能相同，所以产生的随机数将不同，但是如果运行速度太快，也会产生两次运行结果相同的随机数。

同时也可以在实例化 Random 类对象时，设置随机数生成器的种子。语法如下。

```
public Random(seedValue);
```

■ seedValue：随机数生成器的种子。

在 Random 类中提供获取各种数据类型随机数的方法。笔者在表 18-5 中列举几个常用的方法。

表 18-5　　　　　　　　　　　　Random 类中关键方法说明

| 方　　法 | 说　　明 | 返回值类型 |
| --- | --- | --- |
| nextInt() | 返回一个随机整数 | int |
| nextInt(int n) | 返回大于等于 0 小于 n 随机整数 | int |
| nextLong() | 返回一个随机长整型值 | long |
| nextBoolean() | 返回一个随机布尔型值 | boolean |
| nextFloat() | 返回一个随机浮点型值 | float |
| nextDouble() | 返回一个随机双精度型值 | double |
| nextGaussian() | 返回一个概率密度为高斯分布的双精度值 | double |

【例 18-9】 在项目中创建 RandomDemo 类，在该类的 main()方法中创建 Random 类的对象，使用该对象生成各种类型的随机数，并输出结果。(实例位置：光盘\MR\源码\第 18 章\18-9)

```
public class RandomDemo {
    public static void main(String[] args) {
        Random r = new Random(); // 实例化一个 Random 类
        System.out.println("随机产生一个整数:" + r.nextInt());
        System.out.println("随机产生一个大于等于 0 小于 10 的整数: " + r.nextInt(10));
        System.out.println("随机产生一个布尔型的值: " + r.nextBoolean());
        System.out.println("随机产生一个双精度型的值: " + r.nextDouble());
        System.out.println("随机产生一个浮点型的值: " + r.nextFloat());
        System.out.println("随机产生一个概率密度为高斯分布的双精值: " + r.nextGaussian());
    }
}
```

运行本实例，效果如图 18-11 所示。

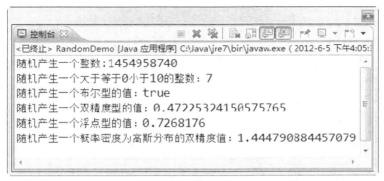

图 18-11 实例运行效果

# 18.4 数字格式化类

数字的格式化在解决实际问题时使用非常普遍，比如表示某超市商品价格需要保留两位有效数字等问题，Java 主要对浮点型数据进行数字格式化操作，其中浮点型数据包括 double 型和 float 型数据。在 Java 中使用 java.text.DecimalFormat 类格式化数字。在本堂课节中将着重讲解 DecimalFormat 类。

## 18.4.1 DecimalFormat 类

在 Java 中对没有格式化的数据遵循以下原则。

■ 如果数据绝对值大于 0.001 并且小于 10000000，Java 将以常规小数形式表示。

■ 如果数据绝对值小于 0.001 或者大于 10000000，使用科学技术法表示。

由于上述输出格式不能满足解决实际问题要求，所以通常将结果格式化指定形式进行输出。在 Java 中可以使用 DecimalFormat 类进行格式化操作。

DecimalFormat 是 NumberFormat 的一个子类，用于格式化十进制数字，可以将一些数字格式化为整数、浮点数、科学计数法、百分数等。通过使用该类可以为要输出的数字加上单位或控制数字的精度。一般情况下可以在实例化 DecimalFormat 对象时传递数字格式，也可以通过 DecimalFormat 类中的 applyPattern()方法来实现数字格式化。

当格式化数字时，在 DecimalFormat 类中使用一些特殊字符构成一个格式化模板，使数字按照一定特殊字符规则进行匹配。在表 18-6 中列举了定义格式化模板中的特殊字符及其代表含义。

表 18-6 DecimalFormat 类中特殊字符说明

| 字符 | 字 符 含 义 |
|---|---|
| nextInt() | int |
| 0 | 代表阿拉伯数字，使用特殊字符 "0" 表示数字的一位阿拉伯数字。如果该位不存在数字，则显示 0 |
| # | 代表阿拉伯数字，使用特殊字符 "#" 表示数字的一位阿拉伯数字。如果该位存在数字，则显示字符，否则不显示 |
| . | 小数分隔符或货币小数分隔符 |

| 字符 | 字 符 含 义 |
|---|---|
| - | 负号 |
| , | 分组分隔符 |
| E | 分隔科学计数法中的尾数和指数 |
| % | 本符号放置在数字的前缀或后缀，将数字乘以 100 显示为百分数 |
| \u2030 | 本符号放置在数字的前缀或后缀，将数字乘以 1000 显示为千分数 |
| ¤<br>\u00A4 | 本符号放置在数字的前缀或后缀，作为货币记号 |
| ' | 本符号为单引号。当上述特殊字符出现在数字中，应为特殊符号添加单引号，系统会将此符号视为普通符号处理 |

## 18.4.2　数字的格式化输出

本节以实例说明数字格式化的使用。

【例 18-10】　在项目中创建 DecimalFormatSimpleDemo 类，在该类中分别定义 SimgleFormat()方法和 UseApplyPatternMethodFormat()方法实现两种格式化数字的方式。(实例位置：光盘\MR\源码\第 18 章\18-10)

```java
public class DecimalFormatSimpleDemo {
    // 使用实例化对象时设置格式化模式
    static public void SimgleFormat(String pattern, double value) {
        // 实例化 DecimalFormat 对象
        DecimalFormat myFormat = new DecimalFormat(pattern);
        String output = myFormat.format(value);             // 将数字进行格式化
        System.out.println(value + "\t" + pattern + "\t" + output);
    }
    // 使用 applyPattern()方法对数字进行格式化
    static public void UseApplyPatternMethodFormat(String pattern, double value) {
        DecimalFormat myFormat = new DecimalFormat(); // 实例化 DecimalFormat 对象
        myFormat.applyPattern(pattern); // 调用 applyPatten()方法设置格式化模板
        System.out.println(value + " \t\t" + pattern + "\t\t" + myFormat.format(value));
    }
    public static void main(String[] args) {
        SimgleFormat("###,###.###", 123456.789);           // 调用静态 SimgleFormat()方法
        SimgleFormat("00000000.###kg", 123456.789);   // 在数字后加上单位
        // 按照格式模板格式化数字，不存在的位以 0 显示
        SimgleFormat("000000.000", 123.78);
        // 调用静态 UseApplyPatternMethodFormat()方法
        UseApplyPatternMethodFormat("#.###%", 0.789);          // 将数字转化为百分数形式
        UseApplyPatternMethodFormat("###.##", 123456.789);   // 将小数点后格式化为两位
        UseApplyPatternMethodFormat("0.00\u2030", 0.789);     // 将数字转化为千分数形式
    }
}
```

运行本实例，效果如图 18-12 所示。

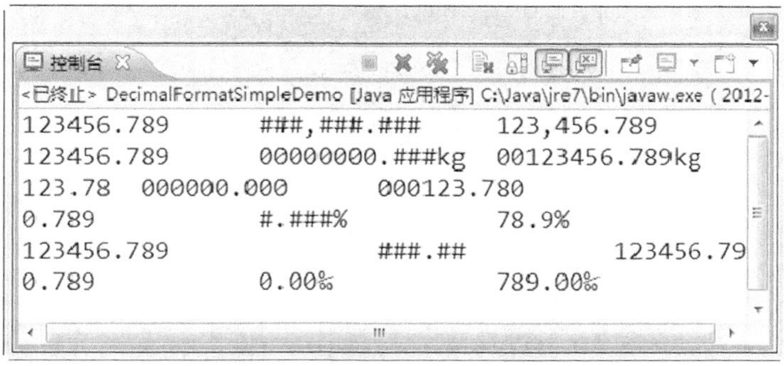

图 18-12　实例运行效果

在本实例中可以看到，代码的第一行使用 import 关键字将 java.text.DecimalFormat 这个类包含进来。这是首先告知系统，下面的代码将使用到 DecimalFormat 类。然后笔者定义两个格式化数字的方法，这两个方法的参数个数都为两个，分别代表数字格式化的模板字符串和具体需要格式化的数字。虽然这两个方法都可以实现格式化数字的操作，但使用的方法不同：SimpleFormat()方法是在实例化 DecimalFormat 对象时为构造方法传参设置数字格式化模板，而 UseApplyPatternMethodFormat() 方法则是在实例化 DecimalFormat 对象后调用 applyPattern()方法设置数字格式化模板。

最后在主方法中根据不同形式模板格式化数字。在结果中可以看到以 "0" 特殊字符构成的模板进行格式化，当数字某位不存在时，将补位显示 0，而以 "#" 特殊字符构成的模板进行格式化操作时，格式化后的数字位数与数字本身的位数一致。

在 DecimalFormat 类中除了可以设置格式化模式来格式化数字之外，还可以使用一些特殊方法对数字进行格式化设置。例如，以下代码中 setGroupingSize()方法是设置格式化数字的分组大小，而 setGroupingUsed()方法设置是否可以对数字进行分组操作。

```
DecimalFormat myFormat=new DecimalFormat();          //实例化 DecimalFormat 类对象
myFormat.setGroupingSize(2);                         //设置将数字分组的大小
myFormat.setGroupingUsed(false);                     //设置是否支持分组
```

为了使读者更好理解这两个方法的使用，本书列举了下面的实例。

【例 18-11】　在项目中创建 DecimalMethod 类，在该类的 main()方法中调用 setGroupingSize() 与 setGroupingUsed()方法实现数字的分组。（实例位置：光盘\MR\源码\第 18 章\18-11）

```
public class DecimalMethod {
    public static void main(String[] args) {
        DecimalFormat myFormat = new DecimalFormat();
        myFormat.setGroupingSize(2);                    // 设置将数字分组为 2
        String output = myFormat.format(123456.789);
        System.out.println("将数字以每两个数字分组 " + output);
        myFormat.setGroupingUsed(false);                // 设置不允许数字进行分组
        String output2 = myFormat.format(123456.789);
        System.out.println("不允许数字分组 " + output2);
    }
}
```

运行本实例，效果如图 18-13 所示。

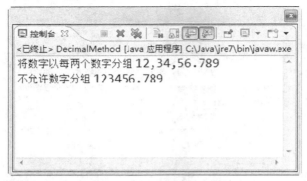

图 18-13　实例运行效果

# 18.5　综合实例——简单的数字时钟

在日常生活中，时间是非常重要的。为了对时间度量而发明了时钟。各种不同的时钟虽然样式不同外，但功能却都是类似的。本实例将使用 Java 的 GregorianCalendar 类来编写一个会走的的数字时钟。实例的运行效果如图 18-14 所示。

（1）编写 format()方法，用来将数字格式化成长度为 2 的字符串。代码如下。

```java
private static String format(int number) {
    return number < 10 ? "0" + number : "" + number;// 如
果数字小于 10 就在其前面加 0 补齐
}
```

图 18-14　实例运行效果

（2）编写 getTime()方法，用来获得虚拟机的当前时间。代码如下。

```java
private static String getTime() {
    Calendar calendar = new GregorianCalendar();
    int hour = calendar.get(Calendar.HOUR_OF_DAY);    //获得当前小时
    int minute = calendar.get(Calendar.MINUTE);       //获得当前分钟
    int second = calendar.get(Calendar.SECOND);       //获得当前秒
    //返回格式化的字符串
    return format(hour) + ":" + format(minute) + ":" + format(second);
}
```

（3）编写类 ClockRunnable。该类实现了 Runnable 接口。在 run()方法中，每隔一秒钟更新一次标签中的文本，由此实现走动的效果。核心代码如下。

```java
private class ClockRunnable implements Runnable {
    @Override
    public void run() {
        while (true) {                           //让时钟一直处于更新状态
            label.setText(getTime());            //更新时钟
            try {
                Thread.sleep(1000);              //休眠一秒钟
            } catch (InterruptedException e) {
                e.printStackTrace();
            }
        }
    }
}
```

```
        }
    }
```

（4）在代码编辑器中单击鼠标右键，在弹出菜单中选择"运行方式"/"Java 应用程序"菜单项，显示如图 18-17 所示的结果。

## 知识点提炼

（1）位于 java.util 包中的 Date 类用于处理时间。在该类中同时提供了比较时间的方法。
（2）位于 java.util 包中的 Calendar 类用于处理日期。
（3）使用 String 类中的 format()方法可以用来格式化时间和日期。
（4）位于 java.lang 包中的 Math 类定义了很多与数学运算相关的常量和方法。
（5）有两种生成随机数的方式：使用 Math 类中的 random()方法和 Random 类。
（6）DecimalFormat 类可以用来格式化数字。

## 习　　题

18-1　如何获得当前时间？
18-2　如何获得当前日期？
18-3　以 "2012/6/5 18:54:32" 格式输出当前日期和时间。
18-4　Math 类中定义了哪些常量？
18-5　Math 类中定义的与三角函数运算相关的方法有哪些？
18-6　使用两种不同的方式获得 0～10 的一个随机整数。
18-7　如何格式化数字？

## 实验：制作公历万年历

### 实验目的

（1）掌握表格控件的使用。
（2）掌握 GregorianCalendar 类的使用。

### 实验内容

编写 PermanentCalendar 类，实现公历万年历的功能。

### 实验步骤

（1）继承 JFrame 编写一个窗体类，名称为 "PermanentCalendar"。
（2）编写方法 updateLabel()，用来根据月份的增量更新标签上显示的当前时间。核心代码如下。

```
private String updateLabel(int increment) {
    calendar.add(Calendar.MONTH, increment);              // 将当前月份增加 increment 月
    SimpleDateFormat formatter = new SimpleDateFormat("yyyy 年 MM 月");// 设置字符串格式
    return formatter.format(calendar.getTime());          // 获得指定格式的字符串
}
```

（3）编写 updateTable()方法，用来更加当前的月份和天更新表格中的数据。核心代码如下。

```
private void updateTable(Calendar calendar) {
    // 获得表示星期的字符串数组
    String[] weeks = new DateFormatSymbols().getShortWeekdays();
    String[] realWeeks = new String[7];                   // 新建一个数组来保存截取后的字符串
    // weeks 数组第一个元素是空字符串，因此从 1 开始循环
    for (int i = 1; i < weeks.length; i++) {
        realWeeks[i - 1] = weeks[i].substring(2, 3);      // 获得字符串的最后一个字符
    }
    int today = calendar.get(Calendar.DATE);              // 获得当前日期
    // 获得当前月的天数
    int monthDays = calendar.getActualMaximum(Calendar.DAY_OF_MONTH);
    calendar.set(Calendar.DAY_OF_MONTH, 1);               // 将时间设置为本月第一天
    int weekday = calendar.get(Calendar.DAY_OF_WEEK);// 获得本月第一天是星期几
    int firstDay = calendar.getFirstDayOfWeek();          // 获得当前地区星期的起始日
    int whiteDay = weekday - firstDay;                    // 这个月第一个星期有几天被上个月占用
    Object[][] days = new Object[6][7];                   // 新建一个二维数组来保存当前月的各天
    for (int i = 1; i <= monthDays; i++) {// 遍历当前月的所有天并将其添加的二维数组中
        days[(i - 1 + whiteDay) / 7][(i - 1 + whiteDay) % 7] = i;
    }// 数组的第一维表示一个月中各个星期，第二位表示一个星期中各个天
    // 获得当前表格的模型
    DefaultTableModel model = (DefaultTableModel) table.getModel();
    model.setDataVector(days, realWeeks);                 // 给表格模型设置表头和表体
    table.setModel(model);                                // 更新表格模型
    table.setRowSelectionInterval(0, (today - 1 + whiteDay) / 7);      // 设置选择的行
    table.setColumnSelectionInterval(0, (today - 1 + whiteDay) % 7);   // 设置选择的列
}
```

（4）运行应用程序，显示如图 18-15 所示的界面效果。

图 18-15　实例运行效果

# 第19章
# 数据库编程应用

**本章要点**

- 数据库的概念
- 数据库的种类及功能
- JDBC 中常用的类和接口
- 数据库操作的步骤
- 利用 JDBC 技术顺序查询数据的方法
- 利用 JDBC 技术实现模糊查询
- 利用 JDBC 技术实现对数据的添加、修改、删除

数据库系统是由数据库、数据库管理系统和应用系统、数据库管理员构成的。数据库管理系统（Database Management System，DBMS）是数据库系统的关键组成部分，包括数据库定义、数据查询、数据维护等。而 JDBC（Java Data Base Connectivity，Java 数据库连接）技术是连接数据库与应用程序的纽带。学习 Java 语言，必须学习 JDBC 技术，因为 JDBC 技术是在 Java 语言中被广泛使用的一种操作数据库的技术。每个应用程序的开发都是使用数据库保存数据。使用 JDBC 技术访问数据库可达到查找满足条件的记录的目的，也可以向数据库添加、修改、删除数据。本堂课向读者介绍 Java 语言中数据库操作部分。

# 19.1　JDBC 技术

程序设计中离不开数据库的支持。每个程序的开发都是使用数据库保存数据，使用 JDBC 技术访问数据库可查询满足条件的记录，或者向数据库添加、修改、删除数据。

## 19.1.1　数据库概述

数据库是一种存储结构，允许使用各种格式输入、处理和检索数据，不必在每次需要数据的时候重新键入。例如，在需要某人的电话号码时，需要查看电话本，可按照姓名来查阅。这个电话本就是一个数据库。

### 1．数据库特点

数据库具有以下主要特点。

■　实现数据共享。数据共享包含所有用户可同时存取数据库中的数据，也包括用户可以用各种方式通过接口使用数据库，并提供数据共享。

■　减少数据的冗余度。同文件系统相比，由于数据库实现了数据共享，所以避免了用户各自建立应用文件，从而减少了大量重复数据，减少了数据冗余，维护了数据的一致性。

■　数据的独立性。数据的独立性包括数据库中数据库的逻辑结构和应用程序相互独立，也包括数据物理结构的变化不影响数据的逻辑结构。

■　数据实现集中控制。文件管理方式中，数据处于一种分散的状态，不同的用户或同一用户在不同处理中其文件之间毫无关系。利用数据库可对数据进行集中控制和管理，并通过数据模型表示各种数据的组织以及数据间的联系。

■　数据一致性和可维护性，以确保数据的安全性和可靠性。主要包括：①安全性控制，以防止数据丢失、错误更新和越权使用；②完整性控制，保证数据的正确性、有效性和相容性；③并发控制，使在同一时间周期内，允许对数据实现多路存取，又能防止用户之间的不正常交互作用；④故障的发现和恢复。

**2. 数据库的种类及功能**

数据库系统一般基于某种数据模型，可以分为层次型、网状型、关系型、面向对象型等种类。

■　层次型数据库：层次模型数据库类似于树结构，是一组通过链接而相互联系在一起的记录。层次模型的特点是记录之间的联系是通过指针实现的。由于层次模型层次顺序严格而且复杂，所以很难对数据进行各项操作。层次模型数据库如图 19-1 所示。

■　网状型数据库：网络模型是使用网络结构表示实体类型、实体间联系的数据模型。网络模型容易实现多对多的联系。但需要编写应用程序时，程序员必须熟悉数据库的逻辑结构。如图 19-2 所示。

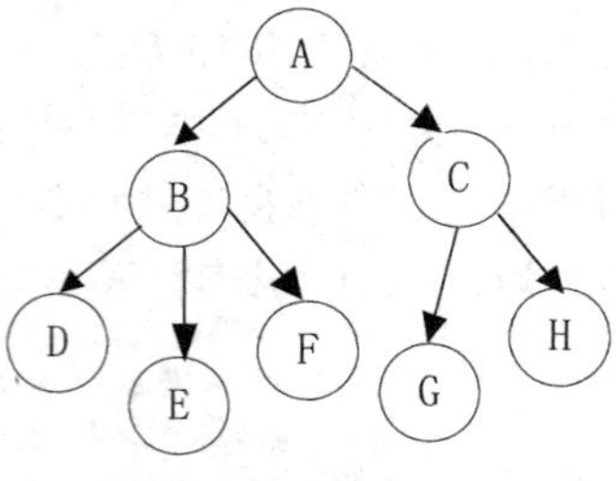


图 19-1　层次型数据库

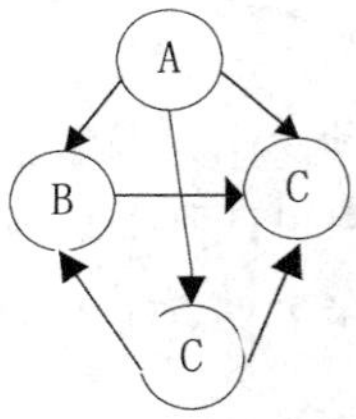


图 19-2　网状型数据库

■　对象模型数据库：建立在面前对象模型基础上。

■　关系数据库：关系数据库是目前最流行的数据库，是基于关系模型建立的数据库，关系模型是由一系列表格组成。后面会详细的讲解它。

## 19.1.2　JDBC-ODBC 技术介绍

JDBC 是一种用于执行 SQL（Structured Query Language，结构化查询语句）语句的 Java API(Application Programming Interface，应用程序设计接口)，是连接数据库和 Java 应用程序的一个纽带。JDBC-ODBC 桥是一个 JDBC 驱动程序，完成了从 JDBC 操作到 ODBC（Open Database Connectivety，开放数据库互连）操作之间的转换工作。由于 ODBC 技术被广泛的使用，所以 Java 利用 JDBC-ODBC 桥可访问几乎所有的数据库。下面介绍一种通过 JDBC-ODBC 桥连接数据库的方法，通过这种方法无需手动配置 ODBC 数据源，而是采用默认的 ODBC 数据源。步骤如下。

（1）首先加载 JDBC-ODBC 桥的驱动程序。代码如下。

```
Class.forName("sun.jdbc.odbc.JdbcOdbcDriver");
```

Class 类是 java.lang 包中的一个类，通过该类的静态方法 forName()可加载 sun.jdbc.odbc 包中的 jdbcOdbcDriver 类来建立 JDBC-ODBC 桥连接器。

（2）使用 java.sql 包中的 Connection 接口，并通过 DriverManager 类的静态方法 getConnection()创建连接对象。格式如下。

```
Connection conn = DriverManager.getConnection("jdbc:odbc:数据源名字", "user name", "password");
```

> 数据源名称必须是配置成功的，否则不会连接成功。

数据源必须给出一个简短的描述名。假设没有设置 user name 和 password，要与数据源 tom 交换数据，建立 Connection 对象的代码如下。

```
Connection conn = DriverManager.getConnection("jdbc.odbc:tom","","");
```

（3）向数据库发送 SQL 语句。使用 Statement 接口声明一个 SQL 语句对象，并通过刚才创建的连接数据库对象 conn 的 createStatement()方法创建这个 SQL 对象。代码如下。

```
Statement sql = conn.createStatement();
```

JDBC-ODBC 桥作为连接数据库的过渡性技术，现在已经不被 Java 技术广泛应用，现在广泛应用的是 JDBC 技术。但并不表示 JDBC-ODBC 桥技术已经被淘汰。目前，JDBC-ODBC 桥作为 sun.jdbc.odbc 包与 JDK 一起自动安装，不需要特殊配置。

### 19.1.3　JDBC 技术

JDBC 制定了统一的访问各类关系数据库的标准接口，为各个数据库厂商提供了标准接口的实现。在 JDBC 技术问世之前，各家数据库厂商执行各自的一套 API，使得开发人员访问数据库非常困难，特别是更换数据库时，需要修改大量的代码。JDBC 的发布获得了巨大的成功，很快就成为了 Java 访问数据库的标准。需要注意的是，JDBC 并不能直接访问数据库，需要依赖与数据库厂商提供的 JDBC 驱动程序。JDBC 技术具有以下优点。

■　JDBC 与 ODBC 十分相似，便于软件开发人员理解。

■　JDBC 使软件开发人员从复杂的驱动程序编写工作中解脱出来，可以完全专著与业务逻辑的开发。

■　JDBC 支持多种关系型数据库，大大增加了软件的可移植性。

■　JDBC API 是面向对象的，软件开发人员可以将常用的方法进行二次封装，从而提高代码的重用性。

# 19.2　JDBC 中常用的类和接口

JDBC 中提供了丰富的类和接口用于数据库编程，可以方便地进行数据访问和处理。本节将向读者介绍 JDBC 技术中常用的类和接口。这些类和接口都位于 java.sql 包中。

### 19.2.1　DriverManager 类

DriverManager 类用来管理数据库中的所有驱动程序，是 JDBC 的管理层，作用于用户和驱动程序之间，跟踪可用的驱动程序，并在数据库的驱动程序之间建立连接。此外，DriverManager 类也处理诸如驱动程序登录时间限制及登录和跟踪信息的显示等事务。由于 DriverManager 类中的方法都是静态方法，所以在程序中无须对它进行实例化，直接通过类名就可以调用。DriverManager 类的常用方法如表 19-1 所示。

表 19-1　　　　　　　　　　　　　　DriverManager 类的常用方法

| 方　　法 | 说　　明 |
| --- | --- |
| getConnection(String url , String user , String password) | 指定 3 个入口参数，依次是连接数据库的 URL、用户名、密码，来获取与数据库的连接 |
| setLoginTimeout() | 获取驱动程序试图登录到某一数据库时可以等待的最长时间，以秒为单位 |
| println(String message) | 将一条消息打印到当前 JDBC 日志流中 |

### 19.2.2　Connection 接口

Connection 接口代表与特定的数据库的连接。要对数据表中数据进行操作，首先要获取数据库连接。Connection 实例就像在应用程序与数据库之间开通了一条渠道，如图 19-3 所示。

图 19-3　Connection 实例

可通过 DriverManager 类的 getConnection()方法获取 Connection 实例。Connection 接口的常用方法如表 19-2 所示。

表 19-2　　　　　　　　　　　　　　Connection 接口的常用方法

| 方　　法 | 说　　明 |
| --- | --- |
| createStatement() | 创建 Statement 对象 |
| createStatement(int resultSetType,int resultSetConcurrency) | 创建一个 Statement 对象。该对象将生成具有给定类型、并发性和可保存性的 ResultSet 对象 |
| prepareStatement() | 创建预处理对象 PreparedStatement |
| isReadOnly() | 查看当前 Connection 对象的读取模式是否是只读形式 |
| setReadOnly() | 设置当前 Connection 对象的读写模式，默认是非只读模式 |
| commit() | 使所有上一次提交、回滚后进行的更改成为持久更改，并释放此 Connection 对象当前持有的所有数据库锁 |
| roolback() | 取消在当前事务中进行的所有更改，并释放此 Connection 对象当前持有的所有数据库锁。 |
| close() | 立即释放此 Connection 对象的数据库和 JDBC 资源，而不是等待它们被自动释放。 |

## 19.2.3　Statement 接口

Statement 实例用于在已经建立连接的基础上向数据库发送 SQL 语句。该接口用来执行静态的 SQL 语句。例如，执行 INSERT、UPDATE、DELETE 语句，可调用该接口的 executeUpdate() 方法，执行 SELECT 语句，可调用该接口的 executeQuery() 方法。

Statement 实例可以通过 Connection 实例的 createStatement() 方法获取。例如以下代码就实现了获取 Statement 的功能。

```
Connection conn = DriverManager.getConnection("url", "userName", "password");
Statement statement = conn.createStatement();
```

Statement 接口的常用方法如表 19-3 所示。

表 19-3　　　　　　　　　　　　　　Statement 接口的常用方法

| 方　　法 | 说　　明 |
| --- | --- |
| execute(String sql) | 执行静态的 SELECT 语句，该语句可能返回多个结果集 |
| executeQuery(String sql) | 执行给定的 SQL 语句，该语句返回单个 ResultSet 对象 |
| clearBatch() | 清空此 Statement 对象的当前 SQL 命令列表 |
| executeBatch() | 将一批命令提交给数据库来执行，如果全部命令执行成功，则返回更新计数组成的数组。数组元素的排序与 SQL 语句的添加顺序对应 |
| executeUpdate() | 执行给定 SQL 语句。该语句可以为 INSERT、UPDATE 或 DELETE 语句。 |
| addBatch(String sql) | 将给定的 SQL 命令添加到此 Statement 对象的当前命令列表中。如果驱动程序不支持批量处理将抛出异常 |
| close() | 释放 Statement 实例占用的数据库和 JDBC 资源 |

## 19.2.4　PreparedStatement 接口

PreparedStatement 接口继承 Statement，用于执行动态的 SQL 语句，其通过 PreparedStatement 实例执行的 SQL 语句，将被预编译并保存到 PreparedStatement 实例中，从而可以反复地执行该 SQL 语句。可以通过 Connection 类的 preparedStatement() 方法获取 PreparedStatement 对象。例如：

```
Connection conn = DriverManager.getConnection("url", "userName", "passWord");
PreparedStatement preps = conn.prepareStatement(sql);
```

上述代码中的参数 sql 为待执行的 SQL 语句。PreparedStatement 接口的常用方法如表 19-4 所示。

表 19-4　　　　　　　　　　　　　PreparedStatement 接口的常用方法

| 方　　法 | 说　　明 |
| --- | --- |
| execute() | 在此 PreparedStatement 对象中执行 SQL 语句。该语句可以是任何类型的 SQL 语句 |
| executeQuery() | 在此 PreparedStatement 对象中执行 SQL 查询语句，返回结果为查询结果集 ResultSet 对象 |
| executeUpdate() | 在此 PreparedStatement 对象中执行 SQL 语句。该 SQL 语句必须是一个 INSERT、UPDATE、DELETE 语句，或者是没有返回值的 DDL 语句 |
| setByte(int pIndex,byte bt) | 将参数 pIndex 位置上设置为给定的 byte 型参数 bt |
| setDouble(int pIndex,double dou) | 将参数 pIndex 位置上设置为给定的 double 型参数值 dou |
| setInt(int pIndex,int x) | 将参数 pIndex 位置上设置为给定的 int 型参数值 x |

续表

| 方　　法 | 说　　明 |
|---|---|
| setObject(int pIndex,Object o) | 将参数 pIndex 位置上设置为给定的 Object 型参数值 |
| setString(int pIndex,String str) | 将参数 pIndex 位置上设置为给定的 String 型参数值 |

### 19.2.5　ResultSet 接口

ResultSet 接口类似于一张数据表，用来暂时存放数据库查询操作所获得的结果集。ResultSet 实例具有指向当前数据行的指针。指针开始的位置在查询结果集第一条记录的前面。在获取查询结果集时，可通过 next()方法将指针向下移。如果存在下一行该方法返回 true，否则返回 false。

ResultSet 接口提供了从当前行检索不同类型值的 getXXX()方法。通过该方法的不同重载形式，可实现分别通过列的索引编号和列的名称检索列值。此外，该接口提供了一组更新方法 updateXXX()，可通过列的索引编号和列的名称，更新当前行的指定列。但是该方法并未将操作同步到数据库中，需要执行 updateRow()或 insertRow()方法完成同步操作。该接口的常用方法如表 19-5 所示。

表 19-5　　　　　　　　　　ResultSet 接口的常用方法

| 方　　法 | 说　　明 |
|---|---|
| getInt() | 以 int 形式获取此 ResultSet 对象的当前行中指定列值。如列值是 NULL，则返回值是 0 |
| getFloat() | 以 float 形式获取此 ResultSet 对象的当前行的指定列值。如列值是 NULL，则返回值是 0 |
| getDate() | 以 Data 形式获取 ResultSet 对象的当前行的指定列值。如列值是 NULL，则返回值是 null |
| getBoolean() | 以 boolean 形式获取 ResultSet 对象的当前行的指定列值。如列值是 NULL，则返回 null |
| getString() | 以 String 形式获取 ResultSet 对象的当前行的指定列值。如列值是 NULL，则返回 null |
| getObject() | 以 Object 形式获取 ResultSet 对象的当前行的指定列值。如列值是 NULL，则返回 null |
| next() | 将指针向下移一行 |
| updateInt() | 用 int 值更新指定列 |
| updateFloat() | 用 float 值更新指定列 |
| updateLong() | 用指定的 long 值更新指定列 |
| updateString() | 用指定的 String 值更新指定列 |
| updateObject() | 用 Object 值更新指定列 |
| updateNull() | 将指定的列值修改为 NULL |
| updateDate() | 用指定的 Date 值更新指定列 |
| updateDouble() | 用指定的 double 值更新指定列 |

# 19.3　数据库连接

如果需要访问数据库，首先要加载数据库驱动。数据库驱动只需在第一次访问数据库时加载一次。然后在每次访问数据库时创建一个 Connection 实例，获取数据库连接。这样就可以执行操作数据库的 SQL 语句。最后在完成数据库操作时，释放与数据库的连接。

## 19.3.1　加载数据库驱动

### 1. 数据库驱动类

怎么来理解数据库驱动呢？就像有的机器安装摄像头时，需要安装摄像头的驱动，而有的机器安装 U 盘就需要安装相应的 U 盘驱动一样，这样你的机器才能识别相应的设备。数据库的驱动类似与摄像头的驱动或者 U 盘的驱动，当你的机器上安装了相应的数据库后，需要安装相应的数据库驱动后，机器才能识别这种数据库（如 MySQL、SQLServer）。

Java 程序怎样去调用数据库呢？Sun 公司提供了 JDBC 技术，用于与数据库建立联系，但需要注意的是只是提供了接口，由数据库提供商实现这些接口。这就是所谓的数据库驱动。

由于不同的数据库厂商实现 JDBC 接口不同，所以就产生了不同的数据库驱动包。数据库驱动包里包含了一些类，负责与数据库建立连接，即把一些 SQL 语句传到数据库里边去。例如，Java 程序实现与 SQL Server 2000 数据库建立连接，需要在程序中加载驱动包 "msbase.jar、mssqlserver.jar、msutil.jar" 或 "jtds.jar"，与 MySQL 数据库建立连接需要在程序加载驱动包 "mysql-connectot-java.jar" 等。

### 2. 加载数据库驱动类

将下载的数据库驱动文件添加到项目中后，首先需要加载数据库驱动程序，才能进行数据库操作。Java 加载数据库驱动的方法是调用 Class 类的静态方法 forName()。语法如下。

```
Class.forName(String driverManager)
```

forName() 方法参数指定要加载的数据库驱动，加载成功，会将加载的驱动类注册给 DriverManager。如果加载失败，则会抛出 ClassNotFoundException 异常。例如以下代码完成加载 MySQL 数据库驱动的功能。

```
try {
    Class.forName("com.mysql.jdbc.Driver");            //加载数据库驱动
} catch (ClassNotFoundException e) {
    e.printStackTrace();
}
```

## 19.3.2　创建数据库连接

在进行数据库操作时，只需要第一次访问数据库时加载数据库驱动，以后每次访问数据时，创建一个 Connection 对象。之后执行操作数据库的 SQL 语句。可通过 DriverManager 类的 getConnection() 方法，创建 Connection 实例。语法如下。

```
public static Connection getConnection(String url,String user,String password) throws
SQLException
```

- url：指定数据库的 url
- user：指定数据库的用户名
- password：指定数据库的密码

### 1. 连接 MySQL 数据库

在当前比较流行的数据库中，MySQL 数据库是一个完全开放源代码的数据库软件，具有功能强、使用简便、管理方便、运行速度快、安全可靠性强等优点。同时，MySQL 具有客户机/服务器体系结构的分布式数据库管理系统，是完全网络化的跨平台关系型数据库系统。MySQL 数据库也是 Java 程序开发者常用的数据库之一。要建立与 MySQL 数据库的连接，首先要在程序中加载 MySQL 数据库的驱动。这可以到 MySQL 的官方网站上下载，网址为 "http://www.mysql.org"。

【例 19-1】　创建类 GetConn，该类中实现与 MySQL 数据库建立连接，连接的数据库名称为

db_database19。（实例位置：光盘\MR\源码\第 19 章\19-1）

```java
public class GetConn {
    public Connection conn = null;                      // 创建 Connection 对象
    public Connection getConnection() {                 // 获取数据库连接方法
        try {
            Class.forName("com.mysql.jdbc.Driver");     // 加载数据库驱动
            // 指定连接数据库的 URL
            String url = "jdbc:mysql://localhost:3306/db_database19";
            String user = "root";                       // 指定连接数据库的用户名
            String passWord = "111";                    // 指定连接数据库的密码
            conn = DriverManager.getConnection(url, user, passWord);
            if (conn != null) {                         // 如果 Connection 实例不为空
                System.out.println("数据库连接成功");   // 提示信息
            }
        } catch (Exception e) {
            e.printStackTrace();
        } // 异常处理
        return conn;                                    // 返回 Connection 对象
    }
    public static void main(String[] args) {            // 程序主方法
        GetConn getConn = new GetConn();                // 创建 GetConn 对象
        getConn.getConnection();                        // 调用连接数据库方法
    }
}
```

运行本实例，效果如图 19-4 所示。

图 19-4　实例运行效果

　　　　　　在使用本程序前，需要向项目中导入 MySQL 数据库的驱动并创建数据库。

### 2. 连接 SQL Server 2005 数据库

连接 SQL Server 2005 数据库应用的驱动程序为 "sqljdbc.jar"，可以到 microsoft 的官方网站上下载，地址为 "http://www.microsoft.com"。

【例 19-2】　创建类 GetConn，该类中实现与 SQL Server 2005 数据库建立连接，连接的数据库名称为 db_database19。（实例位置：光盘\MR\源码\第 19 章\19-2）

```
public class GetConn {
    public Connection conn = null;                    // 创建 Connection 对象
    public Connection getConnection() {               // 获取数据库连接方法
        try {
            // 加载数据库驱动
            Class.forName("com.microsoft.sqlserver.jdbc.SQLServerDriver");
            // 指定连接数据库的 URL
            String url = "jdbc:sqlserver://localhost:1433;databaseName=db_database19";
            String user = "sa";                       // 指定连接数据库的用户名
            String passWord = "";                     // 指定连接数据库的密码
            conn = DriverManager.getConnection(url, user, passWord);
            if (conn != null) {                       // 如果 Connection 实例不为空
                System.out.println("数据库连接成功"); // 提示信息
            }
        } catch (Exception e) {
            e.printStackTrace();
        } // 异常处理
        return conn;                                  // 返回 Connection 对象
    }
    public static void main(String[] args) {          // 程序主方法
        GetConn getConn = new GetConn();              // 创建 GetConn 对象
        getConn.getConnection();                      // 调用连接数据库方法
    }
}
```

运行本实例，效果如图 19-5 所示。

图 19-5　实例运行效果

在使用本程序前，需要向项目中导入 SQL2005 数据库的驱动并创建数据库。

### 3. 连接 Oracle 11g 数据库

连接 Oracle 11g 数据库应用的驱动程序为 "ojdbc6.jar"，可以在 Oracle 安装后的文件夹中找到，路径是 "\product\11.2.0\dbhome_1\jdbc\lib"。

【例 19-3】　创建类 GetConn，该类中实现与 Oracle 11g 数据库建立连接，连接的数据库名称为 db_database19。（实例位置：光盘\MR\源码\第 19 章\19-3）

```
public class GetConn {

    public Connection conn = null;                // 创建 Connection 对象

    public Connection getConnection() {           // 获取数据库连接方法
        try {
            Class.forName("oracle.jdbc.driver.OracleDriver");  // 加载数据库驱动
            String url = "jdbc:oracle:thin:@localhost:1521:orcl"; // 指定连接数据库的 URL
            String user = "system";               // 指定连接数据库的用户名
            String passWord = "justice";          // 指定连接数据库的密码
            conn = DriverManager.getConnection(url, user, passWord);
            if (conn != null) {                   // 如果 Connection 实例不为空
                System.out.println("数据库连接成功");           // 提示信息
            }
        } catch (Exception e) {
            e.printStackTrace();
        } // 异常处理
        return conn;                              // 返回 Connection 对象
    }
    public static void main(String[] args) {      // 程序主方法
        GetConn getConn = new GetConn();          // 创建 GetConn 对象
        getConn.getConnection();                  // 调用连接数据库方法
    }
}
```

运行本实例，效果如图 19-6 所示。

图 19-6　实例运行效果

### 4．其他常见数据库的驱动和 URL

JDBC 的一个很大的优势就是截断了应用程序和底层数据库之间的联系。通过修改数据库的驱动和 URL 信息及其相关的驱动文件，就可以更换数据库。各种常见数据库的驱动和 URL 如表 19-6 所示。

表 19-6　　　　　　　　　　其他常见数据库的驱动和 URL 信息

| 数 据 库 名 | 驱　　动 | URL |
|---|---|---|
| PostgreSQL (v6.5 and earlier) | postgresql.Driver | jdbc:postgresql://\<HOST>:\<PORT>/\<DB> |
| PostgreSQL (v7.0 and later) | org.postgresql.Driver | jdbc:postgresql://\<HOST>:\<PORT>/\<DB> |

| 数 据 库 名 | 驱　　动 | URL |
|---|---|---|
| Sybase (jConnect 4.2 and earlier) | com.sybase.jdbc.SybDriver | jdbc:sybase:Tds:\<HOST\>:\<PORT\> |
| Sybase (jConnect 5.2) | com.sybase.jdbc2.jdbc.SybDriver | jdbc:sybase:Tds:\<HOST\>:\<PORT\> |

**说明**　在使用其他数据库时也需要去其官方网站下载数据库驱动程序。

## 19.3.3　向数据库发送 SQL 语句

建立数据库连接的目的是与数据库进行通信，实现方式为执行 SQL 语句，但 Connection 实例并不能执行 SQL 语句。此时需要通过 Connection 接口的 createStatement()方法获取 Statement 对象。例如：创建 Statement 对象 state。

```
try {
    Statement state = con.createStatement();
} catch (SQLException e) {
    e.printStackTrace();
}
```

## 19.3.4　获取查询结果集

Statement 接口的 executeUpdate()方法或 executeQuery()方法，可以执行 SQL 语句。executeUpdate()方法用于执行数据的插入、修改或删除操作，返回影响数据库记录的条数。executeQuery()方法用于执行 SELECT 查询语句，将返回一个 ResultSet 型的结果集。通过遍历查询结果集的内容，才可获取 SQL 语句执行的查询结果。例如以下代码可获取查询结果集。

```
ResultSet res = state.executeQuery("select * from tb_emp");
```

ResultSet 对象具有指向当前数据行的光标。最初，光标被置于第一行之前。可以通过该对象的 next()方法将光标移动到下一行。如果在 ResultSet 对象没有下一行时，next()方法返回 false。因此，可以在 while 循环使用 next()方法迭代结果集。例如：循环遍历查询结果集。

```
while (rest.next()) {               //rest 为 ResultSet 对象
    String name = rest.getString("name");
    String person = rest.getString("person");
    String date = rest.getString("date");
}
```

ResultSet 对象的 getXXX()方法，可获取查询结果集中数据。由于 ResultSet 中保存的数据，以表的形式，因此可通过使用 getXXX()方法，指定列的序号与列的名称来获取数据。例如上述实例中的代码中的 "name" 表示的是表的列名。如果此时 name 列为查询结果集中的第 2 列，也可通过代码 "rest.getString(2)" 得到查询结果。图 19-7 表示结果集 rest 的结果。

图 19-7　数据查询分析

### 19.3.5  关闭连接

在进行数据库访问时，Connection、Statement、ResultSet 实例都会占用一定的系统资源。因此在每次访问数据库后，及时地释放这些对象占用的资源是一个很好的编程习惯。Connection、Statement、ResultSet 实例都提供了 close()方法用于释放对象占用的数据库和 JDBC 资源。关闭 ResultSet 对象、Statement 对象、Connection 实例的代码如下。

```
resultSet.close();
statement.close();
connection.close();
```

如果通过 DriverManager 类的 getConnection()方法获取的 Connection 实例，那么通过关闭 Connection 实例，就可同时关闭 Statement 实例与 ResultSet 实例。当采用数据库连接池时，close() 方法并没有释放 Connection 实例，而是将其放入连接池中，又可被其他连接调用。此时，如果没有调用 Statement 与 ResultSet 实例的 close()方法，它们在 Connection 中就会越来越多，虽然 JVM （Java 虚拟机）会定时的清理缓存，但当数据库连接达到一定数量时，清理不够及时，就会严重影响数据库和计算机的运行速度。

# 19.4  综合实例——向数据表中添加信息

数据录入对每个应用程序来说都是必不可少的。在实现数据录入时，可以对录入进行验证，来保证程序的完整性。本实例实现当用户填写完以 "*" 标注的信息后，单击"添加"按钮，系统会将用户添加的信息写入到数据库中。本实例的运行结果如图 19-8 所示。

图 19-8  实例运行效果

（1）编写 Emp 类，用于封装员工信息。代码如下。

```
public class Emp {
    private int id;                             // 员工 ID
    private String name;                        // 员工姓名
    private String sex;                         // 员工性别
```

```
    private int age;                                // 员工年龄
    private String dept;                            // 员工部门
    private String phone;                           // 员工电话
    private String remark;                          // 备注
    public int getId() {
        return id;
    }
    public void setId(int id) {
        this.id = id;
    }
    // 省略其他 get、set 方法
}
```

（2）编写 JdbcUtil 类，实现向数据库中插入数据的功能。代码如下。

```
public class JdbcUtil {
    static Connection conn = null;
    // 获取数据库连接
    public Connection getConn() {
        try {
            Class.forName("net.sourceforge.jtds.jdbc.Driver"); // 加载数据库驱动
        } catch (ClassNotFoundException e) {
            e.printStackTrace();
        }
        String url =
        "jdbc:jtds:sqlserver://localhost:1433;DatabaseName=db_database19";
                                                    // 连接数据库 URL
        String userName = "sa";                     // 连接数据库的用户名
        String passWord = "";                       // 连接数据库密码
        try {
            // 获取数据库连接
            conn = DriverManager.getConnection(url, userName, passWord);
            if (conn != null) {
            }
        } catch (SQLException e) {
            e.printStackTrace();
        }
        return conn;                                // 返回 Connection 对象
    }
    public void insertEmp(Emp emp) {
        conn = getConn();                           // 获取数据库连接
        try {
            PreparedStatement statement = conn.prepareStatement("insert into tb_emp
values(?,?,?,?,?,?)");                              // 定义插入数据库的预处理语句
            statement.setString(1, emp.getName());  // 设置预处理语句的参数值
            statement.setString(2, emp.getSex());
            statement.setInt(3, emp.getAge());
            statement.setString(4, emp.getDept());
            statement.setString(5, emp.getPhone());
            statement.setString(6, emp.getRemark());
            statement.executeUpdate();              // 执行预处理语句
        } catch (SQLException e) {
            e.printStackTrace();
```

```
    }
  }
}
```

（3）编写 InsertEmpFrame 类，用于接收用户输出的信息，如果校验无误就插入数据库中。关键代码如下。

```
protected void do_insertButton_actionPerformed(ActionEvent arg0) {
    JdbcUtil util = new JdbcUtil();
    Emp emp = new Emp();
    emp.setName(nameTextField.getText());
    emp.setSex(sexComboBox.getSelectedItem().toString());
    emp.setAge(Integer.parseInt(ageTextField.getText()));
    emp.setDept(deptTextField.getText());
    emp.setPhone(phoneTextField.getText());
    emp.setRemark(remakeTextArea.getText());
    if                    (!(nameTextField.getText().equals(""))                    &&
(!deptTextField.getText().equals("")) && (!phoneTextField.getText().equals(""))) {
        util.insertEmp(emp);

        JOptionPane.showMessageDialog(getContentPane(), "数据添加成功！", "信息提示框",
JOptionPane.WARNING_MESSAGE);
    } else {
        JOptionPane.showMessageDialog(getContentPane(), "请将信息添加完整！", "信息提示框
", JOptionPane.WARNING_MESSAGE);
    }

}
```

（4）在代码编辑器中单击鼠标右键，在弹出菜单中选择"运行方式"/"Java 应用程序"菜单项，显示如图 19-8 所示的结果。

# 知识点提炼

（1）数据库是一种存储结构，允许使用各种格式输入、处理和检索数据，不必在每次需要数据的时候重新键入。

（2）数据库系统一般基于某种数据模型，可以分为层次型、网状型、关系型、面向对象型等种类。

（3）Java 中使用 JDBC 技术来实现操作数据库的功能。

（4）JDBC 中的 DriverManager 类用于管理数据库驱动，其 getConnection()方法用于获得数据库连接。

（5）Connection 接口用于表示与特定数据库的连接。

（6）Statement 和 PreparedStatement 接口用于执行 SQL 语句。

（7）ResultSet 接口用于处理查询结果。

# 习　　题

19-1　简述数据库常见分类及特点。

19-2　列出 3 种不同的数据库名称，并去其官网下载 JDBC 驱动。

19-3　如何加载数据库驱动？

19-4　简述使用 JDBC 操作数据库的常见流程。

19-5　通过网络学习使用 MySQL 数据源建立数据库连接。

19-6　在释放资源时会调用哪个方法？

# 实验：使用批处理删除数据

## 实验目的

（1）掌握使用 JDBC 连接 SQL Server 2005 数据库。

（2）掌握使用 JDBC 查询数据库。

（3）掌握使用批处理删除数据。

## 实验内容

使用 JTable 控件显示数据库中数据，删除用户在表格中选中的行。

## 实验步骤

（1）在项目中创建类 DeleteStuFrame，该类继承 JFrame 类，实现窗体类，在该窗体中添加标签、表格与按钮控件。表格控件完成显示学生信息，按钮为用户提供操作信息。

（2）在项目中创建工具类 BatchDelete，在该类中定义批量删除数据方法 deleteBatch()。该方法包含有一个 Integer 类型的参数。具体代码如下。

```java
public void deleteBatch(Integer[] id) {
    conn = getConn();                              // 获取数据库连接
    Statement cs = null;                           // 定义 Statement 对象
    try {
        cs = conn.createStatement();               // 实例化 Statement 对象
        for (int i = 0; i < id.length; i++) {      // 循环遍历参数数组
            cs.addBatch("delete from tb_stu where id =" + id[i]); // 删除数据
        }
        cs.executeBatch();                         // 批量执行 SQL 语句
        cs.close();                                // 将 Statement 对象关闭
        conn.close();
    } catch (Exception e) {
        e.printStackTrace();
    }
}
```

（3）在用户选择要删除的信息后，单击"删除"按钮，可将用户选择的信息删除。"删除"按钮的单击事件代码如下。

```
protected void do_deleteButton_actionPerformed(ActionEvent arg0) {
    int[] ids = table.getSelectedRows();                    // 返回选定行的索引
    Integer values[] = new Integer[ids.length];
    for (int i = 0; i < ids.length; i++) {                  // 遍历选定行的数组
        // 获取用户选择某单元格的内容
        values[i] = new Integer(table.getValueAt(ids[i], 0).toString());
    }
    batchDelete.deleteBatch(values);                        // 调用批处理方法
    JOptionPane.showMessageDialog(getContentPane(), "数据删除成功！", "信息提示框",
JOptionPane.WARNING_MESSAGE);
}
```

（4）运行应用程序，显示如图 19-9 所示的界面效果。

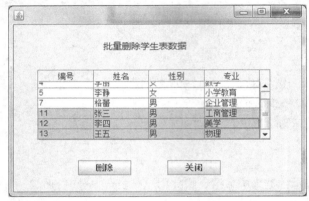

图 19-9　实例运行效果

# 第20章

# 综合案例——快递打印系统

## 本章要点

- 数据库的设计
- 获取打印对象
- 设置打印内容
- 实现系统登录
- 添加与修改快递信息
- 打印和设置快递信息
- 修改用户密码
- 了解 Java 应用程序打包

随着社会的发展，人们的生活节奏不断加快，使得快递这种新兴的行业逐步走入人们的视野。在快递配送过程中，需要填写大量的表单，例如物品信息等。为了提高快递的效率，可以采用计算机来辅助表单的填写工作。本章将开发一个快递打印系统，以支持表单内容的记录与打印。该系统主要使用 PrintJob 类获得打印对象与实现打印，通过实现 Printable 接口中 print()方法设置打印内容的位置。

# 20.1　需　求　分　析

随着社会的发展，人们的生活节奏不断加快。为了节约宝贵的时间，快递业务应运而生。在快递过程中，需要填写大量的表单。如果使用计算机来辅助填写及保存相应的记录，则能大大提高快递的效率。因此，需要开发一个快递打印系统。该系统应该支持快速录入关键信息，例如，发件人和收件人的姓名、电话和地址及快递物品的信息等。这些信息需要被保存在数据库中以便以后查看。程序的主界面如图 20-1 所示。

通过对程序需要实现的功能进行分析，完成数据库和程序界面的设计。通过对快递打印系统的了解，要求其具备如下功能。

- 登录系统

登录系统可以有效地保障系统的安全性，防止非法用户使用系统。只有输入合法的用户名和密码才能够正常登录，否则不能进行登录。

图 20-1 快递打印系统界面

■ 添加快递单信息

用户进入系统后，通过"快递单管理"菜单中的"添加快递单"菜单项，可以进行快递信息的添加。

■ 修改快递单信息

考虑到操作人员录入的失误，需要提供快递单信息的修改功能。通过"快递单管理"菜单中的"修改快递单"菜单项，可以对快递信息进行修改。

■ 打印快递单信息

完成信息录入后，如果确认无误，就可以对其进行打印了。通过"打印管理"菜单中的"打印快递单"菜单项，可以对打印信息进行设置并打印快递单。

■ 添加用户

进入系统后，可以通过该功能添加新的用户，并为其指定密码。一旦新用户添加成功，以后就可以通过该用户进入系统进行操作。

■ 修改密码

为了提高系统的安全性，通常建议管理员定期修改密码。使用该功能可以在输入正确的旧密码之后进行新密码的设定。

# 20.2  总 体 设 计

## 20.2.1  系统目标

通过对系统进行深入的分析得知，本系统需要实现以下目标。

■ 操作简单方便，界面整洁大方。

■ 保证系统的安全性。

- 方便添加和修改快递信息。
- 完成快递单的打印功能。
- 支持用户添加和密码修改操作。

## 20.2.2　构建开发环境

- 操作系统：Windows 7 旗舰版
- JDK 版本：jdk-7u3-windows-i586
- IDE 版本：Indigo Service Release 2
- 开发语言：Java
- 后台数据库：SQL Server 2005
- 分辨率：最佳效果 1024 像素×768 像素

## 20.2.3　系统功能结构

在需求分析的基础上，确定了该系统需要实现的功能。根据功能设计出该系统的功能结构图如图 20-2 所示。

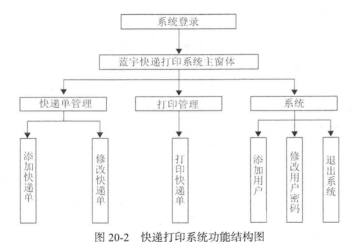

图 20-2　快递打印系统功能结构图

# 20.3　数据库设计

## 20.3.1　数据库概要说明

本系统采用 SQL Server 2005 作为后台数据库。根据需求分析和功能结构图，为整个系统设计了两个数据表，分别用于存储快递单信息和用户信息。根据这两个表的存储信息和功能，分别设计对应的 E-R 图和数据表。

## 20.3.2　数据库 E-R 图

1. 快递单信息表 tb_receiveSendMessage 的 E-R 图如图 20-3 所示。

2. 用户信息表 tb_user 的 E-R 图如图 20-4 所示。

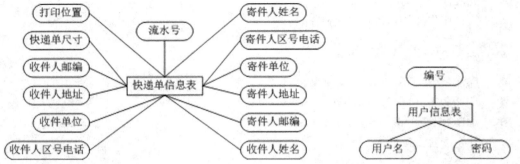

图 20-3　快递单信息表 tb_receiveSendMessage 的 E-R 图　　图 20-4　用户信息表 tb_user 的 E-R 图

## 20.3.3　数据表结构

在 SQL Server 2005 数据库中，创建名为 db_ExpressPrint 的数据库。然后在数据库中根据数据表的 E-R 图创建数据表。

1. 快递单信息表 tb_receiveSendMessage 的结构如表 20-1 所示。

表 20-1　　　　　　　　　　　　　　tb_receiveSendMessage 快递单信息表

| 字　段　名 | 数据类型 | 长　　度 | 是否允许空值 | 是否主键或约束 | 说　　明 |
|---|---|---|---|---|---|
| id | int | 4 | 不允许 | 主键，自动编号 | 流水号 |
| sendName | varchar | 20 | 允许 | 无约束 | 寄件人姓名 |
| sendTelephone | varchar | 30 | 允许 | 无约束 | 寄件人区号电话 |
| sendCompary | varchar | 30 | 允许 | 无约束 | 寄件单位 |
| sendAddress | varchar | 100 | 允许 | 无约束 | 寄件人地址 |
| sendPostcode | varchar | 10 | 允许 | 无约束 | 寄件人邮编 |
| receiveName | varchar | 20 | 允许 | 无约束 | 收件人姓名 |
| recieveTelephone | varchar | 30 | 允许 | 无约束 | 收件人区号电话 |
| recieveCompary | varchar | 30 | 允许 | 无约束 | 收件单位 |
| receiveAddress | varchar | 100 | 允许 | 无约束 | 收件人地址 |
| receivePostcode | varchar | 10 | 允许 | 无约束 | 收件人邮编 |
| ControlPosition | varchar | 200 | 允许 | 无约束 | 打印位置 |
| expressSize | varchar | 20 | 允许 | 无约束 | 快递单的尺寸 |

2. 用户信息表 tb_user 的结构如表 20-2 所示。

表 20-2　　　　　　　　　　　　　　tb_user 用户信息表

| 字　段　名 | 数据类型 | 长　　度 | 是否允许空值 | 是否主键或约束 | 说　　明 |
|---|---|---|---|---|---|
| id | int | 4 | 不允许 | 主键，自动编号 | 编号 |
| username | varchar | 20 | 允许 | 无约束 | 用户名 |
| password | varchar | 10 | 允许 | 无约束 | 密码 |

# 20.4　公共类设计

## 20.4.1　公共类 DAO

在 com.zzk.dao 包中定义了公共类 DAO，用于加载数据库驱动及建立数据库连接。通过调用该类的静态方法 getConn()可以获得到数据库 db_AddressList 的连接对象。当其他程序需要对数据库进行操作时，可以通过 DAO.getConn()直接获得数据库连接对象。该类代码如下。

```java
public class DAO {
    private static DAO dao = new DAO();                      // 声明 DAO 类的静态实例
    public DAO() {
        try {
            Class.forName("net.sourceforge.jtds.jdbc.Driver"); // 加载数据库驱动
        } catch (ClassNotFoundException e) {
            JOptionPane.showMessageDialog(null, "数据库驱动加载失败，请将 JTDS 驱动配置到构建路径中。\n" + e.getMessage());
        }
    }
    public static Connection getConn() {
        try {
            Connection conn = null;                          // 定义数据库连接
            // 数据库 db_Express 的 URL
            String url = "jdbc:jtds:sqlserver://localhost:1433/db_ExpressPrint";
            String username = "sa";                          // 数据库的用户名
            String password = "";                            // 数据库密码
            // 建立连接
            conn = DriverManager.getConnection(url, username, password);
            return conn;                                     // 返回连接
        } catch (Exception e) {
            JOptionPane.showMessageDialog(null, "数据库连接失败。\n 请检查是否安装了 SP4 补丁，\n 以及数据库用户名和密码是否正确。" + e.getMessage());
            return null;
        }
    }
}
```

## 20.4.2　公共类 SaveUserStateTool

在 com.zzk.tool 包中定义了公共类 SaveUserStateTool，用于保存登录用户的用户名和密码。该类主要用于修改用户的密码。因为用户只能修改自己的密码，才能通过该类可以知道原密码是否正确。SaveUserStateTool 类的代码如下。

```java
public class SaveUserStateTool {
    private static String username = null;              // 用户名称
    private static String password = null;              // 用户密码
    public static void setUsername(String username) {   // 用户名称的 setter 方法
        SaveUserStateTool.username = username;
```

```
    }
    public static String getUsername() {                          // 用户名称的getter方法
        return username;
    }
    public static void setPassword(String password) {             // 用户密码的setter方法
        SaveUserStateTool.password = password;
    }
    public static String getPassword() {                          // 用户密码的getter方法
        return password;
    }
}
```

# 20.5　程序主要系统开发

## 20.5.1　系统登录系统设计

### 1．技术分析

系统登录窗体用于对用户身份进行验证，目的是防止非法用户进入系统。操作员只有输入正确的用户名和密码方可进入系统，否则不能进入系统。系统登录窗体运行效果如图 20-5 所示。

图 20-5　系统登录窗体

系统登录系统用到的主要技术是背景图片的绘制。

在绘制背景图片前，需要先获得该图片。使用 ImageIcon 类的 getImage()方法可以获得 Image 类型的对象。该方法的声明如下。

`public Image getImage()`

为了获得 ImageIcon 类型的对象，可以使用该类的构造方法。此时，可以为该构造方法传递一个类型为 URL 的参数，该参数表明图片的具体位置。

在获得了背景图片后，可以重写在 JComponent 类中定义的 paintComponent()方法将图片绘制到窗体背景中。该方法的声明如下。

`protected void paintComponent(Graphics g)`

- g：表示要保护的 Graphics 对象

在绘制图片时需要使用 Graphics 类的 drawImage()方法。该方法的声明如下。

```
public abstract boolean drawImage(Image img,int x,int y,ImageObserver observer)
```

drawImage()方法的参数说明如表 20-3 所示。

表 20-3 　　　　　　　　　　　　drawImage()方法参数说明

| 参　　数 | 描　　述 |
|---|---|
| img | 要绘制的 Image 对象 |
| x | 绘制位置的 x 坐标 |
| y | 绘制位置的 y 坐标 |
| observer | 当更多图像被转换时需要通知的对象 |

本章使用自定义的 BackgroundPanel 类来实现登录窗体背景图片的绘制。该类的代码如下。

```java
public class BackgroundPanel extends JPanel {
    private static final long serialVersionUID = 8625597344192321465L;
    private Image image;                                        // 定义图像对象
    public BackgroundPanel(Image image) {
        super();                                               // 调用超类的构造方法
        this.image = image;                                    // 为图像对象赋值
        initialize();
    }
    protected void paintComponent(Graphics g) {
        super.paintComponent(g);                               // 调用父类的方法
        Graphics2D g2 = (Graphics2D) g;                        // 创建 Graphics2D 对象
        if (image != null) {
            int width = getWidth();                            // 获得面板的宽度
            int height = getHeight();                          // 获得面板的高度
            g2.drawImage(image, 0, 0, width, height, this);    // 绘制图像
        }
    }
    private void initialize() {
        this.setSize(300, 200);
    }
}
```

**2．实现过程**

（1）设计系统登录窗体

系统登录窗体用到两个标签、一个文本框、一个密码框、3 个命令按钮和一个自定义的背景面板，其中主要组件的名称和作用如表 20-4 所示。

表 20-4 　　　　　　　　系统登录窗体用到的主要组件名称与作用

| 组　　件 | 组件名称 | 作　　用 |
|---|---|---|
| JTextField | tf_username | 用于输入用户名称 |
| JPasswordField | pf_password | 用于输入用户密码 |
| JButton | btn_login | 单击该按钮对用户名和密码进行验证 |

在 com.zzk.frame 包中创建 LoginFrame 类，该类继承自 JFrame 类成为窗体类，在该类中定义如下成员，用于声明作为窗体背景的面板。

```
private URL url = null;                                      // 声明图片的 URL
private Image image = null;                                  // 声明图像对象
private BackgroundPanel jPane = null;                        // 声明自定义背景面板对象
```

然后在背景面板的 getJPanel()方法中添加如下代码，用于创建作为登录窗体背景的面板。

```
url = LoginFrame.class.getResource("/image/登录.jpg");      // 获得图片的 URL
image = new ImageIcon(url).getImage();                       // 创建图像对象
jPanel = new LoginBackPanel(image);                         // 创建背景面板
```

说明　　　背景面板组件的布局为绝对布局，用户可以将组件添加到任意位置并调整其大小。这里没有讲解组件的放置。

（2）实现系统登录功能

为"登录"按钮（即名为"btn_login"的按钮）配置事件监听器，添加验证用户登录信息的代码，实现系统登录的功能。代码如下。

```
btn_login.addActionListener(new java.awt.event.ActionListener() {
    public void actionPerformed(java.awt.event.ActionEvent e) {
        String username = tf_username.getText().trim();              // 获得用户名
        String password = new String(pf_password.getPassword());     // 获得密码
        User user = new User();                                      // 创建 User 类的实例
        user.setName(username);                                      // 封装用户名
        user.setPwd(password);                                       // 封装密码
        if (UserDao.okUser(user)) {                                  // 如果用户名与密码正确
            MainFrame thisClass = new MainFrame();                   // 创建主窗体的实例
            thisClass.setDefaultCloseOperation(JFrame.DO_NOTHING_ON_CLOSE);
            Toolkit tookit = thisClass.getToolkit();                 // 获得 Toolkit 对象
            Dimension dm = tookit.getScreenSize();                   // 获得屏幕的大小
            // 使主窗体居中
            thisClass.setLocation((dm.width - thisClass.getWidth()) / 2, (dm.height -
thisClass.getHeight()) / 2);
            thisClass.setVisible(true);                              // 显示主窗体
            dispose();                                               // 销毁登录窗体
        }
    }
});
```

"登录"按钮事件中 if 语句的条件表达式用到了 com.zzk.bean 包中的 User 类和 com.zzk.dao 包中的 UserDao 类。其中类 User 用于封装用户输入的登录信息，类 UserDao 用于对用户名和密码进行验证。该类中有个 okUser()方法可以判断用户名与用户密码是否正确。如果用户名与密码正确，okUser()方法返回 true，表示登录成功，否则 okUser()方法返回 false，表示登录失败。UserDao 类中 okUser()方法的代码如下。

```
public static boolean okUser(User user) {
    Connection conn = null;
    try {
        String username = user.getName();
        String pwd = user.getPwd();
        conn = DAO.getConn();                                       // 获得数据库连接
        // 创建 PreparedStatement 对象，并传递 SQL 语句
```

```
        PreparedStatement ps = conn.prepareStatement("select password from tb_user
where username=?");
            ps.setString(1, username);                      // 为参数赋值
            ResultSet rs = ps.executeQuery();                // 执行 SQL 语句，获得查询结果集
            if (rs.next() && rs.getRow() > 0) {              // 查询到用户信息
                String password = rs.getString(1);           // 获得密码
                if (password.equals(pwd)) {
                    SaveUserStateTool.setUsername(username);
                    SaveUserStateTool.setPassword(pwd);
                    return true;                             // 密码正确返回 true
                } else {
                    JOptionPane.showMessageDialog(null, "密码不正确。");
                    return false;                            // 密码错误返回 false
                }
            } else {
                JOptionPane.showMessageDialog(null, "用户名不存在。");
                return false;                                // 用户不存在返回 false
            }
        } catch (Exception ex) {
            JOptionPane.showMessageDialog(null, "数据库异常！\n" + ex.getMessage());
            return false;                                    // 数据库异常返回 false
        } finally {
            if (conn != null) {
                try {
                    conn.close();
                } catch (SQLException e) {
                    e.printStackTrace();
                }
            }
        }
    }
```

## 20.5.2　系统主界面系统设计

### 1. 技术分析

快递打印系统主界面简洁美观，通过主窗体可以完成系统的全部操作，包括添加快递单信息、修改快递单信息、打印和设置快递单、添加用户和修改密码等。快递打印系统主界面的运行效果如图 20-6 所示。

系统主界面系统使用的主要技术是获取图片资源。

在应用程序中，使用恰当的图片资源可以起到很好的美化效果。在 Java 中，使用 Image 类来表示图片资源。为了方便，通常是使用 ImageIcon 类的 getImage()方法来获得 Image 类型对象。

ImageIcon 类提供了很多种构造方法，比较简单的是直接使用图片文件的路径，但是也可以使用表示图片文件的 URL。为了获得 URL，通常是使用 getResource()方法。该方法的声明如下。

```
public URL getResource(String name)
```

● name：表示所需资源的名称。

### 2. 实现过程

（1）设计系统主界面

主窗体用于控制整个系统的功能，该窗体通过菜单命令打开其他的操作窗口，从而实现了交互操作。

图 20-6　快递打印系统主界面

在 com.zzk.frame 包中创建 MainFrame 类，该类继承了 JFrame。在该类中定义如下成员。

```
private URL url = null;                                    // 声明图片的 URL
private Image image=null;                                  // 声明图像对象
private BackgroundPanel jPane=null;                        // 声明自定义背景面板对象
```

然后在背景面板的 getJPanel()方法中添加如下代码，用于创建作为登录窗体背景的面板。

```
url = LoginFrame.class.getResource("/image/主界面.jpg");    // 获得图片的 URL
image = new ImageIcon(url).getImage();                     // 创建图像对象
jPanel = new LoginBackPanel(image);                        // 创建背景面板
```

　　　　在窗体上添加菜单栏、菜单和菜单项非常简单，读者可以自己实现这部分内容或参看源代码。

（2）通过菜单项打开操作窗口

在使用该系统时，单击菜单项需要打开操作窗口，然后进行操作。为此需要为菜单项编写事件监听代码，使其能打开相应的窗口。下面以"添加快递单"菜单项为例，说明如何在应用程序中响应用户的操作。"添加快递单"菜单项的事件代码如下。

```
jMenuItem.addActionListener(new java.awt.event.ActionListener() {
    public void actionPerformed(java.awt.event.ActionEvent e) {
        AddExpressFrame thisClass = new AddExpressFrame();
        thisClass.setDefaultCloseOperation(JFrame.DISPOSE_ON_CLOSE);
        Toolkit tookit = thisClass.getToolkit();                   // 获得 Toolkit 对象
        Dimension dm = tookit.getScreenSize();                     // 获得屏幕的大小
        thisClass.setLocation((dm.width - thisClass.getWidth()) / 2,
                    (dm.height - thisClass.getHeight()) / 2);      // 窗体居中
        thisClass.setVisible(true);                                // 显示窗体
    }
});
```

## 20.5.3　添加快递信息系统设计

### 1．技术分析

添加快递信息窗体用于添加寄件人的快递信息，包括寄件人和收件人的相关信息。单击主窗体"快递单管理"/"添加快递单"菜单项，就可以打开"添加快递信息"窗体，如图20-7 所示。

图 20-7　添加快递信息窗体

添加快递信息系统用到的主要技术是 StringBuffer 类的使用。

在 Java 中，处理字符串通常有 3 个类可供选择，分别是 String 类、StringBuilder 类和 StringBuffer 类。其中，String 类是最常规的选择。但是由于 String 类是 final 的，因此每个 String 类的对象是不可修改的。这样如果涉及大量的字符串操作，例如字符串相加操作，截取操作等，会创建大量的对象，造成系统效率下降。

为了弥补这个不足，在 JDK 中提供了两个可变的字符串类，即 StringBuilder 和 StringBuffer。两者的主要区别是 StringBuffer 类是线程安全的，而 StringBuilder 类不是。为了保证线程安全，会有一些额外的开销，StringBuilder 类性能略好。

本节使用 StringBuilder 类来完成字符串的相加操作。这类用到了 append()方法，可以将指定的参数添加到字符串的后面。该方法有多重重载形式，而本节使用的形式声明如下。

```
public StringBuffer append(String str)
```

■　str：需要添加的字符串。

### 2．实现过程

（1）设计添加快递信息窗体

添加快递信息窗体用于快递信息的录入。该窗体用到 14 个文本框和 3 个命令按钮，其中主要组件的名称和作用如表 20-5 所示。

表 20-5　　　　　　　　　　添加快递信息窗体的主要组件及其名称与作用

| 组　件 | 组　件　名　称 | 作　用 |
|---|---|---|
| JTextField | tf_sendName | 寄件人姓名 |
| JTextField | tf_sendTelephone | 寄件人区号、电话 |
| JTextField | tf_sendCompony | 寄件公司 |
| JTextField | tf_sendAddress1 | 寄件人地址 |
| JTextField | tf_sendAddress2 | 寄件人地址 |
| JTextField | tf_sendAddress3 | 寄件人地址 |
| JTextField | tf_sendPostcode | 寄件人邮编 |
| JTextField | tf_receiveName | 收件人姓名 |
| JTextField | tf_receiveTelephone | 收件人区号、电话 |
| JTextField | tf_receiveCompony | 收件公司 |
| JTextField | tf_receiveAddress1 | 收件人地址 |
| JTextField | tf_receiveAddress2 | 收件人地址 |
| JTextField | tf_receiveAddress3 | 收件人地址 |
| JTextField | tf_receivePostcode | 收件人邮编 |
| JButton | btn_clear | 单击该按钮清空录入的快递信息 |
| JButton | btn_save | 单击该按钮保存快递信息 |
| JButton | btn_return | 销毁添加快递信息窗体，返回主窗体 |

在 com.zzk.frame 包中创建 AddExpressFrame 类。该类继承自 JFrame 类成为窗体类。在窗体上添加组件，图 20-7 就是创建后的添加快递信息窗体界面。

（2）保存快递信息

快递信息窗体中 "保存" 按钮用于保存用户输入的快递信息。为 "保存" 按钮（名为 btn_save）增加事件监听，代码如下。

```
btn_save.addActionListener(new java.awt.event.ActionListener() {
    public void actionPerformed(java.awt.event.ActionEvent e) {
        StringBuffer buffer = new StringBuffer();                    // 创建字符串缓冲区
        ExpressMessage m = new ExpressMessage();                     // 创建打印信息对象
        m.setSendName(tf_sendName.getText().trim());                 // 封装发件人姓名
        m.setSendTelephone(tf_sendTelephone.getText().trim());// 封装发件人区号电话
        m.setSendCompary(tf_sendCompany.getText().trim());           // 封装发件公司
        m.setSendAddress(tf_sendAddress1.getText().trim()           +        "|"        +
tf_sendAddress2.getText().trim()
                    + "|" + tf_sendAddress3.getText().trim());       // 封装发件人地址
        m.setSendPostcode(tf_sendPostcode.getText().trim());         // 封装发件人邮编
        m.setReceiveName(tf_receiveName.getText().trim());           // 封装收件人姓名
        // 封装收件人区号电话
        m.setReceiveTelephone(tf_receiveTelephone.getText().trim());
        m.setReceiveCompary(tf_receiveCompany.getText().trim());     // 封装收件公司
        m.setReceiveAddress(tf_receiveAddress1.getText().trim()      +        "|"        +
```

```
tf_receiveAddress2.getText().trim() + "|"
                + tf_receiveAddress3.getText().trim());              // 封装收件地址
        m.setReceivePostcode(tf_receivePostcode.getText().trim()); // 封装收件人邮编
        // 发件人姓名坐标
        buffer.append(tf_sendName.getX() + "," + tf_sendName.getY() + "/");
        buffer.append(tf_sendTelephone.getX() + "," + tf_sendTelephone.getY() + "/");
        // 发件公司坐标
        buffer.append(tf_sendCompany.getX() + "," + tf_sendCompany.getY() + "/");
        buffer.append(tf_sendAddress1.getX() + "," + tf_sendAddress1.getY() + "/");
        buffer.append(tf_sendAddress2.getX() + "," + tf_sendAddress2.getY() + "/");
        buffer.append(tf_sendAddress3.getX() + "," + tf_sendAddress3.getY() + "/");
        // 发件人邮编坐标
        buffer.append(tf_sendPostcode.getX() + "," + tf_sendPostcode.getY() + "/");
        // 收件人姓名坐标
        buffer.append(tf_receiveName.getX() + "," + tf_receiveName.getY() + "/");
        buffer.append(tf_receiveTelephone.getX() + "," + tf_receiveTelephone.getY() + "/");
        // 收件公司坐标
        buffer.append(tf_receiveCompany.getX() + "," + tf_receiveCompany.getY() + "/");
        buffer.append(tf_receiveAddress1.getX() + "," + tf_receiveAddress1.getY() + "/");
        buffer.append(tf_receiveAddress2.getX() + "," + tf_receiveAddress2.getY() + "/");
        buffer.append(tf_receiveAddress3.getX() + "," + tf_receiveAddress3.getY() + "/");
        // 收件人邮编坐标
        buffer.append(tf_receivePostcode.getX() + "," + tf_receivePostcode.getY());
        m.setControlPosition(new String(buffer));
        m.setExpressSize(jPanel.getWidth() + "," + jPanel.getHeight());
        ExpressMessageDao.insertExpress(m);
    }
});
```

ExpressMessageDao 类中 insertExpress()方法的代码如下：

```
public static void insertExpress(ExpressMessage m) {
    if (m.getSendName() == null || m.getSendName().trim().equals("")) {
        JOptionPane.showMessageDialog(null, "寄件人信息必须填写。");
        return;
    }
    if (m.getSendTelephone() == null || m.getSendTelephone().trim().equals("")) {
        JOptionPane.showMessageDialog(null, "寄件人信息必须填写。");
        return;
    }
    if (m.getSendCompary() == null || m.getSendCompary().trim().equals("")) {
        JOptionPane.showMessageDialog(null, "寄件人信息必须填写。");
        return;
    }
    if (m.getSendAddress() == null || m.getSendAddress().trim().equals("||")) {
        JOptionPane.showMessageDialog(null, "寄件人信息必须填写。");
        return;
    }
    if (m.getSendPostcode() == null || m.getSendPostcode().trim().equals("")) {
        JOptionPane.showMessageDialog(null, "寄件人信息必须填写。");
        return;
    }
```

```
        if (m.getReceiveName() == null || m.getReceiveName().trim().equals("")) {
            JOptionPane.showMessageDialog(null, "收件人信息必须填写。");
            return;
        }
        if (m.getReceiveTelephone() == null || m.getReceiveTelephone().trim().equals("")) {
            JOptionPane.showMessageDialog(null, "收件人信息必须填写。");
            return;
        }
        if (m.getReceiveCompary() == null || m.getReceiveCompary().trim().equals("")) {
            JOptionPane.showMessageDialog(null, "收件人信息必须填写。");
            return;
        }
        if (m.getReceiveAddress() == null || m.getReceiveAddress().trim().equals("||")) {
            JOptionPane.showMessageDialog(null, "收件人信息必须填写。");
            return;
        }
        if (m.getReceivePostcode() == null || m.getReceivePostcode().trim().equals("")) {
            JOptionPane.showMessageDialog(null, "收件人信息必须填写。");
            return;
        }
        Connection conn = null;                          // 声明数据库连接
        PreparedStatement ps = null;                     // 声明 PreparedStatement 对象
        try {
            conn = DAO.getConn();                        // 获得数据库连接
            // 创建 PreparedStatement 对象，并传递 SQL 语句
            ps = conn.prepareStatement("insert into tb_receiveSendMessage (sendName,
sendTelephone, sendCompary,
            sendAddress, sendPostcode, receiveName, recieveTelephone, recieveCompary,
receiveAddress,
            receivePostcode, ControlPosition, expressSize)
values(?,?,?,?,?,?,?,?,?,?,?,?)");
            ps.setString(1, m.getSendName());            // 为参数赋值
            ps.setString(2, m.getSendTelephone());       // 为参数赋值
            ps.setString(3, m.getSendCompary());         // 为参数赋值
            ps.setString(4, m.getSendAddress());         // 为参数赋值
            ps.setString(5, m.getSendPostcode());        // 为参数赋值
            ps.setString(6, m.getReceiveName());         // 为参数赋值
            ps.setString(7, m.getReceiveTelephone());    // 为参数赋值
            ps.setString(8, m.getReceiveCompary());      // 为参数赋值
            ps.setString(9, m.getReceiveAddress());      // 为参数赋值
            ps.setString(10, m.getReceivePostcode());    // 为参数赋值
            ps.setString(11, m.getControlPosition());    // 为参数赋值
            ps.setString(12, m.getExpressSize());        // 为参数赋值
            int flag = ps.executeUpdate();
            if (flag > 0) {
                JOptionPane.showMessageDialog(null, "添加成功。");
            } else {
                JOptionPane.showMessageDialog(null, "添加失败。");
            }
        } catch (Exception ex) {
```

```
        JOptionPane.showMessageDialog(null, "添加失败！");
        ex.printStackTrace();
    } finally {
        try {
            if (ps != null) {
                ps.close();                            // 关闭 PreparedStatement 对象
            }
            if (conn != null) {
                conn.close();                          // 关闭数据库连接
            }
        } catch (SQLException e) {
            e.printStackTrace();
        }
    }
}
```

## 20.5.4　修改快递信息系统设计

### 1．技术分析

修改快递信息窗体用于快递信息的浏览和修改。通过单击该窗体上的"上一条"和"下一条"按钮可以浏览快递信息。输入修改后的内容，单击"修改"按钮可以保存修改的快递信息。单击主窗体"快递单管理" /"修改快递单"菜单项，就可以打开"修改快递信息"窗体，如图 20-8 所示。

图 20-8　修改快递信息窗体

修改快递信息系统使用的主要技术是使用 Vector 类来保存 ResultSet 中的数据。ResultSet 是 JDBC 中定义的保存查询结果的类，使用起来并不方便，因为经常需要处理异常信息。为了简化使用，通常将查询的结果再转存到容器类中，例如 Vector、List 等。之所以使用 Vector 这个集合类，是因为它能保证线程安全。

在 Java SE 5.0 版之后，引入了泛型机制，用来保证容器内保存的对象类型相同。在编写

ExpressMessageDao 类的 queryAllExpress()方法时，也使用了这个机制。

2. 实现过程

（1）设计修改快递信息窗体

修改快递信息窗体用于快递信息的修改。该窗体用到 14 个文本框和 4 个命令按钮，其中主要组件的名称和作用如表 20-6 所示。

表 20-6　　　　　　　　　　修改快递信息窗体的主要组件及其名称与作用

| 组　　件 | 组件名称 | 作　　用 |
| --- | --- | --- |
| JTextField | tf_sendName | 寄件人姓名 |
| JTextField | tf_sendTelephone | 寄件人区号、电话 |
| JTextField | tf_sendCompony | 寄件公司 |
| JTextField | tf_sendAddress1 | 寄件人地址 |
| JTextField | tf_sendAddress2 | 寄件人地址 |
| JTextField | tf_sendAddress3 | 寄件人地址 |
| JTextField | tf_sendPostcode | 寄件人邮编 |
| JTextField | tf_receiveName | 收件人姓名 |
| JTextField | tf_receiveTelephone | 收件人区号、电话 |
| JTextField | tf_receiveCompony | 收件公司 |
| JTextField | tf_receiveAddress1 | 收件人地址 |
| JTextField | tf_receiveAddress2 | 收件人地址 |
| JTextField | tf_receiveAddress3 | 收件人地址 |
| JTextField | tf_receivePostcode | 收件人邮编 |
| JButton | btn_pre | 浏览前一条快递信息 |
| JButton | btn_next | 浏览下一条快递信息 |
| JButton | btn_update | 保存修改后的快递信息 |
| JButton | jButton2 | 返回 |

在 com.zzk.frame 包中创建 UpdateExpressFrame 类。该类继承自 JFrame 类成为窗体类，在窗体上添加组件。图 20-8 所示的就是创建后的修改快递信息窗体界面。

（2）保存修改后的快递信息

"修改"按钮可以修改用户所录入的快递信息。在"修改"按钮（即名为"btn_update"的按钮）上增加事件监听器，代码如下。

```
btn_update.addActionListener(new java.awt.event.ActionListener() {
    public void actionPerformed(java.awt.event.ActionEvent e) {
        StringBuffer buffer = new StringBuffer();                // 创建字符串缓冲区对象
        ExpressMessage m = new ExpressMessage();                 // 创建打印信息对象
        m.setId(id);                                             // 封装流水号
        m.setSendName(tf_sendName.getText().trim());             // 封装发件人姓名
        m.setSendTelephone(tf_sendTelephone.getText().trim());   // 封装发件人区号电话
        m.setSendCompary(tf_sendCompany.getText().trim());       // 封装发件公司
```

```
        m.setSendAddress(tf_sendAddress1.getText().trim()             +          "|"          +
tf_sendAddress2.getText().trim() +
                        "|" + tf_sendAddress3.getText().trim());      // 封装发件地址
        m.setSendPostcode(tf_sendPostcode.getText().trim());          // 封装发件人邮编
        m.setReceiveName(tf_receiveName.getText().trim());            // 封装收件人姓名
        // 封装收件人区号电话
        m.setReceiveTelephone(tf_receiveTelephone.getText().trim());
        m.setReceiveCompary(tf_receiveCompany.getText().trim());      // 封装收件公司
        m.setReceiveAddress(tf_receiveAddress1.getText().trim()       +          "|"          +
tf_receiveAddress2.getText().trim() + "|"
                + tf_receiveAddress3.getText().trim());               // 封装收件地址
        m.setReceivePostcode(tf_receivePostcode.getText().trim());    // 封装收件人邮编
        // 发件人姓名
        buffer.append(tf_sendName.getX() + "," + tf_sendName.getY() + "/");
        // 发件人区号电话
        buffer.append(tf_sendTelephone.getX() + "," + tf_sendTelephone.getY() + "/");
        // 发件公司
        buffer.append(tf_sendCompany.getX() + "," + tf_sendCompany.getY() + "/");
        buffer.append(tf_sendAddress1.getX() + "," + tf_sendAddress1.getY() + "/");
        buffer.append(tf_sendAddress2.getX() + "," + tf_sendAddress2.getY() + "/");
        buffer.append(tf_sendAddress3.getX() + "," + tf_sendAddress3.getY() + "/");
        // 发件人邮编
        buffer.append(tf_sendPostcode.getX() + "," + tf_sendPostcode.getY() + "/");
        // 收件人姓名
        buffer.append(tf_receiveName.getX() + "," + tf_receiveName.getY() + "/");
        // 收件人区号电话
        buffer.append(tf_receiveTelephone.getX()+","+tf_receiveTelephone.getY()+"/");
        buffer.append(tf_receiveCompany.getX()+","+tf_receiveCompany.getY()+"/");
        // 收件人地址
        buffer.append(tf_receiveAddress1.getX() + "," + tf_receiveAddress1.getY() + "/");
        buffer.append(tf_receiveAddress2.getX() + "," + tf_receiveAddress2.getY() + "/");
        buffer.append(tf_receiveAddress3.getX() + "," + tf_receiveAddress3.getY() + "/");
        // 收件人邮编
        buffer.append(tf_receivePostcode.getX() + "," + tf_receivePostcode.getY());
        m.setControlPosition(new String(buffer));
        m.setExpressSize(jPanel.getWidth() + "," + jPanel.getHeight());
        ExpressMessageDao.updateExpress(m);                           // 保存更改
    }
});
```

ExpressMessageDao 类中 updateExpress()方法的代码如下：

```
public static void updateExpress(ExpressMessage m) {
    Connection conn = null;                               // 声明数据库连接
    PreparedStatement ps = null;                          // 声明 PreparedStatement 对象
    try {
        conn = DAO.getConn();                             // 获得数据库连接
        // 创建 PreparedStatement 对象，并传递 SQL 语句
        ps = conn.prepareStatement("update tb_receiveSendMessage set sendName=?,
sendTelephone=?,
```

```
                    sendCompary=?, sendAddress=?, sendPostcode=?, receiveName=?,
recieveTelephone=?, recieveCompary=?,
          receiveAddress=?, receivePostcode=?, ControlPosition=?, expressSize=? where id = ?");
          ps.setString(1, m.getSendName());                        // 为参数赋值
          ps.setString(2, m.getSendTelephone());                   // 为参数赋值
          ps.setString(3, m.getSendCompary());                     // 为参数赋值
          ps.setString(4, m.getSendAddress());                     // 为参数赋值
          ps.setString(5, m.getSendPostcode());                    // 为参数赋值
          ps.setString(6, m.getReceiveName());                     // 为参数赋值
          ps.setString(7, m.getReceiveTelephone());                // 为参数赋值
          ps.setString(8, m.getReceiveCompary());                  // 为参数赋值
          ps.setString(9, m.getReceiveAddress());                  // 为参数赋值
          ps.setString(10, m.getReceivePostcode());                // 为参数赋值
          ps.setString(11, m.getControlPosition());                // 为参数赋值
          ps.setString(12, m.getExpressSize());                    // 为参数赋值
          ps.setInt(13, m.getId());                                // 为参数赋值
          int flag = ps.executeUpdate();
          if (flag > 0) {
              JOptionPane.showMessageDialog(null, "修改成功。");
          } else {
              JOptionPane.showMessageDialog(null, "修改失败。");
          }
      } catch (Exception ex) {
          JOptionPane.showMessageDialog(null, "修改失败！" + ex.getMessage());
          ex.printStackTrace();
      } finally {
          try {
              if (ps != null) {
                  ps.close();
              }
              if (conn != null) {
                  conn.close();                                     // 关闭数据库连接
              }
          } catch (SQLException e) {
              e.printStackTrace();
          }
      }
  }
```

（3）浏览快递信息

修改快递信息窗体中的"上一条"和"下一条"按钮用于对快递单信息进行浏览。对"上一条"按钮（即名为"btn_pre"的按钮）增加事件监听器，用于浏览前一条快递信息，代码如下。

```
btn_pre.addActionListener(new java.awt.event.ActionListener() {
    public void actionPerformed(java.awt.event.ActionEvent e) {
        queryResultVector = ExpressMessageDao.queryExpress();
        if (queryResultVector != null) {
            queryRow--;                                         // 查询行的行号减1
```

```
            if (queryRow < 0) {                                    // 如果查询行的行号小于 0
                queryRow = 0;                                      // 行号等于 0
                JOptionPane.showMessageDialog(null, "已经是第一条信息。");
            }
            ExpressMessage m = (ExpressMessage) queryResultVector.get(queryRow);
            showResultValue(m);                        // 调用 showResultValue()方法显示数据
        }
    }
});
```

对"下一条"按钮（即名为 btn_next 的按钮）增加事件监听器，用于浏览后一条快递信息，代码如下。

```
btn_next.addActionListener(new java.awt.event.ActionListener() {
    public void actionPerformed(java.awt.event.ActionEvent e) {
        queryResultVector = ExpressMessageDao.queryExpress();
        if (queryResultVector != null) {
            queryRow++;                                            // 查询行的行号加 1
            // 如果查询行的行号大于总行数减 1 的值
            if (queryRow > queryResultVector.size() - 1) {
                queryRow = queryResultVector.size() - 1;           // 行号等于总行数减 1
                JOptionPane.showMessageDialog(null, "已经是最后一条信息。");
            }
            ExpressMessage m = (ExpressMessage) queryResultVector.get(queryRow);
            showResultValue(m);                        // 调用 showResultValue()方法显示数据
        }
    }
});
```

上面代码用到了 UpdateExpressFrame 类中的 showResultValue()方法。该方法用于在修改快递信息窗体界面中显示所浏览的快递单信息。代码如下。

```
private void showResultValue(ExpressMessage m) {
    id = m.getId();
    tf_sendName.setText(m.getSendName());                 // 设置显示的发件人姓名
    tf_sendTelephone.setText(m.getSendTelephone());       // 设置显示的发件人区号电话
    tf_sendCompany.setText(m.getSendCompary());           // 设置显示的发件公司
    String addressValue1 = m.getSendAddress();            // 获得发件人的地址信息
    tf_sendAddress1.setText(addressValue1.substring(0,
addressValue1.indexOf("|")));
    tf_sendAddress2.setText(addressValue1.substring(addressValue1.indexOf("|") + 1,
addressValue1.lastIndexOf("|")));
    tf_sendAddress3.setText(addressValue1.substring(addressValue1.lastIndexOf("|")
+ 1));
    tf_sendPostcode.setText(m.getSendPostcode());         // 设置显示的发件人邮编
    tf_receiveName.setText(m.getReceiveName());           // 设置显示的收件人姓名
    tf_receiveTelephone.setText(m.getReceiveTelephone());// 设置显示的收件人区号电话
    tf_receiveCompany.setText(m.getReceiveCompary());     // 设置显示的收件公司
    String addressValue2 = m.getReceiveAddress();         // 获得收件人的地址信息
    tf_receiveAddress1.setText(addressValue2.substring(0,
addressValue2.indexOf("|")));
    tf_receiveAddress2.setText(addressValue2.substring(addressValue2.indexOf("|")
```

```
                                            + 1, addressValue2.lastIndexOf("|")));
      tf_receiveAddress3.setText(addressValue2.substring(addressValue2.lastIndexOf("|") + 1));
      tf_receivePostcode.setText(m.getReceivePostcode());   // 设置显示的收件人邮编
      controlPosition = m.getControlPosition();
      expressSize = m.getExpressSize();
   }
```

## 20.5.5　打印快递单与打印设置系统设计

### 1.　技术分析

打印快递单与打印设置窗体用于对快递单进行打印以及对打印位置进行设置。单击主窗体"打印管理"/"打印快递单"菜单项，就可以打开"打印快递单与打印设置"窗体，如图20-9 所示。

图 20-9　打印快递单与打印设置窗体

打印快递单与打印设计系统用到的主要技术是获取打印对象和设置打印内容。

（1）获取打印对象

为了在 Java 应用程序中使用打印功能，需要先获得打印对象。使用 PrinterJob 类可以完成设置打印任务、打开"打印"对话框、执行页面打印等任务。

由于 PrinterJob 类是抽象类，因此不能使用构造方法来创建该类的对象。该类提供了一个静态方法 getPrinterJob() ，其返回值是 PrinterJob 类型。获得 PrinterJob 对象的代码如下。

```
PrinterJob job = PrinterJob.getPrinterJob(); // 获得打印对象 job
```

在获得了 PrinterJob 类的对象之后，可以使用 printDialog()方法打开打印对话框进行页面设置。例如，设置纸张大小、横向打印还是纵向打印、打印份数等。调用 printDialog()方法的代码如下。

```
if (!job.printDialog()) {
   return;
}
```

printDialog()方法的返回值是 boolean 类型。当单击打印对话框中的"确定"按钮时,该方法返回 true,单击"取消"按钮时,该方法返回 false,打印对话框如图 20-10 所示。

图 20-10 打印对话框

 在图 20-10 中,可以设置选择打印机并设置打印的份数。

单击"属性"按钮,弹出的对话框如图 20-11 所示。

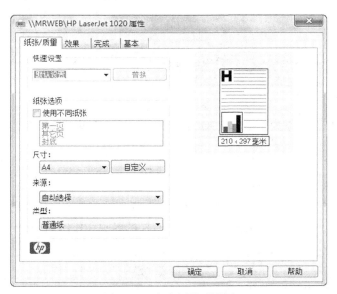

图 20-11 打印属性对话框

 在图 20-11 中,可以设置选择页面大小和打印方向。

(2)设置打印内容

在获得 PrinterJob 类对象后,可以使用 setPrintable()方法设置打印内容。打印内容是 java.awt.print 包中 Printable 接口的实现类,因此要进行打印必须要为 setPrintable()方法传递一个 Printable 接口的实现类。

在 Printable 接口中，仅定义了一个 print()方法。该方法的声明如下。

```
int print(Graphics graphics,PageFormat pageFormat,int pageIndex)throws PrinterException
```

■ graphics：打印的内容。

■ pageFormat：打印的页面大小和方向。

■ pageIndex：基于 0 的打印页面。

例如以下代码就实现了 Print()方法，并执行了打印任务。

```
PrinterJob job = PrinterJob.getPrinterJob();           // 获得打印对象
if (!job.printDialog()){
    return;
}
job.setPrintable(new Printable() {                     // 实现 Printable 接口
    public int print(Graphics graphics, PageFormat pageFormat, int pageIndex) {
        if (pageIndex > 0){
            return Printable.NO_SUCH_PAGE;
        }
        int x = (int) pageFormat.getImageableX();      // 获得可打印区域起始位置的横坐标
        int y = (int) pageFormat.getImageableY();      // 获得可打印区域起始位置的纵坐标
        Graphics2D g2 = (Graphics2D) graphics;         // 强制转换为 Graphics2D 类型
g2.drawString("这是打印内容" ,  x + 20 ,  y +20 );      // 绘制打印的内容
        return Printable.PAGE_EXISTS;
    }
});
job.print();                                           // 执行打印任务
```

 print()方法的返回值通常为 Printable.NO_SUCH_PAGE 或 Printable.PAGE_EXISTS。NO_SUCH_PAGE 表示 pageIndex 太大所以页面并不存在。PAGE_EXISTS 表示请求的页面被生成。

当 print()方法的返回值为 PAGE_EXISTS 时，就可以通过 PrinterJob 类的 print()方法进行打印了。

**2．实现过程**

（1）设计打印快递单与打印设置窗体

打印快递单与打印设置窗体可以进行快递单的打印以及对打印位置进行设置。该窗体用到两个标签、16 个文本框和 5 个命令按钮，其中主要组件的名称和作用如表 20-7 所示。

表 20-7　　　　　　　　打印快递单与打印设置窗体的主要组件及其名称与作用

| 组　件 | 组 件 名 称 | 作　用 |
| --- | --- | --- |
| JTextField | tf_sendName | 寄件人姓名 |
| JTextField | tf_sendTelephone | 寄件人区号、电话 |
| JTextField | tf_sendCompony | 寄件公司 |
| JTextField | tf_sendAddress1 | 寄件人地址 |
| JTextField | tf_sendAddress2 | 寄件人地址 |
| JTextField | tf_sendAddress3 | 寄件人地址 |
| JTextField | tf_sendPostcode | 寄件人邮编 |

续表

| 组　件 | 组 件 名 称 | 作　用 |
|---|---|---|
| JTextField | tf_receiveName | 收件人姓名 |
| JTextField | tf_receiveTelephone | 收件人区号、电话 |
| JTextField | tf_receiveCompony | 收件公司 |
| JTextField | tf_receiveAddress1 | 收件人地址 |
| JTextField | tf_receiveAddress2 | 收件人地址 |
| JTextField | tf_receiveAddress3 | 收件人地址 |
| JTextField | tf_receivePostcode | 收件人邮编 |
| JTextField | tf_x | 打印位置的横坐标，负值左移，正值右移 |
| JTextField | tf_y | 打印位置的纵坐标，负值上移，正值下移 |
| JButton | btn_printSet | 对打印位置进行设置 |
| JButton | btn_pre | 浏览前一条快递信息 |
| JButton | btn_next | 浏览下一条快递信息 |
| JButton | btn_update | 打印快递单信息 |
| JButton | btn_return | 返回 |

在 com.zzk.frame 包中创建 PrintAndPrintSetFrame 类。该类继承自 JFrame 类成为窗体类，在窗体上添加组件，图 20-9 所示的就是创建后的打印快递单与打印设置窗体界面。

（2）打印快递单

设置完打印位置，单击窗体上的"打印"按钮，可以打印快递单。为"打印"按钮（即名为 btn_print 的按钮）增加事件监听器，代码如下。

```
btn_print.addActionListener(new java.awt.event.ActionListener() {
    public void actionPerformed(java.awt.event.ActionEvent e) {
        try {
            PrinterJob job = PrinterJob.getPrinterJob();
            if (!job.printDialog())
                return;
            job.setPrintable(new Printable() {      // 使用匿名内容类实现 Printable 接口
                public int print(Graphics graphics, PageFormat pageFormat, int pageIndex) {
                    if (pageIndex > 0) {
                        return Printable.NO_SUCH_PAGE;          // 不打印
                    }
                    int x = (int) pageFormat.getImageableX();   // 获得可打印区域的横坐标
                    int y = (int) pageFormat.getImageableY();   // 获得可打印区域的纵坐标
                    // 获得可打印区域的宽度
                    int ww = (int) pageFormat.getImageableWidth();
                    // 获得可打印区域的高度
                    int hh = (int) pageFormat.getImageableHeight();
                    Graphics2D g2 = (Graphics2D) graphics;      // 转换为 Graphics2D 类型
                    // 获得图片的 URL
                    URL ur = UpdateExpressFrame.class.getResource("/image/追封快递单.JPG");
                    Image img = new ImageIcon(ur).getImage();   // 创建图像对象
                    int w = Integer.parseInt(expressSize.substring(0,
```

```
                    expressSize.indexOf(",")));
                         int h =
Integer.parseInt(expressSize.substring(expressSize.indexOf(",") + 1));
            if (w > ww) {                              // 如果图像的宽度大于打印区域的宽度
                w = ww;                                // 让图像的宽度等于打印区域的宽度
            }
            if (h > hh) {                              // 如果图像的宽度大于打印区域的高度
                h = hh;                                // 让图像的宽度等于打印区域的高度
            }
            g2.drawImage(img, x, y, w, h, null);            // 绘制打印的图像
            String[] pos = controlPosition.split("/");    // 分割字符串
            int px = Integer.parseInt(pos[0].substring(0, pos[0].indexOf(",")));
            int py = Integer.parseInt(pos[0].substring(pos[0].indexOf(",") + 1));
            String sendName = tf_sendName.getText();
            // 绘制发件人姓名
            g2.drawString(sendName, px + addX, py + addY);
            px = Integer.parseInt(pos[1].substring(0, pos[1].indexOf(",")));
            py = Integer.parseInt(pos[1].substring(pos[1].indexOf(",") + 1));
            String sendTelephone = tf_sendTelephone.getText();
            // 绘制发件人区号电话
            g2.drawString(sendTelephone, px + addX, py + addY);
            px = Integer.parseInt(pos[2].substring(0, pos[2].indexOf(",")));
            py = Integer.parseInt(pos[2].substring(pos[2].indexOf(",") + 1));
            String sendCompory = tf_sendCompany.getText();
            // 绘制发件公司
            g2.drawString(sendCompory, px + addX, py + addY);
            px = Integer.parseInt(pos[3].substring(0, pos[3].indexOf(",")));
            py = Integer.parseInt(pos[3].substring(pos[3].indexOf(",") + 1));
            String sendAddress1 = tf_sendAddress1.getText();
            g2.drawString(sendAddress1, px + addX, py + addY);// 绘制发件人地址
            px = Integer.parseInt(pos[4].substring(0, pos[4].indexOf(",")));
            py = Integer.parseInt(pos[4].substring(pos[4].indexOf(",") + 1));
            String sendAddress2 = tf_sendAddress2.getText();
            g2.drawString(sendAddress2, px + addX, py + addY);// 绘制发件人地址
            px = Integer.parseInt(pos[5].substring(0, pos[5].indexOf(",")));
            py = Integer.parseInt(pos[5].substring(pos[5].indexOf(",") + 1));
            String sendAddress3 = tf_sendAddress3.getText();
            g2.drawString(sendAddress3, px + addX, py + addY);// 绘制发件人地址
            px = Integer.parseInt(pos[6].substring(0, pos[6].indexOf(",")));
            py = Integer.parseInt(pos[6].substring(pos[6].indexOf(",") + 1));
            String sendPostCode = tf_sendPostcode.getText();
            g2.drawString(sendPostCode, px + addX, py + addY);// 绘制发件人邮编
            px = Integer.parseInt(pos[7].substring(0, pos[7].indexOf(",")));
            py = Integer.parseInt(pos[7].substring(pos[7].indexOf(",") + 1));
            String receiveName = tf_receiveName.getText();
            g2.drawString(receiveName, px + addX, py + addY);// 绘制收件人姓名
            px = Integer.parseInt(pos[8].substring(0, pos[8].indexOf(",")));
            py = Integer.parseInt(pos[8].substring(pos[8].indexOf(",") + 1));
            String receiveTelephone = tf_receiveTelephone.getText();
            // 绘制收件人区号电话
```

```
                    g2.drawString(receiveTelephone, px + addX, py + addY);
                    px = Integer.parseInt(pos[9].substring(0, pos[9].indexOf(",")));
                    py = Integer.parseInt(pos[9].substring(pos[9].indexOf(",") + 1));
                    String receiveCompory = tf_receiveCompany.getText();
                    g2.drawString(receiveCompory, px + addX, py + addY); // 绘制收件公司
                    px = Integer.parseInt(pos[10].substring(0, pos[10].indexOf(",")));
                    py = Integer.parseInt(pos[10].substring(pos[10].indexOf(",") + 1));
                    String receiveAddress1 = tf_receiveAddress1.getText();
                    // 绘制收件人地址
                    g2.drawString(receiveAddress1, px + addX, py + addY);
                    px = Integer.parseInt(pos[11].substring(0, pos[11].indexOf(",")));
                    py = Integer.parseInt(pos[11].substring(pos[11].indexOf(",") + 1));
                    String receiveAddress2 = tf_receiveAddress2.getText();
                    // 绘制收件人地址
                    g2.drawString(receiveAddress2, px + addX, py + addY);
                    px = Integer.parseInt(pos[12].substring(0, pos[12].indexOf(",")));
                    py = Integer.parseInt(pos[12].substring(pos[12].indexOf(",") + 1));
                    String receiveAddress3 = tf_receiveAddress3.getText();
                    // 绘制收件人地址
                    g2.drawString(receiveAddress3, px + addX, py + addY);
                    px = Integer.parseInt(pos[13].substring(0, pos[13].indexOf(",")));
                    py = Integer.parseInt(pos[13].substring(pos[13].indexOf(",") + 1));
                    String receivePostCode = tf_receivePostcode.getText();
                    // 绘制收件人邮编
                    g2.drawString(receivePostCode, px + addX, py + addY);
                    return Printable.PAGE_EXISTS;
                }
            });
            job.setJobName("打印快递单");                        // 设置打印任务的名称
            job.print();                                       // 执行打印任务
        } catch (Exception ex) {
            ex.printStackTrace();
            JOptionPane.showMessageDialog(null, ex.getMessage());
        }
    }
});
```

说明

实现 Printable 接口的 print()方法时，Graphics 类型参数用于绘制打印内容。

## 20.5.6　添加用户窗体系统设计

### 1. 技术分析

图 20-12　添加用户窗体

添加用户窗体用于进行新用户的添加。在该窗体中输入用户名、密码和确认密码后，单击"保存"按钮可以将新用户信息保存到用户表中。单击主窗体"系统"/"添加用户"菜单项，就可以打开"添加用户"窗体，如图 20-12所示。

添加用户窗体系统使用的主要技术是比较 char 类型数组的异同。

对于密码框组件，为了保证安全性，使用 getPassword()方法获得密码的返回值是 char 类型数组。如果采用遍历数组的方式进行比较显然很麻烦。在此笔者推荐使用 String 类的构造方法，即将 char 类型的数组转换成 String 类型，然后比较两个字符串是否相同。

### 2. 实现过程

（1）设计添加用户窗体

添加用户窗体用于添加新的操作员。该窗体用到 4 个标签、一个文本框、两个密码框和两个按钮。其中主要组件的名称和作用如表 20-8 所示。

表 20-8　　　　　　　　　　添加用户窗体的主要组件及其名称与作用

| 组　件 | 组 件 名 称 | 作　用 |
| --- | --- | --- |
| JTextField | tf_user | 新用户名 |
| JPasswordField | pf_pwd | 密码 |
| JPasswordField | pf_okPwd | 确认密码 |
| JButton | btn_save | 保存新用户信息 |
| JButton | btn_return | 销毁添加用户窗体，返回主窗体 |

在 com.zzk.frame 包中创建 AddUserFrame 类。该类继承自 JFrame 类成为窗体类，并在窗体上添加组件，图 20-12 所示的就是创建后的添加用户窗体界面。

（2）保存新用户信息

在添加用户窗体输入用户信息，单击"保存"按钮可以保存新添加的用户信息。为"保存"按钮（即名为"btn_save"的按钮）增加事件监听器，代码如下。

```
btn_save.addActionListener(new java.awt.event.ActionListener() {
    public void actionPerformed(java.awt.event.ActionEvent e) {
        String username = tf_user.getText().trim();                    // 获得用户名
        String password = new String(pf_pwd.getPassword());            // 获得密码
        String okPassword = new String(pf_okPwd.getPassword());        // 获得确认密码
        User user = new User();                                        // 创建 User 类的实例
        user.setName(username);                                        // 封装用户名
        user.setPwd(password);                                         // 封装密码
        user.setOkPwd(okPassword);                                     // 封装确认密码
        UserDao.insertUser(user);                                      // 保存用户信息
    }
});
```

UserDao 类中 insertUser()方法的代码如下。

```
public static void insertUser(User user) {
    Connection conn = null;
    try {
        String username = user.getName();                              // 获得用户名
        String pwd = user.getPwd();                                    // 获得密码
        String okPwd = user.getOkPwd();                                // 获得确认密码
        if (username == null || username.trim().equals("") || pwd == null ||
pwd.trim().equals("") ||
                okPwd == null || okPwd.trim().equals("")) {
```

```
            JOptionPane.showMessageDialog(null, "用户名或密码不能为空。");
            return;
        }
        if (!pwd.trim().equals(okPwd.trim())) {
            JOptionPane.showMessageDialog(null, "两次输入的密码不一致。");
            return;
        }
        conn = DAO.getConn();                                    // 获得数据库连接
        // 创建 PreparedStatement 对象, 并传递 SQL 语句
        PreparedStatement ps = conn.prepareStatement("insert into tb_user (username,
password) values(?,?)");
        ps.setString(1, username.trim());                        // 为参数赋值
        ps.setString(2, pwd.trim());                             // 为参数赋值
        int flag = ps.executeUpdate();                           // 执行 SQL 语句
        if (flag > 0) {
            JOptionPane.showMessageDialog(null, "添加成功。");
        } else {
            JOptionPane.showMessageDialog(null, "添加失败。");
        }
    } catch (Exception ex) {
        JOptionPane.showMessageDialog(null, "用户名重复，请换个名称！");
        return;
    } finally {
        try {
            if (conn != null) {
                conn.close();                                    // 关闭数据库连接对象
            }
        } catch (Exception ex) {
        }
    }
}
```

## 20.5.7　修改用户密码窗体系统设计

### 1. 技术分析

为了提高系统安全性，用户可以定期对密码进行修改。在修改密码时应首先输入原密码，然后输入新密码和确认密码。单击主窗体"系统"/"修改密码"菜单项，就可以打开"修改用户密码"窗体，如图 20-13 所示。

修改用户密码窗体使用的主要技术是保存用户的状态。

在该窗体中，仅要求输入原来的密码和新密码，那么系统是如何知道修改的是哪个用户的密码呢？原来系统使用 SaveUserStateTool 类来保存登录用户的信息。通过阅读这个类的代码，可以知道

图 20-13　修改用户密码窗体

该类的属性都是使用 static 关键字修饰的,而该关键字的作用是可以让变量在运行中保存用户的信息。

## 2. 实现过程

### （1）设计修改用户密码窗体

修改用户密码窗体用于对用户的密码进行修改，提高系统安全性。该窗体用到 3 个标签、3 个密码框和两个命令按钮，其中主要组件的名称和作用如表 20-9 所示。

表 20-9 　　　　　　　　修改用户密码窗体的主要组件及其名称与作用

| 组　　件 | 组 件 名 称 | 作　　用 |
|---|---|---|
| JPasswordField | tf_oldPwd | 原密码 |
| JPasswordField | pf_newPwd | 新密码 |
| JPasswordField | pf_okNewPwd | 确认新密码 |
| JButton | btn_update | 保存对密码的修改 |
| JButton | btn_return | 销毁修改用户密码窗体，返回主窗体 |

在 com.zzk.frame 包中创建 UpdateUserPasswordFrame 类。该类继承自 JFrame。在窗体上添加组件，图 20-13 就是创建后的修改用户密码窗体界面。

### （2）保存用户密码的修改

在修改用户密码窗体输入用户的原密码和新密码，单击"修改"按钮可以保存用户密码的修改。为"修改"按钮（即名为"btn_update"的按钮）增加事件监听器，代码如下。

```
btn_update.addActionListener(new java.awt.event.ActionListener() {
    public void actionPerformed(java.awt.event.ActionEvent e) {
        String oldPwd = new String(pf_oldPwd.getPassword());          // 获得原密码
        String newPwd = new String(pf_newPwd.getPassword());          // 获得新密码
        String okPwd = new String(pf_okNewPwd.getPassword());         // 获得确认密码
        UserDao.updateUser(oldPwd, newPwd, okPwd);                    // 更新密码
    }
});
```

 **说明**　　在修改用户密码时，用到了 com.zzk.dao 包中 UserDao 类的 updateUser()方法，用于保存对用户密码的修改。

UserDao 类中 updateUser()方法的代码如下。

```
public static void updateUser(String oldPwd, String newPwd, String okPwd) {
    try {
        if (!newPwd.trim().equals(okPwd.trim())) {
            JOptionPane.showMessageDialog(null, "两次输入的密码不一致。");
            return;
        }
        if (!oldPwd.trim().equals(SaveUserStateTool.getPassword())) {
            JOptionPane.showMessageDialog(null, "原密码不正确。");
            return;
        }
        Connection conn = DAO.getConn();                             // 获得数据库连接
        // 创建 PreparedStatement 对象，并传递 SQL 语句
        PreparedStatement ps = conn.prepareStatement("update tb_user set password = ?
where username = ?");
        ps.setString(1, newPwd.trim());                              // 为参数赋值
```

```
        ps.setString(2, SaveUserStateTool.getUsername()); // 为参数赋值
        int flag = ps.executeUpdate();                      // 执行 SQL 语句
        if (flag > 0) {
            JOptionPane.showMessageDialog(null, "修改成功。");
        } else {
            JOptionPane.showMessageDialog(null, "修改失败。");
        }
        ps.close();
        conn.close();                                       // 关闭数据库连接
    } catch (Exception ex) {
        JOptionPane.showMessageDialog(null, "数据库异常！" + ex.getMessage());
        return;
    }
}
```

# 20.6　程序打包与安装

## 20.6.1　打包

Java Swing 应用程序在开发完成后，可以将其制作成 JAR 包进行发布，相应步骤如下。

（1）在 Eclipse IDE 中右键单击需要打包的项目，如图 20-14 所示。

（2）在图 20-14 中，选择"导出(O)…"，如图 20-15 所示。

图 20-14　Eclipse 弹出式菜单

图 20-15　文件导出对话框

（3）在图 20-15 中，选择 Java 文件夹中的"可运行的 JAR 文件"，单击"下一步(N)>"按钮，如图 20-16 所示。

图 20-16　可运行 JAR 文件导出对话框

（4）在图 20-16 中，"启动配置"选择"LoginFrame "，"导出目标"选择"D:\Express.jar"，如图 20-17 所示。

图 20-17　可运行 JAR 文件导出对话框

（5）在图 20-17 中，单击"完成(F)"按钮完成打包。

## 20.6.2　安装

　　由于 JAR 文件可以直接运行，所以不必安装。本程序仅需要用户在电脑中安装 SQL Server 2005 数据库，然后附加数据库即可。

# 第21章
# 课程设计——软件注册程序

**本章要点**

- ■ 使用 Commons IO 组件简化文件读写
- ■ 使用 Commons Lang 组件简化日期和对象操作
- ■ 使用 Java 操作 Windows 注册表
- ■ 使用 Java 绘图技术为面板绘制背景图片
- ■ 限制文本组件可用字符数
- ■ 使用 RSA 算法加密解密字符串
- ■ 使用正则表达式提取和校验字符串
- ■ 使用系统剪贴板一次性复制粘贴注册码
- ■ 创建弹出式菜单

开发一款优秀的软件极为耗时。作为程序员，也需要考虑个人生存问题，因此软件注册势在必行。常见的注册方式有联机注册、电话注册、key 文件注册等。本章将开发一个软件注册程序，读者可以将其应用到自己的软件中。

## 21.1　课程设计目的

本章通过一个软件注册程序，演示如何使用 Java 语言开发实际应用软件。除了使用前面各章介绍的基础知识外，还提供了扩展，讲解了如何使用 Java 操作 Windows 注册表、加密字符串、限制文本组件可用字符数、使用系统剪贴板等技术。通过本章的学习，读者能够对 Java 语言的使用有一个更加深入地理解。

## 21.2　功　能　描　述

软件注册程序用于限制软件的试用和使用时间,并确保注册后的软件仅能在一台电脑上使用。当超过试用和使用时间后，用户需要提供新的注册码以便继续使用。

除了上述功能，本程序还提供了注册机。用户在输入 5 个由字母数字组成的用户名之后，可以生成 16 位注册码，用于进行软件注册。

### 21.2.1　注册导航功能

注册导航功能用于供用户选择继续试用软件还是输入注册码，同时显示了软件还可以试用的天数。在完成选择后，单击"继续"按钮可以执行用户选择的操作。在第一次运行该窗体时，同时向注册表中写入当前时间、剩余试用时间和软件状态等信息。

### 21.2.2　软件注册功能

软件注册功能用于根据用户输入的用户名校验注册码是否合法。如果是第一次注册，将注册时间、剩余使用时间和软件状态写入注册表。如果用户修改了系统时间会给出提示。同时提供了弹出式菜单完成一次性粘贴注册码的功能。

### 21.2.3　软件注册机功能

软件注册机用于根据用户输入的合法用户名生成注册码，同时提供了一次性复制注册码的功能。

# 21.3　总体设计

### 21.3.1　构建开发环境

软件注册程序的开发环境具体要求如下

- 操作系统：Windows 7 旗舰版
- JDK 版本：jdk-7u3-windows-i586
- IDE 版本：Indigo Service Release 2
- 开发语言：Java
- 分辨率：最佳效果 1024 像素 × 768 像素
- Commons Lang 组件：版本是 commons-lang-2.6
- Commons IO 组件：版本是 commons-io-2.0.1

### 21.3.2　业务流程图

在启动程序后，需要选择注册或者试用程序。如果选择注册程序，在注册成功后就可以使用程序。如果选择试用程序，在剩余试用时间大于 0 时就可以使用程序，否则会终止程序。程序的业务流程图如图 21-1 所示。

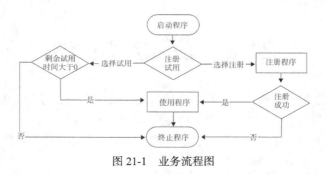

图 21-1　业务流程图

# 21.4　实现过程

## 21.4.1　注册导航功能

注册导航功能用于供用户选择继续试用软件还是输入注册码。同时显示了软件还可以试用的天数。在完成选择后，单击"继续"按钮可以执行用户选择的操作。在第一次运行该窗体时，同时向注册表中写入当前时间、剩余试用时间和软件状态等信息。注册导航窗体的运行效果如图 21-2 所示。

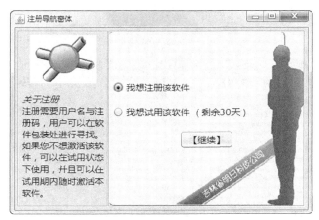

图 21-2　注册导航窗体

### 1.　界面设计

在该窗体中，使用了标签、单选按钮和按钮等组件。为了美观，将字体统一修改为微软雅黑，大小为 15。各个组件的说明如表 21-1 所示。

表 21-1　　　　　　　　　　　　　　注册导航窗体组件说明

| 组 件 名 称 | 组 件 类 型 | 说　　　明 |
| --- | --- | --- |
| imageLabel | javax.swing.JLabel | 用于显示窗体左上角图片 |
| infoLabel | javax.swing.JLabel | 用于显示注册说明信息 |
| registRadioButton | javax.swing.JRaidoButton | 用于选择注册软件 |
| trialRadioButton | javax.swing.JRaidoButton | 用于选择试用软件 |
| tipLabel | javax.swing.JLabel | 用于显示软件剩余试用时间 |
| nextButton | javax.swing.JButton | 用于执行用户选择的操作 |

### 2.　关键代码

（1）使用 HTML 显示格式化的标签文本

在图 21-9 左侧 infoLabel 标签中，显示的字符串是有格式的。"关于注册"使用了斜体，而其他字符串没有使用。此外，在标签中还对字符串进行了换行显示。对于这种简单的样式修改可以使用 HTML 来实现。创建在标签的代码如下。

```
JLabel infoLabel = new JLabel("<html><i>关于注册</i><br/>注册需要用户名与注册码, 用户可以在
```
软件包装处进行寻找。<br/>如果您不想激活该软件, 可以在试用状态下使用, 并且可以在试用期内随时激活本软件。
</html>");

说明　　　上面代码中, <i>和</i>标签之间的内容使用斜体显示, 而<br/>标签标示换行。

（2）编写显示背景图片的面板

在图 21-9 右侧, 显示的图片使用了自定义面板类 BackgroundPanel。该类的代码如下。

```java
public class BackgroundPanel extends JPanel {
    private static final long serialVersionUID = -6662484607058524445L;
    private Image image;
    public BackgroundPanel(Image image) {                    // 获得需要在面板上绘制的图片
        this.image = image;
    }
    @Override
    protected void paintComponent(Graphics g) {
        super.paintComponent(g);                             // 调用父类的方法
        if (image != null) {
            int width = getWidth();                          // 获得面板的宽度
            int height = getHeight();                        // 获得面板的高度
            g.drawImage(image, 0, 0, width, height, this);   // 绘制图像
        }
    }
}
```

第 8 行代码重写了 paintComponent()方法。它是在 JComponent 类中定义的。使用该方法绘制背景图片后, 还可以在面板上继续使用其他组件。第 13 行代码使用 Graphics 类中定义的 drawImage()方法来绘制背景图片。该方法的声明如下。

```java
public abstract boolean drawImage(Image img,int x,int y,int width,int height,ImageObserver
observer)
```

drawImage 方法参数说明如表 21-2 所示。

表 21-2　　　　　　　　　　　　　　drawImage 方法参数说明

| 参　　数 | 说　　明 |
|---|---|
| img | 需要绘制的图片对象 |
| x | 绘制图片时左上角 x 坐标 |
| y | 绘制图片时左上角 y 坐标 |
| width | 绘制图片时矩形的宽度 |
| height | 绘制图片时矩形的高度 |
| observer | 转换图像时要通知的对象 |

（3）编写读写注册表工具

Java 修改 Windows 注册表时, 可以使用 Preferences 工具类。为了操作方便, 在 RegisterEditorTool 类中定义了 4 个工具方法来读写注册表, 下面进行详细讲解。

createNode 方法用于创建注册表项, 代码如下。

```java
public static void createNode(String node) {
```

```
    // 获得指定的注册表项
    Preferences preferences = Preferences.systemRoot().node(node);
    try {
        if (preferences.nodeExists(node)) {              // 如果注册表项不存在
            preferences.flush();                         // 确保该注册表项被创建
        }
    } catch (BackingStoreException e) {
        e.printStackTrace();
    }
}
```

Preferences 类是抽象类，因此不能直接创建该类的对象。在该类中，提供了两个方法来获得该类对象，分别为 systemRoot 方法和 userRoot 方法。systemRoot 方法用于操作系统注册表项，该方法的声明如下。

```
public static Preferences systemRoot()
```

userRoot 方法用于操作用户注册表项，该方法的声明如下。

```
public static Preferences userRoot()
```

node 方法用于获得指定的注册表项，如果该注册表项不存在，则直接进行创建，包括必要的父注册表项。该方法的声明如下。

```
public abstract Preferences node(String pathName)
```

■　　pathName：指定的注册表项名称。

在 Java API 文档 node 方法的说明中指出，如果方法注册表项不存在，则必须调用 flush 方法才能确保它被持久化创建。因此在第 5 行代码调用 flush 方法。

readValue 方法用于从注册表中读取指定注册表项中保存的值，代码如下。

```
public static String readValue(String node, String key) {
    Preferences preferences = Preferences.systemRoot().node(node);// 获得指定的注册表项
    return preferences.get(key, null);                  // 返回该注册表项下指定键所对应的值
}
```

第 3 行代码 get 方法用于根据指定的键读取值，如果读取失败则返回方法中指定的值。该方法的声明如下。

```
public abstract String get(String key,String def)
```

■　　key：要读取的值所对应的键。

■　　def：读取失败时返回的默认值。

writeValue 方法用于向注册表中写入值，为了操作方便，提供了两种形式。下面讲解批量写入值。代码如下。

```
public static void writeValue(String node, Map<String, String> registers) {
    // 获得保存注册表记录的集合
    Set<Map.Entry<String, String>> registerSet = registers.entrySet();
    // 获得集合的迭代器
    Iterator<Map.Entry<String, String>> it = registerSet.iterator();
    // 获得指定的注册表项
    Preferences preferences = Preferences.systemRoot().node(node);
    while (it.hasNext()) {                              // 遍历集合
        Map.Entry<String, String> register = it.next();// 获得 Map 中保存的一条记录
        preferences.put(register.getKey(), register.getValue());// 向注册表中写入该记录
    }
}
```

第 2 行代码用于获得 Map 中包含的所有键值对的集合。第 3 行代码用于获得迭代集合的迭代器。第 4 行代码获得写入值的注册表项。第 5 行代码开始使用 while 循环遍历迭代器。第 6 行代码获得一条键值对。第 7 行代码将键值对写入注册表中。

第二个 writeValude 方法用于将单个值写入注册表中。代码如下。

```java
public static void writeValue(String node, String key, String value) {
    Preferences preferences = Preferences.systemRoot().node(node);// 获得指定的注册表项
    preferences.put(key, value);                                   // 写入键值对
}
```

在使用 Java 修改注册表之前，需要设置相应的权限，否则会报告错误。

（4）定义软件状态枚举

一个软件在交付用户使用后，一遍包括以下 4 种状态：试用、试用期满、注册和注册期满。为了使用方便，将这些状态保存到 State 枚举中。代码如下。

```java
public enum State {
    trial,                                        // 表示软件试用
    trial_expiration,                             // 表示软件试用期满
    register,                                     // 表示软件注册
    register_expiration,                          // 表示软件注册期满
}
```

枚举中定义的值通常应该全部大写，由于 Windows 注册表中大写字母前会自动增加"/"，这里使用小写形式。

（5）向注册表中写入信息

如果用户第一次运行软件导航窗体，则需要向注册表中写入系统当前时间、软件剩余试用时间和软件状态。代码如下。

```java
if (RegisterEditorTool.readValue("program", "currenttime") == null) {
    RegisterEditorTool.createNode("program");              // 创建保存注册信息的节点
    // 保存注册表信息
    Map<String, String> registers = new LinkedHashMap<String, String>();
    registers.put("currenttime", currentTime);             // 保存系统的当前时间
    registers.put("lefttrialtime", "" + TRIAL_DAYS);       // 保存剩余试用时间
    registers.put("state", State.trial.name());            // 保存程序的当前状态
    RegisterEditorTool.writeValue("program", registers);   // 将值写入注册表
    tipLabel.setText("（剩余" + TRIAL_DAYS + "天）");        // 显示软件剩余试用时间
}
```

获得当前时间的代码如下。

```java
// 使用指定格式表示当前时间
String currentTime = DateFormatUtils.format(new Date(), DATE_FORMAT);
```

这里使用了 Commons Lang 组建定义的 DateFormatUtils 工具类，直接获得了指定样式的当前时间。定义时间样式的代码如下。

```java
private static final String DATE_FORMAT = "yyyy-MM-dd HH:mm:ss"; // 日期字符串样式
```

（6）判断用户是否修改了系统时间

为了避免用户通过修改系统时间来逃避注册，可以对其进行判断。代码如下。

```
// 获得注册表中保存的第一次运行程序时系统的当前时间
String savedCurrentTime = RegisterEditorTool.readValue("program", "currenttime");
// 获得注册表中保存的剩余试用时间
int trialDays = Integer.parseInt(RegisterEditorTool.readValue("program", "lefttrialtime"));
tipLabel.setText("（剩余" + trialDays + "天）");// 显示软件剩余试用时间
Date savedCurrentDate = null;
try {
    // 将字符串转换成时间对象
    savedCurrentDate = DateUtils.parseDate(savedCurrentTime, new String[] { DATE_FORMAT });
} catch (ParseException e) {
    e.printStackTrace();
}
// 如果当前时间小于保存的时间，说明用户修改了系统时间
if (new Date().before(savedCurrentDate)) {
    JOptionPane.showMessageDialog(this, "请不要修改系统时间！", "警告信息", JOptionPane.
WARNING_MESSAGE);
    // 修改注册表中保存的软件试用时间为-1
    RegisterEditorTool.writeValue("program", "lefttrialtime", "-1");
    // 修改注册表中保存的软件状态
    RegisterEditorTool.writeValue("program", "state", State.trial_expiration.name());
    return;
} else {// 计算当前时间与保存时间相差的天数，即软件实际试用时间
    int usingDays = RegisterUtil.getSubtractionDays(savedCurrentDate, new Date());
    if (usingDays > TRIAL_DAYS) {// 如果实际试用时间大于试用期
        JOptionPane.showMessageDialog(this, "软件试用期满，请购买注册码！", "警告信息",
JOptionPane.WARNING_MESSAGE);
        // 修改注册表中保存的软件试用时间为-1
        RegisterEditorTool.writeValue("program", "lefttrialtime", "-1");
        // 修改注册表中保存的软件状态
        RegisterEditorTool.writeValue("program", "state", State.trial_expiration.name());
        return;
    }
    // 如果实际试用时间小于保存的试用时间，则说明用户修改了系统时间
    if (usingDays < (TRIAL_DAYS - trialDays)) {
        JOptionPane.showMessageDialog(this, "请不要修改系统时间！", "警告信息", JOptionPane.
WARNING_MESSAGE);
        // 修改注册表中保存的软件试用时间为-1
        RegisterEditorTool.writeValue("program", "lefttrialtime", "-1");
        // 修改注册表中保存的软件状态
        RegisterEditorTool.writeValue("program", "state", State.trial_expiration.name());
        return;
    } else {
        // 修改注册表中保存的软件剩余试用时间
        RegisterEditorTool.writeValue("program", "lefttrialtime", "" + (TRIAL_DAYS -
usingDays));
    }
}
```

第 2 行代码从注册表中读取第一次运行注册导航窗体时保存的系统时间。第 4 行代码从注册表中读取软件剩余的试用时间。第 9 行代码使用 Commons Lang 组件中 DateUtils 类的工具方法 parseDate 将字符串转换成时间对象。第 13 行代码判断当前系统时间是否在保存时间之前，如果是就说明用户修改了注册时间，需要提示用户并修改注册表中软件的剩余试用时间和状态。第 20 行代码使用 RegisterUtil 类的 getSubtractionDays 方法计算两个 Date 对象间隔的时间，即软件的实际试用天数。该方法的代码如下。

```java
public static int getSubtractionDays(Date savedDate, Date currentDate) {
    long time = currentDate.getTime() - savedDate.getTime();// 计算两个时间相隔的毫秒数
    Calendar calendar = new GregorianCalendar();              // 创建日历对象
    calendar.setTimeInMillis(time);                           // 为日历对象设置时间
    return calendar.get(Calendar.DAY_OF_YEAR) - 1;
}
```

第 21 行代码判断如果软件实际试用时间大于试用期，就提示用户试用期满，需要进行注册。然后修改注册表中软件剩余试用时间和状态。

第 30 行代码判断如果软件实际试用时间小于系统保存的试用时间，则说明用户修改了系统时间。此时进行提示并修改注册表。

如果一切正常，将在第 39 行代码中更新软件剩余的试用时间。

（7）处理"继续"按钮单击事件

当用户单击"继续"按钮时，会根据不同的选择执行不同的操作，其事件监听器代码如下。

```java
nextButton.addActionListener(new ActionListener() {
    @Override
    public void actionPerformed(ActionEvent e) {
        do_nextButton_actionPerformed(e);
    }
});
```

第 4 行代码调用 do_nextButton_actionPerformed 方法完成具体的事件处理。该方法的代码如下。

```java
protected void do_nextButton_actionPerformed(ActionEvent e) {
    if (registRadioButton.isSelected()) {                     // 如果用户选择进行注册
        setVisible(false);                                    // 隐藏当前窗体
        EventQueue.invokeLater(new Runnable() {
            @Override
            public void run() {
                try {
                    RegisterValidationFrame frame = new RegisterValidationFrame();
                    frame.setVisible(true);                   // 显示注册码校验窗体
                } catch (Exception e) {
                    e.printStackTrace();
                }
            }
        });
    }
    if (trialRadioButton.isSelected()) {                      // 如果用户选择继续试用
        if (RegisterEditorTool.readValue("program", "state").equals(State.trial.name()))
                                                              {// 如果还在试用期内
            setVisible(false);                                // 隐藏当前窗体
            EventQueue.invokeLater(new Runnable() {
                @Override
```

```
            public void run() {
                try {
                    MainFrame frame = new MainFrame();
                    frame.setVisible(true);                      // 显示主程序
                } catch (Exception e) {
                    e.printStackTrace();
                }
            }
        });
    }
    // 如果超过试用期
    if (RegisterEditorTool.readValue("program", "state").equals(State.trial_expiration.
name())) {
        JOptionPane.showMessageDialog(this, "软件试用期满，请购买注册码！", "警告信息",
JOptionPane.WARNING_MESSAGE);
        return;
    }
}
```

第 2 行代码判断用户是否选择了"注册"单选按钮，如果选择就弹出软件注册窗体。第 16 行代码判断用户是否选择了"继续使用"，如果选择了并且还在试用期内，就显示主窗体，否则提示用户进行注册。

## 21.4.2　软件注册功能

软件注册功能用于根据用户输入的用户名校验注册码是否合法。如果是第一次注册，将注册时间、剩余使用时间和软件状态写入注册表。如果用户修改了系统时间会给出提示。同时提供了弹出式菜单完成一次性粘贴注册码的功能。软件注册窗体的运行效果如图 21-3 所示。

图 21-3　软件注册窗体

### 1．界面设计

在该窗体中，使用了标签、文本框和按钮等组件。为了美观，将字体统一修改为微软雅黑，大小为 15。各个组件的说明如表 21-3 所示。

表 21-3 软件注册窗体组件说明

| 组 件 名 称 | 组 件 类 型 | 说　　明 |
|---|---|---|
| imageLabel | javax.swing.JLabel | 用于显示窗体左上角图片 |
| infoLabel | javax.swing.JLabel | 用于显示注册说明信息 |
| tipLabel | javax.swing.JLabel | 用于显示提示信息 |
| usernameLabel | javax.swing.JLabel | 用于提示用户右边文本框的用途 |
| usernameTextField | javax.swing.JTextField | 用于接收用户输入的用户名 |
| registerCodeLabel | javax.swing.JLabel | 用于提示用户右边 4 个文本框的用途 |
| registerCodeTextField1 | javax.swing.JTextField | 用于接收用户输入的部分注册码 |
| registerCodeTextField2 | javax.swing.JTextField | 用于接收用户输入的部分注册码 |
| registerCodeTextField3 | javax.swing.JTextField | 用于接收用户输入的部分注册码 |
| registerCodeTextField4 | javax.swing.JTextField | 用于接收用户输入的部分注册码 |
| backButton | javax.swing.JButton | 用于返回注册导航窗体 |
| forwardButton | javax.swing/JButton | 用户完成注册 |

### 2.关键代码

（1）限制文本组件可用字符数

用户在注册机中生成注册码时，对于用户名长度有限制。因此，在接收用户输入用户名的文本框中最好也提供这项功能，防止用户误输入。DocumentFilter 是一个文档变化方法过滤器。当包含 DocumentFilter 的文档被修改时（如插入文本、删除文本），将首先调用 DocumentFilter 类中的方法。在 DocumentFilter 类中，定义了 3 个方法：insertString、remove 和 replace 方法。下面将对其进行详细说明。

insertString 方法在特定文档发生文本插入事件前调用。该方法的声明如下。

```
public void insertString(DocumentFilter.FilterBypass fb,int offset,String string,
AttributeSet attr)throws BadLocationException
```

- fb：改变文档的 FilterBypass 对象。
- offset：要插入内容的偏移量，该值不能为负数。
- string：要插入的字符串。
- attr：与插入内容关联的样式。

remove 方法在特定文档发生文本删除事件前调用，该方法的声明如下。

```
public void remove(DocumentFilter.FilterBypass fb,int offset,int length)throws
BadLocationException
```

- fb：改变文档的 FilterBypass 对象。
- offset：要删除内容的偏移量，该值不能为负数。
- length：删除内容的长度，该值不能为负数。

replace 方法在特定文档发生文本替换事件前调用。该方法的声明如下。

```
public void replace(DocumentFilter.FilterBypass fb,int offset,int length,String
text,AttributeSet attrs)throws BadLocationException
```

- fb：改变文档的 FilterBypass 对象。
- offset：要插入内容的偏移量，该值不能为负数。
- length：要删除的文本长度。
- text：要插入的文本。

■　attrs：表示插入内容样式的 AttributeSet。

可以通过继承 DocumentFilter 类来限制文本组件可用字符数。由于仅有增加字符串和替换字符串可能增加文本的长度，所以需要重写 insertString 和 replace 方法。自定义的 DocumentSizeFilter 类继承了 DocumentFilter 类，代码如下。

```java
public class DocumentSizeFilter extends DocumentFilter {
    private int maxSize;                           // 获得文本的最大长度
    public DocumentSizeFilter(int maxSize) {
        this.maxSize = maxSize;                    // 获得用户输入的最大长度
    }
    @Override
    public void insertString(FilterBypass fb, int offset, String string, AttributeSet attr) throws BadLocationException {
        // 如果插入操作完成后小于最大长度
        if ((fb.getDocument().getLength() + string.length()) <= maxSize) {
            super.insertString(fb, offset, string, attr);      // 调用父类中的方法
        } else {
            Toolkit.getDefaultToolkit().beep();                // 发出提示声音
        }
    }
    @Override
    public void replace(FilterBypass fb, int offset, int length, String text, AttributeSet attrs) throws BadLocationException {
        // 如果替换操作完成后小于最大长度
        if ((fb.getDocument().getLength() + text.length() - length) <= maxSize) {
            super.replace(fb, offset, length, text, attrs);    // 调用父类中的方法
        } else {
            Toolkit.getDefaultToolkit().beep();                // 发出提示声音
        }
    }
}
```

第 2 行代码声明一个 int 类型变量保存文本的最大长度，第 4 行代码或者用户传递的最大长度。第 9 行代码计算用户新输入的字符加上已经存在的字符总长度是否超过最大长度，如果没有超过，就执行第 21 行代码，调用父类的方法。如果超过就执行第 12 行代码，发出提示声音。第 21 行代码计算已经存在的字符加上替换后的字符减去替换前的字符总长度是否超过最大长度，如果没有超过，就执行第 21 行代码，调用父类的方法。如果超过就执行第 21 行代码，发出提示声音。

在编写完 DocumentSizeFilter 类之后，需要为文本域、密码域设置使用文档过滤器。设置文档过滤器需要使用 AbstractDocument 类中定义的 setDocumentFilter 方法。例如以下代码就为接收用户名信息的文本组件设置文档过滤器。

```java
AbstractDocument doc = (AbstractDocument) usernameTextField.getDocument();
doc.setDocumentFilter(new DocumentSizeFilter(5));// 限制文本域内可以输入字符长度为 5
```

（2）校验用户输入信息是合法

用户输入信息包括用户名和注册码两部分。对于用户名，需要校验其是否为空，而且内容是否合法，代码如下。

```java
if (username.isEmpty()) {
    JOptionPane.showMessageDialog(this, "用户名不能为空！", "警告信息", JOptionPane.WARNING_MESSAGE);
    return;
```

```
        }
        if (!Pattern.matches("[\\w&&[^_]]{5}", username)) {
            JOptionPane.showMessageDialog(this, "用户名不合法！", "警告信息", JOptionPane.WARNING_
MESSAGE);
            return;
        }
```

第 1 行代码判断用户名是否为空，如果是则给出提示。第 5 行代码判断用户名是否合法。在注册机中要求用户名由字母数字组成，长度为 5。这里使用正则表达式进行校验。

对于注册码，需要判断与注册机中生成的是否相同。使用 RegisterUtil 类的 getRegisterCode 方法来获得用户名所对应的注册码，代码如下。

```
public static String getRegisterCode(String username) {
    byte[] array = username.getBytes();                        // 将用户名转换成比特数组
    StringBuilder register = new StringBuilder();        // 使用 StringBuilder 保存注册码
    for (int i = 0; i < array.length - 1; i++) {
        // 计算两个相邻数组元素乘积的平方
        int product = (int) Math.pow(array[i] * array[i + 1], 2);
        // 将获得的结果前 4 位保存到 StringBuilder 中
        register.append("-" + String.valueOf(product).substring(0, 4));
    }
    return register.substring(1);                                // 返回注册码
}
```

计算注册码的算法是将相邻的两个字符转换成整数然后计算乘积的平方，最后截取前 4 位作为注册码的一部分。

（3）获得本机的 MAC 地址

通常情况下，生成的注册码与客户端计算机硬件信息相关，例如使用 MAC 地址。对于不同的操作系统，获取 MAC 地址的方式也不同。在 RegisterUtil 类中编写 getMACAddress 方法来获取 MAC 地址，代码如下。

```
public static String getMACAddress() {
    if (SystemUtils.IS_OS_WINDOWS) {                      // 判断当前操作系统是否为 Windows
        try {
            // 执行特定的 DOS 命令
            Process process = Runtime.getRuntime().exec("ipconfig /all");
            // 将 DOS 命令运行结果放入 Scanner 中
            Scanner scanner = new Scanner(process.getInputStream());
            // 创建模式
            Pattern pattern = Pattern.compile(": [0-9A-F]{2}(-[0-9A-F]{2}){5}$");
            while (scanner.hasNextLine()) {                  // 遍历 DOS 命令运行结果
                String nextLine = scanner.nextLine();        // 获得遍历位置所在行的内容
                Matcher matcher = pattern.matcher(nextLine);// 使用创建的模式匹配字符串
                while (matcher.find()) {                      // 如果发现匹配的内容
                    return nextLine.substring(matcher.start() + 2); // 返回截取的字符串
                }
            }
        } catch (IOException e) {
            e.printStackTrace();
        }
    }
```

```
        return null;                                    // 如果没有找到 MAC 地址返回 null
    }
```

第 2 行代码使用 Commons Lang 组件 SystemUtils 方法来判断当前系统使用是否是 Windows 系统。该类中还提供了很多判断操作系统属性的属性，常用的如表 21-4 所示。

表 21-4　　　　　　　　　　　　　　SystemUtils 类常用属性

| 属　　性 | 说　　明 |
| --- | --- |
| IS_JAVA_1_5 | 判断 JDK 是否为 1.5 版 |
| IS_OS_LINUX | 判断是否为 Linux 系统 |
| IS_OS_MAC | 判断是否为 Mac 系统 |
| IS_OS_UNIX | 判断是否为 UNIX 系统 |
| IS_OS_WINDOWS | 判断是否为 Windows 系统 |
| IS_OS_WINDOWS_7 | 判断是否为 Windows 7 系统 |
| JAVA_VERSION | 获得 Java 的版本 |

对于 Windows 系统，可以使用 "ipconfig /all" 命令输出计算机网络的详细信息，其中就包括 MAC 地址，如图 21-4 所示。

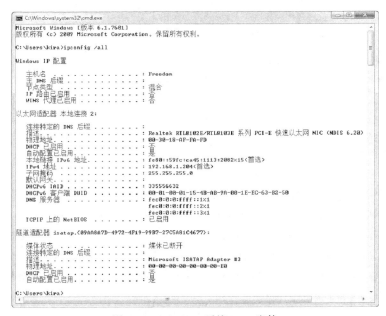

图 21-4　Windows 系统 DOS 窗体

第 4 行代码使用 Runtime 类执行 "ipconfig /all" 命令，返回值是一个 Process 对象。第 5 行代码使用 Process 类的 getInputStream 方法获得包含命令运行结果的输入流，然后将其传递到 Scanner 对象中。第 6 行代码创建匹配 MAC 地址的正则表达式模式。从第 7 行代码开始遍历命令的运行结果，即图 21-4 中的内容。第 8 行代码获得一行字符串，例如图 21-4 中的 "Windows IP 配置"。第 9 行代码使用指定的模式匹配获得的字符串。第 21 行代码用于查找字符串中是否有匹配成功的部分。第 11 行代码用于返回匹配字符串的子串，因为模式前面的 "：" 部分并不需要。

（4）RSA 加密解密算法工具

RSA 是一种非对称的加密解密算法。它可以生成一对密钥：公有密钥和私有密钥。假设两个人 A 和 B 需要传递重要信息。A 可以先生成密钥对，然后将公有密钥发送给 B。B 在接收之后，可以使用公有密钥加密需要发送的内容。接着将加密后的内容发送给 A。A 在接收以后可以使用私有密钥进行解密。即使在传递过程中公有密钥和加密内容都被人窃取，但由于没有私有密钥，所以不能在有限的时间内进行解密。

RSASecurityUtil 类是本程序编写的 RSA 加密解密工具类，其中定义了 3 个方法。下面对其进行详细讲解。

generateKeyPair 方法可以生成密钥对并将其写入文件中，代码如下。

```java
public static void generateKeyPair() {
    try {
        // 获得支持 RSA 算法的 KeyPairGenerator 对象
        KeyPairGenerator generator = KeyPairGenerator.getInstance("RSA");
        SecureRandom random = new SecureRandom();              // 创建 SecureRandom 对象
        generator.initialize(2124, random);                    // 初始化生成器
        KeyPair keyPair = generator.generateKeyPair();         // 获得密钥对
        Key publicKey = keyPair.getPublic();                   // 获得公共密钥
        Key privateKey = keyPair.getPrivate();                 // 获得私有密钥
        // 将公共密钥对象序列化到文件
        FileUtils.writeByteArrayToFile(new File("public.key"), SerializationUtils.serialize(publicKey));
        // 将私有密钥对象序列化到文件
        FileUtils.writeByteArrayToFile(new File("private.key"), SerializationUtils.serialize(privateKey));
    } catch (NoSuchAlgorithmException e) {
        e.printStackTrace();
    } catch (IOException e) {
        e.printStackTrace();
    }
}
```

第 4 行代码使用字符串 "RSA" 获得 KeyPairGenerator 对象。第 7 行代码获得密钥对。第 8 行代码获得公有密钥。第 9 行代码获得私有密钥。第 11 行代码使用 Commons Lang 组件 SerializationUtils 类的 serialize 方法将公有密钥对象序列化，然后使用 Commons IO 组件 FileUtils 类的 writeByteArrayToFile 方法将序列化后内容写入 public.key 文件。第 13 行代码使用 Commons Lang 组件 SerializationUtils 类的 serialize 方法将私有密钥对象序列化，然后使用 Commons IO 组件 FileUtils 类的 writeByteArrayToFile 方法将序列化后内容写入 private.key 文件。

encrypt 方法使用公有密钥将由 MAC 地址和注册码组成的字符串进行加密并写入文件中，代码如下。

```java
public static void encrypt(String registerCode) {
    try {// 从文件中读取公共密钥
        Key publicKey = (Key) SerializationUtils.deserialize(FileUtils.readFileToByteArray
(new File("public.key")));
        Cipher cipher = Cipher.getInstance("RSA");             // 创建 RSA 类型的密码对象
        cipher.init(Cipher.ENCRYPT_MODE, publicKey);           // 设置模式为加密，使用公共密钥
        String MAC = RegisterUtil.getMACAddress();             // 获得本机 MAC 地址
        // 进行加密
```

```
        byte[] encryptedMAC = cipher.doFinal((MAC + registerCode).getBytes());
        // 将加密数据写入文件中
        FileUtils.writeByteArrayToFile(new File("MAC.dat"), encryptedMAC);
    } catch (IOException e) {
        e.printStackTrace();
    } catch (NoSuchAlgorithmException e) {
        e.printStackTrace();
    } catch (NoSuchPaddingException e) {
        e.printStackTrace();
    } catch (InvalidKeyException e) {
        e.printStackTrace();
    } catch (IllegalBlockSizeException e) {
        e.printStackTrace();
    } catch (BadPaddingException e) {
        e.printStackTrace();
    }
}
```

第 3 行代码使用 Commons IO 组件 FileUtils 类的 readFileToByteArray 方法读取公共密钥，然后使用 SerializationUtils 类的 deserialize 方法将其还原成 Key 对象。第 4 行代码创建 RSA 密码对象。第 5 行代码设置密码对象为使用公共密钥进行加密模式。第 6 行代码获得本机的 MAC 地址。第 7 行代码将本机 MAC 地址和注册码加密。第 8 行代码将加密后的内容写入 MAC.dat 文件中。

decrypt 方法从 MAC.dat 文件中读取加密内容，然后使用私有密钥进行解密。最后判断解密后的内容与本机 MAC 地址和注册码是否相同。如果相同则表示没有更换计算机。

```
public static boolean decrypt(String registerCode) {
    try {// 从文件中读取私有密钥
        Key privateKey = (Key) SerializationUtils.deserialize(FileUtils.readFileToByteArray
(new File("private.key")));
        Cipher cipher = Cipher.getInstance("RSA");              // 创建 RSA 类型的密码对象
        cipher.init(Cipher.DECRYPT_MODE, privateKey); // 设置模式为解密，使用私有密钥
        // 读取加密文件内容
        byte[] encryptedMAC = FileUtils.readFileToByteArray(new File("MAC.dat"));
        cipher.update(encryptedMAC);                            // 进行部分解密
        byte[] decryptedMAC = cipher.doFinal();                 // 完成解密
        // 判断内容是否相符
        if (new String(decryptedMAC).equals(RegisterUtil.getMACAddress() + registerCode)) {
            return true;
        }
    } catch (IOException e) {
        e.printStackTrace();
    } catch (NoSuchAlgorithmException e) {
        e.printStackTrace();
    } catch (NoSuchPaddingException e) {
        e.printStackTrace();
    } catch (InvalidKeyException e) {
        e.printStackTrace();
    } catch (IllegalBlockSizeException e) {
        e.printStackTrace();
    } catch (BadPaddingException e) {
        e.printStackTrace();
    }
    return false;
```

}

第 3 行代码使用 Commons IO 组件 FileUtils 类的 readFileToByteArray 方法读取私有密钥，然后使用 SerializationUtils 类的 deserialize 方法将其还原成 Key 对象。第 4 行代码创建 RSA 密码对象。第 5 行代码设置密码对象为使用私有密钥进行解密模式。第 6 行代码读取加密内容。第 7、8 行代码进行解密。第 21 行代码判断解密后的内容与本机 MAC 地址和注册码是否相同。

（5）向注册表写入信息

当校验完用户名和注册码后，如果用户第一次运行软件注册窗体，需要向注册表中写入注册信息，并生成 RSA 算法需要的公共密钥和私有密钥以及保存 MAC 地址和注册码的文件。代码如下。

```
if (RegisterEditorTool.readValue("program", registerTimeKey) == null) {
    RegisterEditorTool.createNode("program");                    // 创建保存注册信息的节点
    // 保存注册表信息
    Map<String, String> registers = new LinkedHashMap<String, String>();
    registers.put(registerTimeKey, currentTime);                 // 保存系统的当前时间
    registers.put("leftregistertime", "" + REGISTER_DAYS);       // 保存剩余注册时间
    registers.put("state", State.register.name());               // 保存程序的当前状态
    RegisterEditorTool.writeValue("program", registers);         // 将值写入注册表
    RSASecurityUtil.generateKeyPair();                           // 生成公共密钥和私有密钥文件
    RSASecurityUtil.encrypt(registerCode.toString());// 生成保存 MAC 地址和注册码的文件
}
```

（6）校验唯一性与系统时间合法性

为了防止用户在不同的计算机上使用同一个注册码，需要对唯一性进行校验。此外，还需要避免用户通过修改系统时间来延长软件使用时间。这部分的代码如下。

```
if (!RSASecurityUtil.decrypt(registerCode.toString())) {                    // 用户更换了机器
    JOptionPane.showMessageDialog(this, "一个注册码只能在唯一一台计算机上使用! ", "警告信息
", JOptionPane.WARNING_MESSAGE);
    return;
}
// 获得注册表中保存的该用户名第一次注册时系统的当前时间
String savedRegisterTime = RegisterEditorTool.readValue("program", registerTimeKey);
// 获得注册表中保存的剩余使用时间
int registerDays = Integer.parseInt(RegisterEditorTool.readValue("program",
"leftregistertime"));
Date savedRegisterDate = null;
try {
    // 将字符串转换成时间对象
    savedRegisterDate = DateUtils.parseDate(savedRegisterTime, new String[]
{ DATE_FORMAT });
} catch (ParseException e1) {
    e1.printStackTrace();
}
// 如果当前时间小于保存的时间，说明用户修改了系统时间
if (new Date().before(savedRegisterDate)) {
    JOptionPane.showMessageDialog(this, "请 不 要 修 改 系 统 时 间 ! ", "警 告 信 息 ",
JOptionPane.WARNING_MESSAGE);
    // 修改注册表中保存的软件剩余使用时间为-1
    RegisterEditorTool.writeValue("program", "leftregistertime", "-1");
```

```
        // 修改注册表中保存的软件状态
        RegisterEditorTool.writeValue("program", "state", State.register_expiration.name());
        return;
    } else {// 计算当前时间与保存时间相差的天数，即软件实际试用时间
        int usingDays = RegisterUtil.getSubtractionDays(savedRegisterDate, new Date());
        if (usingDays > REGISTER_DAYS) {// 如果实际试用时间大于试用期
            JOptionPane.showMessageDialog(this, "软件使用期满，请购买新注册码！", "警告信息",
JOptionPane.WARNING_MESSAGE);
                // 修改注册表中保存的软件剩余使用时间为-1
                RegisterEditorTool.writeValue("program", "leftregistertime", "-1");
                // 修改注册表中保存的软件状态
                RegisterEditorTool.writeValue("program", "state", State.register_expiration.name());
                return;
        }
        // 如果实际试用时间小于保存的试用时间，则说明用户修改了系统时间
        if (usingDays < (REGISTER_DAYS - registerDays)) {
            JOptionPane.showMessageDialog(this,"请不要修改系统时间!","警告信息",JOptionPane.
WARNING_MESSAGE);
                // 修改注册表中保存的软件剩余使用时间为-1
                RegisterEditorTool.writeValue("program", "leftregistertime", "-1");
                // 修改注册表中保存的软件状态
                RegisterEditorTool.writeValue("program", "state", State.register_expiration.name());
                return;
        } else {
            // 修改注册表中保存的软件剩余使用时间
            RegisterEditorTool.writeValue("program", "leftregistertime", "" + (REGISTER_DAYS -
usingDays));
            setVisible(false);                                      // 隐藏当前窗体
            EventQueue.invokeLater(new Runnable() {
                @Override
                public void run() {
                    try {
                        MainFrame frame = new MainFrame();
                        frame.setVisible(true);                    // 显示主窗体
                    } catch (Exception e) {
                        e.printStackTrace();
                    }
                }
            });
        }
    }
```

第 1 行代码由于判断 MAC.dat 加密文件内容与系统 MAC 地址和注册码是否相同。如果不同则说明用户更换了电脑，因此需要提示用户注册码只能在一台计算机上使用。剩下的代码判断用户是否修改系统时间等。

（7）使用弹出菜单粘贴注册码

用户输入的注册码共有 16 位，分别填入 4 个文本框。为了方便用户使用，在弹出式菜单中提供了一次性完成粘贴的功能。创建弹出菜单的代码如下。

```
JPopupMenu popupMenu = new JPopupMenu();                    // 创建弹出菜单
addPopup(this, popupMenu);                                  // 使用弹出菜单
```

其中 addPopup 方法实现了监听鼠标按键功能，用于显示弹出式菜单，其代码如下。

```java
private static void addPopup(Component component, final JPopupMenu popup) {
    component.addMouseListener(new MouseAdapter() {
        @Override
        public void mousePressed(MouseEvent e) {                    // 监听鼠标按键按下事件
            if (e.isPopupTrigger()) {
                showMenu(e);
            }
        }
        @Override
        public void mouseReleased(MouseEvent e) {                   // 监听鼠标按键释放事件
            if (e.isPopupTrigger()) {
                showMenu(e);
            }
        }
        private void showMenu(MouseEvent e) {                       // 显示弹出菜单
            popup.show(e.getComponent(), e.getX(), e.getY());
        }
    });
}
```

监听弹出菜单中"粘贴注册码"菜单项的事件监听器代码如下。

```java
protected void do_menuItem_actionPerformed(ActionEvent e) {
    // 获得系统剪贴板
    Clipboard clipboard = Toolkit.getDefaultToolkit().getSystemClipboard();
    DataFlavor flavor = DataFlavor.stringFlavor;                    // 定义复制的内容样式
    if (clipboard.isDataFlavorAvailable(flavor)) {                  // 如果系统剪贴板支持该样式
        try {
            // 获得字符串
            String registerCode = (String) clipboard.getData(flavor);
            if (registerCode.isEmpty()) {                           // 如果获得空字符串，直接退出
                return;
            }
            if (!registerCode.contains("-")) {                      // 如果获得的字符串不包含-，直接退出
                return;
            }
            String[] codes = registerCode.split("-");               // 使用-分割字符串
            if (codes.length != 4) {                                // 如果字符串数组元素个数不是4，直接退出
                return;
            }
            registerCodeTextField1.setText(codes[0]);               // 粘贴注册码
            registerCodeTextField2.setText(codes[1]);               // 粘贴注册码
            registerCodeTextField3.setText(codes[2]);               // 粘贴注册码
            registerCodeTextField4.setText(codes[3]);               // 粘贴注册码
        } catch (UnsupportedFlavorException e1) {
            e1.printStackTrace();
        } catch (IOException e1) {
            e1.printStackTrace();
        }
    }
}
```

第 2 行代码获得系统剪贴板。第 3 行代码指定复制内容的样式是字符串。第 6 行代码获得系统剪贴板中的字符串。第 7 行代码判断字符串是否为空。第 21 行代码判断字符串中是否含 "-"。第 13 行代码使用 "-" 分割字符串。第 14 行代码判断分割后获得的数组元素个数是否为 4 个。第 17 行～第 20 行代码将分割后的字符串用文本域显示。

## 21.4.3　软件注册机功能

软件注册机用于根据用户输入的合法用户名生成注册码。同时提供了一次性复制注册码的功能。注册机窗体的运行效果如图 21-5 所示。

### 1．界面设计

在该窗体中，使用了标签、文本框和按钮等组件。为了美观，将字体统一修改为微软雅黑，大小为 15。各个组件的说明如表 21-5 所示。

图 21-5　注册机窗体

表 21-5　　　　　　　　　　软件注册窗体组件说明

| 组件名称 | 组件类型 | 说　　明 |
| --- | --- | --- |
| usernameLabel | javax.swing.JLabel | 用于提示用户右边文本框的用途 |
| usernameTextField | javax.swing.JTextField | 用于接收用户输入的用户名 |
| infoLabel | javax.swing.JLabel | 用于提升用户用户名的要求 |
| registerCodeLabel | javax.swing.JLabel | 用于提示用户右边 4 个文本框的用途 |
| registerCodeTextField1 | javax.swing.JTextField | 用于接收用户输入的部分注册码 |
| registerCodeTextField2 | javax.swing.JTextField | 用于接收用户输入的部分注册码 |
| registerCodeTextField3 | javax.swing.JTextField | 用于接收用户输入的部分注册码 |
| registerCodeTextField4 | javax.swing.JTextField | 用于接收用户输入的部分注册码 |
| generateButton | javax.swing.JButton | 用于生成注册码 |

### 2．关键代码

（1）校验用户名合法性

注册机要求用户不能使用空字符串，输入的字符串长度为 5 且只能有字母和数字组成。因此，需要对其合法性进行校验。相关代码如下。

```
String username = usernameTextField.getText();              // 获得用户输入的用户名
if (username.isEmpty()) {
    JOptionPane.showMessageDialog(this, "用户名不能为空！", "警告信息", JOptionPane.WARNING_
MESSAGE);
    return;
}
if (!Pattern.matches("[\\w&&[^_]]{5}", username)) {
    JOptionPane.showMessageDialog(this, "用户名不合法！", "警告信息", JOptionPane.WARNING_
MESSAGE);
    return;
}
```

（2）使用弹出菜单复制注册码

注册码由 16 个数字组成，并且被分配到不同的文本域中，复制比较麻烦。为此提供了使用弹出菜单复制注册码的功能。下面讲解"复制注册码"菜单项的事件监听器代码。

```
protected void do_copyMenuItem_actionPerformed(ActionEvent e) {
    if ((registerCode == null) || (registerCode.isEmpty())) {
        JOptionPane.showMessageDialog(this, "请先生成注册码！", "警告信息", JOptionPane.
WARNING_MESSAGE);
        return;
    }
    // 获得系统剪贴板
    Clipboard clipboard = Toolkit.getDefaultToolkit().getSystemClipboard();
    // 使用注册码创建选择的字符串
    StringSelection selection = new StringSelection(registerCode);
    clipboard.setContents(selection, null);        // 将选择的字符串保存到剪贴板中
    JOptionPane.showMessageDialog(this, "注册码复制成功！", "提示信息", JOptionPane.
INFORMATION_MESSAGE);
    return;
}
```

第 6 行代码获得系统剪贴板。第 7 行代码创建字符串选择对象。第 8 行代码将选择的字符串保存到系统剪贴板中。

# 21.5　调 试 运 行

在第一次运行本程序时，如果没有为用户提供修改注册表的权限，会报告如图 21-6 所示的错误。

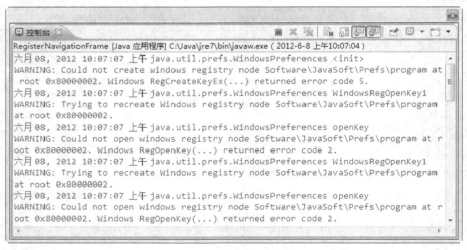

图 21-6　修改注册表异常

为用户增加修改注册表权限的步骤如下。

（1）在 DOS 窗体中运行"regedit"命令打开注册表编辑器。

（2）打开 HKEY_LOCAL_MACHINE 注册表项，打开 SOFTWARE 子注册表项，打开 JavaSoft 子注册表项，如图 21-7 所示。

（3）选择"Prefs"注册表项，单击右键，如图 21-8 所示。

（4）在图 21-8 中，选择"权限(P)…."，显示 Prefs 注册表项权限对话框，如图 21-9 所示。

图 21-7　打开系统注册表项　　图 21-8　对 Prefs 注册表项可执行的操作　　图 21-9　Prefs 注册表项的权限

说明　　如果图 21-9 中"组或用户名(G)："包含当前用户并设置了权限，可以不进行下面的修改。

（5）在图 21-9 中，单击"添加(D)…"按钮，显示添加用户或组对话框，输入当前系统用户名，如图 21-10 所示。

（6）单击图 21-10 中"检查名称(C)"按钮，然后单击"确定"按钮完成用户的添加，如图 21-11 所示。

（7）在图 21-11 中，选择新增加的用户"kira"，对于 kira 的权限，选择"完全控制"，如图 21-12 所示。

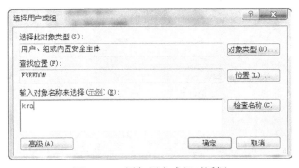

图 21-10　添加用户或组对话框

图 21-11　显示 kira 用户的权限

图 21-12　修改 kira 用户的权限

（8）在图 21-12 中，单击 "确定" 按钮，完成修改。

# 21.6　课程设计总结

　　课程设计是一件很累人很伤脑筋的事情，在课程设计周期中，大家每天几乎都要面对着计算机十个小时以上，上课时去机房写程序，回到宿舍还要继续奋斗。虽然课程设计很苦很累，甚至还很令人抓狂，不过它带给我们的并不只是痛苦的回忆，它还拉近了同学之间的距离，并且对我们学习计算机语言也是非常有意义的。

　　在没有进行课程设计实训之前，大家对 Java 知识的掌握很肤浅，只知道分开来使用那些语句和语法，对他们根本没有整体概念，所以在学习时经常会感觉很盲目，甚至不知道自己学这些东西是为了什么；但是通过课程设计实训，不仅能使大家对 Java 有了更深入的了解，同时还可以学到很多课本上学不到的东西，最重要的是，它让我们能够知道学习 Java 最终的目的和将来发展的方向。

# 第 22 章
# 课程设计——决策分析程序

**本章要点**

- 实现支持固定列的表格
- 使用 Java Excel 组件生成 Excel 文档
- 使用反射技术获得类中包含的全部域
- 使用 Commons Lang 组件获得指定样式时间
- 使用 Commons Lang 组件获得指定范围的随机数
- 使用正则表达式判断浮点数合法性
- 使用 iText 组件生成 PDF 文档
- 使用 JFreeChart 组件绘制统计图形
- 避免 iText 和 JFreeChart 组件中文乱码现象

决策分析功能是数据管理软件的常用功能之一。通过该功能可以快速准确地分析处理数据，以直观的图像来辅助决策。对该程序的设计和开发是软件开发人员反复进行的工作。本章将实现一个重用性良好的决策分析程序，便于日后复用。

## 22.1　课程设计目的

本章通过一个决策分析程序，演示如何使用 Java 语言开发实际应用软件。除了使用前面各章介绍的基础知识外，还提供了扩展，讲解了如何实现支持固定列的表格、使用 Java Excel 组件生成 Excel 文档、使用 iText 组件生成 PDF 文档、使用 iText 组件生成 PDF 文档等技术。通过本章的学习，读者能够更加深入地理解 Java 语言。

## 22.2　功　能　描　述

决策分析是应用软件不可缺少的一部分。对该程序的设计和开发也是软件开发人员需要反复进行的工作。这里设计实现了一个可重用的决策分析程序，以减轻软件开发人员的工作。

### 22.2.1 导出为 Excel 文件功能

为了方便用户交换处理数据，本程序支持将表格中的数据导出为 Excel 文件的功能。用户可以使用该功能保存要处理的数据，同时也可以通过共享 Excel 文件交换数据。

### 22.2.2 导出为 PDF 文件功能

本程序也支持将数据导出为 PDF 文件的功能。PDF（Portable Document Format，便携文件格式）可以支持跨平台的信息交换功能，可弥补了 Excel 文件只能在 Windows 系统中显示的不足。

### 22.2.3 分析数据并生成图表

对于表格中的数据，可以使用行或者列来分类。对于不同的数据，都可以用来进行统计分析。本程序支持使用指定行（或者列）的数据来生成饼图、柱形图、折线图和区域图。此外，还可以将这些图片分别进行保存。

# 22.3 总 体 设 计

### 22.3.1 构建开发环境

决策分析程序的开发环境具体要求如下

- 操作系统：Windows 7 旗舰版
- JDK 版本：jdk-7u3-windows-i586
- IDE 版本：Indigo Service Release 2
- 开发语言：Java
- 分辨率：最佳效果 1024 像素 × 768 像素
- Commons Lang 组件：版本是 commons-lang-2.6
- Java Excel 组件：jxl.jar
- iText 组件：版本是 itextpdf-5.1.1
- JFreeChart 组件：版本是 jfreechart-1.0.13
- 额外需要的依赖 jar 包：iTextAsian.jar 和 jcommon-1.0.16

### 22.3.2 业务流程图

决策分析程序的业务流程图如图 22-1 所示。

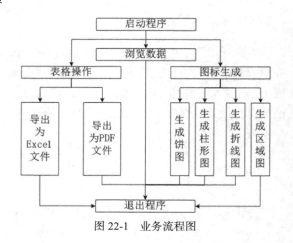

图 22-1　业务流程图

# 22.4　实　现　过　程

## 22.4.1　主窗体设计

程序主窗体用于完成显示操作调度和显示表格数据功能。操作调度功能是使用菜单栏实现的。在显示表格数据时，创建了支持固定列的表格。运行效果如图 22-2 和图 22-3 所示。

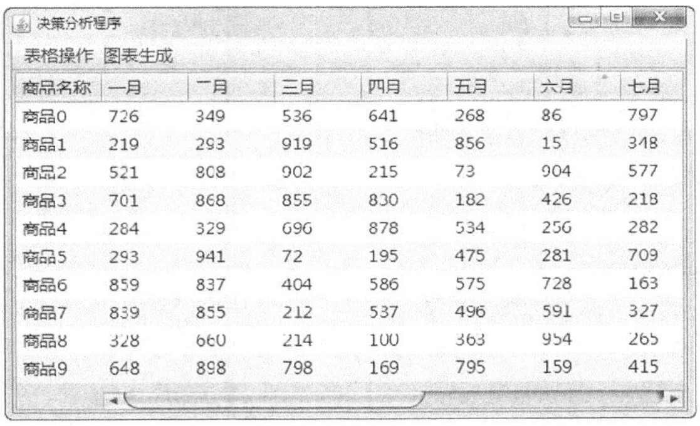

图 22-2　向右滚动前的主窗体

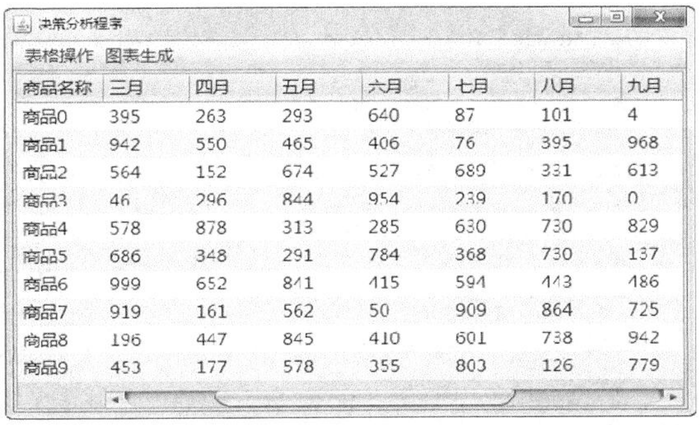

图 22-3　向右滚动后的主窗体

### 1．界面设计

在该窗体中，使用了菜单项和表格等组件。为了美观，将字体统一修改为微软雅黑。各个组件的说明如表 22-1 所示。

表 22-1　　　　　　　　　　　　　　　　主窗体组件说明

| 组　件　名　称 | 组　件　类　型 | 说　　明 |
|---|---|---|
| tableOperationMenu | javax.swing.JMenu | "表格操作"菜单 |
| exportExcelMenuItem | javax.swing.JMenuItem | "导出为 Excel 文件"菜单项 |
| exportPDFMenuItem | javax.swing.JMenuItem | "导出为 PDF 文件"菜单项 |
| chartGenerationMenu | javax.swing.JMenu | "图表生成"菜单 |
| pieChartMenuItem | javax.swing.JMenuItem | "饼图"菜单项 |
| barChartMenuItem | javax.swing.JMenuItem | "柱形图"菜单项 |
| lineChartMenuItem | javax.swing.JMenuItem | "折线图"菜单项 |
| areaChartMenuItem | javax.swing.JMenuItem | "区域图"菜单项 |
| fixedTable | javax.swing.JTable | 非滚动部分表格 |
| floatedTable | javax.swing.JTable | 滚动部分表格 |

### 2．关键代码

主窗体中显示的表格左侧第一列，即商品名称列，不随滚动条变化的。这里分别创建了两个表格：固定部分表格和非固定部分表格。创建固定部分表格的关键代码如下。

```
fixedTable = new JTable(fixedTableModel);                                // 创建固定部分表格
// 获得表格的行选择状态
```

```
ListSelectionModel fixedTableLSM = fixedTable.getSelectionModel();
JTableHeader fixedTableHeader = fixedTable.getTableHeader();         // 获得表头对象
fixedTableHeader.setResizingAllowed(false);                          // 禁止调整固定部分列宽度
// 设置选择模式为单行选择
fixedTable.setSelectionMode(ListSelectionModel.SINGLE_SELECTION);
fixedTableHeader.setFont(new Font("微软雅黑", Font.PLAIN, 15));       // 设置表头字体
fixedTableHeader.setPreferredSize(new Dimension(0, 25));             // 设置表头高度
fixedTable.setFont(new Font("微软雅黑", Font.PLAIN, 15));             // 设置表体字体
fixedTable.setRowHeight(25);                                         // 设置表体高度
```

创建非固定部分表格的关键代码如下。

```
floatedTable = new JTable(floatedTableModel);                        // 创建非固定部分表格
// 获得表格的行选择状态
ListSelectionModel floatedTableLSM = floatedTable.getSelectionModel();
floatedTable.setAutoResizeMode(JTable.AUTO_RESIZE_OFF);              // 禁止自动调整列宽度
// 设置选择模式为单行选择
floatedTable.setSelectionMode(ListSelectionModel.SINGLE_SELECTION);
JTableHeader floatedTableHeader = floatedTable.getTableHeader();     // 获得表头对象
floatedTableHeader.setFont(new Font("微软雅黑", Font.PLAIN, 15));     // 设置表头字体
floatedTable.setFont(new Font("微软雅黑", Font.PLAIN, 15));           // 设置表体字体
floatedTable.setRowHeight(25);                                       // 设置表体高度
```

为了让两个表格表现成一个表格的效果，例如当选择固定部分表格的一行时，让非固定部分表格的对应行也处于选择状态，需要为两个表格设置选择监听器。代码如下。

```
// 监听固定部分表格选择事件
fixedTableLSM.addListSelectionListener(new  SelectionListener(fixedTable,  floatedTable,
true));
// 监听非固定部分表格选择事件
floatedTableLSM.addListSelectionListener(new  SelectionListener(fixedTable,  floatedTable,
false));
```

这里 SelectionListener 类是自定义工具类，它实现了 ListSelectionListener 接口，代码如下。

```
public class SelectionListener implements ListSelectionListener {
    private boolean isFixedTable;
    private JTable fixedTable;
    private JTable floatedTable;
    public SelectionListener(JTable fixedTable, JTable floatedTable, boolean isFixedTable) {
        this.fixedTable = fixedTable;            // 获得商品销售表中固定部分的表格
        this.floatedTable = floatedTable;        // 获得商品销售表中非固定部分的表格
        this.isFixedTable = isFixedTable;        // 当前选择的表格是否是固定部分的表格
    }
    @Override
    public void valueChanged(ListSelectionEvent e) {
        if (isFixedTable) {
            // 获得当前选择的固定表的行中第一行的序号
            int fixedTableSelectedIndex = fixedTable.getSelectedRow();
            // 设置非固定部分的表格选择行的范围
            floatedTable.setRowSelectionInterval(fixedTableSelectedIndex, fixedTable
SelectedIndex);
        } else {
            // 获得当前选择的非固定表的行中第一行的序号
            int floatedTableSelectedIndex = floatedTable.getSelectedRow();
```

```
// 设置固定部分的表格选择行的范围
        fixedTable.setRowSelectionInterval(floatedTableSelectedIndex,    floatedTable
SelectedIndex);
        }
    }
}
```

最后将固定列放在 JViewport 中显示，将非固定列放在滚动窗格中显示。代码如下。

```
// 创建滚动窗格并用其显示非固定部分表格
JScrollPane scrollPane = new JScrollPane(floatedTable);
JViewport viewport = new JViewport();                        // 创建 JViewport 对象
viewport.setView(fixedTable);                                // 设置 viewport 的内容
viewport.setPreferredSize(fixedTable.getPreferredSize());    // 设置 viewport 的大小
scrollPane.setRowHeaderView(viewport);                       // 设置滚动窗左侧视图
// 让滚动窗格左上角显示固定部分表格表头
scrollPane.setCorner(ScrollPaneConstants.UPPER_LEFT_CORNER, fixedTable.getTableHeader());
```

## 22.4.2　导出为 Excel 文件功能

为了方便用户交换处理数据，本程序支持将表格中的数据导出为 Excel 文件的功能。用户可以使用该功能保存要处理的数据，同时也可以通过共享 Excel 文件交换数据。导出为 Excel 文件的对话框运行效果如图 22-4 所示。

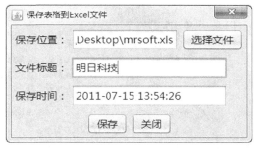

图 22-4　保存为 Excel 文件对话框

### 1. 界面设计

在该窗体中，使用了标签、文本域和按钮等组件。为了美观，将字体统一修改为微软雅黑，大小为 15。各个组件的说明如表 22-2 所示。

表 22-2　　　　　　　　导出为 Excel 文件对话框组件说明

| 组 件 名 称 | 组 件 类 型 | 说　　明 |
| --- | --- | --- |
| chooseLabel | javax.swing.JLabel | 提示右侧文本域用途 |
| chooseTextField | javax.swing.JTextField | 显示用户选择的保存位置 |
| chooseButton | javax.swing.JButton | 用于选择保存位置 |
| titleLabel | javax.swing.JLabel | 提示右侧文本域用途 |
| titileTextField | javax.swing.JTextField | 用于接收用户输入的文件标题 |
| timeLabel | javax.swing.JLabel | 提示右侧文本域用途 |
| timeTextField | javax.swing.JTextField | 用于接收用户输入的保存时间 |
| saveButton | javax.swing.JButton | 用于将内容写入 Excel 文件 |
| closeButton | javax.swing.JButton | 用于关闭当前对话框 |

### 2. 关键代码

在信息输入完毕后单击"保存"按钮，如果没有异常发生将生成 Excel 文件。该按钮事件监听器代码流程如下。

（1）获得用户输入并进行非空校验的代码如下。

```
if (selectFile == null) {
```

```
        JOptionPane.showMessageDialog(this, "请选择保存表格的 Excel 文件! ", "提示信息",
JOptionPane.INFORMATION_MESSAGE);
        return;
    }
    String title = titileTextField.getText();                        // 获得文件标题
    if (title.isEmpty()) {
        JOptionPane.showMessageDialog(this, "请输入文件标题! ", "提示信息", JOptionPane.
INFORMATION_MESSAGE);
        return;
    }
    String time = timeTextField.getText();                           // 获得保存时间
```

（2）将用户输入的内容和表格内容写入 Excel 文件中，其代码如下。

```
WritableWorkbook workbook = null;
try {
    workbook = Workbook.createWorkbook(selectFile);        // 获得用于写入的 Excel 文件
    WritableSheet sheet = workbook.createSheet(title, 0); // 使用输入的名称创建工作表
    // 向 Excel 中写入标题
    WritableFont titleFont = new WritableFont(WritableFont.ARIAL, 20, WritableFont.
BOLD);// 定义标题字体
    // 定义保存标题的单元格样式
    WritableCellFormat titleCellFormat = new WritableCellFormat(titleFont);
    titleCellFormat.setAlignment(Alignment.CENTRE);                  // 水平居中显示
    titleCellFormat.setVerticalAlignment(VerticalAlignment.CENTRE);  // 垂直居中显示
    sheet.mergeCells(0, 0, tableHeaders.length - 1, 0);              // 合并单元格
    sheet.setRowView(0, 600);                                        // 设置行高
    sheet.addCell(new Label(0, 0, title, titleCellFormat));          // 填写工作表
    // 向 Excel 中写入时间
    WritableFont timeFont = new WritableFont(WritableFont.ARIAL, 15, WritableFont.NO_BOLD,
true, UnderlineStyle.NO_UNDERLINE, Colour.RED);         // 定义时间字体
    // 定义保存时间的单元格样式
    WritableCellFormat timeCellFormat = new WritableCellFormat(timeFont);
    timeCellFormat.setAlignment(Alignment.RIGHT);                    // 水平居右显示
    timeCellFormat.setVerticalAlignment(VerticalAlignment.CENTRE);   // 垂直居中显示
    sheet.mergeCells(0, 1, tableHeaders.length - 1, 1);             // 合并单元格
    sheet.setRowView(0, 400);                                        // 设置行高
    sheet.addCell(new Label(0, 1, time, timeCellFormat));           // 填写工作表
    // 向 Excel 中写入表头
    // 定义表头字体
    WritableFont headerFont = new WritableFont(WritableFont.ARIAL, 14, WritableFont.NO_BOLD);
    // 定义保存表头的单元格样式
    WritableCellFormat headerCellFormat = new WritableCellFormat(headerFont);
    headerCellFormat.setAlignment(Alignment.CENTRE);                 // 水平居中显示
    headerCellFormat.setVerticalAlignment(VerticalAlignment.CENTRE); // 垂直居中显示
    for (int i = 0; i < tableHeaders.length; i++) {
        // 填写工作表
        sheet.addCell(new Label(i, 2, tableHeaders[i], headerCellFormat));
    }
```

```
// 向 Excel 中写入表体
// 定义表体字体
WritableFont bodyFont = new WritableFont(WritableFont.ARIAL, 12, WritableFont.NO_BOLD);
// 定义保存表体的单元格样式
WritableCellFormat bodyCellFormat = new WritableCellFormat(bodyFont);
bodyCellFormat.setAlignment(Alignment.CENTRE);                    // 水平居中显示
bodyCellFormat.setVerticalAlignment(VerticalAlignment.CENTRE);    // 垂直居中显示
for (int i = 0; i < tableBodies.length; i++) {
    for (int j = 0; j < tableBodies[i].length; j++) {
        // 填写工作表
        sheet.addCell(new Label(j, i + 3, tableBodies[i][j], bodyCellFormat));
    }
}
    workbook.write();                                             // 将缓存写入文件
} catch (IOException e1) {
    e1.printStackTrace();
} catch (WriteException e1) {
    e1.printStackTrace();
} finally {
    if (workbook != null) {
        try {
            workbook.close();                                     // 释放资源
        } catch (WriteException e1) {
            e1.printStackTrace();
        } catch (IOException e1) {
            e1.printStackTrace();
        }
    }
}
```

（3）如果完成了 Excel 文件生成操作，就显示提示信息。代码如下。

```
JOptionPane.showMessageDialog(this, "Excel 文件生成完毕！", "提示信息", JOptionPane.
INFORMATION_MESSAGE);
```

 　　本节代码中使用的方法请读者参考 Java Excel 组件的 API 文档进行学习，由于篇幅限制不做详细讲解。

写入完成后的 Excel 文件，如图 22-5 所示。

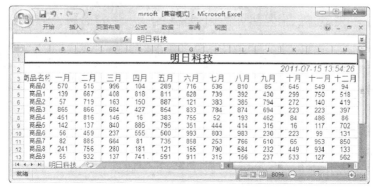

图 22-5　Excel 文件内容

### 22.4.3 导出为 PDF 文件功能

本程序支持将表格保存为 PDF 文件，同时还可以设置标题、时间、文件大小和边距等信息。对话框运行效果如图 22-6 所示。

#### 1. 界面设计

在该窗体中，使用了标签、文本域和按钮等组件。为了美观，将字体统一修改为微软雅黑，大小为 15。各个组件的说明如表 22-3 所示。

图 22-6　保存为 PDF 文件对话框

表 22-3　　　　　　　　　　导出为 PDF 文件对话框组件说明

| 组 件 名 称 | 组 件 类 型 | 说 明 |
| --- | --- | --- |
| chooseLabel | javax.swing.JLabel | 提示右侧文本域用途 |
| chooseTextField | javax.swing.JTextField | 显示用户选择的保存位置 |
| chooseButton | javax.swing.JButton | 用于选择保存位置 |
| titleLabel | javax.swing.JLabel | 提示右侧文本域用途 |
| titileTextField | javax.swing.JTextField | 用于接收用户输入的文件标题 |
| timeLabel | javax.swing.JLabel | 提示右侧文本域用途 |
| timeTextField | javax.swing.JTextField | 用于接收用户输入的保存时间 |
| pageSizeLabel | javax.swing.JLabel | 提示右侧组合框用途 |
| pageSizeComboBox | javax.swing.JComboBox | 用于选择纸张大小 |
| topLabel | javax.swing.JLabel | 提示右侧文本域用途 |
| topTextField | javax.swing.JTextField | 接收用户输入的上边距 |
| rightLabel | javax.swing.JLabel | 提示右侧文本域用途 |
| rightTextField | javax.swing.JTextField | 接收用户输入的右边距 |
| bottomLabel | javax.swing.JLabel | 提示右侧文本域用途 |
| bottomTextField | javax.swing.JTextField | 接收用户输入的下边距 |
| leftLabel | javax.swing.JLabel | 提示右侧文本域用途 |
| leftTextField | javax.swing.JTextField | 接收用户输入的左边距 |
| saveButton | javax.swing.JButton | 用于将内容写入 PDF 文件 |
| closeButton | javax.swing.JButton | 用于关闭当前对话框 |
| closeButton | javax.swing.JButton | 用于关闭当前对话框 |

#### 2. 关键代码

在信息输入完毕后单击"保存"按钮，如果没有异常发生将生成 PDF 文件，该按钮事件监听器代码流程如下。

（1）获得用户输入并进行非空校验、合法性校验的代码如下。

```
if (selectFile == null) {
```

```
        JOptionPane.showMessageDialog(this, "请选择保存表格的 PDF 文件! ", "提示信息",
JOptionPane.INFORMATION_MESSAGE);
        return;
    }
    String title = titileTextField.getText();                              // 获得文件标题
    if (title.isEmpty()) {
        JOptionPane.showMessageDialog(this, "请输入文件标题! ", "提示信息", JOptionPane.
INFORMATION_MESSAGE);
        return;
    }
    String time = timeTextField.getText();                                 // 获得保存时间
    // 获得用户选择的纸张类型
    String pageSize = (String) pageSizeComboBox.getSelectedItem();
    String top = topTextField.getText();                                   // 获得用户输入的上边距
    String right = rightTextField.getText();                               // 获得用户输入的右边距
    String bottom = bottomTextField.getText();                             // 获得用户输入的下边距
    String left = leftTextField.getText();                                 // 获得用户输入的左边距

    if (!validateMargin(top)) {                                            // 校验用户输入的上边距是否合法
        JOptionPane.showMessageDialog(this, "请 输 入 合 法 的 上 边 距 值! ", "警 告 信 息",
JOptionPane.WARNING_MESSAGE);
        return;
    }
    if (!validateMargin(right)) {                                          // 校验用户输入的右边距是否合法
        JOptionPane.showMessageDialog(this, "请输入合法的右边距值! ","警告信息", JOptionPane.
WARNING_MESSAGE);
        return;
    }
    if (!validateMargin(bottom)) {                                         // 校验用户输入的下边距是否合法
        JOptionPane.showMessageDialog(this, "请输入合法的下边距值! ","警告信息", JOptionPane.
WARNING_MESSAGE);
        return;
    }
    if (!validateMargin(left)) {                                           // 校验用户输入的左边距是否合法
        JOptionPane.showMessageDialog(this, "请输入合法的左边距值! ","警告信息", JOptionPane.
WARNING_MESSAGE);
        return;
    }
```

（2）将用户输入的内容和表格内容写入 PDF 文件中的代码如下。

```
Document document = new Document(PageSize.getRectangle(pageSize), Float.parseFloat(left),
Float.parseFloat(right), Float.parseFloat(top), Float.parseFloat(bottom));     // 创建 Document
    try {
        // 获得 PdfWriter 实例
        PdfWriter.getInstance(document, new FileOutputStream(selectFile));
        document.open();                                                  // 打开 Document
        // 创建支持中文的字体
        BaseFont baseChineseFont = BaseFont.createFont("STSongStd-Light", "UniGB-UCS2-H", false);
        // 向 PDF 文档中写入标题
        com.itextpdf.text.Font titleFont = new com.itextpdf.text.Font(baseChineseFont, 20,
```

```
com.itextpdf.text.Font.BOLD);                                          // 创建标题字体
        Paragraph titleParagraph = new Paragraph(title, titleFont);    // 创建标题段落
        titleParagraph.setAlignment(Element.ALIGN_CENTER);             // 让标题居中显示
        document.add(titleParagraph);                                  // 增加标题段落
        // 向 PDF 文档中写入时间
        com.itextpdf.text.Font timeFont = new com.itextpdf.text.Font(baseChineseFont, 15,
com.itextpdf.text.Font.NORMAL, BaseColor.RED);                         // 创建时间字体
        Paragraph timeParagraph = new Paragraph(time, timeFont);       // 创建时间段落
        timeParagraph.setAlignment(Element.ALIGN_RIGHT);               // 让时间居右显示
        document.add(timeParagraph);                                   // 增加时间段落
        // 向 PDF 文档中写入一个空白行
        document.add(new Paragraph(" "));
        // 向 PDF 文档中写入表格
        PdfPTable table = new PdfPTable(tableHeaders.length);          // 创建 PDF 表格
        // 创建表头字体
        com.itextpdf.text.Font tableHeaderFont = new com.itextpdf.text.Font(baseChineseFont, 14,
com.itextpdf.text.Font.NORMAL);
        for (String header : tableHeaders) {                           // 向表格中增加表头信息
            table.addCell(new Phrase(header, tableHeaderFont));
        }
        // 创建表体字体
        com.itextpdf.text.Font tableBodyrFont = new com.itextpdf.text.Font(baseChineseFont, 12,
com.itextpdf.text.Font.NORMAL);
        for (String[] body : tableBodies) {                           // 向表格中增加表体信息
            for (String cell : body) {
                table.addCell(new Phrase(cell, tableBodyrFont));
            }
        }
        table.setWidthPercentage(100);
        document.add(table);                                          // 增加表格
    } catch (FileNotFoundException e1) {
        e1.printStackTrace();
    } catch (DocumentException e1) {
        e1.printStackTrace();
    } catch (IOException e1) {
        e1.printStackTrace();
    } finally {
        if (document != null) {
            document.close();                                        // 关闭 Document
        }
    }
```

　　　　　iText 组件默认不支持中文，需要额外下载新的 jar 文件并进行配置。这部分内容将
在调试运行中详细讲解。

　　（3）如果完成了 PDF 文件生成操作，就显示提示信息。代码如下。

```
JOptionPane.showMessageDialog(this, "PDF 文件生成完毕！", "提示信息", JOptionPane.
INFORMATION_MESSAGE);
```

　　写入完成后的 PDF 文件，如图 22-7 所示。

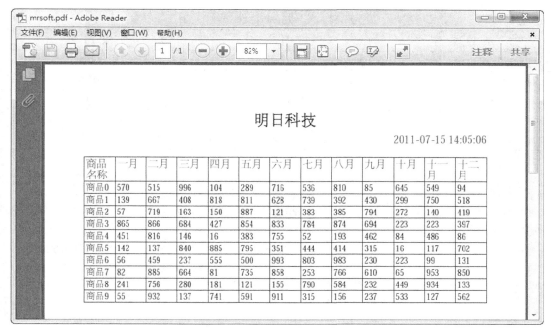

图 22-7　PDF 文件内容

## 22.4.4　绘制饼图

"饼图"对话框如图 22-8 所示。用户可以使用单选按钮选择需要分析行数据还是列数据。选择完成后会自动更新组合框中的列表项。

选择不同的列表项将生成不同的图形，例如图 22-9 是选择"商品 0"时生成的饼图。它反映了"商品 0"在一年中的销售情况。图形中包括了各个月份所占的百分比信息。单击"保存图片"按钮可以保存饼图。

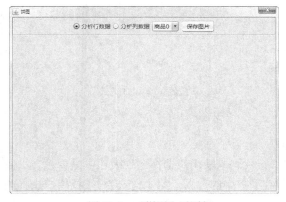

图 22-8　"饼图"对话框

图 22-9　反映"商品 0"一年销售情况的饼图

### 1．界面设计

在该窗体中，使用了单选按钮、组合框和按钮等组件。为了美观，将字体统一修改为微软雅黑，大小为 15。各个组件的说明如表 22-4 所示。

表 22-4　　　　　　　　　　　　　　　　　"饼图"对话框组件说明

| 组 件 名 称 | 组 件 类 型 | 说　　明 |
|---|---|---|
| rowRadioButton | javax.swing.JRadioButton | 用于选择分析行数据 |
| columnRadioButton | javax.swing.JRadioButton | 用于选择分析列数据 |
| dataComboBox | javax.swing.JComboBox | 用于显示当前可用分析项 |
| saveButton | javax.swing.JButton | 用于保存图片 |
| chartPanel | org.jfree.chart.ChartPanel | 用于显示图片并提供保存功能 |

### 2．关键代码

（1）创建饼图数据集

使用饼图来显示数据统计信息，需要先创建 DefaultPieDataset 类对象，并向其中保存要处理的数据。代码如下。

```
DefaultPieDataset dataset = new DefaultPieDataset();          // 创建默认饼图数据集
// 获得用户选择的组合框元素
String selectItem = (String) dataComboBox.getSelectedItem();
if (selectItem == null) {
    return;
}

if (selectItem.contains("商品")) {                           // 如果用户选择的元素中包含"商品"
    dataset.clear();                                         // 清除数据集中全部元素
    for (int i = 0; i < tableBodies.length; i++) {
        if (tableBodies[i][0].equals(selectItem)) {          // 查找用户选择元素所对应的行
            for (int j = 1; j < tableHeaders.length; j++) {
                dataset.setValue(tableHeaders[j], Integer.parseInt(tableBodies[i][j]));
                                                             // 向数据集中增加元素
            }
        }
    }
} else {
    dataset.clear();                                         // 清除数据集中全部元素
    for (int i = 1; i < tableHeaders.length; i++) {
        if (tableHeaders[i].equals(selectItem)) {
            for (int j = 0; j < tableBodies.length; j++) {
                dataset.setValue(tableBodies[j][0],
    Integer.parseInt(tableBodies[j][i]));
                                                             // 向数据集中增加元素
            }
        }
    }
}
```

第 2 行代码获得用户选择的组合框元素。第 7 行代码判断用户选择的列表项中是否包含"商品"，即是否要分析行数据。第 8 行代码清除饼图数据集中的数据。第 10 行代码查找用户选择的行。第 22 行～第 13 行代码添加数据。当用户选择分析列数据时，代码类似。

（2）创建饼图

使用 JFreeChart 组件创建饼图的代码非常简单，只需要调用 ChartFactory 类的 createPieChart3D 方法即可。代码如下。

```
JFreeChart pieChart = ChartFactory.createPieChart3D(selectItem + "销售统计信息",
dataset, true, true, false);
```

createPieChart3D 方法的声明如下。

```
public static JFreeChart createPieChart3D(java.lang.String title,PieDataset dataset,boolean legend,boolean tooltips,boolean urls)
```

参数说明如表 22-5 所示。

表 22-5　　　　　　　　　　　　createPieChart3D 方法参数说明

| 参　　数 | 说　　明 |
| --- | --- |
| title | 图表的标题，可以为 null |
| dataset | 创建图表使用的数据集，可以为 null |
| legend | 如果为 true 则显示图例信息 |
| tooltips | 如果为 true 则显示提示信息 |
| urls | 如果为 true 则生成 URL 信息 |

（3）显示和保存饼图

JFreeChart 组件提供了一个 ChartPanel 类，可以在面板中显示饼图。关键代码如下。

```
chartPanel.setChart(pieChart);
```

此外，ChartPanel 类还提供了保存图片的功能。关键代码如下。

```
chartPanel.doSaveAs();
```

## 22.4.5　绘制柱形图

"柱形图"对话框如图 22-10 所示。用户可以使用单选按钮选择需要分析行数据还是列数据。选择完成后会自动更新组合框中的列表项。

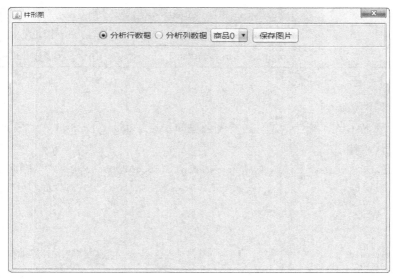

图 22-10　"柱形图"对话框

选择不同的列表项将生成不同的图形，例如，图 22-11 是选择"商品 0"时生成的柱形图。它反映了"商品 0"在一年中的销售情况。图形中包括了各个月份销售信息。单击"保存图片"按钮可以保存柱形图。

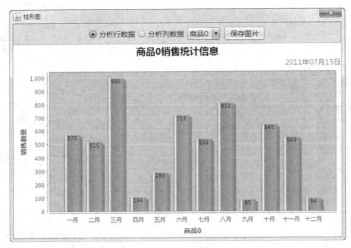

图 22-11　反映"商品 0"一年销售情况的柱形图

## 1．界面设计

在该窗体中，使用了单选按钮、组合框和按钮等组件。为了美观，将字体统一修改为微软雅黑，大小为 15。各个组件的说明如表 22-6 所示。

表 22-6　　　　　　　　　　　　"柱形图"对话框组件说明

| 组 件 名 称 | 组 件 类 型 | 说　明 |
|---|---|---|
| rowRadioButton | javax.swing.JRadioButton | 用于选择分析行数据 |
| columnRadioButton | javax.swing.JRadioButton | 用于选择分析列数据 |
| dataComboBox | javax.swing.JComboBox | 用于显示当前可用分析项 |
| saveButton | javax.swing.JButton | 用于保存图片 |
| chartPanel | org.jfree.chart.ChartPanel | 用于显示图片并提供保存功能 |

## 2．关键代码

（1）创建柱形图数据集

使用柱形图来显示数据统计信息，需要先创建 DefaultCategoryDataset 类对象，并向其中保存要处理的数据。代码如下。

```
DefaultCategoryDataset dataset = new DefaultCategoryDataset();// 创建默认柱形图数据集
String selectItem = (String) dataComboBox.getSelectedItem();// 获得用户选择的组合框元素
if (selectItem == null) {
    return;
}
if (selectItem.contains("商品")) {                        // 如果用户选择的元素中包含"商品"
    dataset.clear();                                      // 清除数据集中全部元素
    for (int i = 0; i < tableBodies.length; i++) {
        if (tableBodies[i][0].equals(selectItem)) {       // 查找用户选择元素所对应的行
            for (int j = 1; j < tableHeaders.length; j++) {
                // 向数据集中增加元素
                dataset.addValue(Integer.parseInt(tableBodies[i][j]), selectItem, table
Headers[j]);
```

```
                }
            }
        }
    } else {
        dataset.clear();                                          // 清除数据集中全部元素
        for (int i = 1; i < tableHeaders.length; i++) {
            if (tableHeaders[i].equals(selectItem)) {
                for (int j = 0; j < tableBodies.length; j++) {
                    // 向数据集中增加元素
                    dataset.addValue(Integer.parseInt(tableBodies[j][i]), selectItem, table
Bodies[j][0]);
                }
            }
        }
    }
```

向 DefaultCategoryDataset 类对象中增加数据，需要使用 addValue 方法，其声明如下。

```
public void addValue(double value,java.lang.Comparable rowKey,java.lang.Comparable
columnKey)
```

参数说明如表 22-7 所示。

表 22-7　　　　　　　　　　　　　　addValue 方法参数说明

| 参　　数 | 说　　明 |
| --- | --- |
| value | 增加的数值 |
| rowKey | 增加的数值的行键 |
| columnKey | 增加的数值的列键 |

（2）创建柱形图

使用 JFreeChart 组件创建柱形图的代码非常简单，只需要调用 ChartFactory 类的 createBarChart 方法即可。代码如下。

```
JFreeChart barChart = ChartFactory.createBarChart(selectItem + "销售统计信息", selectItem,
"销售数量", dataset, PlotOrientation.VERTICAL, false, true, false);
```

createBarChart 方法的声明如下。

```
public static JFreeChart createBarChart(java.lang.String title,java.lang.String
categoryAxisLabel,java.lang.String valueAxisLabel,CategoryDataset dataset,PlotOrientation
orientation,boolean legend,boolean tooltips,boolean urls)
```

参数说明如表 22-8 所示。

表 22-8　　　　　　　　　　　　　　createBarChart 方法参数说明

| 参　　数 | 说　　明 |
| --- | --- |
| title | 图表的标题，可以为 null |
| categoryAxisLabel | 横坐标标签，可以为 null |
| valueAxisLabel | 纵坐标标签，可以为 null |
| dataset | 创建图表使用的数据集，可以为 null |
| orientation | 柱形的显示方式，水平或者垂直 |

| 参　　　数 | 说　　　明 |
| --- | --- |
| legend | 如果为 true 则显示图例信息 |
| tooltips | 如果为 true 则显示提示信息 |
| urls | 如果为 true 则生成 URL 信息 |

## 22.4.6　绘制折线图

"折线图"对话框如图 22-12 所示。用户可以使用单选按钮选择需要分析行数据还是列数据。选择完成后会自动更新组合框中的列表项。

图 22-12　"折线图"对话框

选择不同的列表项将生成不同的图形，例如，图 22-13 是选择"商品 0"时生成的折线图。它反映了"商品 0"在一年中的销售情况。图形中包括了各个月份销售信息。单击"保存图片"按钮可以保存折线图。

### 1．界面设计

在该窗体中，使用了单选按钮、组合框和按钮等组件。为了美观，将字体统一修改为微软雅黑，大小为 15。各个组件的说明如表 22-9 所示。

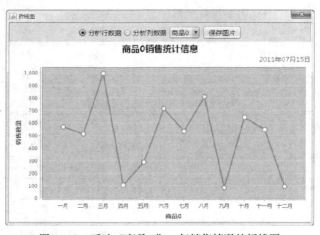

图 22-13　反映"商品 0"一年销售情况的折线图

表 22-9　　　　　　　　　　　　　"折线图"对话框组件说明

| 组 件 名 称 | 组 件 类 型 | 说　明 |
|---|---|---|
| rowRadioButton | javax.swing.JRadioButton | 用于选择分析行数据 |
| columnRadioButton | javax.swing.JRadioButton | 用于选择分析列数据 |
| dataComboBox | javax.swing.JComboBox | 用于显示当前可用分析项 |
| saveButton | javax.swing.JButton | 用于保存图片 |
| chartPanel | org.jfree.chart.ChartPanel | 用于显示图片并提供保存功能 |

### 2. 关键代码

（1）创建折线图

使用 JFreeChart 组件创建折线图的代码非常简单，只需要调用 ChartFactory 类的 createLineChart 方法即可。代码如下。

```
JFreeChart lineChart = ChartFactory. createLineChart (selectItem + "销售统计信息",
selectItem, "销售数量", dataset, PlotOrientation.VERTICAL, false, true, false);
```

createLineChart 方法的声明如下。

```
public    static    JFreeChart    createLineChart(java.lang.String    title,java.lang.String
categoryAxisLabel,java.lang.String   valueAxisLabel,CategoryDataset   dataset,PlotOrientation
orientation,boolean legend,boolean tooltips,boolean urls)
```

参数说明如表 22-10 所示。

表 22-10　　　　　　　　　　createLineChart 方法参数说明

| 参　　数 | 说　　明 |
|---|---|
| title | 图表的标题，可以为 null |
| categoryAxisLabel | 横坐标标签，可以为 null |
| valueAxisLabel | 纵坐标标签，可以为 null |
| dataset | 创建图表使用的数据集，可以为 null |
| orientation | 柱形的显示方式，水平或者垂直 |
| legend | 如果为 true 则显示图例信息 |
| tooltips | 如果为 true 则显示提示信息 |
| urls | 如果为 true 则生成 URL 信息 |

（2）设置折线样式

使用默认设置生成的折线图并不美观，因此需要对其进行美化。代码如下。

```
LineAndShapeRenderer renderer = (LineAndShapeRenderer) plot.getRenderer();
renderer.setBaseShapesVisible(true);                          // 设置拐点可见
renderer.setDrawOutlines(true);                               // 设置绘制拐点的边线
renderer.setUseFillPaint(true);                               // 设置使用填充功能
renderer.setBaseFillPaint(Color.WHITE);                       // 设置填充颜色为白色
renderer.setSeriesStroke(0, new BasicStroke(3.0F));           // 设置绘制连接线的画笔
renderer.setSeriesOutlineStroke(0, new BasicStroke(2.0F));    // 设置绘制拐点的画笔
// 设置拐点的形状为圆形
renderer.setSeriesShape(0, new Ellipse2D.Double(-5.0D, -5.0D, 10.0D, 10.0D));
```

### 22.4.7 绘制区域图

"区域图"对话框如图 22-14 所示。用户可以使用单选按钮选择需要分析行数据还是列数据。选择完成后会自动更新组合框中的列表项。

选择不同的列表项将生成不同的图形,例如图 22-15 是选择"商品 0"时生成的区域图。它反映了"商品 0"在一年中的销售情况。图形中包括了各个月份销售信息。单击"保存图片"按钮可以保存区域图。

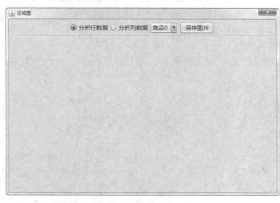

图 22-14 "区域图"对话框          图 22-15 反映"商品 0"一年销售情况的区域图

#### 1. 界面设计

在该窗体中,使用了单选按钮、组合框和按钮等组件。为了美观,将字体统一修改为微软雅黑,大小为 15。各个组件的说明如表 22-11 所示。

表 22-11                "区域图"对话框组件说明

| 组 件 名 称 | 组 件 类 型 | 说 明 |
|---|---|---|
| rowRadioButton | javax.swing.JRadioButton | 用于选择分析行数据 |
| columnRadioButton | javax.swing.JRadioButton | 用于选择分析列数据 |
| dataComboBox | javax.swing.JComboBox | 用于显示当前可用分析项 |
| saveButton | javax.swing.JButton | 用于保存图片 |
| chartPanel | org.jfree.chart.ChartPanel | 用于显示图片并提供保存功能 |

#### 2. 关键代码

■ 创建区域图

使用 JFreeChart 组件创建区域图的代码非常简单,只需要调用 ChartFactory 类的 createAreaChart 方法即可。代码如下。

```
JFreeChart areaChart = ChartFactory. createAreaChart (selectItem + "销售统计信息",
selectItem, "销售数量", dataset, PlotOrientation.VERTICAL, false, true, false);
```

createAreaChart 方法的声明如下。

```
public static JFreeChart createAreaChart(java.lang.String title,java.lang.String
categoryAxisLabel,java.lang.String valueAxisLabel,CategoryDataset dataset,PlotOrientation
orientation,boolean legend,boolean tooltips,boolean urls)
```

参数说明如表 22-12 所示。

表 22-12　createAreaChart 方法参数说明

| 参　　数 | 说　　明 |
| --- | --- |
| title | 图表的标题，可以为 null |
| categoryAxisLabel | 横坐标标签，可以为 null |
| valueAxisLabel | 纵坐标标签，可以为 null |
| dataset | 创建图表使用的数据集，可以为 null |
| orientation | 柱形的显示方式，水平或者垂直 |
| legend | 如果为 true 则显示图例信息 |
| tooltips | 如果为 true 则显示提示信息 |
| urls | 如果为 true 则生成 URL 信息 |

# 22.5　调　试　运　行

由于 JFreeChar 组件不支持中文，以柱形图为例，在运行程序后，会显示如图 22-16 所示的乱码效果，因此需要解决这个问题。

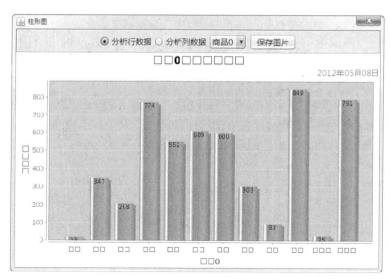

图 22-16　反映"商品 0"一年销售情况的柱形图

通过为图形设置字体即可解决乱码问题。以柱形图为例。代码如下。

```
CategoryPlot plot = barChart.getCategoryPlot();
CategoryAxis domainAxis = plot.getDomainAxis();
domainAxis.setLabelFont(new Font("微软雅黑", Font.BOLD, 14));        // 设置 X 轴标签字体
domainAxis.setTickLabelFont(new Font("微软雅黑", Font.PLAIN, 12));// 设置 X 轴文本字体
ValueAxis rangeAxis = plot.getRangeAxis();
rangeAxis.setLabelFont(new Font("微软雅黑", Font.BOLD, 14));         // 设置 Y 轴标签字体
rangeAxis.setTickLabelFont(new Font("微软雅黑", Font.PLAIN, 12));  // 设置 Y 轴文本字体
barChart.getTitle().setFont(new Font("微软雅黑", Font.BOLD, 20));// 设置图表标题的字体
```

修改完成后，运行效果如图 22-17 所示。

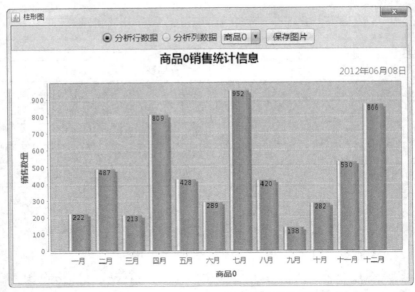

图 22-17　反映"商品 0"一年销售情况的柱形图

# 22.6　课程设计总结

　　通过本课程设计，在学习 Java 基础知识的基础上，增加了多个第三方组件的使用介绍。这是 Java 语言的另一个强大之处：有很多第三方的组织和个人开发了多个功能强大的组件。通过对它们的学习和使用，可以更加深入地掌握 Java 语言。